Standardisierung zwischen Kooperation
und Wettbewerb

SCHRIFTEN ZUR WIRTSCHAFTSTHEORIE UND WIRTSCHAFTSPOLITIK

Herausgegeben von
Rolf Hasse, Wolf Schäfer, Thomas Straubhaar und Klaus W. Zimmermann

Band 10

PETER LANG
Frankfurt am Main · Berlin · Bern · New York · Paris · Wien

Jens Kleinemeyer

Standardisierung zwischen Kooperation und Wettbewerb

Eine spieltheoretische Betrachtung

PETER LANG

Europäischer Verlag der Wissenschaften

Die Deutsche Bibliothek - CIP-Einheitsaufnahme

Kleinemeyer, Jens:

Standardisierung zwischen Kooperation und Wettbewerb : eine
spieltheoretische Betrachtung / Jens Kleinemeyer. - Frankfurt
am Main ; Berlin ; Bern ; New York ; Paris ; Wien : Lang, 1998
   (Schriften zur Wirtschaftstheorie und Wirtschaftspolitik ;
   Bd. 10)
   Zugl.: Hamburg, Univ. der Bundeswehr, Diss., 1997
   ISBN 3-631-32933-4

Gedruckt mit Unterstützung
der Universität der Bundeswehr Hamburg

H kk
UO
K le

D 705
ISSN 1433-1519
ISBN 3-631-32933-4

© Peter Lang GmbH
Europäischer Verlag der Wissenschaften
Frankfurt am Main 1998
Alle Rechte vorbehalten.

Printed in Germany 1 2   4 5 6 7

Meinen Eltern

Danksagungen

Es ist ja geradezu zu einer Pflicht geworden, allen irgendwie Beteiligten zu danken. Dieser Verpflichtung nachzukommen, ist mir an dieser Stelle ein besonderes Vergnügen.

Zuerst und vor allem gilt mein besonderer Dank Herrn Professor Dr. Rolf Hasse sowohl für die Betreuung als auch für die Begutachtung der vorliegenden Arbeit. Aber auch bei Herrn Professor Dr. Wilfried Hesser möchte ich mich insbesondere für die Möglichkeit bedanken, daß ich die Möglichkeit hatte, an der Professur für Normenwesen und Maschinenzeichen eine volkswirtschaftliche Arbeit zu erstellen. Auch die Prüfer Professor Dr. Karl-Werner Hansmann und Professor Dr. Klaus Zimmermann sollen hier nicht unerwähnt bleiben.

Auch meine (Ex-)Kollegen und Freunde seien an dieser Stelle nicht vergessen. Sie haben mich durch viele Ideen und noch mehr Kritik immer wieder neu inspiriert. Ein ganz herzliches Dankeschön geht an die Herren Dr. Hendrik Adolphi und Roland Hildebrandt, die sich durch die Arbeit "gequält" haben. Für manchen wertvollen Hinweis und Gedanken bin ich aber auch den Herren Bernd Düsterbeck, Alex Inklaar und Jens Maßmann zu großem Dank verpflichtet.

Auch die eigene Familie gehört in diese Reihe und soll nicht unerwähnt bleiben. Eine Dissertation kann nicht entstehen, ohne daß dadurch zum Teil erhebliche Belastungen im familiären Kreis erzeugt werden. Für ihre von mir häufig (über-) strapazierte Geduld und mir zuteil gewordene Unterstützung schulde ich meiner Frau Ariane und unseren Kindern Annika und Lennart großen Dank.

Ohne die Unterstützung meiner Eltern Hildegard und Reinhard Kleinemeyer wäre diese Arbeit weder begonnen noch beendet worden; ihnen widme ich die Arbeit.

Bei der Universität der Bundeswehr Hamburg möchte ich mich für die finanzielle Unterstützung bedanken.

Somit ist die Reihe derer, ohne die diese Arbeit nicht oder nicht in der vorliegenden Form zustande gekommen wäre, komplett.

Hamburg, Dezember 1997   Jens Kleinemeyer

Inhaltsverzeichnis

9

Abbildungsverzeichnis

13

Verzeichnis der Fallbeispiele

Abkürzungsverzeichnis

AESC	American Engineering Standards Committee
AFNOR	Assocation Française de Normalisation
ANS	American National Standard
ANSI	American National Standards Institute
ASA	American Standards Association
ASME	American Society of Mechanical Engineers
ASTM	American Society for Testing and Materials
ATSC	Advanced Television Systems Committee
ATV	Advanced Television
CCIR	International Radio Consultative Committee
CCITT	International Telegraph and Telephone Consultative Committee
CD	CompactDisc
CE	Communauté Européenne
CEN	Comité européen de normalisation
CENELEC	Comité européen de normalisation électrotechnique
CEPT	Conférence Européenne des administrations des Postes et des Télécommunications
DIN	Deutsches Institut für Normung e.V.
DKE	Deutsche Elektrotechnische Kommission
DNA	Deutscher Normenausschuß
DVD	Digital Versatile Disc
EFTA	European Free Trading Area
EG	Europäische Gemeinschaften
EN	Europäische Vornorm
EN	Europäische Norm
ETS	European Telecommunications Standard
ETSI	European Telecommunications Standards Institute
FCC	Federal Communications Commission
FTC	Federal Trade Commission
GS	Geprüfte Sicherheit
GWB	Gesetz gegen Wettbewerbsbeschränkungen
HD	Harmonisiertes Dokument
HDTV	High Definition Television
IEC	International Electrotechnical Commission
ISA	International Federation of National Standardizing Associations
ISDN	International Standard Digital Network
ISO	International Organization of Standardization
IPSA	International Product Standards Act
ITU	International Telecommunications Union

JVC	Victor Company of Japan
NAFTA	North American Free Trading Area
NBS	National Bureau of Standards
NIST	National Institute of Standards and Technology
NTSC	National Television Systems Committee
OEM	Original Equipment Manufacturer
PAL	Phase Altered Line
RVA	Richtlinienverabschiedungsausschuß
SECAM	Sequential Encoded Color Amplitude Modulation
TA	Technische Anweisung
TISI	Thailand Industrial and Standard Institute
TÜV	Technische Überwachungsverein
UNSCC	United Nations Standards Coordinating Committee
USASI	United States of America Standards Institute
UWG	Gesetz gegen unlauteren Wettbewerb
VCR	Videocassettenrecorder
VDE	Verein Deutscher Elektrotechniker e.V.
VDI	Verein Deutscher Ingenieure e.V.
VHS	Video Home System

1 Einführung

1990 strengte die „Lotus Development Corporation" einen Prozeß gegen die „Borland International" an, der mit einem Verstoß gegen das Urheberrecht begründet wurde. Lotus warf Borland vor, die Befehlsstruktur des zu diesem Zeitpunkt auf dem Markt dominanten Tabellenkalkulationsprogramms „Lotus 1-2-3" kopiert und in das eigene Tabellenkalkulationsprogramm „Quattro Pro" integriert zu haben. Borland verteidigte sein Vorgehen damit, daß nur auf diesem Wege die Investitionen der Anwender in Makros bei einem Wechsel von „Lotus 1-2-3" zu „Quattro Pro" nicht verlorengingen. In erster Instanz wurde Lotus recht gegeben, was zu einer Schadensersatzklage in Höhe von 100 Mio. $ geführt hätte. Die zweite Instanz hob dieses Urteil jedoch mit der Begründung auf, daß Teile eines Computermenüs, mit dem die Anwender mit dem Programm kommunizieren, nicht durch das amerikanische „Copyright Law" geschützt seien. Da Lotus diese Entscheidung nicht hinnehmen wollte, mußte der „Supreme Court" in letzter Instanz über diesen Fall entscheiden. Die dort getroffene Entscheidung ist bezeichnend für die Unsicherheit, die zu beobachten ist, wenn über die Wirkungen von Kompatibilitätsstandards, wie z.B. einem Benutzermenü, auf den Wettbewerb und den daraus eventuell folgenden Anwendungen des Wettbewerbsrechts diskutiert wird. Der „Supreme Court" entschied sich mit einem 4:4-Patt dafür, keine Entscheidung zu treffen. Mit diesem Ergebnis gilt zwar die Entscheidung der zweiten Instanz als bestätigt, doch herrscht allgemeine Unzufriedenheit über das Votum, da eine richtungweisende Entscheidung erhofft wurde.[1]

Was auf den ersten Blick nach einem relativ unbedeutenden Urteil aussieht, schließlich spielen beide Programme in dem Jahr, in dem das Urteil erging, keine große Rolle mehr, hat aber Auswirkungen auf den gesamten Softwaremarkt. Die Vielzahl an Stellungnahmen, die im Rahmen dieses Prozesses eingereicht wurden, macht die Bedeutung, die diesem Fall beigemessen wurde, mehr als deutlich. Unterstützung erfuhr Lotus Corporation z.B. von Digital Equipment Corporation (DEC), Intel Corporation und Xerox Corporation. Die Unterstützung, die Borland erhielt, ging über Unternehmen hinaus, da u.a. sowohl Computerwissenschaftler als auch Professoren für Urheberrecht und Professoren der Volkswirtschaft[2] Stellung für Borland bezogen.[3]

---

[1] Ausführlicher nachzulesen in: „Lotus vs. Borland: Not with a Bang but a Whimper...".

[2] Zu den Ökonomen gehören u.a. KENNETH J. ARROW, W. BRIAN ARTHUR, PAUL A. DAVID, NICHOLAS ECONOMIDES, JOSEPH FARRELL, MICHAEL D. INTRILLIGATOR und LOUIS KAPLOW.

[3] Das Berkeley Technology Law Journal macht die in diesem Fall vorgelegten Aussagen im Internet verfügbar unter: http://server.Berkeley.EDU/BTLJ/lvb/lvbindex.html.

Es gibt kaum ein Votum, das die existierende Unsicherheit, wie man mit Kompatibilitätsstandards umgehen soll, eindrucksvoller illustrieren kann als das Votum des Supreme Courts. Um diese Unsicherheit faßbar zu machen und einen Eindruck von der Vielfältigkeit der Problematik zu bekommen, veranstaltete die „Federal Trade Commission" Ende 1995 „Hearings on global and innovations based competition", in denen Kompatibilitätsstandards, Netzwerke, Standardisierung und Unternehmensstrategien eine erhebliche Rolle spielten. Auch hier standen sich zwei Positionen gegenüber. Zum einen die Position, nach der die „unsichtbare Hand" des freien Wettbewerbs dafür sorgt, daß sich im Wettbewerb der jeweils beste Standard durchsetzt.[4] Darüber hinaus bestehe auch nicht die Gefahr, daß zu viele oder zu wenige Standards existieren, der Wettbewerb werde dies zur Zufriedenheit aller lösen, da Industrien, bei denen Kompatibilitätsstandards - und um die geht es hier - von Bedeutung sind, keine anderen Eigenschaften aufweisen als herkömmliche Industrien. Diese Position wird in zunehmendem Maße durch andere Ökonomen angegriffen, die der Auffassung sind, daß die im Zusammenhang mit Kompatibilitätsstandards stehenden Netzwerkeffekte eine Neuorientierung sowohl des Wettbewerbsrechts als auch der gewerblichen Schutzrechte rechtfertigen und gegebenenfalls sogar notwendig machen.

Weniger Beachtung als Standards per se haben bisher die Mechanismen gefunden, mit denen diese Standards produziert werden. Dies ist auch der Grund dafür, daß in der vorliegenden Arbeit eine Reihe von grundsätzlichen Fakten beschrieben werden, da bei vielen Ökonomen Kenntnisse über den Aufbau z.B. von Standardisierungsorganisationen und den Ablauf von Standardisierungsvorhaben in diesen Organisationen fehlen.

1.1   Einleitung

Standards und Organisationen, die sich mit der Entwicklung und Implementierung von Standards beschäftigen, existieren in jedem Staat. Diese Organisationen können sowohl privatrechtlicher Natur sein als auch in Form von staatlichen Behörden existieren. Darüber hinaus ist es möglich, auf eine koordinierte Standardisierung zu verzichten und eine Standardisierung ausschließlich über den Wettbewerb verschiedener Standards miteinander zu suchen. Die standardsetzenden Organisationen sind überwiegend Ende des letzten oder Anfang dieses Jahrhunderts entstanden, wobei der I. Weltkrieg als Katalysator wirkte. Das

---

[4]   Diese Position wird z.B. von Richard SCHMALENSEE (1995) vertreten. Auch LIEBOWITZ und MARGOLIS (1992, 1994, 1996) vertreten in ihren Arbeiten diese Auffassung.

Hauptaugenmerk dieser Organisationen richtete sich dabei auf eine Verbesserung der Produktivität in den jeweiligen Staaten, womit auch die Bedeutung von Kriegen für die Standardisierung per se offensichtlich wird. Zu den Hauptaufgaben der Standardisierung gehörte es, die Vielfalt an Produkten und Verfahren zu reduzieren, um somit steigende Skalenerträge in der Produktion realisieren zu können. Im Rahmen dieser vielfaltreduzierenden Standardisierung wurde die Aufbau- und die Ablauforganisation der standardsetzenden Organisationen auf die Erfordernisse der Vielfaltreduktion ausgerichtet. Diese waren und sind von weitestgehend homogenen Interessen der Beteiligten geprägt. Eine Reduktion der Vielfalt und eine damit einhergehende Reduktion der Kosten kam und kommt jedem, der diese Standards nutzt, zugute. Diese homogene Interessenlage erklärt die überwiegend auf einen Konsens ausgerichteten Entscheidungsregeln bei nationalen und auch internationalen standardsetzenden Organisationen. Dieser Prozeß ist zwar außerordentlich zeitaufwendig, doch garantiert er auf der anderen Seite, daß ein einmal erreichter Konsens oder Standard auch angewandt wird und sich somit implementieren läßt.

Doch die Umgebung, in der sich standardsetzende Organisationen heute bewegen, unterscheidet sich gravierend von der Situation während ihres Entstehens. So stehen die meisten Unternehmen nicht mehr nur einer nationalen Konkurrenz, sondern zusätzlich auch einer globalen Konkurrenz gegenüber. An die Stelle nationaler Märkte treten zunehmend regionale Freihandelszonen[5], wie der Europäische Binnenmarkt, die „North American Free Trading Area" oder die lateinamerikanische Kooperation zwischen Guatemala, El Salvador, Honduras, Nikaragua und Costa Rica, die, zumindest was Europa und Lateinamerika[6] betrifft, über jeweils eigene standardsetzende Organisationen verfügen.

Doch die vielleicht bedeutsamste Änderung der Umgebung ist die Entwicklung weg von Standards, die die Vielfalt reduzieren sollen, hin zu Standards, die Kompatibilität zwischen Produkten, Dienstleistungen oder Verfahren gewährleisten sollen. Kompatibilität hat dabei zwei Aspekte, zum einen die Austauschbarkeit und zum anderen die Kombinierbarkeit von Komponenten. Deutlich wird dieser Wandel vor allem durch die zunehmende Bedeutung moderner Technologien, die zum Großteil auf einer funktionierenden Kompatibilität aufbauen. Zu den prominentesten Beispielen gehören die Industrien für Personal Computer, Betriebssystemsoftware und Anwendungssoftware, für Telekommunikationsprodukte wie Telefon, Mobiltelefon, ISDN, Internetdienste, hochauf-

---

[5] Zu den veränderten Rahmenbedingungen der Standardisierung vgl. GARCIA (1992, S. 531).
[6] Es handelt sich hierbei um das in Gründung befindliche „Instituto Centro American de Investigación y Tecnología Industrial". Für die Informationen hierüber danke ich ALEX INKLAAR.

lösendes Fernsehen (HDTV) etc. und in besonderem Maße der Multimedia-Bereich, der sozusagen auf beide anderen Industrien zurückgreift.[7]

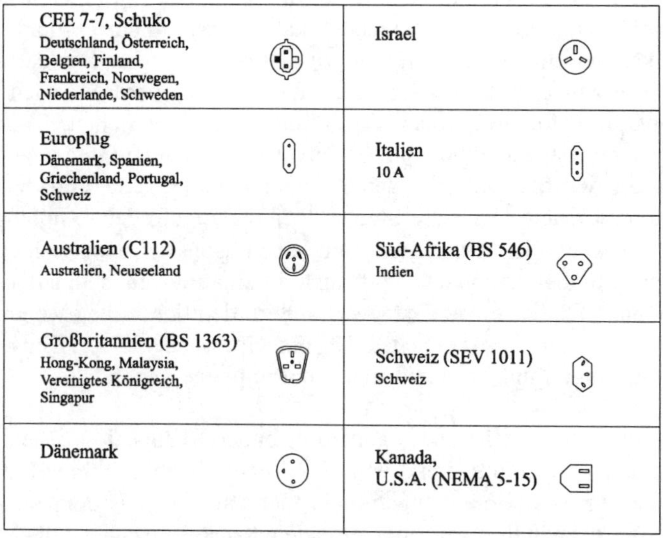

CEE 7-7, Schuko Deutschland, Österreich, Belgien, Finland, Frankreich, Norwegen, Niederlande, Schweden		Israel	
Europlug Dänemark, Spanien, Griechenland, Portugal, Schweiz		Italien 10 A	
Australien (C112) Australien, Neuseeland		Süd-Afrika (BS 546) Indien	
Großbritannien (BS 1363) Hong-Kong, Malaysia, Vereinigtes Königreich, Singapur		Schweiz (SEV 1011) Schweiz	
Dänemark		Kanada, U.S.A. (NEMA 5-15)	

Abbildung 1: Weltweit gebräuchliche Elektrostecker (Quelle: FORAY 1996, S. 259)

Auf diese Änderungen reagieren die standardsetzenden Organisationen damit, daß sie ihre Strukturen beibehalten und auf die Setzung von Kompatibilitätsstandards übertragen. Diese einfache Antwort auf ein derart komplexes Phänomen wie Kompatibilitätsstandards bedarf einer gründlichen Prüfung. Zu groß sind die Nachteile, die entstehen können, wenn keine Standardisierung erreicht wird. Zwei Beispiele mögen dies belegen:

Ein häufig zitiertes historisches Beispiel für eine fehlende Standardisierung ist der Brand von Baltimore 1904. Zur Unterstützung der heimischen Feuerwehren rückten auch Wehren aus New York City an. Am Brandort angekommen, mußten sie allerdings feststellen, daß ihre New Yorker Schlauchanschlüsse nicht auf die Hydranten in Baltimore paßten, so daß die New Yorker Feuerwehren unverrichteterdinge wieder abziehen mußten und das Feuer einen Schaden in Höhe von 125 Mio. $ anrichtete. (THUM 1995, S. 1) Dieses Ereignis regte in den Ver-

---

[7] Eine ausführliche Darstellung der Bedeutung von Standards für den Multimediabereich findet sich bei BANE, BRADLEY und COLLIS (1996).

einigten Staaten die Gründung des „National Bureau of Standards" (heute: „National Institute of Standards and Technology") an. (WEISSBERG, 1996)

Ein weiteres Beispiel sind die unterschiedlichen Formate für Elektrostecker in den verschiedenen Regionen dieser Welt. Zwar gibt es Adapter von einem System zum anderen, aber üblicherweise hat man dann genau einen Adapter bei sich, der dann doch nicht paßt. Zur Illustration sind in Abbildung 1 eine Reihe unterschiedlicher Elektrostecker abgebildet. Obwohl ein globaler Standard für Elektrostecker fehlt, sind sie doch in den jeweiligen Regionen sehr wohl Gegenstand der Standardisierung.

Aber nicht nur die standardsetzenden Organisationen sind durch die Veränderungen herausgefordert. Auch die Legislative ist aufgerufen zu prüfen, inwieweit der rechtliche Rahmen an die neuen Erfordernisse anzupassen ist.

In der vorliegenden Arbeit sollen zu beiden Fragestellungen erste Antworten geben werden. Das gedankliche Fundament einer Untersuchung über standardsetzende Organisationen sind die Ergebnisse, die im Rahmen der ökonomischen Auseinandersetzung mit Standards entwickelt wurden.

So vielseitig wie die Produktionsmöglichkeiten von Standards sind, ist auch ihre Behandlung in der Literatur. Ein Meilenstein der akademischen Auseinandersetzung mit Standards stellt sicherlich VERMAN's „Standardization - A new discipline" (1973) dar. In das nähere Interesse der Volkswirtschaft rückte 1983 KINDLEBERGER Standards mit seinem Aufsatz „Standards as private, collective and public goods". Die Dynamik des Interesses an Kompatibilitätsstandards setzte dann die Veröffentlichung der Gutachten der Wettbewerbsprozesse gegen IBM in den 70er Jahren durch FRANKLIN, McGOWAN und FISHER (1983; deutsche Übersetzung 1985) in Gang. Unmittelbar hierauf bauten die grundlegenden Arbeiten von FARRELL und SALONER (1985 und 1986a) sowie KATZ und SHAPIRO (1985a, 1986a und 1986b) auf.

Mit anderen als Kompatibilitätsaspekten, wie z.B. Qualitätsstandards oder Umweltstandards, hatte sich die ökonomische Literatur zwar schon vorher beschäftigt, doch rückten in den vergangenen zehn Jahren die Kompatibilitätsstandards in den Vordergrund der Betrachtung. Hierauf aufbauend ist nunmehr eine Übertragung der Ergebnisse zur Standardisierung auch in die Betriebswirtschaft zu beobachten (z.B. BITSCH, MARTINI und SCHMITT 1995). Hier werden zunehmend die Möglichkeiten diskutiert, wie Standards und Standardisierung als Instrument zur Erlangung einer Dominanzposition in Märkten mit Netzwerkeffekten eingesetzt werden können.

Im Rahmen dieser ökonomischen Behandlung von Standards und Standardisierung können mehrere Forschungsrichtungen unterschieden werden.

Empirische Untersuchung von Standards
Diese läßt sich wiederum in die folgenden Richtungen unterteilen:

- *Ökonometrische Betrachtungsweise von Standards*
  Hier wird versucht, die Existenz von Netzwerkeffekten und damit die Bedeutung von Kompatibilitätsstandards empirisch zu belegen. Vertreter dieses Ansatzes sind u.a. GANDAL (1994 und 1995) für Tabellenkalkulationsprogramme, GREENSTEIN (1993) für Mainframe-Computer, SALONER und SHEPHERD (1992) für Geldautomaten und die dazugehörenden Karten, ECONOMIDES und HIMMELBERG (1995) für den amerikanischen Markt für Telefax-Geräte, SHURMER und SWANN (1995) für Tabellenkalkulationsprogramme, ANTONELLI (1993) für den Zusammenhang zwischen Telekommunikation und Verbreitung von Computern sowie CAPELLO (1994) für die Verbreitung von Telekommunikationsdiensten.[8]

- *Cliometrische Betrachtung von Standards*
  Hier werden häufig historische Beispiele herangezogen, in denen sich ein ineffizienter Standard entweder durchgesetzt hat oder aber von einem überlegenen Standard nicht verdrängt werden konnte. Zu den prominentesten Vertretern dieser Richtung gehören DAVID (1985 und 1986) für Schreibmaschinentastaturen, COWAN (1988) für Kernkraftwerkstechnologien, COWAN und GUNBY (1996) für Schädlingsbekämpfungsverfahren. Einige Autoren sind ihrerseits wieder damit beschäftigt nachzuweisen, daß diese Beispiele das postulierte Marktversagen gerade nicht belegen (LIEBOWITZ und MARGOLIS 1990, 1994 und 1995a, b, c).

Zu der Gruppe der Cliometriker kann weiterhin eine Vielzahl von Autoren gerechnet werden, die die Theorie der Standards anhand aktueller Beispiele illustrieren. Diese werden beschreiben u.a. von GLANZ (1993 und 1994) für Personal Computer, DOWD und GREENAWAY (1993) für Währungsräume, ECONOMIDES (1993) für Finanzmärkte, KNORR (1992) sowie DAVID und STEINMUELLER (1993), KAMPMANN (1993) und EBERT-KERN (1994) für Telekommunikationsmärkte im allgemeinen und GRINDLEY und TOKER (1992a und 1992b) für Telepoint[9] im besonderen.

---

[8] Eine zusammenfassende Darstellung einiger dieser Beiträge findet sich bei Gröhn (1996).

[9] „Telepoint" ist ein Mobilfunksystem in Großbritannien, das sich nicht durchgesetzt hat.

Neben der auf konkrete Beispiele verweisenden Betrachtung von Standards setzen sich viele Autoren auf einer theoretischen Ebene mit Standards auseinander.

Theoretische Untersuchung von Standards

Viele dieser Beiträge zeigen, daß im Rahmen der jeweiligen Modellbedingungen die Existenz von Netzwerkeffekten die Gefahr eines Marktversagens in sich birgt. Der Wettbewerb erzeuge zwar nicht stets ein suboptimales Ergebnis, aber die Gefahr sei zweifellos vorhanden. Als Erklärungsmuster werden hier entweder strategisches Verhalten der Unternehmen oder aber Pfadabhängigkeiten der Entwicklung von Technologien am Markt herangezogen (ARTHUR 1989, CHOI 1994, COLOMBO und MOSCONI 1995).

Unmittelbar im Zusammenhang mit den Ergebnissen der Wohlfahrtsbetrachtungen sind Arbeiten über die Bewertung des Verhaltens von Unternehmen in Märkten mit Kompatibilitätsstandards zu sehen. Hierzu zählen die Arbeiten von FARRELL und SALONER (1986a), SHAPIRO (1996), BENTAL und SPIEGEL (1995), REDMOND (1991), WOECKENER (1994) oder VEALL (1985). Als zweite Seite dieser Medaille sind Arbeiten zu sehen, die die Möglichkeiten beleuchten, wie Unternehmen den Wettbewerb durch gezielte Einflußnahme auf den Standardisierungsprozeß in ihrem Sinne beeinflussen können. Hier sind die Arbeiten von KOGUT, WALKER und KIM (1995), KLEINALTENKAMP (1987), LEE u.a. (1995), STEINMANN und HEß (1993), HARTMAN und TEECE (1990), BESEN und FARRELL (1994), CONNER (1995) FRANCK und JUNGWIRTH (1995) und YANG (1996) anzusiedeln.[10]

Von der Betrachtung der Wirkung von Standards muß die Betrachtung ihrer Entstehung deutlich unterschieden werden. Dies wird zunehmend auch von Wissenschaftlern gesehen und umgesetzt. Somit entsteht auf der Basis der oben genannten wissenschaftlichen Auseinandersetzung mit Standards eine Wissenschaft von der Entstehung von Standards, also von der Standardisierung.

Ökonomische Untersuchung der Standardisierung

In der ökonomischen Literatur zur Standardisierung sind insbesondere zwei Beiträge aus 1988 zu nennen, zum einen ROSEN, SCHNAARS und SCHANI, die

---

[10] Daß die Ergebnisse dieser Theoretischen Wissenschaft von Standards nicht nur Einfluß auf sondern auch Eingang in die politischen Entscheidungsprozesse gefunden haben, wird dadurch illustriert, daß einige der bedeutendsten Vertreter mittlerweile wichtige Positionen in in US-amerikanischen Behörden bekleiden. So war Jsoeph Farrell beispielsweise bis Mai 1997 Chefökonom bei der „Federal Communications Commission" als Nachfolger von Michael Katz, während Carl Shapiro in der „Antitrust Division" des „US Department of Justice" als „Deputy Assistant Attorney" tätig ist.

eine Standardisierung durch den Staat, ein Komitee, den Wettbewerb und ein dominantes Unternehmen qualitativ vergleichen[11], zum anderen FARRELL und SALONER, die eine Standardisierung im Komitee und im Wettbewerb mit Hilfe spieltheoretischer Instrumente vergleichen.

Die Mehrheitsregeln, wie sie von Standardisierungsorganisationen verwendet werden, fanden erst 1995 größere Beachtung bei GOERKE und HOLLER (1995).

Eine Anwendung der Ergebnisse theoretischer Überlegungen auf die Standardisierungspolitik z.B. der Europäischen Kommission, findet sich bei Goerke und Holler (1996), die nach Motiven für eine Abkehr vom *„Old Approach"* hin zum *„New Approach"* (ausführlicher im Abschnitt über die europäischen Standardisierungsorganisationen) suchen.

Die vorliegende Arbeit ist somit dem letzten der drei Forschungszweige zuzuordnen. Die große Verflechtung von Standards und Standardisierung fordert allerdings auch eine Auseinandersetzung mit Standards, also dem Produkt der Standardisierung.

1.2 Gang der Untersuchung

Die Bedeutung von Standards und Standardisierung findet zunehmend Beachtung, so daß sich eine Vielzahl wissenschaftlicher Disziplinen mit diesem Phänomen auseinandergesetzt hat oder sich damit noch befaßt. Soziologen, Juristen, Ingenieure, Informatiker, Volks- und Betriebswirte nähern sich Standards und Standardisierung aus unterschiedlichsten Blickwinkeln. Somit ist es nicht verwunderlich, daß weder eine standardisierte Terminologie für Standards und Standardisierung vorliegt, noch Klarheit und Einigkeit über Arten und Klassen von Standards oder deren Effekte besteht. Um hier dem Leser die Vielfalt und Ambivalenz von Effekten zu vermitteln, wie sie Standards auslösen können, und Klarheit in den verwendeten Termini zu schaffen, dient das Kapitel „Standards: Grundlagen und Definitionen".

Um die Veränderungen der Rahmenbedingungen, in denen sich die Standardisierung bewegt, einordnen und beurteilen zu können, ist es wichtig, die Geschichte dieser Organisationen zu kennen. Die heute existierenden ablauf- und aufbauorganisatorischen Strukturen lassen sich nur verstehen, wenn die Wurzeln der nationalen und internationalen Standardisierung bekannt sind. Die Ge-

---

[11] Ein analoges Vorgehen findet sich auch bei GRINDLEY (1995).

genüberstellung der Wurzeln der Standardisierung und der heutigen Situation der Standardisierung zeigt die Problemfelder und Herausforderungen auf, vor der die Organisationen der Standardisierung heute stehen. Diese Strukturen werden im zweiten Kapitel dieser Arbeit anhand einer ausführlichen Darstellung der Entwicklung und der Motivation in Deutschland (Deutsches Institut für Normung, Verein Deutscher Ingenieure, Verein Deutscher Elektrotechniker und Technische Überwachungsvereine) aufgezeigt. Darüber hinaus werden andere Ansätze wie in Frankreich, Thailand und in den Vereinigten Staaten von Amerika in kürzerer Form dargestellt, da die Motivationen für den jeweiligen Aufbau einer nationalen Normung in allen Ländern gleich war, so daß das Schwergewicht dann auf die länderspezifische rechtliche und organisatorische Einbindung der Standardisierung gelegt werden kann.

Die sich ändernden Eigenschaften der Technologien, bei denen Kompatibilität zu einem wichtigen und manchmal entscheidenden Merkmal wird, stellen die standardsetzenden Organisationen vor eine Reihe neuer Probleme. So spielt heute die Geschwindigkeit der Standardisierung eine wesentlich größere Rolle als am Anfang des Jahrhunderts. Aber auch die Existenz von Netzwerkeffekten und damit die Tendenz hin zum Überleben einer Technologie führen dazu, daß die Standardisierungsinstitutionen mit sehr heterogenen Interessen der Beteiligten umgehen müssen. Hinzu kommen mögliche Kosten, wie sie durch standard- oder technologiespezifische Investitionen oder durch eine Koordinierung zwischen den Beteiligten entstehen können. Die Auswirkungen dieser Herausforderungen auf die jeweiligen Standardisierungsergebnisse werden im vierten Kapitel für hierarchische Standardsetzer, Komitees und für den Wettbewerb untersucht. Die dabei entwickelten Kriterien für eine Bewertung bzw. für einen Vergleich haben allerdings einen rein qualitativen Charakter, so daß ein objektiver Vergleich der Mechanismen nicht möglich ist. Anhand der hier vermittelten Komplexität des Standardisierungsprozesses - sei es durch den Wettbewerb, ein Komitee oder den Staat - können dann die Grenzen der im sechsten Kapitel dargestellten oder entwickelten Modelle aufgezeigt werden.

Die zu Beginn angesprochene Unsicherheit über die zukünftige rechtliche Behandlung von Standards bzw. Standardisierungsprozessen sowohl bei Gerichten als auch bei Regulierungsbehörden und damit ebenfalls bei Unternehmen ist Thema des fünften Kapitels. Es ergeben sich drei große Themenkomplexe, die zur Zeit kontrovers diskutiert werden. So besteht keine herrschende Meinung darüber, ob Kompatibilitätsstandards verbindlich sein sollen oder ihre Befolgung grundsätzlich freiwillig sein soll. Auch die Bewertung des Verhaltens von Standardisierungskomitees und von Unternehmen im Wettbewerb durch Aufsichtsbehörden ist strittig. So ist nicht geklärt, ob z.B. eine geschlossene Struktur eines Standardisierungskomitees wettbewerbsfeindlichen Charakter besitzt oder ob eine Produktvorankündigung generell wettbewerbsfördernd oder - behindernd ist. Ein dritter Bereich hat durch eine Reihe von Prozessen aus der Softwarebranche zusätzliche Beachtung gewonnen. Es geht hier um den Umfang und die Laufzeit von gewerblichen Schutzrechten für Computerprogramme bzw. Teile solcher Programme. Die hier zugrunde liegenden Positionen werden analysiert, wobei eine abschließende Bewertung nicht möglich ist, da sich die Diskussion häufig auf Verteilungsfragen reduziert. Die hier untersuchten Themenkomplexe der rechtlichen Ausgestaltung der Standardisierung werden im Rahmen der Modellbildung herangezogen, um die Ergebnisse der verschiedenen Standardisierungsmechanismen in unterschiedlichen Szenarien zu untersuchen.

Bevor allerdings diese Szenarien behandelt werden, sollen die bedeutendsten Beiträge zur Analyse von Standardisierungsprozessen behandelt werden. Die volkswirtschaftliche Auseinandersetzung mit den Möglichkeiten der Ausgestaltungen des Standardisierungsprozesses geht auf die Arbeit von FARRELL und SALONER (1986a) zurück (Abschnitt 4.1.1). Die hier getroffene Aufteilung der Anwender von Standards in zwei Lager, die sich jeweils einen anderen Standard wünschen, stellt die Basis für eine Vielzahl weiterer Arbeiten in diesem Bereich dar. So bauen GOERKE und HOLLER in ihrer Abhandlung über die Auswirkungen von unterschiedlichen Mehrheitsregeln im Hinblick auf den Erfolg einer Koordination unmittelbar auf FARRELL und SALONER auf (Abschnitt 4.1.2). Ihre Untersuchung schließen GOERKE und HOLLER damit, daß die Effizienzwirkungen einer Änderung Mehrheitsregel ambivalent sind und keine endgültige Aussage über eine Wohlfahrtsverbesserung oder -verschlechterung getroffen werden kann. Das Modell von GOERKE und HOLLER aufgreifend, unterscheidet der Verfasser in Abschnitt 4.1.3 drei Fälle, um doch Aussagen über die Wohlfahrtswirkungen einer Änderung der Mehrheitsregel treffen zu können. Dies kann auch für einen der drei Fälle erreicht werden.

Das letzte in diesem Kapitel vorgestellte Modell (Abschnitt 4.1.4) geht wieder auf eine Arbeit von FARRELL und SALONER zurück, in der sie versuchen, eine Standardisierung durch ein Komitee und durch den Wettbewerb im Hinblick auf ihre Gleichgewichte und deren Effizienz zu untersuchen. Gedanklich führen sie an dieser Stelle ihr oben vorgestelltes Modell weiter, indem sie eine Standardisierung nur über den Wettbewerb, nur über ein Komitee und über eine Kombination beider untersuchen. Hier führen sie auch die Verwendung spieltheoretischer Ansätze auf den Prozeß der Standardisierung ein.

Dies ist ein Verfahren, das, vom erkenntnistheoretischen Standpunkt betrachtet, sehr kritisch zu sehen ist. Das gesellschaftliche Optimum wird z. B. bei FARRELL und SALONER (1986a S. 946ff, 1986b S. 72 oder 1992 S. 22ff) als Summe der individuellen Nutzen interpretiert, womit sowohl ein kardinaler Charakter als auch eine interpersonelle Vergleichbarkeit des Nutzens unterstellt wird. Beide Konzepte sind nicht unumstritten. So steht im Gegensatz zum kardinalen das ordinale Nutzenkonzept. Während im ersteren angenommen wird, daß Individuen angeben können, wie groß z.B. der Unterschied im Nutzen aus zwei Warenkörben ist, genügt dem ordinalen Konzept, daß das Individuum Aussagen darüber machen kann, ob es einen der Warenkörbe dem anderen vorzieht oder zwischen beiden indifferent ist.

Der interpersonellen Vergleichbarkeit des Nutzens wurde 1935 von Robbins entgegengehalten, daß sie unwissenschaftlich sei. Im Anschluß hieran entwickelte sich ein „'Dogma' der wissenschaftlichen Unmöglichkeit interpersoneller Nutzenvergleiche". Hierauf baute die „Neue Wohlfahrtsökonomie" auf, die auf solche interpersonellen Nutzenvergleiche verzichtete. (MÖLLER 1981, S. 4)

Um weiterhin Aussagen über die Über- bzw. Unterlegenheit wirtschaftlicher Maßnahmen treffen zu können, wurden verschiedene Beurteilungskriterien entwickelt. So ist eine Maßnahme wohlfahrtssteigernd nach

- dem *Pareto-Kriterium,* wenn niemand durch diese Maßnahme schlechter gestellt wird,
- dem *Kaldor-Prinzip,* wenn die Gewinner die Verlierer für ihre Verluste kompensieren könnten,
- dem *Scitovsky-Kriterium,* wenn der erreichte Zustand dem alten Zustand nach dem Kaldor-Kriterium überlegen ist und nicht auch eine Umkehrung der Maßnahme dem Kaldor-Kriterium genügt und
- nach *Bergson,* wenn die e*xplizite soziale Wohlfahrtsfunktion* zu einer höheren gesellschaftlichen Indifferenzkurve führt. (MANSFIELD, S. 458ff)

ARROW (1951) analysierte die Probleme, die entstehen, wenn die ordinalen Präferenzordnungen verschiedener Individuen zu einer gemeinsamen Präferenzordnung zusammengefaßt werden sollen, wie es für eine „soziale Wohlfahrtsfunktion" notwendig ist. Auf der Grundlage von Axiomen[12] zeigte ARROW, daß es keine kollektive Entscheidungsregel geben kann, die eine ge-

---

[12] Wie Transitivität, schwaches Pareto-Prinzip, Unabhängigkeit irrelevanter Alternativen und der Abwesenheit eines Diktators.

sellschaftliche Wohlfahrtsfunktion erzeugt, ohne gegen eines der Axiome zu verstoßen.[13]

Da im Rahmen der vorliegenden Arbeit auf den Ergebnissen der bisherigen Literatur zur Standardisierung zurückgegriffen werden soll und sich somit auch eine ähnliche Modelstruktur ergibt, müssen auch die Ergebnisse, wie sie insbesondere im sechsten Kapitel dieser Arbeit entwickelt werden, in diesem Licht gesehen werden.

An den im Kapitel 6.1 vorgestellten und diskutierten Modellen muß neben der erkenntnistheoretischen Kritik weitere Kritik dahingehend geübt werden, daß die Modelle von der Annahme ausgehen, die Standardisierung werde durch die Anwender ausgeführt. Dies ist in der Realität aber nicht oder nur in Ausnahmefällen der Fall.[14] Um sowohl die Marktstruktur auf der Anbieter- als auch auf der Nachfragerseite zu berücksichtigen, wird in Kapitel 6.2 ein eigenes Modell zur Standardisierung im Komitee und durch den Wettbewerb entwickelt. Hierfür stellen die im vorangegangenen Kapitel vorgestellten Modelle sozusagen den geistigen Unterbau dar. Die von FARRELL und SALONER eingeführte Analyse in 2x2-Matrizen wird ebenso übernommen wie die Frage nach Mehrheitsregeln, wie sie von GOERKE und HOLLER untersucht wurde, wobei in deren Modell nur die Wahl zwischen einer einfachen Mehrheitsregel oder einer Konsensentscheidung möglich ist. Der Realität wird dadurch Rechnung getragen, daß nun Unternehmen den Standardisierungsprozeß tragen und die Anwender sich nicht koordinieren können. Die Ergebnisse des Kapitels 5 gehen dabei insofern in die Modelle ein, als gleichgewichtiges Verhalten der Akteure in unterschiedlichen rechtlichen Szenarien untersucht wird.

Die gewählte Modellformulierung kommt dabei naturgemäß nicht ohne eine Reihe von Simplifizierungen aus. So stehen z.B. nur zwei Technologien zur Standardisierung bereit. Darüber hinaus verhalten sich z.B. Unternehmen, die diese Technologien entwickelt haben, im Wettbewerb als Cournot- oder Stakkelbergoligopolisten. Die Ergebnisse der Modellformulierung können natürlich aufgrund ihrer restriktiven Annahmen nur bedingt als Grundlage für eine abschließende Bewertung der heutigen standardsetzenden Organisationen dienen, doch sind die Ergebnisse hinreichend, um daraus Schlüsse über die Praktikabilität und Effizienz der Antwort der standardsetzenden Organisationen auf Kompatibilitätsstandards zu ziehen, nämlich diese mit dem gleichen Instru-

---

[13] Ausführliche Darstellungen finden sich z.B. in BOSSERT und STEHLING (1990), KELLY (1978) oder TANGUIANE (1991).

[14] Dem Verfasser ist kein Ausnahmefall bekannt. Seine Existenz kann aber nicht ausgeschlossen werden.

mentarium setzen zu wollen wie Standards zur Reduktion der Vielfalt. Darüber hinaus können auch tendenzielle Aussagen über veränderte Anforderungen an die rechtliche Rahmengebung der Standardisierung im Zusammenhang mit Kompatibilität und großen Netzwerkeffekten getroffen werden.

Den Abschluß der Arbeit bildet die Zusammenführung der Ergebnisse der einzelnen Abschnitte, wobei auf einen umfangreichen Katalog von Fragen, die noch zur Beantwortung ausstehen, nicht verzichtet werden soll. Die ökonomische Analyse standardsetzender Organisationen und ihrer Wirkungen steht eben noch am Anfang.

2 Standards: Grundlagen und Definitionen

Im ersten Abschnitt dieses Kapitels werden die Argumente gegen eine Standardisierung durch die „unsichtbare Hand" des Wettbewerbs dargestellt. Als besonders problematisch erweist sich hierbei, daß ein Versagen des Wettbewerbs bei der Standardisierung verschiedene Ursachen haben kann, die noch dazu gleichzeitig auftreten können. So weisen Standards und insbesondere Standards, die von einem Standardisierungskomitee entwickelt wurden, die Eigenschaft öffentlicher Güter auf, da es sich letztlich um Informationen handelt und somit Trittbrettfahren möglich werden kann. Darüber hinaus können Netzwerkexternalitäten auftreten, die dazu führen, daß die privaten Kosten und der Nutzen einer Teilnahme an einem Netzwerk von den gesellschaftlichen Kosten und dem Nutzen abweichen und somit die Möglichkeit einer nicht optimalen Netzwerkgröße besteht. Schließlich können Netzwerkeffekte dazu führen, daß sich ein einziges Netzwerk durchsetzt und somit ein natürliches Monopol entsteht. Diese Möglichkeiten eines Wettbewerbsversagens stellen die Grundlage für die Überlegungen hinsichtlich eines stärkeren staatlichen Engagements dar.

Für diese Überlegungen ist allerdings eine Eindeutigkeit der Benennungen notwendig. Dies gilt insbesondere für Begriffe wie „Norm" und „Standard". Diese sind keine reinen Fachtermini; sie werden in unterschiedlichen Zusammenhängen in der Umgangssprache verwendet. Losgelöst vom alltäglichen Gebrauch dieser Begriffe, entstehen auch in der ökonomischen Auseinandersetzung mit Standards Terminologieprobleme, da mit Standards eine Reihe unterschiedlicher Phänomene verbunden ist. Um diese Probleme zu vermeiden, ist eine deutliche Klärung der Begriffe notwendig, wobei eine Klassifikation nach der ökonomischen Wirkung von Standards gewählt wird. Hierbei wird deutlich werden, daß die meisten Standards verschiedene Wirkungen in unterschiedlicher Intensität aufweisen.

Im dritten Abschnitt dieses Kapitels stehen die Ursachen für diese Wirkungen im Vordergrund. Dabei können die Wirkungen verschiedene Ursachen haben, die kurz dargestellt werden sollen. Diese Ursachen sind insofern von Relevanz, da sie die Grundlage bilden, auf die in späteren Kapiteln zurückgegriffen wird, wenn die verschiedenen Standardisierungsmechanismen anhand verschiedener Kriterien qualitativ betrachtet und verglichen werden.

2.1 Standards und Wettbewerbsversagen

Das erste Wohlfahrtstheorem postuliert, daß ein Wettbewerbssystem dann in der Lage ist, allokative Effizienz hervorzubringen, wenn keine externen Effekte existieren (SAMUELSON und NORDHAUS 1992, S. 292f). Ist diese Bedingung nicht gegeben, existieren also externe Effekte, so ist nicht mehr gewährleistet, daß ein Wettbewerbssystem diese allokative Effizienz verwirklicht. Entsprechend ist in einer Modellwelt ohne externe Effekte ein Eingreifen des Staates aufgrund von Effizienzüberlegungen nur schädlich. Spielen allerdings Standards - insbesondere Kompatibilitätsstandards - eine Rolle, so treten externe Effekte auf, die die Frage nach einem Eingreifen des Staates neu stellen. Nach BATOR existieren drei Arten oder Klassen externer Effekte (BATOR 1959, S. 363), die hier im Zusammenhang mit Standards zu sehen sind:

1. Eigentumsexternalitäten (BATOR, S. 363-365): Diese Art von Externalitäten beschreibt die Problematik, die entsteht, wenn Nutzen- oder Produktionsfunktionen unterschiedlicher Individuen nicht unabhängig voneinander sind. Damit ist die Situation beschrieben, die mittlerweile gemeinhin als „Externalität" umschrieben wird und auf eine Diskrepanz zwischen den individuellen privaten und den gesellschaftlichen Kosten verweist. Die Eigentumsexternalität wird im Abschnitt über „Standards und positive Externalitäten" wieder aufgegriffen.

2. Technische Externalitäten (BATOR, S. 365-369): Hier verweist Bator auf die Existenz von Unteilbarkeiten oder steigenden Skalenerträgen im relevanten Bereich, so daß sich der Markt nicht zu einem Polypol, sondern zu einem Oligopol oder Monopol entwickelt. Diese Form des Marktversagens wird im Abschnitt über „Standards als natürliche Monopole" aufgegriffen.

3. Öffentliche Gut Externalitäten (BATOR, S. 369-371): Diese externen Effekte beziehen sich auf Güter, bei denen der jeweilige individuelle Konsum die von anderen konsumierbare Menge nicht reduziert, also eine „Nicht-Rivalität im Konsum besteht". Inwiefern Standards und damit die Produkte des Standardisierungsprozesses dieses Kriterium erfüllen, soll nun diskutiert werden.

In diesem einführenden Kapitel soll die Vielfalt der Probleme, wie sie im Zusammenhang mit Standards und dem Prozeß der Standardisierung auftreten (können), deutlich gemacht werden. Während häufig externe Effekte, Tendenzen zu natürlichen Monopolen, Nichtrivalität im Konsum und Anreizprobleme für Innovationen einzeln auftreten, sind Standards durch eine Interaktion all dieser „Erscheinungen" geprägt.

2.1.1 Standards und öffentliche Güter

Standards lassen sich auf Informationen zurückführen. Dies gilt sowohl bei technischen Standards wie auch bei nichttechnischen.[15] Damit wird auch schon deutlich, daß Standards in nicht geringem Maße die Eigenschaften öffentlicher Güter aufweisen. Diese Analogie ist sicherlich unkritisch, solange der Bereich der „Nichtrivalität im Konsum" betroffen ist. Die für ein Wirtschaftssubjekt verfügbare oder konsumierbare Menge eines Standards wird durch die Verwendung durch ein anderes Wirtschaftssubjekt nicht geringer.

Die Eigenschaft der Nichtausschließbarkeit ist demgegenüber weniger eindeutig, da der Zugang zu technischen Standards über eine Reihe an gewerblichen Schutzrechten beschränkt werden kann.[16] Wie bei öffentlichen Gütern stellt sich dann auch bei Standards die Frage, wer das Gut (hier: den Standard) produzieren soll.

Die Antwort auf diese Frage hängt in nicht geringem Maße vom Verhalten der Trittbrettfahrer ab, die aufgrund der Nichtausschließbarkeit vom Konsum in den Genuß des öffentlichen Gutes kommen, aber nicht zur Finanzierung bzw. Produktion des öffentlichen Gutes beitragen (wollen). Die Produktion eines Standards im Rahmen eines Komitees ist zum Teil mit erheblichen Kosten verbunden. Das folgende Modell von FORAY (1993) versucht, die Probleme einer kollektiven Standardisierung im Komitee abzubilden.

FORAY verwendet für seine Analyse ein „Mehr-Personen-Gefangenendilemma", wie es von SCHELLING ausführlich beschrieben ist (SCHELLING 1978). Es wird die Frage gestellt, unter welchen Bedingungen ein Komitee einen Standard produziert, obwohl Trittbrettfahren eine individuell dominante Strategie darstellt. Das vorliegende Modell geht dabei von folgenden Annahmen aus:

I.   Die Gesellschaft besteht aus „N" Nutzern eines Standards, die sich zwischen der Teilnahme am oder der Abwesenheit vom Standardisierungsprozeß zu entscheiden haben. Unabhängig von dieser Entscheidung erhalten alle den gleichen Nutzen aus dem entwickelten Standard. Trittbrettfahrer

---

[15] Unter technischen Standards werden Standards verstanden, die in Artefakten materialisiert werden (können). Hierzu zählen z.B. Schraubenstandards, Radio- oder auch Fernsehstandards, da Sender und Empfänger entsprechend dieser Standards gebaut werden können. Nichttechnische Standards sind z.B. Sprachen oder soziale Standards (in der Soziologie als „soziale Normen" bezeichnet).

[16] Ausführlicher hierzu der Abschnitt über die rechtliche Dimension der Standardisierung.

nehmen nicht am Standardisierungsprozeß teil, erhalten aber den vollen Nutzen aus dem entwickelten Standard.

II. Jeder Nutzer verfügt über eine dominante Strategie, nämlich nicht die Kosten einer Teilnahme am Standardisierungsprozeß aufzuwenden.

III. Die Auszahlungen für die Individuen seien eine stetige, monoton steigende Funktion der Anzahl der am Standardisierungsprozeß teilnehmenden Nutzer. Wie immer sich der einzelne Nutzer entscheidet, stellt er sich besser, je mehr andere Nutzer ihre nichtpräferierte Wahl treffen und am Standardisierungsprozeß teilnehmen.

Mit den bisherigen Annahmen bewegen wir uns im traditionellen Mehr-Personen-Gefangenendilemma mit dem Ergebnis, daß kein Komitee zustande kommt und damit auch kein Standard produziert wird. Somit dürfte es eigentlich keine standardsetzenden Organisationen geben. Da es aber sowohl auf nationaler wie auch auf regionaler oder internationaler Ebene eine Vielzahl von Organisationen gibt, die sich zum Teil ausschließlich mit der Produktion von Standards beschäftigen, reichen die bisher gemachten Annahmen nicht aus, um die Realität hinreichend zu beschreiben. Dies ändert sich allerdings, wenn das Modell durch die folgende Annahme ergänzt wird:

IV. Es gibt eine Anzahl an Nutzern „m", die sich durch ihre Teilnahme an einer erfolgreichen Standardisierung besser stellen als im Falle, daß kein Standard zustande kommt. Eine notwendige Bedingung hierfür ist allerdings, daß mindestens „m" Nutzer am Standardisierungsprozeß teilnehmen.

In Abbildung 2 werden die Auszahlungen für die Individuen der Gesellschaft in Abhängigkeit von der Anzahl derer, die am Standardisierungsprozeß teilnehmen, dargestellt. Zu beachten ist dabei, daß sich die Auszahlungsfunktionen nicht schneiden, so daß es für alle Individuen eine dominante Strategie ist, nicht am Standardisierungsprozeß teilzunehmen. Als Besonderheit ist festzuhalten, daß der Abstand zwischen den Funktionen in diesem Beispiel konstant ist und die Auszahlungen stetig und linear in Abhängigkeit von der Anzahl der am Standardisierungsprozeß teilnehmenden Individuen zunehmen.[17]

---

[17] Dieser Teil des Beitrags von FORAY basiert überwiegend auf SCHELLING 1978, Kapitel 7. Dort finden sich auch andere Verläufe für die Auszahlungen bei Teilnahme und bei Nichtteilnahme.

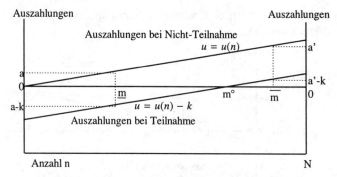

Abbildung 2: **Graphische Darstellung der individuellen Auszahlungen im Mehr-Personen-Gefangenendilemma** (Quelle: FORAY 1993a, S. 7)

Nimmt niemand am Standardisierungsprozeß teil, so ergibt sich eine Auszahlung von „0" für jeden. Die Teilnehmer am Standardisierungsprozeß müssen für die Teilnahme konstante Kosten in Höhe von „k" aufbringen[18]. Würde z.B. ein Komitee mit lediglich „$\underline{m}$" Teilnehmern zustande kommen, so erhielten diejenigen, die nicht am Standardisierungsprozeß teilnehmen, eine Auszahlung von „a" und diejenigen, die teilnehmen, erhielten eine Auszahlung von „a-k". Solange der letzte Ausdruck negativ bleibt, wird niemand bereit sein, an der Produktion eines Standards teilzunehmen. Erst wenn „a-k" positiv wird, besteht ein Anreiz, überhaupt ein Standardisierungskomitee zu gründen und am Standardisierungsprozeß teilzunehmen, denn die Alternative wäre keine Standardisierung in Verbindung mit einer Auszahlung von „0".

Annahme IV besagt nun, daß es eine Anzahl an Individuen m° gibt, für die es sinnvoller ist, einen Standard kollektiv zu produzieren, als daß niemand teilnimmt und somit kein Standard produziert wird: a'-k > 0 für m ≥ m°. Graphisch bedeutet dies, daß die Auszahlungsfunktion „Auszahlung bei Teilnahme" die x-Achse schneidet.

Die Ergebnisse dieses Spiels lassen sich wie folgt zusammenfassen:

1. Jeder Nutzer hat unabhängig von der eigenen Entscheidung ein Interesse daran, daß sich die Koalition formiert, da a' > a $\forall$ m.
2. Es ist für jeden profitabel, nicht teilzunehmen: a > a-k und a' > a'-k $\forall$ m.

---

[18] „k" entspricht dem Abstand zwischen den „Auszahlungen bei Nichtteilnahme" und den „Auszahlungen bei Teilnahme" am Standardisierungsprozeß in Abbildung 2.

3. Um eine überlebensfähige Koalition zu erreichen, muß sie aus mindestens m° Nutzern bestehen.

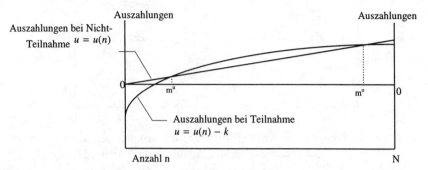

Abbildung 3: Verlauf der Auszahlungsfunktionen, wenn es eine Mindestgröße m^u und eine Maximalgröße m^o gibt (Quelle: FORAY 1993a, S. 10)

Zu beachten ist, daß FORAY eine implizite Annahme macht, die u.U. nur schwer zu rechtfertigen ist. Die individuellen Auszahlungen aus dem Standard steigen danach monoton mit der Anzahl der Personen, die am Standardisierungsprozeß teilnehmen. Somit unterstellt FORAY, daß die Qualität oder der Wert eines Standards mit der Anzahl der Teilnehmer am Standardisierungsprozeß steigt und das Maximum dann erreicht, wenn alle Individuen daran teilnehmen. Die adversen Effekte einer umfassenden Teilnahme am Standardisierungsprozeß wie z.B. eine Verzögerung der Entscheidungsprozesse oder das Spektrum der Interessen, das mit der Anzahl der Teilnehmer steigt, bleiben jedoch unberücksichtigt. In diesem Fall könnte sowohl von einer Mindestgröße des Standardisierungskomitees gesprochen werden als auch von einer Maximalgröße. Ein möglicher Verlauf derartiger Auszahlungen ist in Abbildung 3 dargestellt.[19]

2.1.2 Standards und positive Externalitäten

Das folgende Argument kann als definierendes Merkmal sogenannter „Kompatibilitätsstandards" dienen. Diejenigen, die einen Standard benutzen, werden im folgenden als Netzwerk bezeichnet; die sich aus dem Netzwerk ergebenden Externalitäten als positive Netzwerkeffekte.

Gegeben seien zwei Nutzenfunktionen U für die Individuen i und j:

---

[19] Eine Anwendung von Mindestgröße und Maximalgröße auf Telekommunikationssysteme findet sich bei NOAM (1992).

$U_i = U_i(x_i, y_i, y_j)$ und $U_j = U_j(x_j, y_j, y_i)$ $\forall$ i, j und i ≠ j.

Hierbei stelle x die Konsummenge eines Gutes ohne Netzwerkexternalitäten dar, während y die Konsummenge eines Gutes mit Netzwerkexternalitäten darstellt. Wie zu erkennen ist, gehen die individuell nachgefragten Mengen des jeweils anderen Individuums in die eigene Nutzenfunktion ein. Die Nutzenfunktionen weisen die folgenden Eigenschaften auf:

(i) $\delta U_i/\delta y_i > 0$, $\delta U_i/\delta x_i > 0$ und $\delta U_i/\delta y_j > 0$,
(ii) $\delta^2 U_i/\delta y_i^2 < 0$ und $\delta^2 U_i/\delta y_j^2 < 0$.

Der Nutzen eines jeden Individuums „i" wächst mit einer größeren Konsummenge. Dies gilt sowohl für die eigenen Mengen (x_i und y_i), aber auch bei einer steigenden Konsummenge des anderen Individuums y_j. Bei individueller Nutzenmaximierung fragt i die Gleichgewichtsmenge y_i^G nach, bei der der Preis, der als exogen vorgegeben angenommen sei, dem Grenznutzen aus der eigenen Nutzung des Standards entspricht:

$$\delta U_i/\delta y_i = p.$$

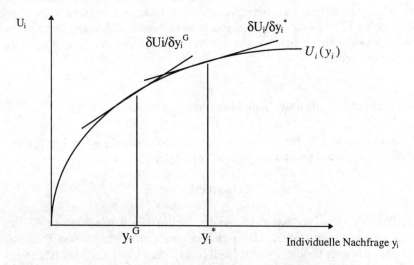

Abbildung 4: Gleichgewichtige und optimale individuelle Nachfrage nach einem Gut mit positiven externen Effekten im Konsum

Wird hingegen eine Wohlfahrtsfunktion maximiert, die sich additiv aus den beiden Nutzenfunktionen zusammensetzt, so bestimmt sich die optimale Menge y_i^* aus folgender Optimalitätsbedingung:

$$(\delta U_i/\delta y_i) + (\delta U_j/\delta y_i) = p.$$

Da der Preis exogen vorgegeben ist und ein zusätzlicher Nutzer positiv in die Nutzenfunktion eingeht, muß der Term $\delta U_i/\delta y_i$ kleiner werden, damit die Optimalitätsbedingung erfüllt werden kann. $\delta U_i/\delta y_i$ wird mit zunehmender Konsummenge kleiner, so daß der gesellschaftlich wünschenswerte Konsum rechts vom Gleichgewichtskonsum liegt (s. Abbildung 4). (Vgl. KATZ und SHAPIRO 1992, S. 46 und REGIBEAU 1995, S. 35) Dies bedeutet, daß das gleichgewichtige Netzwerk zu klein ist, also Bedarf besteht, dieses Netzwerk auszuweiten.

2.1.3 Standards und Monopole

Standards und Monopole stehen auf unterschiedliche Weise im Zusammenhang zueinander. Zum einen haben Standards die Tendenz zu einer „natürlichen Monopolbildung", d.h., analog zur herkömmlichen Theorie natürlicher Monopole stellt - bei hinreichend großen Netzwerkeffekten - ein einziger Standard das gesellschaftliche Optimum dar. Zum anderen ist es bedeutsam zu untersuchen, wie „Monopole in Standards" aufgrund von gesetzlichen Schutzrechten wirken und welche Abweichungen sich von der üblichen Betrachtung des Schutzes von Innovationen ergeben.

2.1.3.1 Standards als natürliche Monopole

Üblicherweise spricht man von „natürlichen Monopolen", wenn bei der Produktion eine „Subadditivität der Kosten" vorliegt:

$$\Sigma\, c(x_i) > c(\Sigma x_i).$$

x_i stellt hierbei die Produktionsmenge des Produktes i dar, während c die Produktionskosten repräsentiert. Da es sich beim „natürlichen Monopol" um ein statisches Konzept handelt (WIESE 1991, S. 94), der Faktor Zeit aber häufig eine große Rolle spielt, wird im Zusammenhang mit natürlichen Monopolen häufig auf das Konzept der Erfahrungs- oder Lernkurven als Erklärung verwiesen (HEUERMANN, S. 49-51). In der Literatur zu natürlichen Monopolen wird nicht darauf eingegangen, daß es auch die Möglichkeit einer nachfrageseitigen

Subadditivität (hier wäre es u.U. besser von einer „Superadditivität der Nachfrage" zu sprechen[20]) gibt. Dieses Phänomen ist aber für Märkte mit Netzwerkeffekten durchaus relevant. Analog zu dem dynamischen angebotsseitigen Konzept der Erfahrungskurven wird hier, W. BRIAN ARTHUR (ARTHUR 1988 und 1989) folgend, von einer „positiven Rückkopplung" gesprochen.

Technologie

		A	B
	R	$a_R + \alpha n_R$	$b_R + \alpha n_R$
Nutzergruppe			
	S	$a_S + \beta n$	$b_S + \beta n_S$

Tabelle 1: Die Auszahlungen für die Bevölkerungsgruppen in Abhängigkeit ihrer Technologiewahl (Quelle: Arthur 1989, S. 118)

In dem Modell von ARTHUR wird von zwei Bevölkerungsgruppen R und S mit unterschiedlichen Präferenzen bezüglich der zur Wahl stehenden Technologien A und B ausgegangen. Die Bevölkerungsgruppe R (bzw. S) zieht Technologie A (bzw. B) vor:

$$a_R > b_R,$$

wobei a_R bzw. a_S die Auszahlung für die Bevölkerungsgruppen R (bzw. S) bei Wahl der Technologie A darstellt. Die Auszahlungen für Technologie B werden mit b und dem Index der Bevölkerungsgruppe angegeben. Die Auszahlungen der beiden Bevölkerungsgruppen in Abhängigkeit von der jeweiligen Technologie ist der Tabelle 1 zu entnehmen: Der Netzwerkeffekt wird hier mittels des Produktes aus α bzw. β und der Anzahl „n" der bisherigen Nutzer, die sich für die entsprechende Technologie entschieden haben, modelliert. Es sei angenommen, daß steigende Skalenerträge existieren: $\alpha, \beta > 0$. Dann werden sich ab einer bestimmten Grenze[21] alle neuen Nutzer nur noch für eine der beiden zur

---

[20] So sprechen z.B. KATZ und SHAPIRO von „demand-side economies of scale" (KATZ und SHAPRIO 1986a, S. 824).

[21] Diese Grenzen bestimmen sich aus den folgenden Ungleichungen:
$n_A(n) - n_B(n) \leq (b_R - a_R)/\alpha$, d.h. auch neue R-Nutzer wählen die Technologie B oder

Auswahl stehenden Technologien entscheiden: Der Standard ist erzeugt (ARTHUR 1989, S. 120).[22]

Der Eigenschaft von Standards als natürliche Monopole wird von YOUNG (1996) widersprochen. Danach würden exogene Schocks dazu führen (können), daß eine Gesellschaft von einem dominanten Standard zu einem anderen wechselt. Dies wird durch den Wechsel vom Links- zum Rechtsverkehr durch Österreichs im Rahmen des Anschlusses belegt. Allerdings wird von YOUNG übersehen, daß der Linksverkehr in Österreich nur ein räumlich begrenzter Standard war und daß global gesehen sich noch kein Standard diesbezüglich durchgesetzt hat. Wenn es zu einer weltweiten Standardisierung des Straßenverkehrs kommen sollte, so kann danach zwar ein exogener Schock dazu führen, daß vom Rechts- zum Linksverkehr gewechselt wird, doch müßte dieser Schock seinen Ursprung wohl außerhalb unseres Sonnensystems haben.

2.1.3.2 Monopole in Standards

Setzt sich eine Technologie durch, die eigentumsrechtlich geschützt ist, so entsteht ein „Monopol innerhalb eines natürlichen Monopols". Beruht dieses Monopol auf nicht technologisch bedingten und somit künstlichen Marktzutrittsbarrieren, wie z.B. Patent- oder Urheberrechten, so ist es nach erfolgter Standardisierung gesellschaftlich wünschenswert, wenn diese Rechte nicht mehr bestünden, weil dann die Verbreitung der Technologie besser gewährleistet werden kann. Da damit aber zukünftige Anreize für die Entwicklung von Technologien verlorengingen, weicht man diese Schutzrechte nicht auf. Somit stünde zu erwarten, daß der Monopolist das übliche Verhalten eines Monopolisten - hohe Preise, geringe Mengen, X-Ineffizienz und niedrige Qualität - an den Tag legen wird.

Nach der Theorie des „second sourcing" stellt sich diese Problematik in Märkten, in denen Netzwerkeffekte eine Rolle spielen, gar nicht mehr - oder nur in abgeschwächter Form. Der hierbei wirksam werdende Mechanismus funktioniert wie folgt:

$n_A(n) - n_B(n) \geq (b_S - a_S)/\beta$, d.h., auch neue S-Nutzer wählen die Technologie A.

[22] ARTHUR, ERMOLIEV and KANIOVSKI (1983) zeigen, daß innerhalb dieses Modells der Prozeß mit einer Wahrscheinlichkeit von „1" dazu führt, daß nur eine der Technologien überlebt.

Fallbeispiel 1: **Videocassettenrecorder Betamax gegen VHS**

Eines der meistgenannten und meistdiskutierten Beispiele für den Wettbewerb zwischen zwei oder mehr Technologien bis zu dem Zeitpunkt, da nur noch eine existiert, sind die unterschiedlichen Formate für Videocassettenrecorder (VCR) (s. GRINDLEY 1995, THUM 1995, HESS 1993, GABEL 1993).

Nach einer Reihe von fehlgeschlagenen Versuchen, Aufzeichnungsgeräte für den privaten Anwender einzuführen, hat 1975 Sony Erfolg mit dem Betamax-System. Sony versuchte den größten seiner heimischen Konkurrenten im Bereich der Aufzeichnungsgeräte - Matsushita - davon zu überzeugen, sich dem Betamax-System anzuschließen. Dies scheiterte allerdings daran, daß ein Tochterunternehmen der Matsushita-Gruppe an einem eigenen Format arbeitete, dem Video-Home-System (VHS) der Junior Company of Japan (JVC), dem sich auch Matsushita anschließen wollte. Somit stand schon zu Beginn der Markteinführung fest, daß Sony sich mit einer anderen Technologie würde auseinandersetzen müssen.

Als eine der für den Erfolg entscheidenden Determinanten erwies sich die maximale Spieldauer der Videocassetten. Da Betamax ein in bezug auf die Abmessungen kleineres Format hatte, paßte auch bei gleichen Speichertechnologien grundsätzlich weniger Magnetband in eine Kassette, so daß VHS ständig über Kassetten mit einer längeren Spieldauer verfügte. VHS erreichte schon 1976 die kritische Grenze von zwei Stunden. Diese Spieldauer ist deshalb so bedeutsam, weil die Masse der Spielfilme zwischen 90 und 120 Minuten Spielzeit aufweisen, d.h., erst die Spieldauer von zwei Stunden schuf den Komplementärmarkt der bespielten Videocassetten und wenig später der Videotheken. Innerhalb kürzester Zeit verlor Betamax in den USA seinen Marktanteil von 100% im Jahr der Markteinführung bis 20% in 1981. 1988 hatte VHS im Hinblick auf die weltweit produzierten VCR einen Marktanteil von fast 100% erreicht. Auch Versuche, andere Videoformate im Markt zu etablieren, wobei insbesondere der Versuch von Video 2000 in Europa zu nennen ist, scheiterten.

Die Tatsache, daß in einem Wettbewerb mehrerer Technologien eine gewinnt und sich durchsetzt, ist per se kein Grund für eine Einordnung dieses Sachverhaltes unter der Überschrift „Standards und Marktversagen". Doch besteht im Zusammenhang mit der Standardisierung des Videorecorderformates der Verdacht, daß mit Betamax das technologisch überlegene System verloren hat und somit der Wettbewerb nicht notwendigerweise die bessere Technologie zum Standard macht.

- Es setzt sich eine Technologie um so eher durch, je höher die Erwartungen der Nutzer bezüglich des Erfolges der Technologie sind.
- Die Nutzer gehen davon aus, daß sich ein Monopolist ex post opportunistisch verhalten wird.
- Der Preis des Gutes nach erfolgter Standardisierung spielt bei der Erwartungsbildung durch die Nutzer eine große Rolle.
- Da der potentielle Monopolist keine Möglichkeit besitzt, sich selbst zu binden und damit ein ex post kooperatives Verhalten zu garantieren, muß er nach Möglichkeiten suchen, niedrige Preise auch nach erfolgter Standardisierung zu garantieren. Ein möglicher Weg ist der Markteintritt durch Konkurrenten, da diese den Preis auf Wettbewerbsniveau drücken werden.

Diese Konkurrenten sorgen dafür, daß sich der Standard des Monopolisten mit einer deutlich höheren Wahrscheinlichkeit durchsetzt, als im Monopolfall. Der Gewinn des potentiellen Monopolisten kann also im Monopolfall sehr wohl geringer ausfallen als im Oligopol- oder Polypolfall (KATZ und SHAPIRO 1985a, S. 431, ECONOMIDES 1996b). Diese Strategie des „second-sourcing" [23] führt dazu, daß die Gefahr des Erhalts eines Monopols in einem Markt mit Netzwerkeffekten deutlich geringer als in einem Markt für „normale" Güter ist.[24]

2.2 Begriffe und Definitionen

Wenn bisher Begriffe wie „Standard", „Norm", „Institution" oder „Organisation" benutzt wurden, so geschah dies ohne eine Abgrenzung oder Definition. Da eine eindeutige Definition dieser Begriffe für ein intuitives Verständnis der einführenden Kapitel nicht von entscheidender Bedeutung ist und die Problematik auch und vielleicht sogar besser ohne eine genaue Definition erfaßt werden kann, sollen erst im folgenden Abschnitt diese Definitionen vorgenommen werden.

2.2.1 Institutionen und Organisationen

Nach SCHERTLER (1995, S. 14f) kann eine Unternehmung oder im Verständnis der vorliegenden Arbeit eine Organisation durch die folgenden Eigenschaften charakterisiert werden:

---

[23] Zum Thema des „second-sourcing" siehe z.B. von WEIZSÄCKER (1984a), FARRELL und GALLINI (1988).

[24] Eine kritische Auseinandersetzung mit diesem Ansatz findet sich im Abschnitt über den rechtlichen Rahmen der Standardisierung.

„Die Unternehmung besteht aus Menschen und „Dingen" [...].
Die Unternehmung weist eine Ordnung, eine Struktur auf, die [...] von
Menschen geschaffen werden muß.
Die Unternehmung ist [...] ein dynamisches, „offenes" Gebilde [...].
Die Unternehmung ist zweck- und zielgerichtet.[...]
Die Unternehmung ist ein soziales Gebilde (...)."

Im Gegensatz hierzu steht die Institution. Während für eine Organisation die
oben aufgeführten Charakteristika in ihrer Summe auftreten müssen, um eine
Organisation zu konstituieren, kann eine Institution diese Charakteristika aufweisen, sie muß es aber nicht. Eine Institution ist also im Rahmen der vorliegenden Arbeit nicht, wie im allgemeinen Sprachgebrauch üblich, ausschließlich
als Unternehmung oder Organisation zu verstehen (wie z.B. im Namen „British
Standards Institution"), sondern eher als eine „Summe von Regeln". Diese Regeln können sich z.B. auf die Definition der möglichen Ergebnisse oder auf
Verhaltensweisen - welche sind erlaubt, verboten oder erwünscht - beziehen.
Derartige Regeln können durch Menschen geschaffen werden und können
durch Menschen auch wieder verändert werden.[25]

2.2.1.1 Hierarchien

Hierarchien zeichnen sich dadurch aus, daß zwischen den Beteiligten eine nach
unten gerichtete Weisungsbefugnis vorliegt, die auf expliziten Regeln beruht.
Die Weisungsbefugnis kann auf der Basis eines expliziten Vertrages entstanden
sein, wie z.B. im Rahmen eines Arbeitsvertrages oder aufgrund eines impliziten
Vertrages, wie z.B. zwischen einer staatlichen Behörde und Unternehmen, Konsumenten oder anderen Individuen oder Organisationen innerhalb der Nation.
Insofern gehören im Verständnis der vorliegenden Arbeit sowohl die Judikative
als auch die Legislative und die Exekutive zur Hierarchie. Im folgenden wird
das Schwergewicht allerdings auf staatliche Organisationen oder allgemein auf
die Bürokratie gelegt. Eine weitergehende Diskussion expliziter Verträge zur
Standardisierung soll im Rahmen dieser Arbeit nicht erfolgen, da sie gerade bei
Arbeitsverträgen eher dem Bereich der Arbeitsmarktökonomik bzw. der Prin-
ciple-Agent-Theorie zuzuordnen ist.

---

[25] Eine Diskussion verschiedener Institutionenbegriffe findet sich bei OSTROM (1986) oder
CRAWFORD und OSTROM (1995).

2.2.1.2 Standardisierungskomitees

Unter "Standardisierungskomitees" sind freiwillige Zusammenschlüsse von Individuen oder Organisationen zu verstehen. Diese Zusammenschlüsse können sich mit der Entwicklung, der Verabschiedung und/oder der Förderung von Standards beschäftigen. Aufgrund der freiwilligen Teilnahme sind die in Standardisierungskomitees entwickelten Standards grundsätzlich unverbindlich.[26]

Standardisierungskomitees können in anerkannte nationale Standardisierungskomitees und nicht anerkannte Standardisierungskomitees unterteilt werden. In fast allen Staaten existiert mindestens eine Organisation - dies kann sowohl ein freiwilliger Zusammenschluß juristischer oder privater Personen als auch eine staatliche Behörde sein, - die vom Staat als für die Standardisierung zuständige Organisation anerkannt wird. Diese Organisation vertritt üblicherweise die Interessen dieser Nation in internationalen Gremien, wie z.B. der International Organization for Standardization (ISO)[27] oder in regionalen Gremien, wie z.B. Comité Européen de Normalisation (CEN). Außer den obengenannten anerkannten Standardisierungskomitees bzw. Organisationen existiert eine Vielzahl weiterer Zusammenschlüsse, die sich mit der Entwicklung von Standards beschäftigen. Es sei an dieser Stelle darauf aufmerksam gemacht, daß es neben den rein technisch orientierten Organisationen auch viele im terminologischen Bereich gibt, z.B. Kooperationen, die sich mit der Vereinfachung der deutschen Sprache bzw. Schrift beschäftigen.

2.2.1.3 Wettbewerb

Neben der Möglichkeit, Standards im Rahmen von Organisationen zu entwickeln oder zu determinieren, existiert häufig auch die Variante, daß Technologien unmittelbar miteinander konkurrieren, bis eine oder sehr wenige übrigbleiben und damit zum Standard werden. Dies kann auf einem Markt geschehen wie bei Computer- oder Videocassettenrecordersystemen, aber auch losgelöst von einem derartigen Tauschmechanismus wie es bei Sprachen der Fall ist. Derartige Standards, die im Verlauf der vorliegenden Arbeit als Wettbewerbsstandards

---

[26] Daß und wie sie trotzdem zu de-facto-verbindlichen Vorschriften werden können, wird im Abschnitt „Zur Verbindlichkeit von Standards" ausgeführt.

[27] Die ungewöhnliche Abkürzung ist darauf zurückzuführen, daß es sich dabei nicht um eine Abkürzung handelt. „ISO" bezieht sich vielmehr auf das griechische „gleich". Auf eine Abkürzung „IOS" wurde verzichtet, da diese nur im Zusammenhang mit dem englischen Namen der Organisation gepaßt hätte. Da aber neben Englisch auch Französisch und Russisch offizielle Sprachen der ISO sind, hat man diesen Namen gewählt (ISO 1994b, S.3).

bezeichnet werden, werden häufig auch als De-facto-Standards (DAVID und GREENSTEIN 1990, S. 4) oder Industriestandards (GLANZ, 1993, S. 28 oder MEYER 1995, S. 26) bezeichnet.

2.2.2   Standards, Normen, Typen, Technologien

Leider kann in der ökonomischen Behandlung des Phänomens Standardisierung nicht auf eine einheitliche Terminologie[28] - zumindest nicht in der deutschen Sprache - verwiesen werden. Folglich beginnen viele Arbeiten, die sich in den letzten Jahren mit Problemen von Standards und Standardisierung beschäftigten, mit einer Definition des Begriffes „Standard" (GLANZ 1993, S. 22-23, OBERLACK 1989, S. 15-22, KNORR 1992, S. 23-27, HEß 1993, S. 18-20, EBERT-KERN 1994, S. 33, MEYER 1994, S. 35), ohne allerdings zu einer einheitlichen Terminologie zu kommen. So wird häufig weder zwischen „Standards" und „Normen" noch zwischen „Standards" und „Technologien" unterschieden. Obwohl jeder weiß oder zumindest zu wissen glaubt, was sich hinter dem Begriff einer Norm oder eines Standards verbirgt, zeugen die folgenden Definitionen aus den oben genannten Dissertationen von einem generellen Klärungsbedarf:

> *"Ganz allgemein spricht man dann von einem Standard, wenn etwas bestimmten Absprachen bzw. Normen entspricht."*
>
> (HESS 1993, S. 18)

> *„Normen oder Standards sind Vorschriften und Vereinbarungen, die die Produktion und die Gestalt der erstellten Güter regeln"*
>
> (EBERT-KERN 1994, S. 33)

> *„Normen (oder formale Standards) sind Standards, deren inhaltliche Homogenität und Widerspruchsfreiheit in einem definierten geographischen Gültigkeitsbereich gewährleistet ist."*
>
> (MEYER 1994, S. 35)

Allein diese drei Definitionen widersprechen sich, indem die erste Definition Standards als Teilmenge von Normen definiert, die zweite Definition Normen und Standards synonym verwendet und diese als verbindlich postuliert, während die dritte Definition Normen als Teilmenge von Standards sieht. Um für die vorliegende Arbeit Klarheit in den Benennungen zu schaffen, sollen im fol-

---

[28] Eine deutliche umfangreichere Diskussion verschiedener Definitionsansätze für Standards findet sich bei VRIES 1996.

genden die wichtigsten Begriffe, die im unmittelbaren Zusammenhang zu Standards und Standardisierungsprozessen stehen, definiert werden.

Nach dem Verständnis des Autors kann festgestellt werden, daß es sich bei Standardisierung um den **kollektiven Prozeß der Vereinheitlichung** handelt. Vereinheitlichung ist in diesem Zusammenhang als eine **"Auswahl aus einem Pool von Möglichkeiten zur Lösung eines Problems"** zu verstehen.[29] Weiterhin ist für Standardisierung die Idee der wiederholten Anwendung des gewählten Problemlösungsverfahrens charakteristisch.

Problemlösungsverfahren
Zur Lösung von Problemen existiert a priori eine unendlich große Menge an Möglichkeiten. Diese können z.b. stetige Faktoren umfassen wie Größen von Gegenständen oder die Dauer von Prozessen oder Aktionen etc. Aus diesem Pool an Möglichkeiten wird nun eine oder werden einige wenige ausgewählt und realisiert. Handelt es sich bei der Realisation um technische Artefakte oder Verfahren, so spricht man von Technologien.

Technologie
Unter einer Technologie soll ein Problemlösungsverfahren verstanden werden, das sich in Form einer technologischen Innovation manifestiert, die i.d.R. als Werknorm vorliegt. Der Innovator wird versuchen, seine Technologie als Standard in der Wirtschaft oder der Gesellschaft zu etablieren. In der wirtschaftswissenschaftlichen Literatur zu Standards wird der Begriff der "Technologie" häufig synonym mit dem des "Standards" verwendet. Eine Technologie ist ein Problemlösungsverfahren, das u.U. zwar zu einem Standard gemacht werden soll, diesen Status aber (noch) nicht erreicht hat.

Standard
Standard wird als Oberbegriff verwendet und umschreibt alle Formen der kollektiven Vereinheitlichung, also der Auswahl einiger Varianten aus einem Pool an Möglichkeiten.[30]

---

[29] Die Erkenntnis, daß Standardisierung Vereinheitlichung bedeutet, ist alt und doch immer wieder neu. Siehe E.S. SCHLANGE 1952, S. 273: „Standardisierung ist auf jeden Fall die Vereinheitlichung der auf den Markt kommenden Ware nach Art und Güte" oder auch DOMINIQUE FORAY 1993b, S. 90: "Certes la standardisation réduit la diversité, en fixant certaines caractéristiques du produits."

[30] Normen und Typen werden auch in der Betriebswirtschaftslehre unter "Standards" zusammengefaßt (Vgl. JACOB 1990, S. 455f oder WÖHE 1986, S. 317f.). Dabei beziehen sich Typen auf die Vereinheitlichung ganzer Erzeugnisse. Es handelt sich um eine produktbezogene Standardisierung. (Vgl. HANSMANN 1997, S. 79f) Dieser Begriff wird in der Arbeit nicht weiter verwendet, da er durch die Definition des Standards erfaßt wird.

Wettbewerbsstandard

Ein Wettbewerbsstandard entsteht dann, wenn individuelle Entscheidungsprozesse zu identischen Ergebnissen führen, deren Summe eine kritische Grenze „n" erreicht oder übersteigt. Diese Grenze ist im Hinblick auf die relevanten Personen, den relevanten Raum und die relevante Zeit zu definieren. Eine allgemeingültige kritische Grenze läßt sich nicht bestimmen, sie ist von Problemlösungsverfahren zu Problemlösungsverfahren bzw. von Technologie zu Technologie und von Zeit zu Zeit unterschiedlich.

Komiteestandard[31]

Unter Komiteestandards sollen alle durch freiwillige Zusammenschlüsse von Wirtschaftssubjekten realisierten Vereinheitlichungen verstanden werden, die als Dokument vorliegen und zu denen sich jeder Zugang verschaffen kann. Dieser freie Zugang muß nicht notwendigerweise kostenlos sein. Damit die freiwilligen Zusammenschlüsse einen Komiteestandard setzen können, müssen sie über eine feste Organisationsform verfügen. Diese Organisation sollte in dem Gebiet, in dem der Komiteestandard erstellt wird, qualifiziert und durch die potentiellen Anwender als Standardisierungskomitee akzeptiert sein. Im Verlauf der vorliegenden Arbeit wird der Begriff der „Norm" synonym zum Begriff des „Komiteestandards" verwendet.

Hierarchiestandard[32]

Ein Hierarchiestandard ist eine Vereinheitlichung, deren Anwendung durch einen Rechtsakt verbindlich gemacht wird.

Werknorm

Eine Werknorm ist eine Vereinheitlichung, die nur für das jeweilige Unternehmen Gültigkeit besitzt.

Die Zusammenhänge zwischen den einzelnen Benennungen und den dahinterstehenden Bedeutungen versucht die Abbildung 5 zu illustrieren.

Ausgehend von generellen Problemlösungsverfahren können durch eine kollektive Vereinheitlichung sowohl unmittelbar Hierarchie,- Komitee- oder Wettbe-

---

[31] Komiteestandards werden im englischsprachigen Raum häufig unter der Bezeichnung der „De jure standards" geführt. Weiterhin fallen hierunter Bezeichnungen wie „Recommendation" oder „Instruction" (s. MAO und HUMMEL, S. 747-748) bzw. im deutschsprachigen Raum „Norm" (vom DIN), „Richtlinie"(z.B. vom VDI), „Merkblätter" (z.B. vom Deutschen Verband für Schweißtechnik), „Technische Regeln" (z.B. vom Kerntechnischen Ausschuß), „Arbeitsblätter" (z.B. vom Gaswärme-Institut) etc.

[32] Im englischsprachigen Raum typischerweise als „mandatory standard" bezeichnet.

werbsstandards entstehen als auch über den Umweg der Werknormen. Prinzipiell ist es denkbar, daß ein Standard innerhalb einer der Institutionen entsteht und sich dann in einem oder beiden anderen Bereichen ebenfalls etabliert. Allerdings sind einige Wege, wie dies geschehen kann, plausibler als andere. So ist z.B. die Entwicklung eines Komiteestandards aus einem Wettbewerbsstandard heraus ein häufig anzutreffendes Phänomen. Auf dieser Grundlage des Komiteestandards können dann zunehmend verbindliche Hierarchiestandards entstehen.

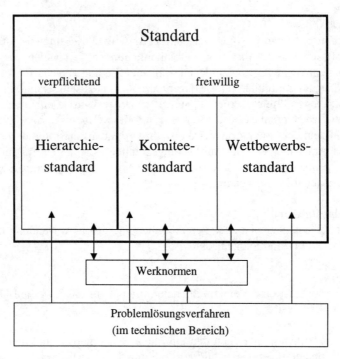

Abbildung 5: **Zusammenhang zwischen Standard, Komiteestandard, Wettbewerbsstandard, Hierarchiestandard, Werknorm, Technologie und Problemlösungsverfahren**[33]

---

[33] Die vorliegende Struktur und die darauf beruhenden Definitionen sind das Ergebnis einer internen Arbeitsgruppe an der Professur für Normenwesen mit HENDRIK ADOLPHI, ROLAND HILDEBRANDT, JAN RADTKE und dem Verfasser. Die vorliegenden Definitionen und Abgrenzungen sind von dem Versuch geprägt, sowohl technische wie auch betriebswirtschaftliche und volkswirtschaftliche Sichtweisen und Aspekte zu berücksichtigen. Es bleibt dem Leser überlassen zu entscheiden, ob aus den vorliegenden Definitionen evtl. ein Wettbewerbsstandard hervorgeht.

Fallbeispiel 2: Die Schreibmaschinentastatur

Zu den „Begriffe[n], die man kennen muß", gehört laut FUNK (1995) die Geschichte der QWERTY-Tastatur. QWERTY sind die ersten sechs Buchstaben der oberen Buchstabenreihe bei amerikanischen Schreibmaschinentastaturen. Diese Buchstabenanordnung findet sich mit geringen Modifikationen überall wieder, wo mit lateinischen Buchstaben geschrieben wird. Diese Buchstabenanordnung wurde 1867 durch Christoph Lathan Sholes entwickelt, der sich diese Anordnung auch patentieren ließ. Entwickelt wurde diese Anordnung speziell für eine Typenschreibmaschine, die vor allem darunter litt, daß sich die Typen bei einem schnellen Schreiben verhaken und damit das Schreiben unterbrochen wird. Um dieses Ärgernis zu vermeiden, reduzierte die QWERTY-Tastatur gezielt die Schreibgeschwindigkeit. Doch machte der technische Fortschritt in Gestalt der Kugelkopf- bzw. Typenradmaschinen die Geschwindigkeitsbegrenzung unnötig (KNIE, S. 167). Obwohl die technischen Beschränkungen nicht mehr vorhanden sind, schreiben wir sogar heute auf Computertastaturen mit einer QWERTY-Anordnung, obwohl die Option, eine andere Buchstabenanordnung einzustellen, häufig vorhanden ist.

Andere Tastaturanordnungen wurden zwar entwickelt und propagiert, doch durchgesetzt hat sich bis heute nur die QWERTY-Anordnung; ein Indiz nicht nur für David, ein Versagen des Wettbewerbs zu postulieren (DAVID 1985 und 1986). Denn diese anderen Tastaturanordnungen erlaubten nicht nur ein deutlich schnelleres Schreiben, sondern auch ein schnelleres Erlernen des Maschineschreibens. Somit sei die mit lateinischen Buchstaben schreibende Gesellschaft in einen unterlegenen Standard „eingeschlossen". Der Wettbewerb der Standards sei offensichtlich nicht der Lage, einem effizienten, d.h., einem schnelleren Standard als die QWERTY-Anordnung, zum Erfolg zu verhelfen.

Ursächlich für das Verharren in einem langsamen Standard sind die getätigten standardspezifischen Investitionen sowohl der Anwender als auch der Produzenten. Während die Investitionen der Produzenten offensichtlich sind, ist dies bei den Anwendern nicht unbedingt der Fall. Bei ihnen hat die Entwicklung des Blindschreibens dazu geführt, daß bei einem Wechsel der Tastatur zum Teil erhebliche individuelle Wechselkosten zu tragen wären. Nach FARRELL und SALONER 1985 ist ein allgemeiner und unabhängiger Wechsel möglich, sofern nur Informationen über die Über- bzw. Unterlegenheit der Technologien herrschen. Der hierfür notwendige Prozeß einer „backward induction" kann allerdings durch geringfügig nicht vollständige Informationen im Keime erstickt werden (DAVID 1993).

Mittlerweile hat der Wettbewerbsstandard QWERTY-Tastatur Eingang in die Komiteestandardisierung gefunden. So beschreibt die DIN 2137 diese Anordnung von Buchstaben einer Schreibmaschine.

2.2.3   Klassifikationen

Schon seit geraumer Zeit wird versucht, Normen oder Standards zu ordnen und somit zu klassifizieren. Als größtes Hindernis auf dem Weg zu einer einheitlichen Terminologie und Klassifikation erweisen sich die unterschiedlichen Kriterien, die für die Klassifikationen herangezogen werden. Daraus resultieren auch die unterschiedlichen Sichtweisen ein und desselben Gegenstandes. Im folgenden werden zuerst einige Kriterien, wie derartige Klassifikationen bzw. Kriterien zur Klassifikation aussehen können, vorgestellt.

Als Beispiel für wenig hilfreiche Klassifikationen wird die lange Zeit gültige Klassifikation des DIN vorgestellt, bevor eine eigene Klassifikation von Standards nach ihrer ökonomischen Wirkung vorgenommen wird. Ergänzend werden Unterteilungen von Standards nach ihrem Geltungsbereich und ihrer technologischen Tiefe dargestellt.

2.2.3.1 Kriterien und Klassifikation nach DIN

In der DIN-Terminologie werden Normen die folgenden Funktionen zugeschrieben (HARTLIEB, NITSCHE und URBAN, S.21):

Allgemeine Normenfunktionen:
- energetische Funktionen und
- Ordnungsfunktion;

Spezielle Funktionen:
- Tauschfunktion,
- Häufungsfunktion,
- Bevorratungsfunktion,
- Güte- oder Qualitätsfunktion,
- Verkehrs- oder Informations- und Kommunikations- oder Transportfunktion,
- Rechtsfunktion und
- Sicherheitsfunktion.

Ohne daß diese Funktionen als ordnungschaffende Kriterien in die Klassifikation eingehen, werden in der die Normungsarbeit des DIN begründenden DIN 820 die in Tabelle 2 aufgeführten Normen unterschieden. Es muß festgestellt werden, daß für die Klassifikation des DIN unterschiedliche Kriterien herangezogen werden, wie z.B. den abstrakten Gegenstand der Norm (Dienstleistung, Verfahren; die offensichtlich fehlende Klasse der Produktnorm taucht aber nicht auf) oder das Ziel der Norm (Gebrauchstauglichkeit, Qualität, Sicherheit oder Verfahren) oder den konkreten Gegenstand der Norm (Maßnorm und Stoffnorm).

Dienstleistungsnorm	Qualitätsnorm	Sicherheitsnorm
Gebrauchstauglichkeitsnorm	Liefernorm	Planungsnorm
Prüfnorm	Stoffnorm	Verfahrensnorm
Maßnorm	Verständigungsnorm	

Tabelle 2: Normenarten nach DIN 820

2.2.3.2 Klassifikation nach der ökonomischen Wirkung

Für die vorliegende Arbeit ist eine Klassifikation nach den "Zielen" von Standards auf der Grundlage ihrer ökonomischen Wirkung sinnvoll. Die einzelnen Ebenen der in Abbildung 6 vorgenommenen Klassifikation sollen im folgenden näher erläutert werden. Die hier vertretene Klassifikation stellt eine Kombination von bereits existierenden Klassifikationen dar.

I. Ebene: Aus der obigen Definition für Standards als Vereinheitlichung bzw. „die Auswahl aus einem Pool an Möglichkeiten" kann diese allen Standards gemeinsame Wirkung formuliert werden.

II. Ebene: Diese Ebene geht in erster Linie auf eine Klassifikation von KINDLEBERGER (1983, S. 387) zurück. Er unterteilt Standards in transaktionskosten-senkende und steigende-Skalenerträge-realisierende Standards. Diesen beiden Klassen soll (siehe hierzu auch OBERLACK 1989, S. 22) eine weitere Klasse hinzugefügt werden. Hiermit soll die Tatsache erfaßt werden, daß Standards ebenfalls dort zum Einsatz kommen, wo die Entstehung externer Effekte verhindert oder zumindest eingeschränkt werden soll.

III. Ebene: Da Skalenerträge sowohl auf der Produzenten- als auch auf der Konsumentenseite auftreten können, ist es sinnvoll, diese Klasse entsprechend aufzuteilen. Der Begriff der Informationsstandards findet sich immer wieder (z.B. bei GEWIPLAN S. 53). Er ist allerdings derart stark an Kompatibilität geknüpft, daß Informationsstandards im folgenden der Klasse der Kompatibilitätsstandards zugeordnet werden.

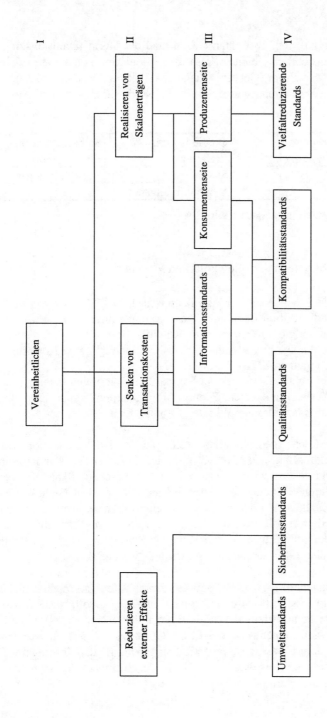

Abbildung 6: Klassifikation von Standards gemäß ihrer ökonomischen Wirkungen und die Zuordnung gebräuchlicher Klassen von Standards

IV. Ebene: Auf dieser Ebene werden Termini verwendet und eingeordnet, wie sie vielerorts Verwendung finden.

Steigende Skalenerträge können durch vielfalt-reduzierende Standards oder durch Kompatibilitätsstandards realisiert werden. Im letzten Fall liegen die Skalenerträge als positive Netzwerkeffekte auf der Konsumentenseite vor.

Transaktionskosten können durch Qualitätsstandards und durch Informationsstandards gesenkt werden.

Zusätzlich sind hier Sicherheits- und Umweltstandards zu nennen, die die Funktion einer Vermeidung externer Effekte erfüllen.

Qualitätsstandards werden in Märkten mit einer asymmetrischen Informationsverteilung als Signal für gute Qualität benötigt (vgl. FORAY 1993b, S. 88). Droht ein Markt in das "Akerlofsche Gleichgewicht" (AKERLOF 1970) mit ausschließlich schlechter Qualität zu kippen, so können Qualitätsstandards helfen, dieses Gleichgewicht zu verlassen. Hierfür muß natürlich gewährleistet sein, daß die Signale nicht kostenlos imitiert werden können (vgl. hierzu FRANK 1987).

Offensichtlich können durch eine Reduzierung der Vielfalt steigende Skalenerträge z.B. in Form von Lernkurveneffekten in der Produktion realisiert werden.[34]

Somit können nun fünf Klassen von Standards unterschieden werden:
- Umweltstandards,
- Sicherheitsstandards,
- Qualitätsstandards,
- Vielfaltreduzierende Standards und
- Kompatibilitätsstandards.

Die vorliegende Arbeit legt den Schwerpunkt der Analyse auf Standards die die Kompatibilität von Produkten gewährleisten sollen.

---

[34] Zu den Effekten der Standardisierung in verschiedenen Unternehmensbereichen ausführlicher ADOLPHI und KLEINEMEYER (1995).

Es soll hier keineswegs der Eindruck vermittelt werden, jeder Standard ließe sich einer dieser Klassen eindeutig zuordnen. Die meisten Standards weisen die drei ökonomischen Basisfunktionen in unterschiedlicher Ausprägung auf. In der Abbildung 7 sind nun einige Beispiele für Standards genannt und ihre ungefähre Position in einem Dreieck angegeben, das durch die basalen Wirkungen von Standards aufgespannt wird.

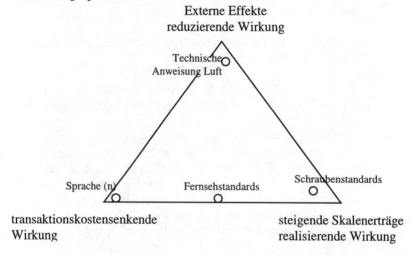

Abbildung 7: **Beispiel für Standards und ihre ungefähre Positionierung im Dreieck der basalen ökonomischen Wirkungen von Standards**[35]

2.2.3.3 Klassifikation nach dem Geltungsbereich

Ein anderes Kriterium zur Klassifikation - nämlich den Geltungsbereich eines Standards - verwendet SULLIVAN (SULLIVAN, 1983, S. 11-16), um zu folgender Unterteilung zu kommen:

-          internationale Standards,
-          nationale Standards,

---

[35] Schraubenstandards beschreiben die Größe, Gewindelaufrichtung etc. von Schrauben und Muttern, Fernsehstandards spezifizieren die technischen Daten für die Produktion, Übertragung und den Empfang von Signalen für Fernseher, Sprachen definieren einen Phonembereich und die Technische Anweisung Luft stellt Anforderungen bezüglich der Reinhaltung der Luft (ausführlicher zur TA Luft s. WICKE 1993, S. 238f).

- Industriestandards,
- Betriebsstandards und
- persönliche Standards.

Fügt man diesen Klassen noch die Kategorie der „Gruppenstandards" zu, so kommt man zu der Klassifikation, wie sie in Abbildung 8 dargestellt wird.

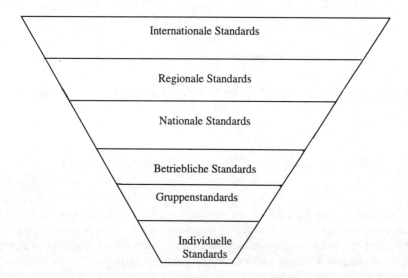

Abbildung 8: **Klassifikation von Standards gemäß ihres Geltungsbereiches**

2.2.3.4 Klassifikation nach der technologischen Tiefe

Diese Klassifikation beruht auf einer Unterteilung für Technologien von DOSI (DOSI 1982). Da Technologien, wie oben erwähnt, als Vorstufe für Standards angesehen werden können, liegt es auf der Hand, das Schema von DOSI im Hinblick auf Standards zu modifizieren. Dosi formuliert ein technologisches Paradigma, aus dem sich ein Pfad („trajectory") ergibt. Innerhalb dieses Pfades werden nun manche Möglichkeiten realisiert und manifestieren sich in Produkten. Dieses Schema kann noch um Varianten der Produkte erweitert werden. Hierbei kann es sich beispielsweise um Baureihensysteme handeln, wo also ein Produkt in unterschiedlicher Größe gefertigt wird, oder auch um Komponenten für ähnliche Produkte wie z.B. bei Baukastensystemen (BEITZ und PAHL 1974).

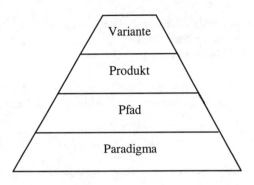

Abbildung 9: **Klassifikation von Standards gemäß ihrer technologischen Tiefe**

2.3 Volkswirtschaftliche Effekte der Standardisierung

Wie in der im vorangegangenen Abschnitt dargestellten Klassifikation gezeigt, können wir Standards auf der Grundlage ihrer Wirkungen unterscheiden. Die dort vorgenommene Unterscheidung in transaktionskostensenkende, steigende Skalenerträge realisierende und externe Effekte reduzierende Standards kann als *Makro-Ansatz* bezeichnet werden. Als Ergänzung hierzu sollen im folgenden Abschnitt die oben beschriebenen Wirkungen auf die sie begründenden Ursachen hin untersucht werden. Das Ergebnis dieser Untersuchung kann dann als *Mikro-Ansatz* bezeichnet werden[36].

2.3.1 Standards und Transaktionskosten

Transaktionskosten sind in diesem Zusammenhang in ihrer weiten Interpretation zu sehen. Sie umfassen damit alle Kosten, die bei einer Transaktion wie z.B. einem Vertrag über einen Leistungsaustausch anfallen. Hierzu zählen dann u.a. die Kosten, die die Suche nach einem geeigneten Vertragspartner mit sich bringt, oder auch die Kosten für die Formulierung des Vertrages. Auch ex post

---

[36] Diese Einteilung beruht auf dem Ansatz von ECONOMIDES für Netzwerkexternalitäten, wobei der Makro-Ansatz annimmt, daß Netzwerkexternalitäten existieren und auf dieser Grundlage die sich hieraus ergebenden Konsequenzen untersucht. Der Mikro-Ansatz bezieht sich hingegen auf die Frage, welche Ursachen zu Netzwerkexternalitäten führen (können) (ECONOMIDES 1996a, S. 8).

Kosten eines Vertrages, wie z.B. die Überwachung der jeweils erbrachten Leistung, sind unter dem Begriff der Transaktionskosten zu subsummieren.

2.3.1.1 Vereinfachung der Kommunikation durch Standards

Standards sollen helfen, die Kommunikation zwischen Individuen zu erleichtern und damit auch kostengünstiger zu gestalten. Ein gemeinsamer Standard macht die Kommunikation zwischen Individuen schneller, da keine umfangreichen Erläuterungen mehr notwendig sind. In diese Rubrik fallen Standards wie Sprachen, Maßeinheiten oder Zeiteinteilungen, also Standards, deren Vereinheitlichung Dolmetscher, Wörterbücher oder Umrechnungstabellen überflüssig machen.

Standardisierung führt aber auch zu deutlich reduzierten Suchzeiten und damit Suchkosten. Dies liegt daran, daß im „Idealfall" alle Produkte standardisiert sind und somit dem ökonomisch-theoretischen Ideal des „homogenen Gutes" zumindest im Hinblick auf das Gut bzw. die Dienstleistung per se entsprechen. Insofern bauen Standards also eine u.U. nur von den Produzenten aufrechterhaltene Heterogenität der Produkte oder Dienstleistungen ab und helfen somit diesem Ideal der vollständigen Konkurrenz näherzukommen (FARRELL und SALONER 1987, S. 5).

2.3.1.2 Signalwirkung von Standards bei asymmetrischer Information

Können Konsumenten oder allgemein Käufer einer Leistung deren Qualität erst nach dem Kauf feststellen, so besteht die Gefahr, daß auf einem Markt nur noch schlechte Qualität angeboten wird (AKERLOF 1970). Produzenten eines Produktes, das eine höhere Qualität aufweist, werden versuchen, den Konsumenten diese höhere Qualität zu signalisieren. Neben anderen Signalen, wie z.B. Werbung (NELSON 1974), kann auch die Konformität eines Produktes zu einem vorhandenen Standard als Signal für höhere Qualität dienen (DAVID und STEINMUELLER 1993, S. 7). Dieses Vorgehen ist so lange positiv zu bewerten, wie die Konformität zu dem Standard freiwillig ist. Führt allerdings die Nichtbefolgung des Standards zu einem Marktausschluß, so besteht zumindest der Verdacht, daß ein wettbewerbsfeindliches Verhalten seitens der standardsetzenden Organisation vorliegt (ANTON und YAO, S. 261).

Besonders relevant sind derartige Wettbewerbsbeschränkungen, wenn ein Standard Minimumanforderungen an ein Produkt oder eine Dienstleistung stellt und

Produkte oder Dienstleistungen, die diesem Standard nicht genügen, nicht verkauft oder angeboten werden dürfen. Ein entsprechender Minimumstandard kann dabei durchaus gesellschaftlich wünschenswert sein, wenn z.b. auf keinem anderen Weg das ausschließliche Angebot schlechter Qualität verhindert werden kann, weil alle anderen Signale höherer Qualität von den Anbietern schlechter Qualität kostenlos imitiert werden können (FRANK 1987). Wird dieser Minimumstandard allerdings von einer Institution verabschiedet, in der sich eine Interessengruppe von schon auf dem Markt anbietenden Unternehmen oder Einzelpersonen organisiert hat, so besteht die Tendenz, daß das durch den Standard festgesetzte Mindestniveau des Produktes oder der Dienstleistung zu hoch festgelegt wird (LELAND 1979).

Die Existenz von Minimumstandards, die einzuhalten sind, kann auf der anderen Seite zu erhöhten Produktionskosten führen. Da die Nicht-Einhaltung der Anforderungen, wie sie im Standard definiert sind, zu einem Marktausschluß führt oder führen kann, müssen die Unternehmen ihre Produkte vor dem In-den-Verkehr-bringen auf die Konformität zu den entsprechenden Standards prüfen oder prüfen lassen. Je nachdem, ob ein Unternehmen diese Prüfung selber durchführen kann - also eine Herstellererklärung abgeben kann -, wie dies bei der CE-Kennzeichnung der Fall ist, oder aber ein unabhängiger Dritter diese Prüfung durchführen muß, variieren die Prüfkosten[37]. Die CE-Kennzeichnung besagt, daß ein Produkt den Anforderungen, wie sie durch die jeweils relevanten Richtlinien definiert werden, entspricht. Es wird damit keine Konformität zu einem Komiteestandard im Sinne des DIN oder anderen zum Ausdruck gebracht. Andererseits werden nach der neuen Konzeption der Europäischen Kommission in den Richtlinien allgemein gehaltene Anforderungen niedergelegt, während die spezifischen Forderungen und Ausgestaltungen durch europäische Normen oder Standards von CEN, CENELEC oder ETSI definiert werden. Dabei wird üblicherweise angenommen, daß ein Unternehmen, daß die Europäischen Normen einhält, seine Produkte im Einklang zu den entsprechenden Richtlinien produziert und somit das CE-Kennzeichen an seinem Produkt anbringen darf.

2.3.1.3 Handelsvereinfachung durch harmonisierte Standards

Durch die zunehmende Internationalisierung des Handels sowohl weltweit als auch regional, wie sie durch die Gründung von Freihandelszonen wie NAFTA oder des Europäischen Binnenmarktes zum Ausdruck kommt, treffen unter-

---

[37] Ausführlicher zur CE-Kennzeichnung bei HILDEBRANDT (1995).

schiedliche technische Standards aufeinander. Da jede Nation ihre Standards auf der Grundlage der eigenen technologischen und gesellschaftlichen Entwicklung hervorgebracht hat, sind die unterschiedlichen nationalen Regelungen für ein und denselben Sachverhalt, z.B. Sicherheit im Kraftfahrzeugbereich, zum Teil sehr heterogen.[38] Um einen freien Austausch von Gütern und Dienstleistungen zu gewähren, sind homogene Anforderungen, wie sie in Standards festgelegt sind, unumgänglich.

Gewachsene Standards sind allerdings häufig nur schwer zu beseitigen, da sie häufig von Industrien, die im entsprechenden Geltungsbereich ansässig sind, mißbraucht werden, um sich vor ausländischer Konkurrenz zu schützen (MACGROUP, 1988, S. 8). Die Initiative kann dabei von der betroffenen Industrie ausgehen, wobei dann häufig auf eine schlechtere Qualität der Konkurrenzprodukte verwiesen wird, oder vom Staat, der die betroffene Industrie u.U. als Schlüsselindustrie ansieht.[39] Warum der Konsument allerdings nicht in der Lage sein soll, selber zu entscheiden, ob er ein billiges, (angeblich) qualitativ minderwertiges Produkt erwirbt oder ein teureres höherwertiges, wird bei diesem Argument nicht näher beleuchtet.

---

[38] So berichtet W.T. POMFRET vom malayischen Automobilhersteller Proton, der 1985 anfing, erst den heimischen Markt zu bedienen, um danach auch international tätig zu werden. Das Unternehmen konnte seine Fahrzeuge erfolgreich nach Irland, Malta, Neuseeland u.a. einführen, scheiterte aber in den Vereinigten Staaten. Die hier geforderten Standards im Hinblick auf Schadstoffemission und Sicherheit und die dazugehörige Konformitätsprüfung verhinderten erfolgreich den Marktzutritt. Die notwendigen Umrüstkosten für den amerikanischen Markt hätten sich bei ca. 30.000 Fahrzeugen während des ersten Jahres auf ungefähr 333 $ je Fahrzeug belaufen. Obwohl Proton bereit war, die notwendigen Umrüstungen vorzunehmen, scheiterte der Marktzutritt, da das Unternehmen keinerlei Erfahrungen im Umgang mit den involvierten amerikanischen Behörden besaß. Bis zur erfolgreichen Konformitätsprüfung dauerte es so lange, daß der geprüfte Wagen technologisch veraltet war. (POMFRET, S. 120)

[39] Zu welcher Phantasie standardsetzende Organisationen fähig sind, wenn es darum geht, ausländischen Marktzutritt zu verhindern, illustriert LECRAW. Danach mußten amerikanische Unternehmer feststellen, daß die von ihnen nach Japan exportierten Baseballschläger nicht den japanischen Standards entsprachen und somit in Japan nicht verkauft werden durften. Einer der betroffenen Unternehmer reagierte etwas verärgert: „In disgust, he ordered them [the bats] to be dumped into the ocean off the Japanese coast and they floated ashore - not the way most firms would like to see their products entering the Japanese market." (LECRAW 1987, S. 45)

Fallbeispiel 3: Hochauflösendes Fernsehen als Handelshemmnis[40]

1986 schlug die japanische Delegation dem CCIR, einer Unterorganisation der ITU vor, das in Japan entwickelte Hi-Vision-System als Grundlage für einen neuen weltweiten Fernsehstandard anzunehmen. Hiermit sollte die schlechten Qualität der existierenden Standards PAL, SECAM und insbesondere des veralteten NTSC durch eine bessere abgelösten werden. Diesem Vorschlag wurde besonders von den europäischen Vertretern entgegengehalten, daß er nicht abwärtskompatibel sei und somit die Besitzer und Anwender komplett neue Fernsehsysteme kaufen müßten. Damit war die formale Begründung für die ablehnende Haltung der europäischen Delegationen geliefert. Tatsächlich dürfte die Sorge, nach dem Hifi-Bereich nun auch noch den TV-Bereich an die japanische Konkurrenz zu verlieren, zu der ablehnenden Haltung geführt haben. Man einigte sich darauf, daß die Europäer auf der nächsten vier Jahren später stattfindenden Hauptversammlung einen eigenen Vorschlag machen würden.

Somit begann in Europa die Entwicklung einer eigenen Technologie für hochauflösendes Fernsehen (HDTV). Diese Forschungs- und Entwicklungsarbeit wurde sowohl von Unternehmen als auch in erheblichem Maße von der Europäischen Kommission finanziell im Rahmen des EUREKA 95 Programms gefördert. Nach 625 Millionen ECU an Förderungen zwischen 1986 und 1992 (GRINDLEY, S. 205) konnte dann 1990 tatsächlich eine eigene HDTV-Technologie vorgestellt werden: HD-MAC. Diese hatte allerdings den Nachteil, daß sie genauso wie der abgelehnte japanische Vorschlag nicht abwärtskompatibel war, doch wurde dieses Problem dadurch „gelöst", daß eine Zwischenstufe D2-MAC eingeschaltet wurde, die sowohl zu den in Europa bestehenden Fernsehstandards abwärtskompatibel als auch zu dem geplanten HDTV-Fernsehstandard aufwärtskompatibel war. Die Verzögerungen, die die europäische Ablehnung des japanischen Vorschlags erzeugte, führten dazu, daß auch in den USA Überlegungen angestellt wurden, in Richtung eines eigenen Standards zu forschen. Als Mechanismus wurde ein Wettbewerb vor der Markteinführung der Technologien verwendet, d.h., die FCC schrieb den Standard aus. Kurz vor Ausschreibungsende erhielten die bis dahin ausschließlich auf analogen Technologien beruhenden Vorschläge einen Konkurrenten, der ein rein digitales System vorstellte. Da dieser technische Fortschritt sehr überraschend kam, wurde den Konkurrenten durch eine Neuansetzung des Ausschreibungstermins die Möglichkeit gegeben, ebenfalls digitale Systeme zu entwickeln. Die European Broadcasting Union erklärte dann 1993, daß der MAC Standard damit obsolet geworden sei und Europa dem amerikanischen Standard folgen würde. Somit konnte der japanische Vorstoß von 1986 erfolgreich abgewehrt werden.

---

[40] Ausführliche Darstellungen der Entwicklungen im HDTV-Bereich finden sich bei BROWN u.a. (1992), OWEN und WILDMAN (1992) oder GRINDLEY (1995).

So hätten innerhalb Europas z.B. diese Beschränkungen des Handels mit der Realisierung des Binnenmarktes 1993 fallen müssen, tatsächlich sind aber viele geblieben. Eine den europäischen Normenorganisationen CEN, CENELEC und ETSI von der Kommission übertragene Aufgabe ist es, europäische Standards zu erarbeiten, die dann in das jeweilige nationale Normenwerk aufzunehmen sind und somit europaweit einheitliche Standards zu erzeugen.[41] Diese nationalen Normenwerke haben allerdings grundsätzlich freiwilligen Charakter.[42]

Während diese Harmonisierung innerhalb Europas für einen Abbau nichttariffärer Handelshemmnisse sorgen soll, stellt es an den Grenzen Europas zum Teil eine erhebliche Hürde für exportwillige Drittländer dar. Zu denken ist in diesem Zusammenhang insbesondere an die ost-, mittel- und südosteuropäischen Staaten, deren wichtigster Absatzmarkt der Europäische Binnenmarkt ist, die aber häufig weder über die gültigen Standards in Europa informiert sind noch während der Erarbeitung dieser Standards ihre eigenen Wünsche und technischen Möglichkeiten in den Standardisierungsprozeß einbringen können.[43]

2.3.1.4 Kombinierbarkeit von Komplementärprodukten durch Standards

Eine wichtige Eigenschaft von Standards ist ihr Effekt auf Märkte für komplementäre Produkte. Typische Komplementärprodukte sind z.B. Computerhardware und -software, CompactDisc-Abspielgeräte und CompactDiscs oder Videocassettenrecorder und Videocassetten[44]. Kompatibilitätsstandards, insbeson-

---

[41] Dies ist seit 1985 möglich, da zu diesem Zeitpunkt die Politik der Europäischen Kommission im Hinblick auf die Harmonisierung hin zum sogenannten "New Approach" führte. Im Rahmen dieses neuen Ansatzes wird nicht mehr versucht, Verordnungen ("Directives") bis ins kleinste Detail selber zu schaffen, sondern nur noch grobe Leitlinien zu verfassen und diese dann durch CEN/CENELEC/ETSI ausfüllen zu lassen. (Vgl. hierzu u.a. PELKMANS 1987, 1990)

[42] Dies gilt z.B. für Frankreich nur mit Einschränkungen. Dort kann ein Komiteestandard für verbindlich erklärt werden. Dies geschah beispielsweise 1965 als eine Reihe von „französischen Normen für alle in Frankreich hergestellten oder dorthin importierten Kühlschränke mit Wirkung vom 15. Januar 1966 für allgemein verbindlich erklärt." (RÖHLING, S. 35)

[43] Vgl. HESSER, HILDEBRANDT und KLEINEMEYER (1996). Weiterführende Literatur zu diesem Themenkomplex findet sich in NATIONAL RESEARCH COUNCIL und unter besonderer Berücksichtigung von Umweltstandards bei GRÖNER S. 143-162.

[44] Mathematisch wird die Eigenschaft der Komplementarität von Produkten oder Dienstleistungen durch die Kreuzpreiselastizität ausgedrückt. Bei Komplementärgütern ist diese - im Gegensatz zu Substitutionsgütern - negativ, d.h., eine Erhöhung des Preises für Gut 2 führt zu einer sinkenden Absatzmenge des Gutes 1: $\partial x_1 / \partial p_2 < 0$.

dere im Sinne von Schnittstellenstandards, stellen die Voraussetzung für die Kombinierbarkeit von verschiedenen Produkten dar. Daß dieser Effekt gesellschaftlich wünschenswert sein kann, zeigen MATUTES und REGIBEAU (MATUTES und REGIBEAU 1987, 1988, 1989, 1992) sowie EINHORN (1992) in ihren jeweiligen Arbeiten. Sie fanden heraus, daß bei Systemen, die aus mehreren Komponenten bestehen, die gesellschaftliche Wohlfahrt alleine dadurch steigen kann, daß die Konsumenten die dann kompatiblen Komponenten unterschiedlicher Hersteller miteinander verbinden können.

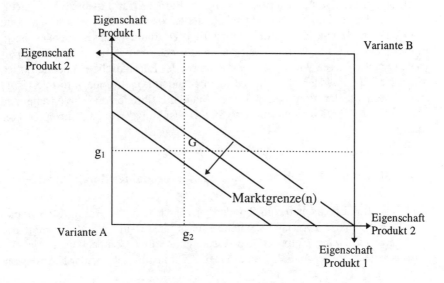

Abbildung 10: **Die Marktaufteilung ohne die Kombinierbarkeit gewährleistender Standards**[45]

Die Argumentation hierfür verläuft folgendermaßen: Angenommen, das System besteht aus zwei Komponenten, die jeweils eine Eigenschaft besitzen. Diese Eigenschaften lassen sich entlang einer Geraden anordnen. Nun bieten zwei Unternehmen jeweils ein Komplettsystem an, dessen Eigenschaften im Ursprung (Variante A) und dem diagonal entgegengesetzten Punkt (Variante B) angesiedelt sind. Die Konsumenten seien über das durch die beiden Varianten aufgespannte Rechteck gleichverteilt. Ein Konsument, der am Punkt G angesiedelt ist, wünscht sich die erste Komponente in der Ausprägung g_1 und die zweite in der Ausprägung g_2. Unterstellt man, daß die Zahlungsbereitschaft ab-

---

[45] In Anlehnung an: MATUTES und REGIBEAU 1988, S. 225, Übersetzung durch den Verfasser.

züglich des Preises sowie der Adaptionsverluste[46] $\overline{0g_1},\overline{0,g_2}$ positiv ist, dann kauft dieser Konsument das Produkt, das ihm am nächsten liegt. Im Beispiel der Abbildung 10 ist dies die Variante A.

Existieren keinerlei Standards (herrscht also Inkompatibilität), die die Kombinierbarkeit der jeweiligen Komponenten gewährleisten, so kann sich eine Marktaufteilung, wie in Abbildung 10 dargestellt, ergeben. Die Marktgrenze beschreibt dabei die Hypotenuse zum rechten Winkel, in dem die betroffenen Unternehmen ihre jeweiligen Produkte positioniert haben. Verhalten sich die Unternehmen als Monopolisten und nehmen höhere Preise, so verschiebt sich die Marktgrenze dichter an den jeweiligen Ursprung. Die Konsumenten, deren Präferenzen in der nord-westlichen oder der süd-östlichen Ecke des Produktraumes positioniert sind, werden also gar nicht mehr kaufen, wenn sich z.B. die Zahlungsbereitschaft reduziert.

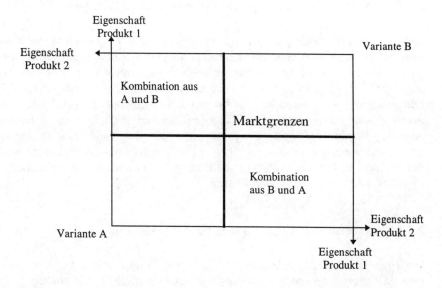

Abbildung 11: **Eine mögliche Marktaufteilung mit Standards, die die Kombinierbarkeit der Komponenten gewährleisten** (Quelle: MATUTES und REGIBEAU 1988, S. 225, Übersetzung durch den Verfasser)

---

[46] Zu Adoptionsverlusten siehe den Abschnitt „Standards und die Reduktion der Produktvielfalt".

Werden nun Kompatibilitätsstandards geschaffen, so daß die Konsumenten die Komponenten variieren bzw. kombinieren können, werden insbesondere diejenigen besser gestellt, deren Präferenzen in den süd-östlichen bzw. nordwestlichen Ecken positioniert sind. Abbildung 11 zeigt dies und macht dabei deutlich, daß die Summe der Adaptionskosten, die die Konsumenten aufbringen müssen, durch die Kombinierbarkeit der Komponenten deutlich gesenkt werden kann. Bei Inkompatibilität mußten z.b. die Konsumenten der nord-westlichen Ecke, also mit einer Präferenz für die Variante A beim Produkt 1 auch die Eigenschaften des Produktes 2 der Variante A in Kauf nehmen, obwohl hier Variante B eher ihren Präferenzen entsprachen. Bei Kompatibilität können die Konsumenten nun jeweils das Produkt erwerben, das ihren Präferenzen am ehesten entspricht und mit einander kombinieren.

2.3.2   Standards und steigende Skalenerträge

Steigende Skalenerträge beziehen sich darauf, daß eine Verdoppelung der Ausbringungsmenge durch einen kleineren als doppelten Einsatz an Produktionsmitteln erreicht werden kann. Üblicherweise werden mit steigenden Skalenerträgen Effekte auf der Produzentenseite um- bzw. beschrieben. Bei kompatibilitätsbedingten Netzwerken hingegen treten diese Skalenerträge auf der Konsumenten- oder Anwenderseite auf. Insofern werden auch hier diese beiden Aspekte getrennt voneinander behandelt, wobei allerdings nicht nur die skalenerträge-realisierenden positiven Effekte einer Standardisierung diskutiert werden, sondern insbesondere auch die damit mittel- und unmittelbar verbundenen Probleme und gesellschaftlichen Kosten.

2.3.2.1 Standards und die Reduktion der Produktvielfalt

Die Eigenschaft der Standardisierung, aus einer Vielzahl von Möglichkeiten eine oder einige wenige auszuwählen, gehört sicherlich zu den Ursachen für ihre ständig größer werdende Bedeutung. Standardisierte Produkte, Dienstleistungen und Verfahren sind notwendige Voraussetzung für eine kostengünstige Massenproduktion. (s. UPDEGROVE oder ENGLMAN, S. 155) Kosteneinsparungen können dabei ihre Ursachen in einer besseren Nutzung sowohl des Anlagenkapitals als auch des Humankapitals haben.

Die Verwendung standardisierter Bau- oder Einzelteile kann in der Beschaffung zu niedrigeren Beschaffungskosten führen, da die Anzahl an Bestellvorgängen sinkt und somit die bestellmengenunabhängigen Kosten sinken. Zusätzlich können sich durch größere Bestellmengen für ein Produkt eher Rabatte erzielen lassen, so daß sich auch die mengenabhängigen Bestellkosten reduzieren können. Auch im Bereich der Lagerhaltung ist mit positiven Einflüssen der Standardisierung zu rechnen, da nun die teilebezogenen Lagerverwaltungskosten sinken. Nicht zuletzt ist auch im Bereich der Produktion mit Einsparungen zu rechnen, da standardisierte Produkte zu größeren Losen führen und damit die Stillstand- und Umrüstzeiten der Maschinen und die damit korrespondierenden Kosten sinken[47].

Im Bereich der menschlichen Arbeitskräfte bildet die „Lern- bzw. Erfahrungskurve" das Phänomen der wiederholten bzw. standardisierten Tätigkeit ab. In der Erfahrungskurve werden die variablen Produktionskosten in Abhängigkeit von der Zeit oder der produzierten Menge dargestellt, wobei die variablen Produktionskosten mit der Zeit oder der Menge sinken.[48]

In Verbindung mit dieser Vielfaltreduktion können allerdings auch Kosten auftreten. Da angenommen werden kann, daß die Konsumenten über ein weites Spektrum an Wünschen bezüglich der Ausprägung der Produkteigenschaften verfügen, wird jeder Konsument ein Produkt vorziehen, das genau auf diese Wünsche zugeschnitten ist. Eine entsprechende Einzelfertigung ist möglich, es gehen aber die oben beschriebenen Vorteile einer Massenfertigung verloren. Werden sogar ausschließlich standardisierte Produkte oder Dienstleistungen angeboten, so entstehen vielen Konsumenten Verluste aus einer fehlenden Kongruenz des angebotenen mit dem gewünschten Produkt. Die hierbei entstehenden Kosten sollen im weiteren als *Adaptionskosten* bezeichnet werden. Adaptionskosten entstehen z.B. dadurch, daß ein gekauftes standardisiertes Produkt erst vom Käufer an seine individuellen Bedürfnisse angepaßt werden muß. Diese Kosten können dann in Form von Materialverbrauch oder Arbeitszeit auftre-

---

[47] Die International Organization for Standardization gibt an, daß sich die Bestell-, die Lager- und die Produktionskosten gemäß der folgenden Formel veränderten:

$$\frac{C_0 - C_1}{C_0} = 1 - \left(\frac{P_0}{P_1}\right)^{-0,25}$$. Hierbei steht C_0 für die Kosten vor der Durchführung eines Stan-

dardisierungsvorhabens, C_1 für die Kosten danach, P_0 für die Anzahl an Varianten vor der Durchführung des Vorhabens und P_1 für die Anzahl danach. (ISO 1982, S. 38).

[48] Üblicherweise sind Märkte, in denen Lern- oder Erfahrungskurven von Bedeutung sind, stärker von den Unternehmen umkämpft als Märkte, wo dies nicht der Fall ist. Dies liegt daran, daß es für jedes Unternehmen wichtig ist, möglichst schnell auf der Lernkurve „herunterzukommen", d.h. möglichst schnell möglichst viel Erfahrung zu sammeln, um dann zu günstigeren Konditionen als die Konkurrenten produzieren zu können. Einen umfangreichen Überblick über Erfahrungskurvenkonzepte sowie deren Auswirkungen auf die Unternehmenspolitik bieten z.B. KLOCK, SABEL und SCHUHMANN.

ten (BONGERS 1980, S. 11). Somit wird durch diese Standardisierungskosten ein Teil der Konsumentenrente aufgezehrt.

Eine weitere Kostenkomponente im Zusammenhang mit Adaptionskosten entsteht, wenn die Kosten, das gekaufte Produkt an die eigenen Bedürfnisse anzupassen, größer sind als der Nutzen, den das Produkt überhaupt stiften kann. In diesem Fall drängt Standardisierung die Nachfrage zurück.

Der Zusammenhang zwischen Adaptionskosten und individuellen Bedürfnissen kann mit Hilfe der Hotelling'schen Märkte beschrieben werden. Die Hotelling'schen Transportkosten können dabei als „Adaptionskosten aufgrund verminderter Vielfalt" uminterpretiert werden. Ein linearer Verlauf dieser „Kostenfunktionen" ist dabei zwar weder notwendig noch wahrscheinlich, soll hier aber der Einfachheit halber angenommen werden.

Anhand eines Produktes mit nur einer Eigenschaft, z.B. der Größe, läßt sich dieser Zusammenhang am einfachsten illustrieren (s. Abbildung 12). Die möglichen Ausprägungen dieser Eigenschaft lassen sich entlang einer Strecke anordnen. Die Konsumenten haben unterschiedliche Wünsche bezüglich der Ausprägung dieser Eigenschaft. Die Konsumenten sind über das Intervall [0, 1] gleichverteilt, wobei die obere Grenze durch die maximal mögliche (oder sinnvolle) Größe bestimmt wird.

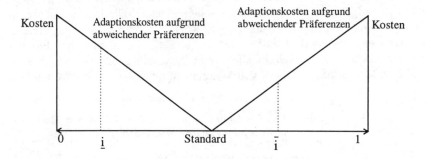

Abbildung 12: Adaptionskosten aufgrund vom Standard abweichender individueller Präferenzen in Anlehnung an Hotelling'sche Märkte

Ein Individuum, das ein Produkt mit der Größe i wünscht, kann z.B. lediglich eine Größe, wie sie durch den Standard definiert wird, erwerben. Aufgrund eines deutlich höheren Materialverbrauchs können die Kosten dieses Produktes über der Zahlungsbereitschaft des Nachfragers liegen, so daß er auf einen Kauf verzichtet. Ist seine Zahlungsbereitschaft hinreichend groß, so daß er trotz der Übergröße des Produktes dieses nachfragt, so erwirbt er ein Produkt, das er nur zu einem Teil nutzt. Ein Teil seiner Zahlungsbereitschaft und damit auch seines Nutzens wird durch den höheren Preis für ein zu großes Produkt aufgezehrt.

Ein Nachfrager an der Position $\bar{i}$ wünscht eigentlich ein größeres Produkt als die angebotene Standardgröße. Er muß das Produkt nun seinen individuellen Anforderungen entsprechend modifizieren, um es gemäß seiner Wünsche einsetzen zu können, oder er verzichtet auf eine entsprechende Anpassung und nimmt die Diskrepanz zwischen seinen Wünschen und dem Produkt hin. Der Vorgang, der individuellen Anpassung ist offensichtlich mit Kosten verbunden. Wenn diese Kosten zu hoch sind, wird auch dieser Nachfrager auf den Kauf verzichten, obwohl er ein Produkt mit der „richtigen" Größe sofort erwerben würde.[49]

2.3.2.2 Standards in Industrien mit Netzwerkeffekten[50]

Im Bereich der Kompatibilitätsstandards spielen darüber hinaus Netzwerkeffekte eine oftmals entscheidende Rolle. Netzwerkeffekte entstehen dann, wenn die Nutzenfunktion der Anwender einer Technologie, der Käufer eines Produktes oder der Käufer einer Dienstleistung von der kumulierten Anzahl der Anwender oder Käufer dieses Gutes abhängt. Üblicherweise werden ausschließlich positive Netzwerkeffekte betrachtet, bei denen der individuelle Nutzen mit der Gesamtzahl der Anwender steigt. Es gibt aber auch Beispiele für negative Netzwerkeffekte[51]. Ein klassisches Beispiel für entsprechende positive Netzwerkeffekte ist das Telefonnetz. Während es für ein Individuum wenig nutzenstiftend ist, als einziger Anwender an ein derartiges Netz angeschlossen zu sein, steigt der Nutzen mit der Zahl derer, die er über das Telefon erreichen bzw. von denen er erreicht werden kann. Netzwerkeffekte wirken in einer dy-

---

[49] Zu diesem Themenkomplex vgl. insbesondere die grundlegenden Beiträge von BONGERS (1980 und 1981), SITTIG (1978) sowie OPLATKA (1984). Weiterführende Modelle, die auf diese Grundmodelle zurückgehen, finden sich u.a. bei KLEMPERER (1992).

[50] In der Literatur wird auch häufig von Netzwerk-Externalitäten („network externalities") gesprochen, ohne daß Klarheit darüber zu herrschen scheint, ob Skalenerträge auf der Anwenderseite oder externe Effekte im Konsum bzw. in der Anwendung vorliegen (vgl. LIEBOWITZ und MARGOLIS 1995a).

[51] So sinkt z.B. die Wirksamkeit eines Impfstoffes mit der Verbreitung in einer Gesellschaft, wenn die Bakterien oder Viren gegen diesen Impfstoff resistent werden (RÖVER, S. 14).

namischen Welt als positive Rückkopplungseffekte und führen also zu einem natürlichen Monopol (s. Abschnitt „Standards als natürliche Monopole").

Nun haben Netzwerkeffekte aber auch eine Kehrseite. Führen sie zu einem natürlichen Monopol, so wird die Gesellschaft in einen Standard eingeschlossen, d.h., ein Wechsel von einem Standard zu einem anderen ist auch dann nur unter Aufwendung von möglicherweise prohibitiv hohen Wechselkosten möglich, wenn eine neue Technologie dem alten Standard überlegen ist. Der Grad, mit dem eine Gesellschaft in einen Standard eingeschlossen ist, kann nach ARTHUR (1989) durch den Geldbetrag angegeben werden, der aufgebracht werden müßte, damit es nicht für jeden eine dominante Strategie ist, den alten Standard zu wählen.

Dabei wäre zwischen einem Öffnungsmechanismus nur für neue Anwender oder Käufer und einem auch für alteingesessene zu unterscheiden. Im ersten Fall muß man die neuen Anwender nur so stellen, daß sie für den Verlust, daß sie nicht an das alte große Netzwerk angeschlossen werden, kompensiert werden. Sollen allerdings auch die eingesessenen Anwender oder Käufer eine erneute Entscheidung treffen können, so wären sie für die von ihnen getätigten standard-spezifischen Investitionen zu entschädigen.

Diese letzte Anwender- oder Käufergruppe ist sicherlich die wichtigste Interessengruppe unter denjenigen, die versuchen, einen technologischen Fortschritt oder einen Technologiewechsel zu verhindern. Kommt es nämlich zu einem Wechsel, so wächst ihr bisheriges Netzwerk nicht weiter und wird bei Ausscheiden von Unternehmen oder Individuen sogar schrumpfen. Darüber hinaus laufen sie Gefahr, keine technische Unterstützung durch ihre ehemaligen Anbieter mehr zu erhalten, da diese entweder selber nur noch den neuen Standard anbieten und unterstützen und auch keine technologische Weiterentwicklung betrieben wird oder aber aus dem Markt ausgeschieden sind. Zusätzlich verringert sich auch die Vielfalt von Komplementärprodukten. Kommt es zu einem Standardwechsel und sind damit relevante standard-spezifische Investitionen verbunden, die die Gruppe der Alteingesessenen tragen müßte, so werden sie von DAVID als „ärgerliche technologische Waisen" bezeichnet.[52]

---

[52] DAVID (1987) „Angry technological orphans". Auf den Zusammenhang zwischen standard-spezifischen Investitionen und Interessengruppen gehen BRAUNSTEIN und WHITE (1985) näher ein. Die Gefahr, in eine Technologie zu investieren, die sich entweder nicht durchsetzt oder aber von einer anderen abgelöst wird, ist in der Einführungsphase des Produktes bzw. der gesamten Technologie am größten.

2.3.3   Standards und die Reduktion externer Effekte

Neben der Tatsache, daß insbesondere Kompatibilitätsstandards selber externe Effekte erzeugen können (s. Abschnitt „Standards und positive Externalitäten"), spielen Standards auch bei der Regulierung von produktionsseitigen - meistens negativen - externen Effekten eine Rolle. Während bei positiven externen Effekten zuwenig von einer Aktivität, wie z.B. die Produktion oder die Konsumption eines Gutes oder einer Dienstleistung ist, ausgeübt wird, übersteigt diese Aktivität bei Vorliegen negativer externer Effekte das gesellschaftliche Optimum.

Im Laufe der Zeit wurden eine Reihe von Vorschlägen gemacht, wie externe Effekte verhindert oder reduziert werden können. So kann dem Produzenten des externen Effektes eine Steuer in der Höhe der gesellschaftlichen Kosten aufgebürdet werden (ENDRES 1994, S. 90ff)

Ein anderer Ansatz ging davon aus, daß lediglich die Abwesenheit eindeutig definierter Eigentumsrechte zum Auftreten von externen Effekten führe und daß nach eindeutiger Definition dieser Rechte die betroffenen Parteien in Verhandlungslösungen das gesellschaftlich wünschenswerte Ergebnis erzielen (COASE 1960). Eine weitere Möglichkeit, auf externe Effekte zu reagieren, stellen Standards dar. Hierbei werden Höchstmengen (bei positiven externen Effekten müßten Mindestmengen gefordert werden) für die Produktion oder die Emission des den externen Effekt verursachenden Stoffes vorgegeben.

Die Auseinandersetzung um das Festlegen von Höchstmengen hat den Charakter eines Konstantsummenspiels, also eines Spiels, bei dem der Gewinn des einen Spielers gleichzeitig der Verlust des anderen Spielers ist. Da Umweltstandards i.d.R. von staatlichen Stellen entwickelt und festgelegt und auf politischer Ebene ausgehandelt werden, bietet sich Raum für die Aktivitäten von Interessengruppen.[53]

2.3.4   Standards und technologischer Fortschritt

Standards beeinflussen den technischen Fortschritt in mehrfacher Hinsicht. Technologische Paradigmen haben einen starken Einfluß auf die Gedanken der Ingenieure und Konstrukteure, da das Paradigma die Grenzen des Denk- bzw. Konstruierbaren definiert. So werden durch die - i.d.R. implizite - Festlegung

---

[53] Allgemein zu Problemen bei der Definition von Umweltstandards MAYNTZ (1990).

75

eines technologischen Paradigmas andere Entwicklungspfade und aus ihnen resultierende Produkte und die ihnen innewohnenden Charakteristika der Bedürfnisbefriedigung "undenkbar".

Zur Veranschaulichung möchte der Verfasser das technische Wissen zur Tonaufnahme, -speicherung und -wiedergabe strukturieren, wobei die oberste Stufe als "Meta-Paradigma" bezeichnet werden soll.

Lange Zeit konnten Töne lediglich im Gedächtnis gespeichert werden. Die Wiedergabe geschah dann "aus der Erinnerung". Dies kann man als **"Meta-Paradigma der individuellen Erinnerung"** bezeichnen. Zu einem ersten Paradigmenwechsel kam es durch die Einführung der Schrift. Hiermit werden Phoneme kodiert und für eine Wiedergabe bereitgehalten. Allerdings wurde hier nicht der Ton (als Objekt), sondern ein Modell des Tons wie z.b. auch eine Note in einer Partitur gespeichert.[54] Diesem **"Meta-Paradigma der manuellen Erinnerung"** folgte das **"Meta-Paradigma der technischen Speicherung"**, wo nun der Ton per se aufgezeichnet und wiedergegeben werden kann. Im Rahmen dieser Meta-Paradigmen haben sich mehrere technologische Paradigma wie z.b. "Analoge Verfahren" und "Digitale oder Binäre Verfahren" entwickelt. Hierbei lösen die digitalen die analogen Verfahren mehr und mehr ab.[55]

Dieser Vorgang der Beschränkung auf ein Paradigma und der Ausschluß von Produkten, die nur mit anderen Paradigmen zu realisieren sind, wird als "Ausschlußeffekt" bezeichnet. Hat sich hingegen ein Paradigma erst einmal durchgesetzt, so können Wege in diesem Paradigma intensiver erforscht werden als bei einer Vielzahl von gleichzeitig existierender Paradigmen. Dieser Effekt kann als "Bündelungseffekt" bezeichnet werden.

Standardisierung reduziert damit über den Bündelungseffekte die *horizontale Paradigmaausdehnung* und fördert über den Ausschlußeffekt die *vertikale Paradigmaausdehnung*, indem sie die vorhandenen Ressourcen auf einen Entwicklungspfad konzentriert.

---

[54] Dies entspricht einer Formulierung wie "Sie duftet wie eine Rose". Diese Wiedergabe einer Information gibt ebenfalls nur ein Modell dessen, was "wirklich" gerochen wurde. Erst wenn es möglich ist, die geruchserzeugenden Substanzen zu transportieren, kann der Geruch in seiner individuellen Ausprägung vermittelt werden.

[55] Eine sehr kritische Sicht des Paradigmenwechsels von der analogen zur binären Verarbeitung unserer Umwelt vertritt z.B. WATZLAWIK (1988 , S. 189f.).

2.4 Zusammenfassung

Im Rahmen der vorliegenden Arbeit stehen Standards, die steigende Skaleneffekte auf der Konsumentenseite erzeugen, im Vordergrund. Aufgrund der Tatsache, daß ein Standard nur in Ausnahmefällen genau einer der in diesem Kapitel formulierten Kategorien „Externe Effekte vermeiden", „Transaktionskosten senken" und „steigende Skalenerträge realisieren" zuzuordnen ist, bezieht sich die Arbeit also eher auf die Eigenschaft von Standards, nachfrageseitige Skalenerträge zu realisieren. Eine eindeutige Trennungslinie zwischen den verschiedenen Arten von Standards kann nicht gezogen werden. In den Modellen des Kapitels 6 wird eine solche Trennung allerdings vorgenommen werden, da dort ausschließlich die Eigenschaft der Kompatibilität modelliert wird.

Eine solche Unterteilung wird allerdings in der Praxis nicht vorgenommen. Hier werden Standards wie eine weitestgehend homogene Masse betrachtet, zumindest in bezug auf ihre ökonomische Wirkung. Diese Sichtweise von Standards, wie sie z.B. in der vorgestellten Klassifikation des DIN zum Ausdruck kommt, führt dazu, daß im folgenden Kapitel über standardsetzende Organisationen keine Spezialisierung auf Organisationen erfolgen kann, die ausschließlich Standards mit einem überwiegenden Kompatibilitätsaspekt entwickeln.

Auf einige der Probleme, mit denen standardsetzende Organisationen konfrontiert sind, wurde zu Beginn dieses Kapitels hingewiesen. Die Eigenschaft von Standards als öffentliche Güter stellt diese Organisationen vor die Herausforderung, mit einem Trittbrettfahrerverhalten der Nutzer von Standards umzugehen. Dieser Aspekt ist zwar nicht zu vernachlässigen, wird aber in der späteren Modellierung nicht wieder aufgegriffen. Demgegenüber spielen sowohl die angesprochenen Netzwerkeffekte und die mit ihnen einhergehende Tendenz zu einer natürlichen Monopolbildung als auch die Existenz von Netzwerkexternalitäten eine erhebliche Rolle.

Darüber hinaus wurden die Grundlagen für eine spätere Betrachtung der verschiedenen Standardisierungsprozesse gelegt, indem die Ursachen für die basalen Wirkungen näher aufgeschlüsselt wurden. Zu den wichtigen Erkenntnissen dieses zweiten Kapitels gehören weiterhin die gewissermaßen ambivalenten Eigenschaften von Standards insbesondere im Hinblick auf den technologischen Fortschritt. Diese Eigenschaft von Standards, zum einen notwendig für einen Bündelungseffekt zu sein und zum anderen den Ausschlußeffekt zu erzeugen, kann schnell dazu führen, daß es zu Mißverständnissen kommt. Die Aussage, Standards fördern nicht nur den technologischen Fortschritt, sondern seien für diesen geradezu unabdingbar, bezieht sich auf den Bündelungseffekt. Im Gegensatz hierzu beziehen sich kritische Bewertungen des Zusammenhangs zwischen Standards und dem technologischen Fortschritt auf den Ausschlußeffekt. Die Diskussion, wie sie im Kapitel 5 wiedergegeben und diskutiert wird, dreht sich zu einem Großteil um diesen Dualismus.

3 Funktionen und Aufbau standardsetzender Organisationen

Das folgende zweite Kapitel ist der Darstellung von Organisationen gewidmet, die sich mit der Entwicklung von Standards und der Koordination der Standardisierungsarbeit beschäftigen. Im ersten Abschnitt werden Funktionen formuliert, die ausgeführt werden müssen, soll eine erfolgreiche Standardisierung gewährleistet werden. Diese Funktionen sind für alle standardsetzenden Organisationen gleich, lediglich ihre rechtliche Ausgestaltung oder Einbindung und die staatliche Einflußnahme auf unterscheiden sich.

Der zweite Abschnitt dieses Kapitels stellt eine Reihe ausgewählter Standardisierungsorganisationen aus verschiedenen Ländern vor. Hierbei wird der Schwerpunkt auf ihre geschichtlichen Ursprünge gelegt, da diese die auch heute noch existierenden Strukturen bestimmt haben. Die auch schon in der Einleitung angesprochenen Veränderungen der Rahmenbedingungen, in denen sich die Standardisierung bewegt, führen zu immer stärker werdenden Friktionen zwischen denjenigen, für die die Standards produziert werden, und denjenigen, die diese Standards produzieren sollen. Ein derartiges einführendes Kapitel wird durch die Unkenntnis über tatsächlich bestehende Standardisierungsstrukturen notwendig, wie sie z.B. von CARGILL (1997, S. 88) an DAVID, FARRELL, ARTHUR UND BESEN kritisiert wird. Einschränkend muß allerdings gesagt werden, daß CARGILL diesen Autoren vorwirft, sie würden die Ergebnisse, wie sie im Telekommunikationsbereich ermittelt wurden, auf den Bereich der Informationstechnologie übertragen und dabei außer acht lassen, daß der Telekommunikationsbereich im Gegensatz zur Informationstechnologie ein regulierter Bereich sei und die Ergebnisse damit nur sehr eingeschränkt übertragbar seien.[56]

---

[56] Ein Beispiel für unzureichende Kenntnisse im Hinblick auf die tatsächlichen Gegebenheiten der Standardisierung sind die einleitenden Ausführungen von GOERKE und HOLLER (1995 S. 338), wo sie nach einer an CARLTON und KLAMER angelehnten Darstellung der amerikanischen Struktur und des Verfahrens von ANSI postulieren: „The ISO [...] and many national and international standardization organisations follow by and large the method outlined". Daß dieses Verfahren ausschließlich in den USA Anwendung findet, ist GOERKE und HOLLER anscheinend nicht bekannt.
Aber auch unter denjenigen, die aktiv am Standardisierungsprozeß - zumindest in Großbritannien - teilnehmen, gibt es einige, die nicht darüber informiert sind, ob die britische Standardisierungsorganisation (BSI) zu den staatlichen Behörden zählt oder es sich um eine privatrechtliche Organisation handelt. Die Mehrheit von 70% der 5000 befragten Teilnehmer an Standardisierungskomitees wußten, daß BSI nicht Teil der britischen Regierung ist, doch waren immerhin 16% gegenteiliger Meinung und 13% wußten es nicht. (BSI S. 3, 1994).

Den Anfang macht die überbetriebliche Standardisierung, wie sie sich in Deutschland darstellt. Beginnend mit dem Verein Deutscher Ingenieure e.V. werden wichtige Organisationen und die Motive für ihre Entstehung vorgestellt. Der überbetrieblichen Standardisierung in Deutschland wird dabei mehr Raum gegeben, da die deutsche Struktur auf einer Vielzahl von unterschiedlichen Entwicklungen beruht, wie z.b. der VDI durch die Einführung des metrischen Systems, das DIN durch die Forderungen des Militärs im Hinblick auf Produktivitätssteigerungen der Rüstungsindustrie während des 1. Weltkriegs oder die TÜVs und der VDE durch Sicherheitsanforderungen neuer Technologien.

Diese Entwicklung war z.b. in Frankreich anders. Dort wurde in den 20er Jahren eine Initiative zur Koordination einer überbetrieblichen Standardisierung vorgenommen, ohne daß diese sich etablieren konnte. Erst als der Staat die Initiative ergriff und für eine Struktur sorgte, entstand in Frankreich eine eigene nationale Standardisierung. Die während des 2. Weltkriegs aufgebauten Strukturen haben dabei bis heute weitestgehend Bestand, da sich die französische Regierung bisher nicht von der Koordination und Aufsicht der überbetrieblichen Standardisierung getrennt hat.

Hieran anschließend werden die Strukturen in Thailand und in den Vereinigten Staaten von Amerika dargestellt. Die Struktur in Thailand ist vergleichsweise kurz abzuhandeln, da es sich nicht um eine gewachsene Struktur, sondern um eine im Rahmen der forcierten Industrialisierung staatlich oktroyierte Standardisierung handelt.

Die Vereinigten Staaten von Amerika bilden insofern eine Ausnahme, als daß es nicht nur eine für die nationale Standardisierung zuständige Organisation gibt. Die Ursprünge für die einzelnen Organisationen wie z.B. ASME (ähnlich wie TÜV) sind dabei ähnlich wie in der Bundesrepublik Deutschland, so daß in diesem Abschnitt ein stärkeres Gewicht auf die Darstellung des Versuchs der Vereinigten Staaten gelegt wird, Pluralismus in der Standardisierung zu erhalten.

Abgerundet wird dieser Abschnitt durch die Darstellung internationaler Standardisierungsorganisationen auf europäischer und internationaler Ebene. Dies erscheint notwendig, da die Tendenz zunehmend in Richtung einer europäischen Standardisierung geht.

3.1 Funktionen eines nationalen Standardisierungswesens

Im Verständnis der vorliegenden Arbeit kann Standardisierung weder auf die Tätigkeit einer etablierten Standardisierungsorganisation noch auf die Tätigkeit des Definierens eines Standards reduziert werden. Vielmehr ist es notwendig, grundlegende Funktionen eines nationalen „Standardisierungswesens" zu identifizieren und zu untersuchen, welche dieser Funktionen durch welche institutionelle Ausgestaltung effizient erfüllt werden können. Das nationale Standardisierungswesen umfaßt dabei alle mit der Standardisierung beschäftigten bzw. von der Standardisierung betroffenen Individuen und Gruppen.

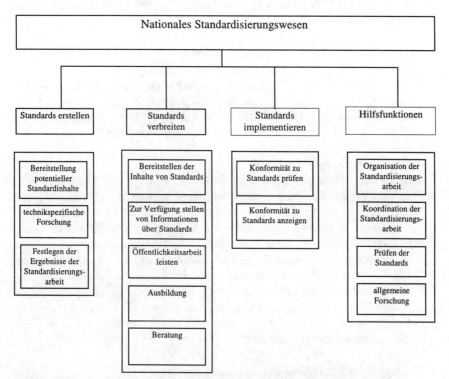

Abbildung 13:   Primäre und sekundäre Funktionen eines nationalen Standardisierungswesens[57]

[57] Quelle: Die Darstellung ist an ADOLPHI u.a. 1994 angelehnt. Dort findet sich auch eine noch weitergehende Aufteilung in Tertiärfunktionen. Die dort vorgenommene Auf- und Einteilung beschränkt sich allerdings auf Komiteestandards bzw. die Standardisierung im Rahmen eines Komitees. Ferner werden dort lediglich zwei Primärfunktionen „Normen er-

Generell sind drei sich ergänzende Funktionen eines Standardisierungswesens zu erkennen. Ein Standard muß zum einen erstellt bzw. produziert werden. Zum anderen muß das Produkt „Standard" in der relevanten Bevölkerungsgruppe verteilt und verbreitet werden. Als letztes sollte ein Standard eine breite Anwendung finden, d.h. die explizite Implementierung des Standards in den Produktionsprozeß (WEISS und SPRING, 1992, S. 2). Diese drei Primärfunktionen können jeweils durch mehrere Hilfsfunktionen unterstützt werden. Die Primärfunktionen lassen sich in folgende Teilfunktionen aufgliedern (s. Abbildung 13).

Die Funktion des **Erstellens von Standards** kann dabei die folgenden Teilfunktionen umfassen:

- **Bereitstellung potentieller Standardinhalte**,
  Die Bereitstellung potentieller Standardinhalte kann sowohl auf der Grundlage einer „entwicklungsbegleitenden Normung" durch nationale Standardisierungskomitees erfolgen als auch durch eine gezielte Forschungs- und Entwicklungsarbeit von Unternehmen mit der Absicht, einen Wettbewerbsstandard zu erzeugen, um diesen dann im Wettbewerb durchzusetzen.

- **Technikspezifische Forschung**
  Verschiedene Ursachen können dazu führen, daß vor der Definition eines Standards Forschungs- und Entwicklungsarbeit zu leisten ist. Während bisher die Teilnehmer an der Standardisierung ihre individuelle Lösung propagierten und sich je nachdem eine dieser Lösungen oder eine Mischung durchsetzte, ist bei vielen Technologien eine Standardisierung zu einem Zeitpunkt, da ein Produkt fertig ist, schon zu spät. Diese Art der Forschung, bei der ein Standard produziert wird, noch bevor das Produkt existiert, wird als „vorwegnehmender Standard" („anticipatory standard") bezeichnet, findet die Standardisierung hingegen parallel zur technischen Entwicklung des Produktes statt, so spricht man im deutschsprachigen Raum von einer „Entwicklungsbegleitenden Normung".

- **Festlegen der Ergebnisse der Standardisierungsarbeit**
  Die Festlegung des Ergebnisses der Standardisierungsarbeit macht keine Aussagen über die Art und Weise, wie der jeweilige Standard festgelegt wird. Sowohl der formale Akt der Verabschiedung eines Entwurfes als Standard

---

stellen" und „Normenanwendung fördern" identifiziert. Der Tatsache, daß zwischen der Verbreitung bzw. Verteilung eines Standards und seiner Implementierung, d.h. der Berücksichtigung des Standards in Produkten und Verfahren und der damit einhergehenden Konformitätsprüfung zu unterscheiden ist, wird keinerlei Rechnung getragen.

mittels eines Abstimmungsverfahrens als auch ein quasi Abstimmungsverfahren durch die Kaufentscheidungen der Anwender sind Beispiele für das Festlegen eines Ergebnisses.

Folgende Teilfunktionen im Rahmen einer Verteilung oder **Verbreitung von Standards** existieren:

- **Bereitstellen der Inhalte von Standards**
  Hiermit wird die Vervielfältigung, Verteilung und evtl. auch die Archivierung der Standards umschrieben.
- **Informationen über Standards zur Verfügung stellen**
  Auch Informationen über die Standards als auch den Standardisierungsprozeß sind generell bereitzustellen.
- **Öffentlichkeitsarbeit leisten**
  Zur Öffentlichkeitsarbeit gehört u.a., die Vor- und Nachteile einer nationalen Standardisierung bekanntzumachen, über die Existenz und den Aufbau der nationalen Standardisierung zu informieren sowie die Beteiligungs- und Einflußmöglichkeiten am Standardisierungsprozeß deutlich zu machen.
- **Ausbildung**
  Es kann sinnvoll sein, die Individuen, die am Standardisierungsprozeß teilnehmen wollen oder müssen, über die Besonderheiten des jeweiligen nationalen Standardisierungswesens zu informieren und gezielt auf ihre Arbeit vorzubereiten.
- **Beratung**
  Zum nationalen Standardisierungswesen gehört weiterhin die Beratung der am Standardisierungsprozeß beteiligten Organisationen. Diese Beratung kann sich z.B. auf den Aufbau einer nationalen Standardisierungsbehörde oder auf die Organisation eines freiwilligen Standardisierungskomitees beziehen.

Die Primärfunktion **Implementieren von Standards** kann in die folgenden Sekundärfunktionen unterteilt werden.

- **Konformität zu Standards prüfen**
  Es kann wünschenswert sein, daß Produkte oder Dienstleistungen im Hinblick auf ihre Konformität zu bestimmten Standards geprüft werden. Damit ist zusätzlich unmittelbar die Entwicklung von Prüfverfahren und das Bekanntmachen der Prüfergebnisse verbunden.
- **Konformität zu Standards anzeigen**
  Auf der Grundlage der Konformitätsprüfung kann der Wunsch danach entstehen, diese Konformität anzuzeigen, womit die Einführung eines Konfor-

mitätszeichens und die Entwicklung von Konformitätsprüfverfahren verbunden sind.

Zusätzlich zu den hier skizzierten Funktionen eines nationalen Standardisierungswesens können Hilfsfunktionen definiert werden, die die anderen Funktionen ergänzen.

- **Organisation der Standardisierungsarbeit**
  Unter die Organisation der Standardisierungsarbeit fällt z.b. das Formulieren von Regeln für die Standardisierungsarbeit oder die Entwicklung einer einheitlichen Terminologie, wobei dies nicht notwendigerweise explizit erfolgen muß.
- **Koordination der Standardisierungsarbeit**
  Die Koordination der Standardisierungsarbeit umfaßt u.a. die Überprüfung der Standards im Hinblick auf ihre inhaltliche Konsistenz sowie die Gewährleistung einer möglichst überschneidungsfreien Standardisierungsarbeit. Anzumerken ist, daß gerade Standardisierung durch den Wettbewerb nur auf der Grundlage einer sich überschneidenden Standardisierungsarbeit denkbar ist, da sonst keine zwei oder mehr Standards um den Erfolg konkurrieren könnten.
- **Prüfen der Standards**
  Standards sind im Hinblick auf ihre Übereinstimmung mit geltendem Recht sowie ihre aktuelle Relevanz zu überprüfen.
- **Allgemeine Forschung**
  Ebenfalls zu berücksichtigen ist der Bereich einer allgemeinen Forschung über Standardisierung. Diese Forschungsarbeit kann sich z.B. mit den Auswirkungen der Standardisierung auf verschiedene Bereiche der Gesellschaft beschäftigen oder aber mit den handelshemmenden Wirkungen einer nationalen Standardisierung.

Diese hier illustrierte Struktur eines nationalen Standardisierungswesens läßt sich natürlich auf andere Räume übertragen. Die Funktionen bleiben erhalten, auch wenn ein regionales oder internationales Standardisierungswesen betrachtet werden soll.

In einer allerdings über den Rahmen der vorliegenden Arbeit hinausgehenden Studie wäre nun zu untersuchen, welche der aufgezeigten Funktionen hinreichend große Komplementaritäten bzw. Synergien aufweisen, so daß eine vertikale Integration effizienzsteigernd ist, und in welchen Fällen diese Synergien nicht zu erwarten sind und somit eine vertikale Integration nicht wünschenswert ist.

Der nun folgende Abschnitt stellt die Struktur einiger Standardisierungsorganisationen vor. Ausführlich werden die wichtigsten Organisationen der Komiteestandardisierung in Deutschland besprochen. Andere nationale Strukturen machen den unterschiedlichen Aufbau einer nationalen Standardisierungsorganisation deutlich. Hieran schließt sich die Darstellung regionaler und internationaler Standardisierungsorganisationen an.

3.2 Aufbau und Organisation einiger ausgewählter standardset-
zender Organisationen

Um eine ökonomisch fundierte Analyse standardsetzendender Institutionen -
Wettbewerb, Komitees oder Hierarchien - durchführen zu können, ist das Verständnis bestehender Strukturen der überbetrieblichen Standardisierung notwendig. Aus diesem Grund werden in den nächsten Abschnitten einige zum Teil
sehr unterschiedliche standardsetzende Organisationen beschrieben. Der Tatsache, daß Standardisierung auf nationaler, regionaler und internationaler Ebene
betrieben werden kann, wird dadurch Rechnung getragen, daß Organisationen
jeder Ebene vorgestellt werden.

3.2.1   Nationale Ebene

Nach der innerbetrieblichen Standardisierung ist die überbetriebliche nationale
Standardisierung die wohl bedeutendste Ebene der organisierten Standardisierung. Zur Illustration der Vielfalt an Organisationen und Organisationsformen,
die auf dieser Ebene aktiv werden (können), werden im folgenden einige mögliche Ansätze dargestellt. Den Beginn macht ein Überblick über die wichtigsten
in der Bundesrepublik Deutschland in einem privat organisierten und freiwilligen Rahmen tätigen Organisationen. Darauf folgt eine Darstellung der - eher
staatlich ausgerichteten - französischen überbetrieblichen Standardisierung. Als
Gegenpol wird ein kurzer Einblick in die überbetriebliche thailändische Standardisierung gegeben, die ausschließlich staatlichen bzw. ministeriellen Charakter hat. Den Abschluß bildet eine Darstellung des amerikanischen Systems,
das ausgesprochen dezentral organisiert ist.

3.2.1.1 Überbetriebliche Standardisierung in der Bundesrepublik Deutschland

Für die überbetriebliche bzw. verbandliche Standardisierung in Deutschland kann festgehalten werden, daß eine Vielzahl von Organisationen existiert, die in unterschiedlicher Breite Funktionen des „deutschen Standardisierungswesens" wahrnehmen. Einige, wie z.b. das DIN, decken einen Großteil der Funktionen ab. Andere Organisationen, wie z.b. die Technischen Überwachungsvereine, konzentrieren sich auf die Überwachung von technischen Produkten. Im Rahmen der Terminologie des vorangegangenen Abschnittes ist es ihre Aufgabe, die Prüfung der Konformität zu Standards und gegebenenfalls das Anzeigen dieser Konformität zu gewährleisten.

Wirtschaftszweig	Anzahl privater standardsetzender Organisationen
Baugewerbe (allg.)	14
Ausbaugewerbe	12
Steine u. Erden	8
Bergbau	2
Metallerzeugendes und verarbeitendes Gewerbe	14
Maschinen- und Apparatebau	7
Chemische Industrie	7
Elektro- und Elektronikindustrie	6
Energieerzeugung	7
Schiffsbau	2
Fahrzeugindustrie	2
Verpackungsindustrie	4
Versicherungen	3
Textilindustrie	2
priv. Transportgewerbe	3
Landwirtschafts- und Ernährungsgewerbe	3
sonstige	41
Summe	137

Tabelle 3: Verteilung der standardsetzenden Organisationen auf die Wirtschaftszweige (Quelle: BOLENZ, 1987, S. 104)

Nach BOLENZ sind in der Bundesrepublik Deutschland etwa 137 privatrechtliche standardsetzende Organisationen tätig. Diese Organisationen verteilen sich auf die verschiedenen Wirtschaftzweige wie in Tabelle 3 angegeben (BOLENZ 1987, S. 104f). Ein Schwergewicht - zumindest im Hinblick auf die Anzahl an Organisationen - liegt dabei offensichtlich auf dem Bereich des Baugewerbes. Allerdings kann aus der Anzahl der Organisationen in einem Wirtschaftszweig nicht darauf geschlossen werden, daß dort, wo viele Organisationen tätig sind, auch der Bedarf an Standards am größten ist. Vielmehr steht zu erwarten, daß in Bereichen, wo Standardisierung bundesweit von Bedeutung ist, eine Konzentrationsbewegung im Bereich der Standardisierung auf einige wenige Organisationen erfolgt.

3.2.1.1.1 Verein Deutscher Ingenieure e.V.

Verbandliche Standardisierung in Deutschland begann im Rahmen des Vereins Deutscher Ingenieure[58] (VDI), der maßgeblich an der Einführung des metrischen Systems im Deutschen Reich beteiligt war. Darüber hinaus war der VDI in den 70er und 80er Jahren des 19. Jahrhunderts an der Standardisierung der Maße für Produkte, der Qualität von Werkstoffen und Produkten, der Leistung von Produkten sowie der Sicherheit von Produkten beteiligt.

Zur Durchsetzung der durch den VDI erarbeiteten Standards versuchte der VDI die in den betroffenen Bereichen tätigen Behörden davon zu überzeugen, den ihnen unterstellten Abteilungen die Verwendung der VDI-Standards[59] vorzuschreiben und somit für das öffentliche Beschaffungswesen faktisch verbindlich zu machen. Hierüber sollte dann auch die Privatwirtschaft gezwungen werden, VDI-Richtlinien einzuhalten.

Das Standardisierungsverfahren des VDI wird heute in der VDI 1000 „Richtlinienarbeit - Grundsätze und Anleitungen" festgelegt. In der VDI 1000 wird unmittelbar auf die DIN 820 als Referenz verwiesen. So sollen „VDI-Richtlinien [..] formal grundsätzlich in sinngemäßer Anwendung von DIN 820 gestaltet [werden]."[60] An dem Verfahren des VDI sollen genauso wie beim Deutschen Institut für Normung alle Interessierten teilnehmen (können).

---

[58] Der Verein wurde im Mai 1856 gegründet (VDI 1995, S. 4). In ihm sind heute 125.000 Ingenieure und Naturwissenschaftler organisiert.

[59] Die Produkte des VDI werden als VDI-Richtlinie und nicht als VDI-Standard bezeichnet. Deshalb soll in der vorliegenden Arbeit der VDI Terminologie folgend auch von VDI-Richtlinien gesprochen werden.

[60] VDI 1000, 4.3, 1981.

Nach VDI 1000 kann ein Standardisierungsvorhaben begonnen werden, wenn die interessierten Kreise bereit sind, am Standardisierungsprozeß mitzuwirken, wenn das Vorhaben bisher noch nicht bearbeitet oder eine Bearbeitung nicht geplant ist und wenn die Finanzierung des gesamten Prozesses gesichert ist. In diesem Fall wird ein Richtlinienausschuß gebildet, der einen Richtlinienentwurf erarbeitet und veröffentlicht. Eventuell eingehende Stellungnahmen werden durch einen Ausschuß geprüft. Sofern diese Stellungnahmen keinerlei Änderungen erfordern, kann die endgültige Version der Richtlinie erstellt und veröffentlicht werden. Die VDI-Richtlinie soll dabei stets den „Stand der Technik"[61] repräsentieren (BOLENZ 1987, S. 126). Sollte der in den VDI-Richtlinien festgeschriebene Stand der Technik eine hinreichend große Verbreitung gefunden haben, also allgemein anerkannt sein, so kann eine VDI-Richtlinie in eine DIN-Norm überführt werden.[62]

Trotz aller Ähnlichkeit zwischen dem VDI und dem DIN existiert gerade im Standardisierungsverfahren ein wesentlicher Unterschied: Während in den DIN-Ausschüssen grundsätzlich das Konsensprinzip als Entscheidungsregel herangezogen wird, wurde im „Richtlinienverabschiedungsausschuß" (RVA) des VDI als letzter Instanz vor dem In-Kraft-Treten einer VDI-Richtlinie eine einfache Mehrheitsregel implementiert:

> „Der RVA besteht aus einem Obmann und 12 stimmberechtigten Mitgliedern. Je vier Mitglieder des RVA kommen aus den Bereichen der a) Wissenschaft, b) Verwaltung und technischen Überwachung und c) Wirtschaft. Der RVA ist bei Anwesenheit von mindestens sieben stimmberechtigten Mitgliedern beschlußfähig. Beschlüsse bedürfen einer einfachen Mehrheit, mindestens jedoch der Zustimmung von fünf Mitgliedern."
>
> (Geschäftsordnung der VDI-Kommission Lärmminderung, 1981
> zitiert nach BOLENZ 1987, S. 128)

3.2.1.1.2 Deutsches Institut für Normung e.V.

Die Tätigkeit des VDI im Bereich der Standardisierung und die zunehmende Bedeutung, die dieser Bereich in den sich außerordentlich dynamisch entwickelnden Volkswirtschaften dieses Jahrhunderts erlangte, führten dazu, daß die

---

[61] Der Stand der Technik ist dabei von den „allgemein anerkannten Regeln der Technik" zu unterscheiden. Der Stand der Technik geht den allgemein anerkannten Regeln voraus.

[62] Der Prozeß des Übergangs einer VDI-Richtlinie in eine DIN-Norm ist in einer internen Vereinbarung zwischen dem VDI und dem DIN festgelegt.

Standardisierung in einer eigenständigen Organisation konzentriert wurde. Obwohl die Anfänge hierfür in die Zeit des 1. Weltkrieges[63] fallen, wurde die verbandliche Organisation der Standardisierung durch wirtschaftliche Überlegungen im Hinblick auf die Nachkriegszeit motiviert. So sollten nationale Standardisierungssysteme in andere Länder exportiert werden, um hierüber Märkte zu erschließen und den alten Feinden den Marktzutritt zu erschweren.

So wurde 1917 der Deutsche Normenausschuß (DNA) gegründet, der sich 1973 in Deutsches Institut für Normung e.V. umbenannte. Obwohl das DIN nicht die älteste mit Standardisierung befaßte Organisation in Deutschland ist, ist es sicherlich die wichtigste. In einem 1975 abgeschlossenen Vertrag zwischen der Bundesrepublik Deutschland und dem Deutschen Institut für Normung e.V. wurde festgelegt, daß das DIN die Interessen der Bundesrepublik Deutschland in internationalen Standardisierungsgremien wahrnimmt (DIN 1995). Ferner wurde eine direkte staatliche finanzielle Unterstützung vereinbart. Im Gegenzug verpflichtete sich das DIN, die Anforderungen der DIN 820 einzuhalten und die Interessen der Allgemeinheit in ihrer Standardisierungsarbeit zu berücksichtigen. Dies wurde durch die Schaffung eines Verbraucherrates im DIN als Interessenvertretung der Verbraucher manifestiert. Kritisch anzumerken ist, daß das DIN selber den Inhalt der DIN 820 bestimmt und somit in der Lage ist, ex post den Vertragsinhalt in ihrem eigenen Sinne zu verändern.

Mittlerweile hat sich das als Verein ausgewiesene DIN zu einem Unternehmen beträchtlicher Größe entwickelt, das 1995 über 825 Mitarbeiter beschäftigte. Die DIN-Töchter wiesen nochmals weitere 236 Mitarbeiter aus, wobei allerdings Mitarbeiter des DIN auch Positionen innerhalb dieser Töchter einnehmen können. Ob und, wenn ja, in welcher Form eine Verrechnung der Gehälter und geleisteten Dienste stattfindet, bleibt unklar.

1995 existierten über 23.000 DIN-Normen sowie 8.097 DIN-Norm-Entwürfe (DIN 1996, S. 2). Auch aufgrund seiner „Produktionsleistung" besitzt das DIN eine herausragende Position im Standardisierungswesen der Bundesrepublik Deutschland. Die Abbildung 14 gibt einen Überblick über den aktuellen organisatorischen Aufbau des DIN.[64]

---

[63] Mangelnde Standardisierung der Armee führte zu einer ganzen Reihe an Problemen. Nicht nur, daß durch eine verstärkte Standardisierung eine höhere Produktivität in den Fabriken erzielt und damit mehr Waffen und Material an der Front geliefert werden sollten; auch Mißstände, wie die Existenz unterschiedlicher Reifendurchmesser und -breiten für Fahrzeuge oder die Probleme beim Austausch von Gewehrteilen, zeigten mögliche Wirkungen von Standards sehr deutlich auf (WÖLCKER, 1991, S.48f.)

[64] Eine detaillierte Übersicht findet sich u.a. im DIN Geschäftsbericht 1995/1996.

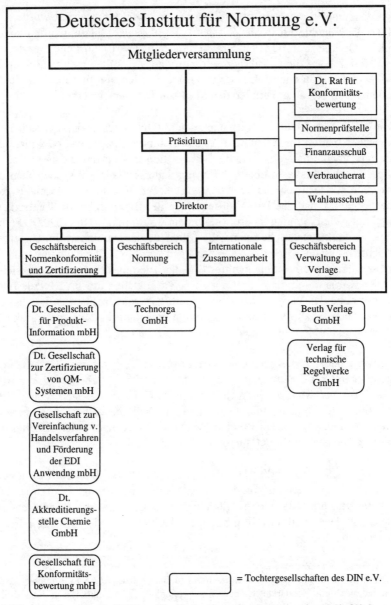

Abbildung 14: Die DIN Organisationsstruktur einschließlich der Tochtergesellschaften

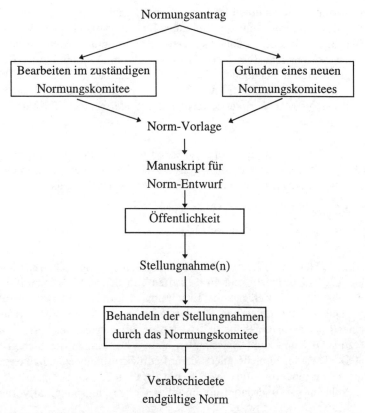

Normungsantrag

Bearbeiten im zuständigen Normungskomitee

Gründen eines neuen Normungskomitees

Norm-Vorlage

Manuskript für Norm-Entwurf

Öffentlichkeit

Stellungnahme(n)

Behandeln der Stellungnahmen durch das Normungskomitee

Verabschiedete endgültige Norm

Abbildung 15: Überblick über die Schritte von einem Normungsantrag bis hin zu einer Deutschen Norm (nach DIN 820 Teil 4: Normungsarbeit, 1986, S. 1)

Die Entstehung einer DIN-Norm ist in der DIN 820 geregelt. Hiernach gestaltet sich der Ablauf von einem Normungsantrag bis zu einer Deutschen Norm wie in Abbildung 15 dargestellt. Danach beruht eine Deutsche Norm grundsätzlich auf einem Normungsantrag, der von jedermann gestellt werden kann. Wird das hierin zum Ausdruck kommende Normungsprojekt als sinnvoll erachtet, wird die Bearbeitung entweder dem zuständigen Normungsausschuß zugewiesen oder, sofern kein zuständiger existiert, ein neuer Normungsausschuß gegründet.

Liegt dem Normungsantrag eine Norm-Vorlage bei, so wird dieser dem Ausschuß zur Beratung vorgelegt; liegt keine Norm-Vorlage bei, so muß im Rahmen des Ausschusses zunächst eine Vorlage erarbeitet werden. Die Bearbeitung wird im Normungsausschuß so lange fortgesetzt, bis das Ergebnis - der Norm-Entwurf - der Öffentlichkeit zur Stellungnahme zugänglich gemacht werden kann. Die durch die Öffentlichkeit eingehenden Stellungnahmen werden vom zuständigen Normungsausschuß geprüft. Hat sich der Ausschuß unter Berücksichtigung der Stellungnahmen auf eine Fassung der Norm geeinigt, so verabschiedet er diese als „Manuskript für die Norm". Nach formalen Prüfungen und der Aufnahme des Manuskriptes in das Deutsche Normenwerk wird daraus die Deutsche Norm.

Arbeitsausschüsse sollen „im Wege gegenseitiger Verständigung mit dem Bemühen [...], eine gemeinsame Auffassung zu erreichen - möglichst unter Vermeiden formeller Abstimmungen" den Inhalt einer Norm festlegen.

3.2.1.1.3 Verein Deutscher Elektrotechniker e.V.

Der Verband Deutscher Elektrotechniker e.V. (VDE) - gegründet 1893 - veröffentlichte 1904 „Normalien und Vorschriften", in denen 17 Vorschriften enthalten waren, die sich z.b. auf die Errichtung elektrischer Starkstromanlagen bezogen. Die meisten deutschen Bundesstaaten zogen diese Vorschriften als technische Richtschnur in Sicherheitsfragen der Elektrotechnik heran. Im Gegensatz zum DIN und zum VDI standen beim VDE Fragen der Sicherheit an erster Stelle. Dies dürfte nicht zuletzt darauf zurückzuführen sein, daß es zu Beginn dieses Jahrhunderts naturgemäß wenig Erfahrungen im Umgang mit elektrischen Anlagen gab und damit ein enormes Gefährdungspotential vorhanden war.

Die VDE-Bestimmungen können nach ihrer sicherheitstechnischen Relevanz in „Vorschriften", „Regeln" und „Leitsätze" unterteilt werden. Die Sicherheit von Personen und Gegenständen zu gewährleisten ist Gegenstand der VDE-Vorschriften, während VDE-Regeln die Zuverlässigkeit elektrischer Anlagen und Betriebsmittel gewährleisten sollen. Die VDE-Leitsätze schließlich sind mittelbar sicherheitsrelevant.
1970 legten VDE und DIN ihre Standardisierungstätigkeiten auf dem Gebiet der Elektrotechnik faktisch in der „Deutschen Elektrotechnischen Kommission, Fachnormenausschuß Elektrotechnik im DNA gemeinsam mit dem Vorschriftenausschuß des VDE" (DKE) zusammen. Die Arbeit der DKE orientiert sich an der DIN 820, so daß die Aussagen, wie sie beim DIN gemacht wurden, auch auf den Standardisierungsprozeß bei der DKE bzw. beim VDE übertragen werden können.

3.2.1.1.4 Technische Überwachungsvereine

Die zunehmende Verbreitung von Dampfmaschinen in Verbindung mit einer Vielzahl von Unfällen,[65] die auf unsachgemäße Bedienung, aber auch auf Verarbeitungsmängel zurückzuführen waren, führten dazu, daß ein Kontroll- und Überwachungsbedarf entstand. Der preußische Staat reagierte auf die zunehmende Anzahl von Unfällen damit, detaillierte Gesetze und Instruktionen, wie z.B. die Einführung einer Genehmigungspflicht für die Inbetriebnahme von Dampfmaschinen, zu erlassen. Diese Art der Detailregulierung konnte allerdings nicht mit dem technischen Fortschritt dieser neuen Technologie mithalten und schrieb somit per se eine veraltete Technologie fest. Diese Lücke, die die Unfähigkeit des Staates bezüglich der Produktion technisch aktueller Standards oder Vorschriften ließ, wollte die Industrie durch die Gründung einer eigenen Überwachungsorganisation selber schließen. So kam es bis 1911 zu der Gründung von insgesamt 36 Dampfkessel-Überwachungs-Vereinen. Diese hatten insbesondere die folgenden Aufgaben:

- Sie sollten durch periodische Überprüfungen der Anlagen Explosionen verhüten.
- Sie sollten Gewähr für eine wirtschaftliche und sichere Gestaltung des Dampfkesselbetriebes bieten.
- Sie dienten als Versicherungen gegen Dampfkesselexplosionen.

Ende des 19. Jahrhunderts wurden den Überwachungsvereinen durch das Handelsministerium Befugnisse übertragen, wofür im Gegenzug dem Staat eine moderate Aufsichtsfunktion zugestanden wurde. 1938 wurde der Bereich der Technischen Überwachungsvereine neu gegliedert, da Dampfkessel nicht mehr die große Gefahrenquelle darstellten und neue Gefahrenquellen entstanden waren.

Heute existieren zwölf Technische Überwachungsvereine in Deutschland, von denen TÜV Bayern und TÜV Rheinland die größten sind. Zusammen überwachen die Vereine pro Jahr ca. 2,5 Mio. Druckgasbehälter, 600.000 Druckbehälter, 33.000 Dampfkessel, 240.000 Aufzüge, 150.000 Tankanlagen, 50.000 Kräne und Hebezeuge und 5.000 Seilbahnen bzw. Fördereinrichtungen. Hinzu kommen ca. neun Millionen Fahrzeug- und zwei Millionen Führerscheinprü-

---

[65] So berichtet eine Statistik über 214 Explosionen mit insgesamt 194 Toten und 106 Schwerverletzten im Deutschen Reich zwischen 1877 und 1890 (HOFFMANN, S. 29ff.)

fungen. Die Finanzierung der TÜVs erfolgt durch Mitgliedsbeiträge[66], Gebühren und außerordentliche Zuwendungen. Bemerkenswerterweise erhalten die TÜVs keine staatlichen Zuwendungen (WIESENACK, S. 141f.), obwohl sie ehemalige Aufgaben des Staates übernommen haben.

Die Technischen Überwachungsvereine sehen sich selber nicht als sog. Regelsetzer, also nicht als standardsetzende Organisation. Betrachtet man aber die Struktur der Prüfungen, so ist festzustellen, daß die Sachverständigen sich bei der Prüfung nicht nur auf das existierende technische Regelwerk stützen, sondern auch auf die Merkblätter des Verbandes der Technischen Überwachungsvereine, des Dachverbandes der TÜVs, zurückgreifen. Diese Merblätter dienten ursprünglich einer Vereinheitlichung der Prüfungen, indem in ihnen die Erfahrungen gesammelt wurden und dem Prüfer als Orientierungshilfe an die Hand gegeben wurden. Mittlerweile hat sich dieser Status aber faktisch geändert, insofern als daß Merkblätter auch Anforderungen an die Prüfung und somit an das zu prüfende Objekt stellen (VdTÜV-MERKBLATT 001, 1991, S. 3). Somit werden auch die Technischen Überwachungsvereine im Sinne der vorliegenden Arbeit zu standardsetzenden Organisationen.

Wenn festgestellt wird, daß die technischen Regelwerke keine für die Prüfung relevanten Aussagen treffen oder - nach Ansicht der Sachverständigen - zu große Ermessungsspielräume beinhalten, kann der VdTÜV durch Fachausschüsse Ergänzungen zu diesen technischen Regelwerken entwickeln lassen. Die hierbei entwickelten Dokumente haben nach Aussage des VdTÜV nicht den Charakter technischer Regeln, werden von den Sachverständigen bei der Prüfung aber genauso herangezogen wie technische Regeln. Diese Ergänzungen werden entweder in Form von VdTÜV-Merkblättern zu den Themen „Prüfgrundsätze, Prüfverfahren" oder „Technische Anforderungen" herausgegeben oder aber als interne Mitteilungen verbreitet und an die Sachverständigen gegeben.

---

[66] Die Mitgliedsbeiträge dienen als Grundlage für die Stimmen bei der Mitgliederversammlung. Grundsätzlich wird hierbei für jeweils 100 DEM Mitgliedsbeitrag eine Stimme gewährt. Eingeschränkt wird dies durch Höchststimmrechte von 20 Stimmen für ein Werk und maximal 50 Stimmen für ein Unternehmen. Eine interessante Fragestellung wäre nun, inwieweit sich die Kritik an Höchststimmrechten für Aktiengesellschaften, wie sie z.B. durch ADAMS geäußert wird (ADAMS 1990), auf Höchststimmrechte bei Technischen Überwachungsvereinen übertragen läßt.

3.2.1.1.5 Resümee

Wird nun die überbetriebliche Standardisierung in Deutschland im Lichte der Nationalen Standardisierungsinstitution gesehen, so läßt sich festhalten, daß die beiden größten nationalen Standardisierungsorganisationen DIN und VDI versuchen, alle Funktionen unter jeweils einem Dach zu organisieren. Die jeweiligen Schwerpunkte liegen dabei auf der Primärfunktion der Standarderstellung sowie der Bereitstellung von Standardinhalten (beim DIN geschieht dies über den Beuth Verlag). Beim DIN erlangt die Prüfung und das Anzeigen der Konformität zunehmende Bedeutung; diese findet ihren Ausdruck in der wachsenden Anzahl von Tochtergesellschaften, die sich diese Funktionen in unterschiedlichen Branchen zum Ziel gemacht haben. Die am wenigsten stark integrierte Funktion ist die der Forschung über Standardisierung, obwohl ein ständiges Defizit von entsprechenden Ergebnissen beklagt wird, da Forschungsergebnisse benötigt werden, um z.B. die Industrie oder die Politik davon überzeugen zu können, die Komiteestandardisierung zu fördern.

Bei den Technischen Überwachungsvereinen ist die Gewichtung der Primärziele deutlich anders. Hier steht die Konformitätsprüfung und das Anzeigen dieser Konformität im Vordergrund. Es wird zwar auch die Funktion der Erstellung von Standards ausgeübt, i.d.R. wird aber auf die Ergebnisse anderer Organisationen zurückgegriffen. Sekundärfunktionen wie das Bereitstellen von Inhalten, Beratung oder Ausbildung spielen bei den Technischen Überwachungsvereinen keine Rolle.

Neben dieser privatrechtlich organisierten Standardisierung können Standards in Deutschland auch durch öffentlich-rechtliche technische Ausschüsse und die Träger der gesetzlichen Unfallversicherungen entwickelt werden (MARBURGER, 1992, S. 181). Zu den öffentlich-rechtlichen Standardisierungskomitees zählen z.B. der Deutsche Dampfkesselausschuß oder der Deutsche Druckgasausschuß. Diese Ausschüsse überwachen sogenannte „überwachungsbedürftige Anlagen", wie sie durch die §§ 24f Gewerbeordnung definiert werden. Am Standardisierungsprozeß der öffentlich-rechtlichen Institutionen sollen sowohl Vertreter aus Bundes- und Länderministerien teilnehmen als auch Vertreter der Eigentümer, Hersteller und Betreiber der entsprechenden Anlagen.

Die Träger der gesetzlichen Unfallversicherungen, d.h. die Berufsgenossenschaften (s. §§ 537, 546, 708f. RVO), geben „Unfallverhütungsvorschriften" heraus, die von den betroffenen Unternehmen einzuhalten sind. Bei diesem Verfahren ist keine Beteiligung der betroffenen Unternehmen vorgesehen. Die Standards werden vielmehr von Fachausschüssen der Zentralstelle für Unfallverhütung des Hauptverbandes erarbeitet. Nach Genehmigung durch den Bundesminister für Arbeit werden sie von den Berufsgenossenschaften in Kraft gesetzt.

3.2.1.2 Die überbetriebliche Standardisierung in Frankreich

Der Aufbau der französischen Standardisierung unterscheidet sich stark von dem der deutschen. Während in Deutschland die Standardisierung überwiegend durch privatrechtlich organisierte Verbände durchgeführt wird, zeichnet sich die französische Standardisierung durch eine starke Einflußnahme durch die Exekutivorgane des Staates aus. Darüber hinaus ist das Pendant des DIN, die Association Française de Normalisation (AFNOR), mittelbar dem Industrieministerium unterstellt. Diese Struktur einer behördlich organisierten Standardisierungsarbeit geht bis in die Anfänge der überbetrieblichen Standardisierung in Frankreich zurück. 1918 wurde auf Behördenebene mit dem Aufbau einer überbetrieblichen Standardisierung begonnen. Diese Initiative mußte allerdings sehr bald wieder eingestellt werden, da keine ausreichende Finanzierung gewährleistet werden konnte. Mit der Gründung von AFNOR 1926 wurde diese Aktivität wieder aufgegriffen (VERMAN, S. 107).

Der aktuelle Stand der französischen Standardisierung wird durch das Gesetz von 1984 bestimmt. Hiernach wird die Struktur, wie sie seit 1941 herrscht, bestätigt. Änderungen wurden lediglich bei Bezeichnungen durchgeführt, so wurde z.B. der „Kommissar für die Normung" umbenannt in „Interministerieller Delegierter für die Normung", ohne daß an seinen Aufgaben und Kompetenzen wesentliche Veränderungen vorgenommen wurden. Einzige inhaltlich relevante Änderung ist die Reduktion der ministeriellen Verantwortung auf die des Industrieministeriums, womit dem wirtschaftlichen und technologischen Fortschritt Rechnung getragen wurde.

Durch das Gesetz vom 24. Mai 1941[67] wurde das französische Standardisierungswesen sowohl im Hinblick auf den organisatorischen Aufbau und den Ablauf der Entwicklung und Entstehung von Standards strukturiert (s. Abbildung 16). So wurde den Ministerien für Industrie und für Landwirtschaft durch die Artikel 1-3 die Zuständigkeit für die Entwicklung allgemeiner Richtlinien zur Etablierung von Standards, die Entwicklung von Arbeitsprogrammen, die Verkündung von Bestätigungen, die Bestimmung der Bedingungen für die

---

[67] Mit anderen mittlerweile allerdings veralteten Gesetzestexten abgedruckt in REIHLEN, 1974, 101-126.

Anwendungen von Standards sowie für die Kontrolle der anderen Standardisierungsorganisationen zugesprochen. Durch Artikel 4 wurde ein „Kommissar für die Standardisierung" („Commissaire à la Normalisation") eingerichtet, dem die Minister für Industrie bzw. Landwirtschaft alle oder einige ihrer im Zusammenhang zur Standardisierung stehenden Aufgaben übertragen konnten. Neben anderen Aufgaben gehörten hierzu insbesondere die folgenden:

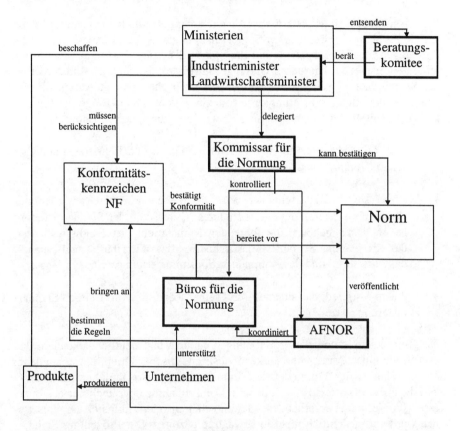

Abbildung 16: Die Struktur der französischen Standardisierung gem. Gesetz und Dekret vom 24. Mai 1941

1. Die Satzung AFNOR's bestätigen.
2. Arbeitsprogramme erstellen und fortschreiben.
3. Die Verfahren, die zu einem Standard führen, beaufsichtigen.
4. Die Annahme oder Zurückweisung von Standardentwürfen zur Bestätigung durch Erlaß.

5. Die Einführung der Standards im staatlichen Bereich.
6. Das Schlichten zwischen an der Standardisierung Beteiligten.
7. Die Aufsicht über die an der Standardisierung beteiligten Organisationen.
8. Die Aufsicht AFNOR's bezüglich deren Wahrnehmung ihrer Aufgaben in internationalen Gremien.

Den oben genannten Ministerien wurde ein Beratungskomitee zugeteilt, das generelle Probleme im Bereich der Standardisierungsarbeit und andere ihm wichtige Fragen im Zusammenhang mit der Standardisierung dem Industrieminister mitteilte (Artikel 5). Hierdurch wurde gewährleistet, daß andere Ministerien an der Standardisierungsarbeit teilnahmen und auch eher geneigt waren, die Ergebnisse der Standardisierungsarbeit anzuwenden. Dem Beratungskomitee sollten 14 Mitglieder angehören, die sich wie folgt zusammensetzten:

- je 2 Repräsentanten aus den Bereichen Handel und Industrie, Landwirtschaft, Versorgungsgüterindustrie,

- sowie sieben Repräsentanten aus verschiedenen Ministerien (départements ministériels), die ein besonderes Interesse an der Standardisierung haben. Dazu gehören die folgenden Ministerien: das Landwirtschafts-, das Kriegs-, das Seefahrts-, das Industrie-, das Wirtschafts- und Finanz-, das Luftfahrts- und das Kommunikationsministerium sowie

- einem Mitglied, das sich aufgrund seiner Kenntnisse im Bereich Standardisierung auszeichnet.

Die Zusammensetzung dieses Beratungsgremiums läßt deutlich erkennen, daß es sich um einen Ansatz mit starker industriepolitischer Orientierung handelte. Die eine Hälfte der Mitglieder des Gremiums kam aus staatlichen Ministerien und die andere Hälfte aus der Industrie. Die Teilnahme oder auch nur das Interesse von Verbraucherverbänden, Gewerkschaften oder ähnlichen Organisationen wurde offensichtlich nicht in Erwägung gezogen. Der Prozeß der Standarderstellung erfolgte in den durch Artikel 7 eingerichteten Büros für die Normung ("Bureaux de normalisation"), die für vorbereitende Arbeiten im Bereich der Etablierung von Normen in ihren spezifischen Branchen zuständig waren und sind. Die Aufgaben der Association Française de Normalisation werden in Artikel 8, Satz 2 mit der Zusammenfassung und Koordination aller die Standardisierung betreffenden Arbeiten und Untersuchungen definiert. Nachfolgend werden diese allgemeinen Aufgaben näher beschrieben:

- Weitergabe der Direktiven der übergeordneten Ministerien bzw. des Kommissars für die Normung sowie die Überwachung deren Einhaltung.
- AFNOR soll den „Bureaux de Normalisation" bei der Herstellung technischer Standards in ihrem Zuständigkeitsbereich Beistand leisten.
- Verifizieren bzw. prüfen der von ihr durchgeführten Projekte.
- Koordination der Aktivitäten von Organisationen, die sich in Frankreich mit der Standardisierung beschäftigen.
- Repräsentation und Wahrnehmung in internationalen Standardisierungsgremien.
- Verbreitung und Veröffentlichung von Informationen über die Standardisierung an alle, die von der Standardisierung betroffen sind.

Eine der wohl bedeutsamsten Regelungen dieses Gesetzes von 1941 waren die Konstrukte der **Bestätigung von Standards** („Homologation") und der **Verbindlicherklärung von Standards** („Arrète").

Die Bestätigung eines Standards macht diese für die Beschaffung bzw. Ausschreibungen durch öffentliche Stellen obligatorisch. Öffentliche Stellen im Sinne dieses Gesetzes sind Ministerien, Verwaltungseinheiten bis hin zu subventionierten Unternehmen. Private Verträge bleiben von der Bestätigung unberührt und werden lediglich mittelbar beeinflußt. Dies kann sich allerdings ändern, wenn eine Norm aufgrund des Artikels 13 für „verbindlich" erklärt wird. Mit dieser Erklärung, die vom Kommissar für die Normung ausgesprochen werden konnte, wurde der Standard auch für private Verträge bindend.

Durch die Möglichkeit, einen Standard zu bestätigen oder ihn für verbindlich zu erklären, kommt dem Vorgang der Zertifizierung - also der Prüfung und Bestätigung der Konformität zu Standards sowie der Vergabe eines Konformitätszertifikates - von Produkten oder Dienstleistungen in Frankreich eine große Bedeutung zu. So geschieht die Vergabe des „Mark NF" aufgrund einer gesetzlichen Regelung, des „Droit d'usage NF", das AFNOR die Vergabe, die Prüfung und die Ausarbeitung der Vergabebedingungen überläßt. Welcher Bedeutung auch nach staatlicher Auffassung Standardisierung und Zertifizierung zukommt, wird durch die Möglichkeiten AFNORs, den Mißbrauch des Zertifikates zu ahnden, deutlich. So kann AFNOR bei Mißbrauch von einer einfachen Kostenerstattung bis hin zu einem Ausschluß des Mißbrauchenden von weiteren Zertifikaten bzw. Zertifizierungsverfahren Gebrauch machen.

Es läßt sich somit feststellen, daß auch AFNOR, ähnlich wie DIN und VDI, eine Strategie der vertikalen Integration verfolgen und versuchen, alle Funktionen unter einem Dach zu organisieren. Auch die Gewichtung der einzelnen Funktionen ist der der deutschen Pendants ähnlich; Unterschiede existieren lediglich in den übergeordneten Organisationsstrukturen wie z.B. der Gründung von Tochtergesellschaften zur Wahrnehmung spezifischer Funktionen.[68]

3.2.1.3 Die überbetriebliche Standardisierung in Thailand

Während sich die Strukturen in den Industrienationen wie der Bundesrepublik Deutschland oder in Frankreich in den letzten 100 Jahren entwickeln konnten, ist dies für Entwicklungs- oder Schwellenländer nicht der Fall. Mit der Unabhängigkeit von den Kolonialmächten war aber noch lange keine Unabhängigkeit von den Standards erreicht, die die Kolonialmächte hinterließen (EL-TAWIL, 1993, S. 41). Durch die im Rahmen der Entwicklungshilfe angeschafften Investitionsgüter, die aus unterschiedlichen Ländern kamen, entstand ein heterogener Bestand an Produktionsanlagen- und mitteln. Auf diesen Mißstand mußten die betroffenen Nationen reagieren.

So existierten in den 60er Jahren in Thailand eine Reihe unterschiedlicher Organisationen, die sich mit der Erarbeitung oder Anwendung von Standards beschäftigten. Diese Organisationen waren überwiegend damit beschäftigt, Standards für den eigenen Bereich zu erarbeiten. So produzierte das „Gesundheitsamt" Standards für Nahrungsmittel und Medikamente und das „Office for Commodity Standards" Standards für Exportgüter (SANGRUJI, 1979, S. 87).

1968 reagierte Thailand mit der Verabschiedung des „Industrial Product Standards Act" (IPSA) und der damit verbundenen Gründung des Thai Industrial Standards Insitute (TISI) auf die sich immer bedeutender werdenden Koordinationsprobleme.[69] Das TISI wurde durch Section 4 IPSA als Unterorganisation des Industrieministeriums eingerichtet und erhielt insbesondere die folgenden Kompetenzen bzw. Aufgaben:

---

[68] Diese Unterschiede sind aber wahrscheinlich rein steuerlich bedingt. Das DIN als gemeinnütziger Verein darf keine Gewinne erwirtschaften, andererseits können durch den monopolisierten Verkauf von DIN-Normen Gewinne realisiert werden, die durch eine Auslagerung des Vertriebes in den Beuth Verlag GmbH den gemeinnützigen Status des DIN unberührt lassen.

[69] Eine ausführlicher Darstellung der Standardisierung in den ASEAN-Staaten findet sich bei HESSER und INKLAAR 1992.

- Überprüfung von inländischen Produkten (gem. Section 16 IPSA) und Importprodukten (gem. Section 20 und 21 IPSA), deren Konformität durch unabhängige Prüfer bestätigt werden muß.
- Überprüfung und Kontrolle der Produktion von Gütern, der Güter selber, die aufgrund eines Gesetzes zu einem Standard konform zu sein haben, und der Güter, die gemäß Section 20 IPSA produziert werden dürfen.
- Überprüfung und Kontrolle der Produkte, die gem. Section 21 IPSA importiert werden dürfen.
- Die Überwachung der Verwendung des „standard mark" als Konformitätszeichen.

Durch Section 7 IPSA wurde zusätzlich ein „Industrial Product Standards Council" eingerichtet, dessen Aufgabe es war,

- Empfehlungen gegenüber dem Minister im Hinblick auf die Festlegung, Verbesserung und Aufhebung von Standards auszusprechen.
- Den Gebrauch eines „standard marks" zu erlauben.
- Die Produktion von Produkten zu erlauben, die aufgrund eines Gesetzes Konformität zu Standards aufzuweisen hatten.
- Den Import von Produkten, die aufgrund eines Gesetzes Konformität zu Standards aufzuweisen hatten, zu erlauben.
- Qualifiziertes Personal für die Mitarbeit in Technischen Komitees auszuwählen und zur Verfügung zu stellen.

Im Council wird durch Section 11 IPSA eine einfache Mehrheitsregel implementiert, die greift, wenn mindestens 1/3 der Mitglieder des Council anwesend sind. Bei Stimmengleichheit entscheidet die Stimme des Vorsitzenden. Standards werden in Technischen Komitees erstellt, die ihre Vorschläge dem Council zur Entscheidung vorzulegen haben (Section 13 IPSA). Für die Technischen Komitees gelten die gleichen Mehrheitsregeln wie für den Council.

Ein Standard kann verbindlich gemacht werden, wenn die Sicherheit betroffen ist oder ohne diesen Standard die Allgemeinheit, die Industrie oder die Volkswirtschaft geschädigt werden können (Section 17 IPSA). Section 18 IPSA schrieb die Schritte zur Verbindlichkeit eines Standards vor:

1. Ankündigung der beabsichtigten Verbindlicherklärung.
2. TISI hat dem Council über die Resonanz der Ankündigung (z.B. Widersprüche etc.) zu informieren.

3. Das Council informiert TISI über Zeit und Ort, an dem eine Anhörung bzgl. der Widersprüche stattfinden soll.

4. Das Council soll die Möglichkeit nutzen, im Rahmen der Anhörung die Meinung möglichst vieler Interessierter einzuholen.

5. Hat sich das Council entschieden, so erhalten sowohl TISI wie auch die Initiatoren des Widerspruches schriftlich von dieser Entscheidung Kenntnis.

6. Es besteht ein Einspruchsrecht gegen die Entscheidung des Councils an den Minister. Die Entscheidung des Ministers ist endgültig.

Die Finanzierung des TISI erfolgt naturgemäß ausschließlich aus Steuermitteln. Die sich aus dem Verkauf von Standards oder der Lizensierung des „standards marks" ergebenden Erlöse gehen im Gegenzug allerdings auch in den Staatshaushalt ein und verbleiben nicht zur weiteren Verwendung bei TISI.

3.2.1.4 Die überbetriebliche Standardisierung in den Vereinigten Staaten von Amerika

Die United States Pharmacopeial Convention, gegründet 1829, war die erste standardsetzende Organisation in den Vereinigten Staaten. Sie beschäftigte sich mit der Standardisierung von Medikamenten. Es folgten 1852 mit der American Society of Civil Engineers die erste wissenschaftlich-technische Organisation und 1855 mit dem American Iron and Steel Institute die erste Handelsorganisation, die sich mit Standardisierung beschäftigte. (GARCIA, 1992, S. 533)

In der Folge gründete sich eine Vielzahl von Organisationen[70], die sich darauf konzentrierten, Standards in der jeweils eigenen Branche zu entwickeln. Diese Organisationen beruhten somit auf einer Finanzierung durch den privaten Sektor und ohne öffentliche Förderung. Der Staat hielt sich in den Vereinigten Staaten praktisch bis zum 1. Weltkrieg aus der Standardisierung heraus.[71] Ähnlich wie in den anderen westlichen Industriestaaten führte der 1. Weltkrieg auch den USA vor Augen, was eine unzureichende Koordination der Standardisierung für Folgen haben kann. Die Gründung eines „Commerical Economy Board" mit der Aufgabe, Arbeit, Kapital und Maschinenpark einfacher einsetzen zu können, war die Folge. In der unmittelbaren Nachkriegszeit sollte die schrumpfende amerikanische Wirtschaft durch eine staatlich forcierte Standardisierung gestärkt werden (GARCIA 1992, S. 532). Diese beschränkte sich aller-

---

[70] Nach einer Erfassung der standardsetzenden Organisationen in den Vereinigten Staaten von 1991 beläuft sich die Anzahl auf über 750. (TOTH, 1991, S. v)

[71] Ausnahmen bildeten das „Office of Weights and Measures" und des „Bureau of Standards" (GARCIA 1992, S. 532).

dings darauf, die privaten Standardisierungsorganisationen zu unterstützen, ohne selber aktiv einzugreifen.

Mit der Begründung, keine dominante Standardisierungsorganisation schaffen zu wollen, wurde das Nebeneinander einer Vielzahl von Organisationen regelrecht gefördert.

Deutlich wird das Dilemma der überbetrieblichen amerikanischen Standardisierung dadurch, daß die Vielzahl der standardsetzenden Organisationen sich nicht nur gegenseitig Konkurrenz machte, sondern darüber hinaus auch sich widersprechende Standards entwickelte. Dies führte zu der Erkenntnis, daß eine nationale Koordination der Standardisierung dringend notwendig sei. Ansätze für eine koordinierende Organisation der amerikanischen Standardisierung gehen zurück bis zur Gründung des „American Engineering Standards Committee" (AESC) 1918 (CARGILL 1989, S. 159). Neun Jahre später waren schon 365 nationale Organisationen bei AESC akkreditiert.

Neben der mangelnden Koordination mußten die Vereinigten Staaten ebenfalls feststellen, daß sie über kein Instrument verfügten, auf internationaler Ebene die eigenen Interessen zu bündeln und die internationale Standardisierungsarbeit in ihrem Sinne zu beeinflussen.[72] Dies führte zu dem Wunsche einer einheitlichen nationalen Standardisierungspolitik und einer damit verbundenen Konzentration der Koordinierung in einer Organisation (GARCIA 1992, S. 534). Die AESC, die sich mittlerweile „American Standards Association" (ASA) nannte, schlug sich als koordinierende Stelle der amerikanischen Standardisierung mit dem Titel „United States of America Standards Institute" (USASI) vor. Nach Einwänden von Regierungsstellen, daß dies nur ein Versuch sei, die eigene Machtstellung auszudehnen bzw. zu stärken, und daß auch die amerikanische Wettbewerbsaufsicht gegen diesen Namen votierte, weil dieser den Status einer Regierungsbehörde suggeriere, einigte man sich darauf, die Organisation „American National Standards Institute" (ANSI) zu nennen, das selber keine Standards produzieren sollte.

---

[72] So demonstriere der „Open System Interconnection Standard" den Einfluß japanischer und europäischer Interessen, während die amerikanischen Vorstellungen weniger berücksichtigt wurden. (MOLKA, 1992, S. 528) Fehlende Koordination führte auch zu Unsicherheit bei der Zuständigkeit. So wird in den USA festgehalten, daß die europäischen standardsetzenden Organisationen Probleme damit haben, wer denn in den USA ihr jeweiliger Ansprechpartner sei: „They [die Europäer] complain that one moment they are told the ANSI speaks for all the United States; but the next, the ASTM is knocking at their doors" (OTA, 1992, zitiert nach GARCIA 1992, S. 536).

Mitglied bei ANSI können ausschließlich Organisationen werden, die sich mit der Entwicklung von Standards beschäftigen. ANSI dient als eine Art Akkreditierungsstelle für die amerikanische Standardisierung und hat als einzige der Organisationen das Recht, „American National Standards" herauszugeben. Die Funktion der Koordinierung der amerikanischen Standardisierung kann durch ANSI dabei auf dreierlei Art und Weise wahrgenommen werden (CARLTON und KLAMER 1983, S. 449 und CARGILL 1989, S. 103ff):

„Canvass"-Methode oder „Accredited Sponsor"-Methode
Hier verwirklicht eine bestehende und bei ANSI akkreditierte Organisation, daß ein Bedarf an einem bestimmten Standard besteht und gleichzeitig auch andere Organisationen von diesem Standard betroffen sind oder sein können. Diese Organisation sponsert den Standardisierungsprozeß dadurch, daß sie neben der organisatorischen auch die inhaltliche Arbeit leistet und finanziert. Nachdem ein Vorschlag für den Standard entwickelt ist, initiiert und führt die „sponsoring" Organisation eine Umfrage bei betroffenen Organisationen durch. Diese werden über den Standardisierungsprozeß und den Inhalt des Vorschlags informiert und zur Kommentierung eingeladen. Dieses Verfahren kommt i.d.R. dann zum Zuge, wenn eine weitestgehend homogene Interessenlage über die Notwendigkeit des Standards und seine Inhalte besteht.

Das Ergebnis dieses Befragungsverfahrens kann dann von dem akkreditierten Sponsor bei ANSI eingereicht werden, damit es als American National Standard veröffentlicht werden kann.

Methode der akkreditierten Organisation
Bei der Methode der akkreditierten Organisation besteht eine Organisation, die von ANSI als standardsetzende Organisation akzeptiert werden möchte. Hierfür muß diese Organisation zum einen die fachliche Qualifikation für eine Standardisierung in dem betreffenden Bereich nachweisen können und zum anderen die Bereitschaft zur Übernahme der Anforderungen von ANSI an einen Standardisierungsprozeß zeigen.

Handelt es sich bei der betreffenden Organisation z.B. um einen branchenspezifischen Zusammenschluß von Unternehmen, so muß diese auch den Zutritt von branchenfremden Organisationen zulassen.

Eine Stärke und zugleich eine Schwäche dieses Verfahrens ist, daß die Tendenz zu einer Festschreibung des Status quo besteht, da auf branchenspezifisches und damit in der Branche akzeptiertes Wissen zurückgegriffen wird.

Methode des akkreditierten Komitees

Existiert mehr als eine Organisation oder auch gar keine, so initiiert ANSI die Gründung eines Standardisierungskomitees, das bei Existenz mehrerer Organisationen als Schiedsrichter fungieren soll. Dieses Komitee ist dann auch dafür zuständig, den Standard zu entwickeln und ihn über ANSI zu veröffentlichen.

Die Entwicklung der Standards erfolgt dabei dergestalt, daß die zu standardisierenden Bereiche von ANSI öffentlich bekanntgemacht werden und gleichzeitig zu einer allgemeinen Mitarbeit in den Komitees und dazugehörenden Arbeitsgruppen aufgerufen wird. Im Rahmen dieses Komitees wird ein Vorschlag erarbeitet, der sowohl auf dem Konsensprinzip als auch auf einer Beteiligung aller interessierten Kreise beruht. Dieser Vorschlag wird dem Sekretariat zur Genehmigung eingereicht. Wenn alle formalen Anforderungen erfüllt sind, kann er letztlich als American National Standard verabschiedet werden.

Der Vorteil dieser Methode ist, daß die interessierten Kreise aus allen Bereichen und Branchen am akkreditierten Komitee teilnehmen bzw. teilnehmen können, so daß keine Gruppe eine Dominanz aufweist und den Standard mißbraucht. Doch hat dies auch wieder Nachteile, da die heterogenen Interessen eine Konsensfindung erschweren oder zumindest verzögern werden.

Die Mitglieder ANSIs wählen das Direktorium, das für die Organisation und die strategische Ausrichtung ANSIs zuständig ist. Hierbei soll die Dominanz einer Interessengruppe vermieden bzw. verhindert werden. In den nachgeordneten Gremien - den Räten für die einzelnen Mitgliedsorganisationen - werden die jeweiligen Interessen der unterschiedlichen Interessengruppen gebündelt.

Die eigentliche Koordination der Standardisierung erfolgt durch den „Rat für Standardisierung" („Executive Standards Council"). Dieser Rat koordiniert auch die Beteiligung der verschiedenen amerikanischen standardsetzenden Organisationen am internationalen Standardisierungsprozeß. Hierbei wird er durch acht „Standardisierungsgruppen" unterstützt, die den „Rat für Standardisierung" in ihrem jeweiligen Zuständigkeitsbereich im Hinblick auf das Management und die Koordination des Standardisierungsprozesses unterstützen.

Der „Ausschuß für die Prüfung von Standards" beaufsichtigt die Einhaltung des Konsensprinzips bei der Erstellung von Standards durch die Mitgliedsorganisationen, während sich der Einspruchsausschuß mit Vorwürfen gegen ANSI beschäftigt. Einen umfassenden Überblick über die amerikanischen Organisationen zu geben, die tatsächlich Standards produzieren, ist aufgrund der Vielzahl dieser Organisationen und Regierungsstellen unmöglich.[73] Es sollen statt dessen einige wichtige Organisationen kurz angesprochen werden.

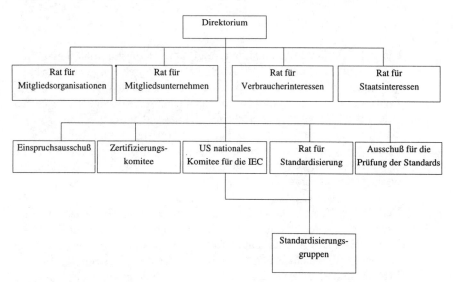

Abbildung 17: Organisationsstruktur des „American National Standards Institute" (Quelle: Cargill 1989, S. 165, Übersetzung durch den Verfasser)

Der staatliche Teil der amerikanischen überbetrieblichen Standardisierung wird im „National Institute of Standards and Technology" (NIST) entwickelt. NIST wurde Anfang dieses Jahrhunderts durch den amerikanischen Kongreß ins Leben gerufen und 1989 dem Handelsministerium zugeordnet. Bei NIST sind Förderprogramme angesiedelt, die die Entwicklung von Risikotechnologien unterstützen und kleineren und mittleren Unternehmen den Zugang zu Informationen und Technologien erleichtern sollen, die die eigene Entwicklung von Testverfahren und Standards für Unternehmen umfassen und die die Produktion von

---

[73] Eine umfangreiche Zusammenstellung über amerikanische Standardisierungskomitees wird vom NATIONAL STANDARDS SYSTEM NETWORK (NSSN, 1996) oder TOTH (1991) angeboten.

Qualität durch einen entsprechenden Preis fördern sollen (NIST, 1996). Darüber hinaus ist NIST für die Standardisierung von Gewichts- und Maßeinheiten zuständig. Zusätzlich gehört es zu den Aufgaben von NIST, Probleme, die Regierungsbehörden aufgrund von inkompatiblen Computersystemen entstehen, zu lösen (MOLKA, 1992, S. 527).

Zu den wichtigsten Organisationen, die in den Vereinigten Staaten Standards produzieren, gehören:

- **American Society for Mechnical Engineers** (ASME)
  Ähnlich wie in Deutschland führte auch in den Vereinigten Staaten eine Vielzahl von Dampfkesselexplosionen[74] zur Bildung einer Organisation mit dem Ziel, Standards zu schaffen, die die Sicherheit derartiger Kessel verbessern sollten. (ASME 1996)
- **American Society for Testing and Materials** (ASTM)
  Die ASTM ist eine gemeinnützige Organisation, die Standards, Test- und Zertifizierungsverfahren entwickelt sowie terminologische Arbeit leistet (ASTM 1996a). ASTM bestreitet ihre Tätigkeit zu etwa 85% aus dem Verkauf von Veröffentlichungen und 15% aus Zuschüssen von der Regierung. (ASTM 1996b)
- **X3**
  Diese Organisation, die im Rahmen der Methode des akkreditierten Komitees entstand, ist für den Bereich der Informationstechnologie zuständig. X3 ist offen für jeden, der an der Standardisierung im Bereich der Informationstechnologie interessiert ist. 1996 waren über 900 Organisationen Mitglied bei X3. (X3 1995b) Die Mitgliedschaft kann dabei drei unterschiedliche Ausprägungen annehmen:

- als „Hauptmitglied", das als Stellvertreter ein
- „Alternativmitglied" benennen kann, und
- als „Beobachtendes Mitglied".

Das „Hauptmitglied" hat bei Abstimmungen eine ungewichtete Stimme und erhält alle Dokumente, während ein „Beobachtendes Mitglied" keine Stimme hat und nur einige der relevanten Dokumente erhält. Für eine positive Entscheidung über den zur Abstimmung anstehende Standardisierungsentwurf müssen X3 zwei Bedingungen erfüllt sein: Zum einen muß die einfache Mehrheit der Stimmberechtigten zugunsten des Entwurfes stimmen und zum

---

[74] In den USA explodierten vor der Gründung der ASME und deren Standardisierungsbemühungen ca. 1.400 Kessel pro Jahr. (GARCIA 1992, S. 532)

anderen müssen mehr als 2/3 der abgegebenen Stimmen (abzüglich der Enthaltungen) zugunsten des Entwurfes sein.[75] Damit die Forderungen ANSI's erfüllt sind, müssen alle Anstrengungen unternommen werden, um Gegenstimmen zu vermeiden und die jeweiligen Gegenargumente zu entkräften und somit Konsens zu erreichen. (LEHR 1992, S. 551)

Die Unzufriedenheit mit der überbetrieblichen Standardisierung in den Vereinigten Staaten[76] hat in den letzten Jahren zur Entwicklung einer Standardisierung außerhalb der traditionellen Strukturen geführt (WEISS und CARGILL, 1992, S. 559). Es entstehen sogenannte „Konsortien", in denen sich Unternehmen zusammenschließen, um gemeinsam schnell und unbürokratisch die Standards zu entwickeln, die sie benötigen. Damit diese Konsortien tatsächlich so effizient arbeiten können, wie sie es wollen, müssen sie einerseits von der Forderung nach allgemeinem Zugang und andererseits von der Konsensregel abweichen. Insbesondere der beschränkte Zugang zu diesen Konsortien hat natürlich zu einer kritischen Betrachtungsweise durch die Wettbewerbsaufsicht geführt[77]. Wie sich diese Konsortien entwickeln werden und ob sie nicht letztlich doch in die bestehenden Standardisierungsstrukturen integriert werden, ist zu diesem Zeitpunkt nicht vorauszusagen.

3.2.2   Standardisierung auf europäischer Ebene[78]

Die europäischen Standardisierungsorganisationen müssen im Zusammenhang mit der Realisierung des Europäischen Binnenmarktes gesehen werden. Dieser soll den freien Verkehr von Waren, Dienstleistungen, Arbeit und Kapital gewährleisten. Hierzu ist insbesondere für den Austausch von Produkten die Homogenität der nationalen Standards eine notwendige Bedingung. Dürfen aus-

---

[75] Warum X3 über diese Form der Mehrheitsregeln verfügt, die im Widerspruch zu den Forderungen ANSIs steht, ist auch dem Verfasser nicht bekannt.

[76] Ähnliches gilt allerdings auch für die Situation in anderen Ländern, wie die kritischen Äußerungen von Vertretern der Siemens AG und der IBM Deutschland gegenüber dem DIN deutlich machen KUNERTH, S. 19 und RICHTER S. 88f..

[77] Vgl. hierzu ANTON und YAO, 1995.

[78] Neben der regionalen Standardisierung in Europa existiert eine Vielzahl von weiteren regionalen Zusammenschlüssen nationaler Standardisierungsorganisationen mit dem Ziel, für die jeweilige Region einheitliche Standards zu entwickeln. So existiert z.B. in Mittelamerika das „Instituto Centro American de Investigación y Tecnología Industrial" mit den Mitgliedsländern Guatemala, El Salvador, Honduras, Nicaragua und Costa Rica. Da aber die regionale europäische Standardisierung nicht nur für Europa, sondern auch für einen Großteil der anderen Kontinente der wichtigste regionale Zusammenschluß ist, konzentriert sich die vorliegende Arbeit auf die europäischen Standardisierungsorganisationen.

ländische Produkte nicht importiert werden, weil sie nach einem anderen als dem im Inland gültigen Standard erstellt wurden, so steht dies einem freien Warenverkehr entgegen. Im sogenannten „Old Approach" entwickelte die Europäische Kommission sehr detaillierte, aber dafür mit einem langjährigen Entstehungsprozeß verbundene Richtlinien.[79] Ursache für die langen Entstehungsprozesse war nach Ansicht der Europäischen Kommission die für die Beschlußfassung im Rat notwendige Einstimmigkeit (EUROPÄISCHE KOMMISSION, 1985, Pkt. 68, S. 19).

Dieser hohe Grad an Detailliertheit bot wenig Raum für eine intensive europäische Standardisierung. Dies änderte sich Ende der 80er Jahre durch die Implementierung des „New Approach" durch die Europäische Kommission. Danach gibt die Kommission im Rahmen von Richtlinien allgemein gehaltene Rahmenforderungen vor, wie z.B. im Hinblick auf die Sicherheit, die dann durch die europäischen Standardisierungsorganisationen mit Hilfe von Europäischen Normen (EN) spezifiziert werden sollen.

Da die Produktionsleistungen der beiden ursprünglichen europäischen Standardisierungsorganisationen CEN und CENELEC zu gering waren, als daß damit die für den Binnenmarkt notwendige Anzahl an einheitlichen europäischen Standards produziert werden könnte,[80] wurde 1985 durch einen Vertrag zwischen CEN und CENELEC einerseits und der Europäischen Kommission andererseits die Grundlage für eine finanzielle Unterstützung der europäischen Standardisierungsorganisationen gelegt.

Im Rahmen des Grünbuchs wurde eine Struktur für die europäische Standardisierung, wie sie der Abbildung 18 zu entnehmen ist, vorgeschlagen. Dabei soll die strategische Ausrichtung der europäischen Standardisierung durch den „Europäischen Normungsrat" erfolgen, der sich aus Vertretern der verschiedenen Interessengruppen (Industrie, Verbraucher, kommerzielle Anwender, Gewerkschaften, EG-Kommission und EFTA-Sekretariat) zusammensetzen soll. Der Normungsrat soll auch die „Regeln der europäischen Normung erstellen".

---

[79] Vgl. SCHMITT VON SYDOW, S. 11. Beispiele sind die fast 80 Seiten lange „Richtlinie über vor dem Fahrersitz montierte Umsturzvorrichtungen mit zwei Pfosten für Schmalspurzugmaschinen mit Luftbereifung" und die „Richtlinie zur Angleichung der Rechtsvorschriften der Mitgliedstaaten über nahtlose Gasflaschen aus Stahl", der Erlaß dauerte fast 11 Jahre. Nur wenig zügiger konnte die „Richtlinie zur Angleichung der Rechtsvorschriften der Mitgliedstaaten über nahtlose Gasflaschen aus unlegiertem Aluminium und Aluminiumlegierungen" entwickelt werden. (BREULMANN, 1993, S. 23).

[80] So produzierte CEN von seiner Gründung 1961 bis 1982 nur 96 Europäische Normen und CENELEC von 1962 bis 1982 37 Europäische Normen und 303 harmonisierte Dokumente (EUROPÄISCHEN KOMMISSION 1990, S. 15)

Die Maßnahmen, wie sie durch den Normungsrat beschlossen werden, sollen von einem „Europäischen Normenausschuß" in die Tat umgesetzt werden.

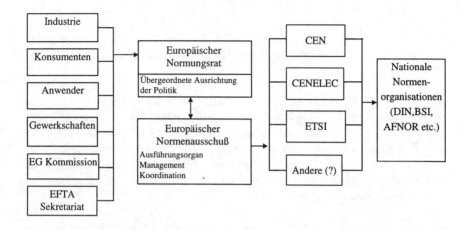

Abbildung 18: **Die geplante Struktur des europäischen Standardisierungs-systems** (Quelle: PELKMANS und EGAN, Abbildung 2 auf der Grundlage des GRÜNBUCH DER EG-KOMMISSION ZUR ENT-WICKLUNG DER EUROPÄISCHEN NORMUNG, Anhang 2, S. 4)

Die eigentliche Standardisierungsarbeit wird dann in den „Europäischen Normungsgremien" geleistet, die vom Normungsrat anerkannt sein müssen und die sich an die Vorgaben des Normungsrates und des Normenausschusses zu halten haben.

Im folgenden werden die drei von der Europäischen Kommission bisher anerkannten europäischen Normenorganisationen sowohl im Hinblick auf ihre geschichtliche Entwicklung als auch auf ihre Strukturen vorgestellt.

3.2.2.1 Comité européen de normalisation und Comité européen de normalisation électrotechnique

Die Gemeinsame Europäische Normungsinstitution (CEN) mit Sitz in Brüssel setzt sich aus den nationalen Normenorganisationen der Mitglieder der Europäischen Union sowie den Mitgliedern der Europäischen Freihandelszone (EFTA) zusammen.[81] Seit 1992 gibt es die Möglichkeit, den Status eines assoziierten Mitgliedes (ASB) anzunehmen, wie es für verschiedene Interessenvertretungen auch geschehen ist. CEN und das Europäische Komitee für elektrotechnische Normung (CENELEC) unterscheiden sich eigentlich nur durch die Zuständigkeitsbereiche; der Standardisierungsprozeß ist nahezu identisch, der jeweilige Aufbau und die Mitgliederstruktur sind sehr ähnlich, so daß die beiden Organisationen gemeinsam vorgestellt werden.

CEN und CENELEC veröffentlichen drei verschiedene Arten von Dokumenten, die zu unterscheiden sind:

- Europäische Normen (EN) müssen von den Mitgliedsländern in ihr jeweiliges nationales Normenwerk aufgenommen werden. Ferner sind alle einer Europäischen Norm widersprechenden oder ihr entgegenstehenden nationalen Normen zurückzuziehen.
- Harmonisierungsdokumente (HD) sind weniger bindend als Europäische Normen, da sie zwar auf nationaler Ebene zu implementieren sind, aber die Möglichkeit eigener nationaler Normen weiterbesteht.
- Europäische Vornormen (ENV) wurden als Instrument für dynamische Technikbereiche geschaffen. ENV sind für die Mitglieder von CEN bzw. CENELEC weniger verbindlich als EN oder HD, da sie nach ihrer Annahme lediglich bereitzustellen und bekanntzumachen sind.

Bei Abstimmmungen soll im Rahmen von CEN und CENELEC Einstimmigkeit erreicht werden.[82] Üblicherweise genügt bei Abstimmungen jedoch die einfache Mehrheit, um eine Entscheidung durchzusetzen. Von dieser Mehrheitsregel wird nur in den folgenden Fällen abgewichen:

- bei der formellen Abstimmung über EN oder HD,
- bei der formellen Abstimmung über ENV,
- über den Beginn und die Aufhebung von Stillhalteverpflichtungen und
- über die Annahme von B-Abweichungen[83] (CEN 1994, 5.1.4).

---

[81] Eine Ausnahme bildet Liechtenstein, da dieses Land über keine eigene nationale Normenorganisation verfügt (NICHOLAS und REPUSSARD, 1994, S. 29).

[82] „In all cases [...] every effort shall be made to reach unanimity." (CEN 1994, 5.1.1)

[83] Im Rahmen der EN können zeitlich begrenzte „A-Abweichungen" und „B-Abweichungen" existieren, wobei in A-Abweichungen nationale Rechtsvorschriften berücksichtigt werden können und in B-Abweichungen technische Anforderungen.

Land	Ge-wicht	Land	Ge-wicht
Deutschland	10	Schweden	5
Frankreich	10	Schweiz	5
Italien	10	Dänemark	3
Vereinigtes König-reich	10	Finnland	3
Spanien	8	Irland	3
Belgien	5	Norwegen	3
Griechenland	5	Österreich	3
Niederlande	5	Luxemburg	2
Portugal	5	Island	1

Tabelle 4: **Stimmengewichte der Mitgliedsländer der Gemeinsamen Europäischen Normungsinstitution für Abstimmungen über eine EN, ein HD, eine ENV, eine B-Abweichung oder eine Stillhalteverpflichtung**

Bei diesen Abstimmungen wird anstelle der einfachen Mehrheit als Regel eine qualifizierte Mehrheitsregel mit qualifiziertem Vetorecht verwendet. Jedes Mitgliedsland verfügt über ein bestimmtes Stimmgewicht, wie in Tabelle 4 angegeben. Die Anforderungen für die Annahme einer EN, eines HD, einer ENV, einer B-Abweichung oder einer Stillhalteverpflichtung sind die folgenden:

1. Es müssen mehr ungewichtete JA-Stimmen als ungewichtete NEIN-Stimmen vorhanden sein.
2. Es müssen mindestes 25 gewichtete JA-Stimmen abgegeben werden.
3. Es dürfen höchstens 22 gewichtete NEIN-Stimmen vorhanden sein.
4. Es dürfen höchstens drei Mitglieder dagegen stimmen.

Ergibt sich im Rahmen der Auszählung, daß nicht alle der Bedingungen 1-4 erfüllt werden, so wird die Auszählung im nächsten Schritt unter Zugrundelegung nur der Mitgliedsstaaten der Europäischen Union wiederholt. Werden dann alle vier Bedingungen erfüllt, so ist die Entscheidung positiv ausgefallen.

Bis es zu einer formellen Abstimmung über eine Europäische Norm oder ein Harmonisiertes Dokument kommt, durchläuft der zur Abstimmung kommende Vorschlag eine Reihe von Stufen:

- Vorschlagsphase,
- Erarbeitungsphase,
- Abstimmungsphase und
- Umsetzungsphase.

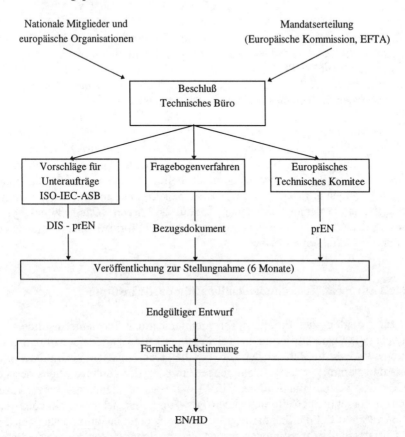

Abbildung 19: **Entstehungsprozeß einer Europäischen Norm oder eines Harmonisierten Dokumentes** (Quelle: NICHOLAS und REPUSSARD, S. 43)[84]

Der Weg von einem Vorschlag bis zur Umsetzung bzw. der förmlichen Abstimmung ist in Abbildung 19 illustriert. Vorschläge für ein europäisches Standardisierungsprojekt können durch „jedes „CEN/CENELEC-Fachgremium, die

---

[84] DIS = Draft International Standard und prEN = proposed European Norm

113

Kommission der Europäischen Gemeinschaften oder das EFTA-Sekretariat, eine internationale Organisation oder eine europäische Wirtschafts-, Berufs-, Fach- oder Wissenschaftsorganisation[...]" (CEN/CENELEC 1990, S. 25) erfolgen. Besteht für den Bereich, auf den der Vorschlag abzielt, ein Internationaler Standard, so soll kein Technisches Komitee aktiv werden; vielmehr soll im Rahmen eines Fragebogenverfahrens geklärt werden, ob Interesse an einer Harmonisierung des zur Diskussion stehenden Bereiches vorhanden ist und ob die Annahme des Bezugsdokumentes - z.B. eines Internationalen Standards - möglich erscheint. Stellt der Vorschlag auf einen neuen Bereich ab, so kann nach Prüfung ein Technisches Komitee gegründet werden oder die Bearbeitung einem bestehenden Technischen Komitee übergeben werden.

Die Standardisierung im Rahmen dieser Technischen Komitees erfolgt durch Sachverständige, deren Aufgabe es ist, einen ersten Entwurf zu formulieren. Dieser ist durch das Technische Komitee zu genehmigen und wird dann für sechs Monate in den Mitgliedsländern zur Stellungnahme ausgelegt. Die eingehenden Kommentare werden vom Technischen Komitee in dem Maße eingearbeitet, indem der daraus entstehende „endgültige Entwurf" den größtmöglichen Konsens darstellt. Über dieses Dokument wird dann formell nach dem oben geschilderten Verfahren abgestimmt.

3.2.2.2 European Telecommunications Standards Institute

Bis zur Gründung des European Telecommunications Standards Institute (ETSI) oblag die Standardisierung im Telekommunikationsbereich der Kommission Fernmeldewesen im Rahmen der Europäischen Konferenz der Verwaltungen für Post- und Fernmeldewesen (Conference Européen des administrations des Postes et des Télécommunications CEPT). An diesem Standardisierungsprozeß konnten ausschließlich die nationalen Post- und Fernmeldeverwaltungen teilnehmen. Somit fiel die Standardisierung im Telekommunikationssektor für lange Zeit staatlichen Institutionen zu, da erst in jüngster Zeit diese staatlichen Monopole im Rahmen der Deregulierung privatisiert werden (sollen). Die Verbindung aus langsamer Standardisierung und einer unbefriedigenden Beteiligung anderer interessierter Kreise, insbesondere aus dem Industriebereich, führten dazu, daß die Europäische Kommission die Gründung einer neuen Organisation anregte, die die Standardisierungsaufgaben übernehmen sollte. Dies führte 1988 zur Gründung von ETSI mit Sitz in Sophia-Antipolis, Frankreich. Gemäß Artikel 3 der Satzung von ETSI gehört zu den Aufgaben die Vorbereitung von Standards und der Standardisierung in den Bereichen:

- Telekommunikation,
- Telekommunikation und Informationstechnologie sowie
- Telekommunikation und die Übertragung von Ton- und Fernsehsignalen.

Die Mitgliedschaft in ETSI ist im Gegensatz zu CEN oder CENELEC nicht auf die jeweiligen nationalen Normenorganisationen beschränkt, vielmehr können gemäß Artikel 6.1 Verwaltungsbehörden, nationale Normungsorganisationen, Netzwerkanbieter, Produzenten, Anwender, Dienstleistungsunternehmen, Forschungseinrichtungen oder Beratungsgesellschaften die Mitgliedschaft erwerben (KAMPMANN, S. 70).

Auch die Standardisierungsarbeit innerhalb ETSI beruht auf Technischen Komitees, die sich auf einen gemeinsamen Normenentwurf einigen müssen. Zusätzlich und damit im Gegensatz zu CEN oder CENELEC werden die Technischen Komitees bei ETSI von sogenannten Projektteams unterstützt, die die Aufgabe haben, die vorhandenen technischen Lösungen objektiv darzustellen und dadurch den Mitgliedern der Technischen Komitees eine gemeinsame Basis zu verschaffen. Diese Struktur basiert auf einem Vorschlag im Grünbuch 1990 (EUROPÄISCHE KOMMISSION 1990, S. 26) über neue Methoden für den Standardisierungsprozeß.

Die von ETSI herausgegebenen „Europäischen Telekommunikationsstandards" (ETS) haben wie die Standards von CEN und CENELEC grundsätzlich einen rein freiwilligen Charakter. Sie können aber über den Umweg einer Common Technical Regulation verbindlich gemacht werden. Dies ist allerdings ausschließlich für den Endgerätebereich relevant. Hier übernimmt die Europäische Kommission einen Europäischen Telekommunikationsstandard oder formuliert auf dessen Grundlage eine Common Technical Regulation (HÖLLER, S. 30 und 41).

3.2.3 Internationale Ebene[85]

Auf internationaler Ebene ist eine Vielzahl von Organisationen mittel- oder unmittelbar mit Fragen und Problemen der Standardisierung beschäftigt. Die drei an dieser Stelle vorgestellten Organisationen - International Organization for Standardization (ISO), International Electrotechnical Committee (IEC) und International Telecommunication Union (ITU) - unterscheiden sich insofern

---

[85] Eine ausführlichere Darstellung der hier vorgestellten international tätigen Standardisierungsorganisationen findet sich bei ADOLPHI und KLEINEMEYER, 1996.

von anderen, als daß sie ausschließlich Standardisierung betreiben (ISO und IEC) oder in einem der bedeutsamsten Zukunftsmärkte - der Telekommunikation - die standardsetzende Organisation sind (ITU-T). Neben diesen Organisationen arbeiten z.B. die „Codex Alimentarius Commission" (CAC), „World Health Organization" (WHO) oder auch die „International Organization of Legal Metrology" (OIML) im Bereich der Standardisierung, ohne allerdings das Schwergewicht auf Kompatibilitätsstandards zu legen, so daß eine ausführliche Darstellung an dieser Stelle verfehlt wäre.

3.2.3.1 International Organization for Standardization[86]

Die Geschichte der ISO beginnt 1926. Zu diesem Zeitpunkt wurden die ersten Versuche unternommen, eine internationale Organisation, die sich ausschließlich mit Standardisierung beschäftigen sollte, zu gründen. Dies scheiterte aber daran, daß sich die nationalen Standardisierungsorganisationen nicht auf den Sitz dieser Organisation einigen konnten. Zu sehr war mit dem Sitz auch der Einfluß auf die innerhalb der Organisation zu erfolgende Standardisierungsarbeit verknüpft, als daß es zu einer Einigung zwischen Großbritannien und den Vereinigten Staaten einerseits, die für London als Sitz eintraten, und der Weimarer Republik, Österreich und der Schweiz andererseits, die Genf vorzogen, gekommen wäre (WÖLCKER 1993). Bei der Abstimmung über den Sitz kam es zu einem Patt, indem 1/3 für London, 1/3 für die Schweiz votierten und genau 1/3 der Stimmberechtigten sich enthielten (Heiberg, S. 3).

Erst zwei Jahre später konnte dann während einer Konferenz in Prag die „International Federation of National Standardizing Associations" (ISA) gegründet werden (HEIDELBERG, S. 136). Während des zweiten Weltkriegs mußte die ISA ihre Arbeit einstellen (KUERT, S. 285). Noch im Jahre 1944 gründeten die Alliierten das „United Nations Standards Coordinating Committee" (UNSCC), das in der Nachkriegszeit in eine weltweit operierende Organisation überführt werden sollte (KUERT, S. 286). Diese Organisation - die „International Organization for Standardization" oder „Organisation Internationale de Normalisation" - wurde am 24. Oktober 1946 während einer Konferenz in London gegründet (UNSCC REPORT OF CONFERENCE, S. 20). Fünf Jahre später wurde der erste International Standard veröffentlicht: „Standard reference temperature for industrial length measurement".

---

[86] ISO ist nicht die Abkürzung für diese Organisation, die entweder IOS (International Organization for Standardization) oder OIN (Organisation Internationale de Normalisation) lauten müßte. ISO bezieht sich vielmehr auf das griechische Wort „iso", das „gleich" bedeutet. (ISO 1994, S. 3)

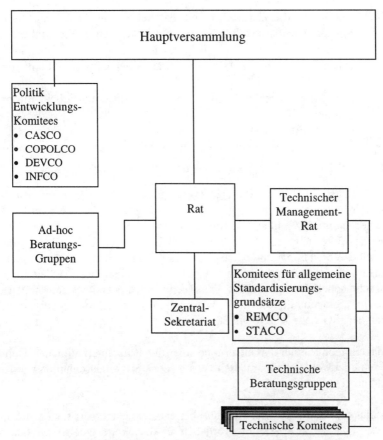

Abbildung 20: Aufbauorganisation der ISO

Heute sind 107 Staaten in der ISO vertreten. Davon sind 78 Staaten durch ihre nationalen Standardisierungsorganisationen Vollmitglieder, während 22 den Status von „Correspondent members" besitzen. Dabei handelt es sich häufig um wenig entwickelte Länder, die noch keine eigenständige Organisation für Standardisierung besitzen. „Correspondent members" nehmen nicht aktiv an der Arbeit in der ISO teil, können aber sowohl an der Hauptversammlung als auch in den Technischen Komitees als Beobachter teilnehmen (LINGNER, S. 3)[87]. Die Mitglieder können bei jedem Standardisierungsvorhaben zwischen verschiedenen Stufen der Teilnahme wählen:

---

[87] Daten aus ISO Annual Report 1994.

- Das Mitglied erklärt sich bereit, das Sekretariat für das Standardisierungsvorhaben zu stellen (es gibt nur jeweils ein Sekretariat pro Vorhaben).

- Das Mitglied möchte aktiv an der Standardisierungsarbeit teilnehmen (sog. P-Mitglieder).

- Das Mitglied möchte über die Standardisierungsarbeit informiert werden (sog. O-Mitglieder).

- Das Mitglied hat keinerlei Interesse an dem Standardisierungsvorhaben.

Oberstes Organ der ISO ist die Hauptversammlung der Mitglieder, wobei nur anerkannte nationale Normenorganisationen Mitglieder der ISO werden können. Die Hauptversammlung bestimmt insbesondere die mittlerweile 18 Mitglieder des Rates (EICHER, 1995, S. 9), der wiederum als Kontrollorgan für die allgemeine Verwaltung durch das Zentralsekretariat und für die Arbeit des Technical Management Boards zuständig ist. Die eigentliche Arbeit findet in den Technischen Komitees statt. Die Technischen Komitees unterteilen sich weiter in „Subcommittees" und „Working Groups". Zum organisatorischen Aufbau der ISO siehe Abbildung 20.

Bis das Ergebnis einer Arbeitsgruppe allerdings als Internationaler Standard verabschiedet werden kann, müssen verschiedene Stufen durchlaufen werden (s. Abbildung 21):[88]

| Vorschlags-Stadium: | Hier wird darüber entschieden, ob ein neues Standardisierungsvorhaben in die Wege geleitet werden soll. Dies kann sich sowohl auf die Entwicklung eines neuen Standards als auch auf die Entwicklung eines neuen Teils für einen existierenden Standard beziehen. Über die Entscheidung, ob dieses Vorhaben weiter verfolgt werden soll oder nicht, wird abgestimmt. Zur Annahme des Vorhabens muß eine einfache Mehrheit der P-Mitglieder für die Annahme stimmen und sich mindestens fünf P-Mitglieder zur aktiven Mitarbeit bereit erklären. |

---

[88] Die Struktur dieses Prozesses ist bei ISO und IEC identisch . Erstaunlich ist nur, daß es diese beiden Organisationen bis heute nicht geschafft haben, eine gemeinsame einheitliche Termiologie zu schaffen.

Vorbereitungs-Stadium: Hier wird ein „Working Draft" erstellt. Dies erfolgt durch eine Arbeitsgruppe, zu der der Projektleiter die teilnahmewilligen P-Mitglieder aufruft. Diese benennen ihrerseits Experten zur Teilnahme an der Arbeitsgruppe. Die Aufgaben dieser Gruppe sind im Prinzip erfüllt, wenn ein „Working Draft" erstellt ist und als „First Committee Draft" zwischen den betroffenen Technischen Komitees und den Subkomitees zirkulieren kann.

Komitee-Stadium: Hier werden die Hinweise und Anregungen der Mitglieder eingeholt und, sofern nötig, in das Dokument eingearbeitet. Das sich hieraus ergebende „Committee Draft" wird so lange überarbeitet, bis ein Konsens[89] über die Inhalte entstanden ist, und die Entscheidung, es in die nächste Stufe - dann als „Draft International Standard" - zu bringen, getroffen werden kann. Der Konsens muß allerdings nur zwischen den P-Mitgliedern erreicht werden.

Untersuchungs-Stadium: Hier wird über den Übergang des „Draft International Standards" zu einem „Final Draft International Standard" abgestimmt. Stimmberechtigt sind alle nationalen Standardisierungsorganisationen, die Mitglied der ISO sind. Der Übergang wird vollzogen, wenn:
a) 2/3-der P-Mitglieder zugunsten des Entwurfs stimmen und
b) nicht mehr als ¼ aller Stimmen sich gegen den Entwurf aussprechen.

Billigungs-Stadium: Hier wird nun endgültig über die Annahme eines Internationalen Standards entschieden. Es wird wieder gewählt, wobei die gleichen Mehrheitsforderungen gestellt werden wie im Untersuchungs-Stadium.

---

[89] „**consensus**: General agreement, characterized by the absence of sustained opposition to substantial issues by any important part of the concerned interests and by a process that involves seeking to take into account the views of all parties concerned and to reconcile any conflicting arguments. NOTE - Consensus need not imply unanimity." (ISO/IEC, 1995, S. 23).

Veröffentlichungs-Stadium: Die Veröffentlichung des Internationalen Standards schließt den Prozeß der Entstehung eines Internationalen Standards ab.

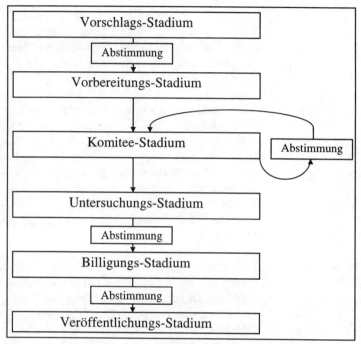

Abbildung 21: Der Entstehungsprozeß eines internationalen Standards - die verschiedenen Stadien und Abstimmungsstufen bei der ISO

Bei näherer Betrachtung der Stimmzettel fallen einige Besonderheiten auf, die hier Erwähnung finden sollen:

- So sind NEIN-Stimmen grundsätzlich zu begründen. Da dies mit einem größeren Aufwand und einem größeren fachlichen Wissen verbunden ist als eine nicht näher zu erläuternde JA-Stimme, steht zu erwarten, daß eher für denn gegen einen Vorschlag gestimmt wird. Hinzu kommt der psychologische Effekt, daß eine schriftlich fixierte Meinungsäußerung angreifbar macht.

- Ein weiterer Punkt, der hier auffällt, ist die Tatsache, daß nur die letzten beiden Abstimmungen die Möglichkeit der Enthaltung anbieten. Insbesondere bei der Abstimmung über ein neues Standardisierungsprojekt können nur „JA-" oder „NEIN-Stimmen" abgegeben werden.

- Sehr interessant ist auch die Formulierung der Frage 4 des Abstimmungsbogens bezüglich eines neuen Standardisierungsprojektes. Hier heißt es:

> *„We are prepared to participate in the development of the project (even if voting against), i.e. to make an effective contribution at the preparatory stage,... "*

Die Tatsache, daß diese Möglichkeit explizit genannt wird, spricht für ein nicht nur sporadisches Auftreten dieses Sachverhaltes. Wenn ein Mitglied sich gegen ein Standardisierungsvorhaben ausspricht, so ist es offensichtlich nicht daran interessiert, daß ein Standard zu dem angegebenen Themengebiet erstellt wird. Nimmt dieses Mitglied dann doch an einem zustandegekommenen Standardisierungsprojekt bzw. den entsprechenden Arbeitsgruppen oder Technischen Komitees teil, so besteht die Gefahr oder zumindest der Verdacht, daß es entweder den Prozeß der Standardisierung insbesondere auf der Komiteestufe behindern und verzögern wird oder durch die Beeinflussung erreichen will, daß das Ergebnis des Prozesses hinreichend aussagelos wird, so daß der Internationale Standard ohne Wirkung bleibt.

3.2.3.2 International Electrotechnical Committee

Obwohl älter als die ISO - die Wurzeln der IEC gehen bis 1904 zurück -, ist die IEC mit 47 Mitgliedern deutlich kleiner. Mitglied der IEC können nur „National Committees" werden, z.B. die Deutsche Elektrotechnische Kommission (DKE)[90], das „British Electrotechnical Committee" oder die „Union Technique de l'Èlectricité" aus Frankreich. Die Mitglieder werden unterteilt in A-, B- und C-Gruppen, was z.B. für die Höhe der Mitgliedsbeiträge von Bedeutung ist.

IEC und ISO grenzen sich voneinander dadurch ab, daß die IEC für die Bereiche des elektrischen und elektronischen Ingenieurwesens zuständig ist.

„Other subject areas are the responsibility of ISO." (ISO/IEC 1980, S. 2).

Die IEC hat, wie in Abbildung 22 dargestellt, als oberstes Organ den „Rat", der durch die Präsidenten der Nationalen Komitees gebildet wird. Das durch den Rat bestellte „Aktionskomitee" besteht aus 12 Mitgliedern (vier aus jeder der Gruppen A, B und C) und hat als Aufgabe die Gewährleistung einer effizienten

---

[90] Dies ist eine gemeinsame Kommission des Vereins Deutscher Elektrotechniker und des DIN.

Standardisierungspolitik. Die Standardisierungsarbeit wird in den Technischen Komitees ausgeführt, die sich in die drei Gruppen:

A: Terminologie, Graphische Symbole und Umwelttests,
B: Elektronik und Telekommunikation und
C: Sicherheit und Meßwesen

unterteilt.

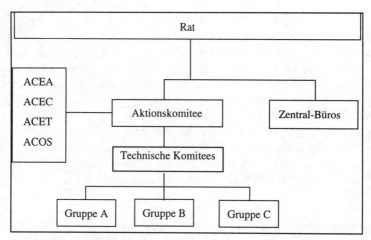

Abbildung 22:   Organigramm der IEC

Die Sekretariate sowohl der Technischen Komitees als auch der Unterkomitees werden durch Privatpersonen geleitet, womit zwar technisches Know-How garantiert wird, allerdings nicht unbedingt entsprechende Kenntnisse über die formalen Standardisierungsprozesse vorhanden sind.

3.2.3.3 International Telecommunication Union

Die „International Telegraph Union" wurde 1865 in Paris gegründet und 1932 in „International Telecommunciation Union" umbenannt. 1947 erhielt sie den Status einer „Specialized Agency" der Vereinten Nationen. Damit wurde sie als weltweit zuständig für folgende Bereiche etabliert:

- die Entwicklung von Standards für Fernmeldeeinrichtungen,
- die Koordination und Verteilung von Information bezüglich der Planung und Durchführung von Telekommunikationsdiensten und

- die Förderung und Unterstützung der Entwicklung der Telekommunikation und verwandter Dienste (MACPHERSON, S. 12).

1992 wurde die Struktur der ITU geändert. Sie ist in drei große Bereiche unterteilt (s. Abbildung 23), die kurz vorgestellt werden:

- „Telecommunication Standardization Sector" (ITU-T), vormals „Comité consultatif international télégraphique et téléphonique" (CCITT). Dieser Bereich ist für die Entwicklung weltweiter Standards im Bereich der Telekommunikation mit Ausnahme des Radios zuständig.[91]

- „Radiocommunication Sector" (ITU-R), vormals CCIR. Durch diese Teilorganisation werden heute die Radiofrequenzen verteilt.[92]

- „Telecommunication Development Sector" (ITU-D). Im Rahmen dieses Bereiches sollen technische Kooperationen angeboten, organisiert und koordiniert werden (ITU, 1994, S. 21).

Von besonderer Bedeutung für die vorliegende Arbeit ist der Bereich ITU-T. Da der Telekommunikationsbereich einer der Wirtschaftszweige mit den höchsten Innovationsraten und größtem Wachstum ist, bedarf es besonderer Strategien, um eine erfolgreiche Standardisierung zu gewährleisten. Um dies zu erreichen, hat die ITU-T die folgenden Strategien formuliert (ITU, 1994, S. 12):

- Es soll ein marktorientierter Ansatz gewählt werden.
- Es sollen qualitativ hochwertige Standards in kurzer Zeit erarbeitet werden.
- Die wichtigsten Standardisierungsbereiche sollen zuerst bearbeitet werden.
- Es soll ein ständiger Verbesserungsprozeß sowohl im Hinblick auf die Qualität als auch auf die Geschwindigkeit vollzogen werden.
- Nicht-staatliche interessierte Kreise sollen zur Teilnahme am Standardisierungsprozeß ermutigt werden.

Die Mitgliedschaft in der ITU und damit auch in der ITU-T ist auf die Nationen abgestellt. So werden diese vertreten durch Organisationen des „Post, Telegraph and Telephone" Bereiches.

---

[91] Darstellungen einiger durch die CCITT durchgeführte Standardisierungsverfahren, wie z.B. X.400 für Electronic mail, Faxstandards, Bildschirmtext finden sich bei SCHMIDT und WERLE, 1994, S. 434-443.

[92] Im Rahmen des CCIR fand die weltweite Auseinandersetzung über die Festlegung des Standards für hochauflösendes Fernsehen statt.

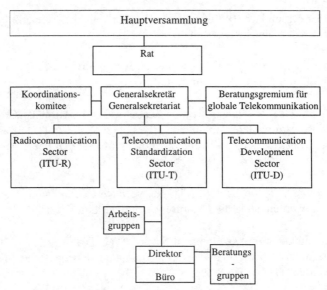

Abbildung 23: Struktur der ITU und Aufbau des „Telecommunication Standardizaton Sectors"

3.3 Zusammenfassung

In den vorangegangenen Abschnitten wurden in unterschiedlicher Ausführlichkeit die Strukturen einiger nationaler Organisationen der Standardisierung vorgestellt. Diese Strukturen entziehen sich einer individuellen Bewertung, da sie im Zusammenhang ihrer Entwicklung und ihres gesamten Umfeldes gesehen werden müssen. Die betrachteten Strukturen einer überbetrieblichen Standardisierung im besonderen und die Gesellschaften, in denen sie sich bewegen, im allgemeinen können als ein Netzwerk von sozialen Normen verstanden werden, wobei Gesetze als kodifizierte soziale Normen interpretiert werden können. (ADAMS 1991, 1994 und 1996)

Auch wenn sich die vorliegende Arbeit auf die besonderen Probleme von Kompatibilitätsstandards beschränken will, so bedeutet dies nicht, daß Kenntnisse über standardsetzende Organisationen im allgemeinen überflüssig sind, deren Herkunft in einer vielfaltreduzierenden Standardisierung liegt. Im Gegenteil führt deren Strategie, die einmal gewachsenen Strukturen auch auf Industrien anzuwenden, in denen Kompatibilität eine erhebliche oder womöglich entscheidende Rolle spielt, zu der Notwendigkeit, sich auch mit diesen Organisationen intensiv zu beschäftigen.

Auffällig ist, daß einheitliche ablauforganisatorische Strukturen, wie z.B. die Konsensregel oder die Befragung der Öffentlichkeit, existieren, die auf alle Arten von Standards angewendet werden. Aus diesem Grund ist auch keine Trennung von Organisationen oder Teileinheiten möglich, die sich mit Kompatibilitätsstandards auf der einen Seite und anderen Standards auf der anderen Seite beschäftigen.

	VDI	DIN	VDE	TÜV	AFNOR	TISI	ANSI	X3	CEN	CENELEC	ETSI	ISO/	IEC	ITU
Standards erstellen	X	X	X		X	X		X	X	X	X		X	X
Standards verbreiten	X	X	X		X	X	X[93]	X	X	X	X		X	X
Standards implementieren		X		X	X	X	X							
Hilfsfunktionen	X	X	[94]		X	X	X		X	X	X		X	X

Tabelle 5: **Die verschiedenen Organisationen der Standardisierung im Überblick**

Wichtig ist, das Spektrum zu erkennen, in dem sich standardsetzende Organisationen bewegen können. Dies reicht von einer rein staatlich verordneten Standardisierung wie in Thailand bis hin zu einer Struktur, in der eine Vielzahl von Organisationen Standards produziert und in der es eine private Organisation gibt, die sich nahezu ausschließlich mit der Koordination der Standardisierung beschäftigt wie in den Vereinigten Staaten von Amerika.

---

[93] Ohne allerdings Beratungs- oder Ausbildungsfunktionen zu übernehmen. (GARCIA 1992, S. 536)

[94] Die Koordination erfolgt in der gemeinsam vom DIN und dem VDE unterhaltenen Deutschen Kommission für Elektrotechnik (DKE).

125

In der Tabelle 5 wird ein Überblick gegeben, welche der Funktionen eines Standardisierungswesens von den dargestellten Organisationen realisiert werden. Festzuhalten bleibt, daß die Vielzahl der nationalen Standardisierungsorganisationen, wie das DIN, AFNOR oder TISI, die Tendenz aufweist, vertikal zu integrieren, d.h. alle Funktionen selber oder durch Tochtergesellschaften auszufüllen. Die Ausnahme bildet ANSI, das selber keine Standards erstellt. Supranationale Standardisierungsorganisationen konzentrieren sich demgegenüber auf die Erstellung und Verbreitung von Standards sowie auf die Bereitstellung der Hilfsfunktionen. Die Implementierung der Standards gehört nicht zu den Funktionen, die diese Organisationen wahrnehmen. Dies liegt daran, daß z.B. europäische oder internationale Standards in die jeweiligen nationalen Standardbestände aufgenommen werden (müssen) und somit eher den Charakter eines nationalen Komiteestandards erhalten. Die nationalen Standardisierungsorganisationen können diese Standards dann auf eigene Rechnung verkaufen. Insofern bestehen seitens der nationalen Standardisierungsorganisationen keine Anreize, den von ihnen unterhaltenen supranationalen Organisationen auch die Implementierungsfunktion zu übertragen.

4 Unterschiedliche Institutionen der Standardisierung

Standardisierung kann durch unterschiedliche Mechanismen erreicht werden. Standards können durch den Wettbewerb, ein Komitee oder eine Hierarchie entstehen. In der Realität beobachten wir ein Nebeneinander aller drei möglichen Ausgestaltungen, ohne daß erkenntlich wäre, warum diese existieren. Wie schon im einleitenden Kapitel angesprochen, hat sich die ökonomische Auseinandersetzung auf Standards konzentriert; die Betrachtung der standardisierenden Mechanismen blieb - von wenigen Ausnahmen abgesehen - im Hintergrund. In diesem Kapitel sollen die qualitativen Eigenschaften der verschiedenen Mechanismen der Standardisierung näher beleuchtet werden. Hierfür werden anhand zweier Beiträge die wesentlichen Komponenten einer Beurteilung dieser Mechanismen herausgearbeitet. Diese Komponenten werden daraufhin isoliert für die drei Mechanismen betrachtet.

Im Rahmen der ersten Komponente wird die Fähigkeit des Mechanismus, Koordination der Beteiligten zu erreichen bzw. einen Standard durchzusetzen, untersucht.

Der zweite Aspekt konzentriert sich auf den zeitlichen Rahmen, in dem die einzelnen Mechanismen eine Standardisierung erreichen. Es werden ausschließlich Erklärungen für die Dauer des Standardisierungsprozesses in den jeweiligen Institutionen gegeben, wobei keine Aussagen über die Vorteile oder Nachteile einer schnellen Standardisierung gemacht werden können.

Die dritte Eigenschaft bezieht sich auf Probleme der Kosten und der Finanzierung einer nationalen Standardisierung und beruht auf den Erkenntnissen des Abschnittes 2.1.1 „Standards und öffentliche Güter". Danach weisen Standards die Charakteristika öffentlicher Güter insbesondere im Hinblick auf die Nicht-Rivalität im Konsum auf. Die Nicht-Ausschließbarkeit, also die Möglichkeit jemanden, der nicht am Standardisierungsprozeß teilgenommen und die damit in Zusammenhang stehenden Kosten aufgewendet hat, hängt von den gewerblichen Schutzrechten ab[95]. Gerade für Standards, die von nationalen Standardisierungsorganisationen produziert werden, sind die Möglichkeiten, Trittbrettfahrer von der Verwendung der Standards auszuschließen, sehr gering, da der freie, wenn auch nicht kostenlose Zugang zu den Standards zu den Grundprinzipien dieser Organisationen gehört.

---

[95] Vgl. hierzu ausführlicher den Abschnitt 5.3 „Standards und gewerbliche Schutzrechte".

Der letzte Aspekt wendet sich der Frage zu, ob und wie die Mechanismen eine Standardisierung mit der jeweils wünschenswerten Technologie erreichen. Hier steht also nicht die Frage im Vordergrund, ob überhaupt Standardisierung erreicht wird oder werden soll, sondern, ob die richtige Technologie zum Standard wird.

4.1 Überblick über qualitative Ansätze

Zu den ersten Arbeiten, die sich intensiver mit dem Vergleich unterschiedlicher Mechanismen zur Erzeugung eines Standards auseinandersetzten, gehört der Beitrag von ROSEN, SCHNAARS und SHANI (ROSEN, SCHNAARS und SHANI 1988, S. 129-139). Hier werden Vor- und Nachteile der einzelnen Mechanismen beschrieben. Zusätzlich zu der auch in der vorliegenden Arbeit unternommenen Aufteilung in Komitees, Wettbewerb und Hierarchien unterscheiden ROSEN, SCHNAARS und SHANI die Standardisierung durch ein dominantes Unternehmen oder durch den Wettbewerb in Verbindung mit einer vollständigen Konkurrenz.[96] Die Ergebnisse dieses Beitrages sind in Tabelle 6 zusammengefaßt.

In ähnlicher Form hat sich GRINDLEY 1993 mit den jeweiligen Vor- und Nachteilen einer Standardisierung über den Wettbewerb und über ein Komitee auseinandergesetzt. Die Einschätzungen GRINDLEYs sind in Tabelle 7 wiedergegeben.

Sowohl ROSEN, SCHNAARS und SHANI als auch GRINDLEY beschränken sich auf eine Auflistung vermeintlicher Stärken oder Schwächen der zur Auswahl stehenden Alternativen. Diese Bewertungen der standardsetzenden Mechanismen lassen sich sowohl bei ROSEN, SCHNAARS und SHANI als auch bei GRINDLEY auf einige wenige Faktoren zurückführen:

- *Koordination*
  Ein wichtiges Kriterium für die Beurteilung standardsetzender Mechanismen ist ihre Fähigkeit, die Aktivitäten der Beteiligten zu koordinieren. In der Terminologie von ROSEN, SCHNAARS und SHANI handelt es sich um die Durchsetzbarkeit eines Standards.

---

[96] Zwar setzte man sich auch schon vorher mit den verschiedenen Institutionen der Standardisierung auseinander, doch lag der Schwerpunkt auf dem gesellschaftlichen Wert der Standards oder auf der Standardisierung von Maßeinheiten, unabhängig von den Produktionsmechanismen (vgl. z.B. TASSEY 1982, LUNDGREEN 1986).

Institution	Vorteile	Nachteile
Hierarchie	• Entscheidungen fallen aufgrund objektiver Kriterien • Entscheidungen basieren auf dem Wohl d. ganzen Nation • Entscheidungen können durchgesetzt werden • Wenige verwaiste Konsumenten	• Schlechte Berücksichtigung der Marktbedürfnisse • Geringe Flexibilität im Hinblick auf Veränderungen • Politischer Einfluß auf Entscheidungsprozesse • Langwierige Entscheidungsprozesse
Koalitionen	• Berücksichtigung der Marktbedürfnisse • Bleibt eigener Entscheidung treu • Definiert Bedingungen für zukünftige Kooperationen • Wenige verwaiste Konsumenten	• Langwierige Entscheidungsprozesse, anfällig für die Interessen von Kleingruppen • Entscheidungen sind schwer durchzusetzen • Standards sind allgemein gehalten
Freier Markt	• Größte Berücksichtigung der Marktbedürfnisse • Bevorzugt Standards auf höchstem technischen Niveau • Beste Möglichkeiten für neue Anbieter • Größte Flexibilität im Hinblick auf Veränderungen	• Erfolg eines Standards kann eher durch Marketingstrategien als durch überlegene Technologie begründet sein • Viele verwaiste Konsumenten • Langsamer Prozeß
Marktführer	• Schnelle Verbreitung des gewählten Standards • Wenige verwaiste Konsumenten	• Wahl des Standards kann auf Zweckmäßigkeit oder Kosten als auf Überlegenheit beruhen • Marktführer kann versuchen, den Standard vor Gebrauch durch Konkurrenten zu schützen

Tabelle 6: **Vor- und Nachteile der unterschiedlichen standardsetzenden Mechanismen** (Quelle: ROSEN, SCHNAARS und SHANI, S. 134, Übersetzung durch den Verfasser)

• *Zeit*
Eng mit dem Argument der Koordination ist der zeitliche Aspekt verbunden. Beim Faktor Zeit ist allerdings unter-

stellt, daß eine Koordination auf jeden Fall erfolgen wird, lediglich der hierfür benötigte Zeitraum ist unsicher.

- *Kosten*
  Alle Standardisierungsmechanismen verursachen Kosten, die in unterschiedlicher Form auftreten können. Dies reicht von Reisekosten bei einer Komiteestandardisierung bis hin zu den Kosten, die durch „verwaiste" Anwender entstehen.

- *Technologische Effizienz*
  Ist der Erfolg eines technologisch überlegenen Standards gewährleistet? Oder besteht die Möglichkeit, daß „die Technologie mit dem höchsten Effizienzpotential [..] wieder vom Markt verdrängt werden [kann]"? (ENGLMANN, S. 180)

	Wettbewerb	Komitee
Argumente zugunsten der Standardisierung über den Wettbewerbs	+ klare Entscheidung + schnell + kommerzielle Ziele stehen im Vordergrund + marktnah + offener Prozeß + Produkt steht im Vordergrund + Vielfalt im Design + weltweiter Prozeß	- schwierige Übereinkunft - langsam - Tendenz zu technischen Kriterien - marktfern - verdecktes Lobbying - externe Politik - ein Design - lokal oder regional
Argumente zugunsten der Standardisierung über ein Komitee	- Standardschlachten - mehrfache Entwicklungskosten - fragmentierte Standards - einige Konsumenten stranden - auf veraltete Technologie festgelegt	+ geordneter Prozeß + eine einzige Technologie + einheitlicher Standard + Entschädigung für Verlierer + technische Überlegenheit setzt sich durch

Tabelle 7: Argumente für und gegen eine Standardisierung über den Wettbewerb bzw. durch ein Standardisierungskomitee (Quelle: GRINDLEY, 1993, S. 64, Übersetzung durch den Verfasser)

Die jeweilige Einschätzung dieser Bewertungen kann dabei subjektiven Charakter haben, wie z.B. die Einschätzung der Standardisierungsgeschwindigkeit des Wettbewerbs illustriert. Während ROSEN, SCHNAARS und SHANI diesen als langsam bezeichnen, hält GRINDLEY ihn für schnell. Diese Diskrepanz ist vermutlich darauf zurückzuführen, daß GRINDLEY sich auf die Verfügbarkeit einer Technologie am Markt bezieht, während ROSEN, SCHNAARS und SHANI die Zeit zugrunde legen, die vergeht, bis eine Technologie eine umfassende Verbreitung gefunden hat.

Weiterhin ist offensichtlich, daß Behauptungen von ROSEN, SCHNAARS und SHANI, der Staat treffe seine Entscheidungen aufgrund objektiver Kriterien oder zum Wohle der Allgemeinheit, einer Wunschvorstellung über staatliches Handeln entspringen, aber nicht auf den tatsächlichen Gegebenheiten beruhen. Wenn der Staat seine Entscheidungen aufgrund objektiver Kriterien treffe, ist es verwunderlich, wenn folglich politische Einflüsse auf den Entscheidungsprozeß als nachteilig gesehen werden. Ähnlich wie ROSEN, SCHNAARS und SHANI wird der staatliche Standardisierungsprozeß auch von GREENSTEIN (1992, S. 545) als langsam und politisch beeinflußt bezeichnet, wobei noch nicht einmal sicher sei, daß der richtige Standard gewählt werde.

Entsprechend kann der Verfasser nicht der Bewertung des Wettbewerbs als einem Prozeß zustimmen, der zur Technologie auf dem höchsten technischen Niveau tendiert und die besten Möglichkeiten für neue Anbieter offenhält.[97] Ob der Wettbewerb tatsächlich auch die größte Flexibilität im Hinblick auf technologische Veränderungen aufweist, ist im Zusammenhang mit Netzwerkeffekten, standardspezifischen Investitionen und den daraus entstehenden installierten Beständen zumindest kritisch zu sehen.

Die folgenden Abschnitte werden einige der genannten Kriterien oder Eigenschaften sowie einige Kritikpunkte näher beleuchten.

4.1.1 Die Koordination der Standardisierung

Bei Technologien mit signifikanten Netzwerkeffekten spielt, wie im zweiten Kapitel dargestellt, die Größe des Netzwerkes eine erhebliche Rolle. Dies kann z.B. in dem Fall zu einem Problem werden, wenn eine neue Technologie versucht, eine alte Technologie zu verdrängen. Dann kann eine Situation vorliegen,

---

[97] Zu diesem Punkt sei auf die ausführliche Diskussion der marktzutrittshemmenden Wirkung von Standards in Kapitel 5 verwiesen.

in der alle Anwender einen Wechsel zur neuen Technologie wünschen, es aber zu keinem Wechsel kommt, weil dieser Wechsel aufgrund der großen Zahl der Betroffenen und der damit verbundenen Informationsproblemen nicht möglich ist. FARRELL und SALONER (1987) illustrieren die Koordinationsprobleme anhand zweier Beispiele. Das erste Beispiel beschreibt allgemein die Probleme einer Koordination:

> „In movies of the old West, cowboys who camped for the night where there were no trees to which to tie their horses would often tie the horses to one another. Even though the horses as a group were free to go wherever they wanted, they would not go far - whereas a single horse left free overnight would. The horses' difficulty in coordinating just where they would move at any instant prevented them from moving effectively."
>
> FARRELL und SALONER 1987, S. 10

Das zweite Beispiel hingegen nimmt Bezug auf einen Wechsel von einer Technologie zur anderen, bei dem keiner der Anwender als erster wechseln möchte, weil er befürchtet, daß niemand oder nur sehr wenige ebenfalls diesen Wechsel vollziehen. In diesem Fall hat er zwar eine neue Technologie erworben, damit ist allerdings kein großes Netzwerk verbunden:

> „Penguins gather on the edges of ice floes, each trying to jostle the others first, because although all are hungry for fish, each fears there may be a predator lurking nearby."
>
> FARRELL und SALONER 1987, S. 13f

Bezogen auf Industrien mit Netzwerkeffekten und installierten Beständen, bedeutet dies, daß die Anwender zwar einen alten Standard verlassen wollen, dies aber aufgrund der fehlenden Koordinationsmöglichkeiten nicht realisieren können. Diejenigen, die prinzipiell bereit sind zu wechseln, oder, sofern sie nicht dem installierten Bestand des alten Standards angehören, jene mit einer Präferenz für die neue Technologie entscheiden sich gegen diese Technologie, weil sie befürchten, daß sie die einzigen sein werden, die diesen Wechsel vollziehen.

4.1.1.1 Koordination durch einen hierarchischen Standardsetzer

Die Koordination der Aktivitäten der Anwender und der Produzenten durch einen hierarchischen Standardsetzer kann durch eine verbindliche Standardisierung vergleichsweise einfach erfolgen. Dem Staat steht dabei eine Reihe von

Instrumenten zur Verfügung, die im fünften Kapitel im Abschnitt über die Verbindlichkeit von Standards ausführlicher dargestellt und diskutiert wird.

Ein Beispiel für ein entsprechendes Koordinationsproblem war der Wechsel von bleihaltigem Automobilkraftstoff zu bleifreiem Benzin. Die Tankstellen rüsteten nicht um, weil keine Fahrzeuge produziert und verkauft wurden, die Autofahrer kauften keine Autos, die mit bleifreiem Benzin fuhren, weil keine Tankstellen dieses anboten und die Automobilindustrie stellte keine entsprechenden Automobile her, weil diese nicht nachgefragt wurden. Erst die verbindliche Festschreibung eines Teils des Standards führte zu einem koordinierten Schritt aller drei Gruppen zu einem neuen Standard. Der gleiche Mechanismus scheint der Grund für die andauernde Erfolglosigkeit von alternativen Kraftstoffen zu sein.

In der spieltheoretischen Darstellung[98] der Tabelle 8 würde also der hierarchische Standardsetzer z.B. die Strategie, Standard A zu wählen, verbindlich machen, so daß das Nashgleichgewicht {Standard A, Standard A} realisiert wird. Es gibt in diesem Fall keine andere Möglichkeit, als sich für den Standard A zu entscheiden. Der den Beteiligten zur Verfügung stehende Strategieraum wird so weit eingeschränkt, daß es keine Alternative zu einem koordinierten Verhalten gibt. Dabei ist lediglich unterstellt, daß X und Y positiv sind. Die Frage, ob die Auszahlungen bei einem Standard A oder einem Standard B größer sind, spielt bei der Beurteilung der Fähigkeit, Koordination zu erreichen, keine Rolle. Dieser Frage wird im Abschnitt über die Superiorität der Technologien nachgegangen.

| | | Alle anderen Individuen | |
		Standard A	Standard B
	Standard	X	0
Individuum	**A**	X 0	
A	Standard	0	Y
	B	0 Y	

Tabelle 8: **Die Auswahl eines Nashgleichgewichts durch einen hierarchischen Standardsetzer**

---

[98] Eine kurze Einführung in die in dieser Arbeit verwendeten spieltheoretischen Konzepte findet sich im Anhang A.1.

Ein weiterer Standard, der für ein koordiniertes Verhalten in Deutschland sorgt und der verbindlich vorgeschrieben ist, ist das Rechtsfahrgebot der Straßenverkehrsordnung. Wie weiter oben schon angesprochen, wurde eine Änderung der Fahrseiten in Österreich durch den Anschluß 1938 und in Schweden durch eine Volksabstimmung und anschließende verbindliche Festlegung eingeführt. (KINDLEBERGER 1983, S. 389)

4.1.1.2 Koordination durch ein Standardisierungskomitee

Die Fähigkeit eines Standardisierungskomitees, einen Wechsel von einem Standard zu einem anderen durchzusetzen, hängt im wesentlichen von der allgemeinen Anerkennung dieser Organisation durch die betroffenen Organisationen und Individuen ab. Produziert ein Komitee einen Komiteestandard, so wird er sich dann weit verbreiten, wenn das Standardisierungskomitee schon vorher Reputation als erfolgreiche standardsetzende Organisation aufbauen konnte. Dies ist sicherlich ein Vorteil in nationalen Strukturen, wenn es eine einzige große Organisation gibt, die die nationale Standardisierung dominiert.

Wird eine Technologie von einem Standardisierungskomitee als Komiteestandard angenommen, so hebt dieser Vorgang diese Technologie über Konkurrenztechnologien heraus. Dies wiederum erhöht die Wahrscheinlichkeit, daß viele Anwender z.B. auf das Urteil der standardsetzenden Organisation vertrauen und daß sie diese Technologie erwerben. Damit wird die Entscheidung für die eine Technologie quasi zu einer „selbsterfüllenden Prophezeiung". Dieser Effekt geht verloren, wenn mehrere Standardisierungskomitees existieren, die unterschiedliche Technologien als Komiteestandards wählen. Die Bemerkung VON ROSEN, SCHNAARS und SHANI, ein Komiteestandard sei schwer durchzusetzen, ist geprägt von den Strukturen in den Vereinigten Staaten, wie sie im dritten Kapitel kurz angesprochen wurden. Aufgrund der Vielzahl unterschiedlicher Organisationen verfügt keine dieser Organisation über eine hinreichende Fokussierungskraft.

Neben diesen Wirkungen eines Standardisierungskomitees bietet es insbesondere für die Produzenten die Möglichkeit, sich über die Positionen der Konkurrenten zu informieren und eventuell zu einem gemeinsamen Vorgehen zu kommen. Ein solches Verhalten würde dann z.B. dazu führen, daß nur eine Technologie angeboten wird, weil alle Wettbewerber sich im Rahmen eines Komitees auf eine Technologie geeinigt haben und diese zum Komiteestandard wird.

		Alle anderen Individuen	
		Standard A	Standard B
Individuum A	**Standard A**	**X** X	0 0
	Standard B	0 0	Y Y

Tabelle 9: **Die Auswahl eines Nashgleichgewichts durch ein Standardisierungskomitee**

In der Terminologie der Spieltheorie steht den Beteiligten im Rahmen des Standardisierungskomitees die Möglichkeit der Kommunikation zur Verfügung, die bei einer homogenen Interessenlage hinreichend ist, um eine erfolgreiche Koordination zu gewährleisten.

4.1.1.3 Koordination durch den Wettbewerb

Für ein koordiniertes Verhalten der Beteiligten kann der Wettbewerb sicherlich am wenigsten sorgen. Den Beteiligten fehlt bei einer Standardisierung ein Orientierungspunkt, um das eigene Verhalten zu koordinieren. Da beide Strategien zur Verfügung stehen, eine Kommunikation nicht möglich ist und es keine Regel gibt, nach der eine Differenzierung der Standards vorgenommen werden kann, müssen die Beteiligten zu gemischten Strategien greifen. Damit kann es immer wieder zu Situationen kommen, in denen keine Koordination erreicht wird.

		Alle anderen Individuen	
		Standard A	Standard B
Individuum A	Standard A	X X	0 0
	Standard B	0 0	Y Y

Tabelle 10: Die Koordination durch den Wettbewerb

Erst wenn es durch Zufälle ein Standard zu einer Dominanz gebracht hat, kann es zu einem koordinierten Verhalten kommen, in dem die Anwender sich für den dominierenden Standard entscheiden. Dieser Effekt wird im Abschnitt „Geschwindigkeit der Wettbewerbsstandardisierung" deutlicher werden.

4.1.2 Die Geschwindigkeit des Standardisierungsprozesses

Eine der wichtigsten Entscheidungskriterien für die Beurteilung bzw. Bewertung eines standardsetzenden Mechanismus ist die Zeit, die zwischen der sich offenbarenden Notwendigkeit eines Standards und dessen erfolgreichen Durchsetzung vergeht. Die Geschwindigkeit ist damit weniger auf die Produktion eines Komitee- oder Hierarchiestandards bezogen als vielmehr auf seine erfolgreiche Verbreitung und allgemeine Anwendung.

Welcher Mechanismus der drei untersuchten Mechanismen tatsächlich der schnellste und welcher der langsamste ist, läßt sich nicht pauschal bestimmen. Im Gegensatz zu GRINDLEY, für den der Wettbewerb sehr schnell einen Standard festlegt und das Standardisierungskomitee nur sehr langsam ist, und ROSEN, SCHNAARS und SHANI, für die alle drei Mechanismen langsam sind, steht der Verfasser auf dem Standpunkt, daß die Geschwindigkeit, mit der standardisiert wird, von der fallspezifischen Intensität der im folgenden näher dargestellten Aspekte abhängt.

Grundsätzlich kann festgehalten werden, daß der Grad der Heterogenität der individuellen Wünsche der Nutzer des Standards einen erheblichen Einfluß auf die Geschwindigkeit des Standardisierungsprozesses besitzt. Handelt es sich z.B. um ein reines Koordinationsproblem, das bedeutet, das Schwergewicht der Interessen beruht auf der Existenz irgendeines Standards, ohne daß die Nutzer einen bestimmten Standard bevorzugen, so werden wohl Komitee und Hierarchie vergleichsweise schneller in der Lage sein, die notwendige Koordination zu erzeugen als der Wettbewerb. (FARRELL 1996, S. 5f)

4.1.2.1 Geschwindigkeit einer Hierarchiestandardisierung

Die Geschwindigkeit, mit der eine Hierarchie einen Standard produziert, wird VON ROSEN, SCHNAARS und SHANI als langsam eingeschätzt. Die Dauer einer Standardisierung durch eine Hierarchie hängt im wesentlichen von den Informationen ab, die dieser Hierarchie zur Verfügung stehen, und der Ebene, auf der die Standardisierung durchgesetzt werden soll. Eine gesetzliche Festlegung eines Standards wird i.d.R. deutlich mehr Zeit in Anspruch nehmen als die Festlegung in einer Verordnung. Noch wesentlich schneller kann eine Einflußnahme auf die technologische Entwicklung durch die Bezugnahme auf den Standard in öffentlichen Ausschreibungen und Projekten erreicht werden.

Die tatsächliche Dauer des Entstehungsprozesses eines Hierarchiestandards ist schwer abzuschätzen und in ein Verhältnis zu anderen Mechanismen zu bringen. So ist von großer Bedeutung, auf welcher Ebene der Legislative ein Standard erlassen, auf welcher Ebene der Exekutive ein Standard durchgesetzt oder auf welcher Ebene der Judikative ein Kompatibilitätsstandard herangezogen wird. Generell läßt sich sagen, daß je höher die Ebene angesiedelt ist, desto strenger werden die Mehrheitsanforderungen und damit auch die Dauer des Prozesses sein. So kann es aus Gründen der Schnelligkeit sinnvoll sein, einen Hierarchiestandard nicht als Gesetz, sondern als Verordnung oder Anweisung zu erlassen, um ein zeitaufwendiges Gesetzgebungsverfahren zu vermeiden.

4.1.2.2 Geschwindigkeit einer Komiteestandardisierung

Sowohl ROSEN, SCHNAARS und SHANI als auch GRINDLEY stufen die Komitee-standardisierung als langsam ein. Dabei hängt die Geschwindigkeit des Standardisierungsprozesses im Komitee im wesentlichen vom Grad der Heterogenität der Interessen und von den Abstimmungsregeln ab.[99]

4.1.2.2.1 Heterogenität der Interessen

Sind die Interessen der beteiligten Gruppen homogen (wie in Tabelle 11 dargestellt) und stellt sich somit lediglich die Frage danach, auf welchen Standard man sich einigt, so dürfte diese Einigung in kürzester Zeit erfolgen.

Dabei stellt $v(1)$ die Auszahlung für ein Unternehmen dar, wenn sich beide auf eine gemeinsame Technologie einigen. Die Auszahlungen $v(a)$ und $v(b)$ beziehen sich auf die Marktanteile, die die Unternehmen erreichen können, wobei angenommen wird, daß $a + b = 1$ ist. Die Kosten, die dem Unternehmen A (bzw. Unternehmen B) entstehen, wenn sich die beiden nicht auf die jeweils präferierte Technologie A (bzw. B) einigen, werden als α (bzw. β) bezeichnet.

Sind die Interessen bedingt heterogen, d.h., die Unternehmen sind grundsätzlich daran interessiert, daß überhaupt ein Standard gewählt wird, weil für sie Inkom-

---

[99] Siehe auch FARRELL: „Delays are increasing in v[ested interests]. When v[ested interests are] approaching zero (no vested interests), so do delays". (FARRELL 1996, S. 10)

patibilität die ungünstigste Konstellation darstellt, so entsteht ein Verhandlungs- und möglicherweise Drohspiel, bei dem ex ante nicht zu sagen ist, auf welchen Standard sich die Unternehmen einigen werden. Es gilt: $v(1) > v(1) - \alpha > v(a)$ bzw. $v(1) > v(1) - \beta > v(b)$. Die Möglichkeit, im Rahmen des Standardisierungskomitees Seitenzahlungen auszutauschen, verbessert die Chance eines gemeinsamen und damit einheitlichen Standards.

		Unternehmen B	
		Technologie A	Technologie B
Unternehmen A	Technologie A	v(1) v(1)	v(b) v(a)
	Technologie B	v(b) v(a)	v(1) v(1)

Tabelle 11: **Standardisierungskomitee als reines Koordinationsproblem mit** $\alpha, \beta = 0$

Sind die Interessen der beteiligten Gruppen hingegen sehr heterogen, d.h., die Auszahlungen stehen in folgendem Verhältnis zueinander: $v(1) > v(a) > v(1) - \alpha$ bzw. $v(1) > v(b) > v(1) - \beta$, dann steht zu erwarten, daß keine Lösung, d.h. kein Kompromiß gefunden wird. Das Beharren auf der eigenen Technologie wird somit zu einer dominanten Strategie. (s. BESEN und FARRELL, S. 122f)

		Unternehmen B	
		Technologie A	Technologie B
Unternehmen A	Technologie A	v(1) - β v(1)	v(b) v(a)
	Technologie B	v(b) - β v(a) - α	v(1) v(1) - α

Tabelle 12: **Standardisierungskomitee als bedingtes Konfliktproblem mit** $\alpha, \beta > 0$

Zu unterscheiden sind nun Situationen, in denen die beteiligten Gruppen die Möglichkeit besitzen, sich auf Seitenzahlungen zu einigen, oder in denen Seitenzahlungen nicht möglich sind. Gilt letzteres, so gibt es keinen Grund anzunehmen, daß man sich auf einen gemeinsamen Standard einigen wird, so daß ein Aufrechterhalten des Standardisierungskomitees Ressourcen verschwenden würde.

		Unternehmen B	
		Technologie A	Technologie B
Unternehmen A	Technologie A	v(1) - β v(1)	v(b) v(a)
	Technologie B	v(b) - β v(a) - α	v(1) v(1) - α

Tabelle 13: Standardisierungskomitee als strenges Konfliktproblem mit α, β > 0

Ein Problem entsteht allerdings dadurch, daß die beteiligten Gruppen erst durch den Verhandlungsprozeß lernen, ob sie es z.B. mit einem starken oder schwachen Verhandlungspartner zu tun haben, d.h., sie bilden Erwartungen über versteckte Eigenschaften des Partners bzw. Gegners. Macht die eine Gruppe ein Angebot, so kann die andere dieses Angebot annehmen oder ablehnen. Eine Ablehnung führt dazu, daß die erste Gruppe ihre Erwartungen über die Eigenschaft der gegnerischen Gruppe revidiert. Einen analogen Prozeß vollzieht die andere Gruppe, sofern ihre Angebote abgelehnt werden. Beide Gruppen revidieren also ihre Erwartungen so lange, bis eine der beiden Gruppen überzeugt ist, daß die andere Gruppe tatsächlich ein starker Verhandlungspartner ist und entweder deren Angebot annimmt oder das eigene unter der Annahme eines starken Gegners formuliert und damit der Verhandlungsprozeß ein Ende findet. Die Dauer der Standardisierung in dieser Situation wird demnach durch den Lernprozeß der beteiligten Gruppen determiniert.[100]

4.1.2.2.2 Abstimmungsprozeduren

Der Standardisierungsprozeß in Komitees ist geprägt von Abstimmungen, wobei jede Abstimmung Zeit kostet. Dies bezieht sich sowohl auf die Abstimmung zur Verabschiedung eines Komiteestandards als auch auf die Abstimmungen und das Konsensbildungsverfahren während der Entstehung des Standards.

Je mehr Abstimmungen im Rahmen des Standardisierungsverfahrens vorgesehen werden, um so länger wird dieses Verfahren dauern. Neben der Anzahl der Abstimmungen spielen die Abstimmungsregeln bzw. die implementierten Mehrheitsregeln eine entscheidende Rolle bei einer Änderung bzw. Erhöhung der Geschwindigkeit der Komiteestandardisierung. Verschiedene Organisatio-

---

[100] Einen vergleichbaren Verhandlungsverlauf zwischen bilateralen Monopolisten über den Preis eines Gutes modellieren CHATTERJEE und SAMUELSON (1987 und 1988).

nen haben zum Teil sehr unterschiedliche Mehrheitsregeln festgelegt. Diese reichen von

- der Forderung nach einem Konsensentscheid (z.B. DIN) über
- qualifizierte Mehrheiten mit integrierten qualifizierten Vetorechten (z.B. CEN u. CENELEC vgl. Abschnitt II.B.2.a) und über
- einfache qualifizierte Mehrheitsregeln (z.B. eine 2/3 Mehrheitsregel bei X3[101])
- bis hin zu einfachen Mehrheitsregeln.

Neben einer Reduktion der Anzahl an Abstimmungen muß bei einer Reform der Komiteestandardisierung mit dem Ziel einer Beschleunigung vor allem auch darauf geachtet werden, daß die Abstimmungsregeln auf den unterschiedlichen Entwicklungsstufen der Standards untereinander konsistent bleiben. Wie weiter oben gezeigt wurde, existieren gemeinhin mehrere Entwicklungsstufen, auf denen verhandelt und abgestimmt wird. Beispielsweise kann versucht werden, den Entwicklungsprozeß dadurch zu beschleunigen, daß ein anderes Abstimmungsverfahren eingeführt wird. Dabei macht es wenig Sinn, z.B. im Rahmen der Schlußabstimmung vom Konsensprinzip abzuweichen und eine Mehrheitsregel einzuführen, wenn dies nicht in allen anderen Ebenen vorher ebenfalls durchgesetzt wird, da ansonsten dort die Verhandlungen mehr Zeit in Anspruch nehmen werden.

Standardisierungskomitees erheben häufig den Anspruch, alle beteiligten Kreise am Standardisierungsprozeß zu beteiligen, ohne dabei allerdings zu berücksichtigen, daß die Geschwindigkeit, mit der in einer großen Gruppe ein Konsens zu erreichen ist, mit der Anzahl der Beteiligten abnimmt. Die Koordinationsmöglichkeiten in einer Gruppe nehmen bekanntlich mit der Anzahl der Gruppenmitglieder ab (OLSON, 1992, S. 45). Insofern bestimmt neben den Abstimmungsprozeduren und der Heterogenität der Interessen auch die Anzahl der am Standardisierungskomitee teilnehmenden Individuen und Organisationen die Geschwindigkeit des Standardisierungsprozesses.

---

[101] X3 ist eine Standardisierungsorganisation in den USA, die im Bereich der Informationstechnologie mit der Entwicklung und Verbreitung von Standards tätig ist (X3, 1995). Die von X3 verwendete Mehrheitsregel fordert zum einen eine einfache Mehrheit der Stimmberechtigten und zum anderen eine 2/3-Mehrheit der anwesenden Stimmberechtigten abzüglich der Enthaltungen (X3, 1996).

4.1.2.3 Geschwindigkeit einer Wettbewerbsstandardisierung

Während ROSEN, SCHNAARS und SHANI die Standardisierung durch den Wettbewerb als langsam bezeichnen, stuft GRINDLEY ihn als schnell ein. Zieht man hingegen seine Bemerkung hinzu, der Wettbewerb führe zu Standardschlachten, so wird deutlich, daß auch GRINDLEY bewußt ist, daß ein Unterschied zu machen ist zwischen der Verfügbarkeit einer Technologie und ihrer allgemeinen und verbreiteten Anwendung.

Bei der Standardisierung durch den Wettbewerb der Technologien, wie er am anschaulichsten durch das Modell von ARTHUR (ARTHUR 1989)[102] beschrieben werden kann, hängt die Geschwindigkeit des Standardisierungsprozesses einerseits in erheblichem Maße von der Lage der absorbierenden Grenzen[103] und andererseits von der Reihenfolge, in der die Anwender ihre Kaufentscheidung realisieren, ab (s. Abbildung 24).

Wie weiter oben im Abschnitt über „Standards als natürliche Monopole" des zweiten Kapitels angesprochen, können Netzwerkeffekte die Wirkung einer positiven Rückkopplung haben und dazu führen, daß von mehreren gleichzeitig miteinander in Konkurrenz tretenden Standards nur einer im Wettbewerb verbleibt.

Die Auszahlungsstruktur dieser Situation ist hier nochmals in Tabelle 14 wiedergegeben. Die Variablen haben bei ARTHUR die folgenden Bedeutungen:

- A und B sind die zur Verfügung stehenden Technologien.
- R und S sind Bevölkerungsgruppen.
- a_i ist die netzwerkunabhängige Auszahlung für ein Individuum der Gruppe i mit i = R,S, wenn die Technologie A gewählt wird.
- b_i ist die netzwerkunabhängige Auszahlung für ein Individuum der Gruppe i mit i = R,S, wenn die Technologie B gewählt wird.
- α und β geben in diesem Modell die Intensität des Netzwerkeffekts wieder.
- n_i ist die Anzahl der Individuen aus der Gruppe i mit i = R,S, die sich bisher schon für eine der beiden Technologie entschieden haben.

---

[102] Eine formale Darstellung dieses Modells findet sich bei LENTZ (1993, S. 178ff) und ARTHUR, ERMOLIEV und KANIOVSKI (1986), während eine anschauliche Einführung von ARTHUR (ARTHUR 1990) gegeben wird. Der Diffusionsprozeß von Standards mittels positiver Rückkopplungen wird ferner von DAVID und FORAY (1993), AGLIARDI und BEBBINGTON (1994), AGLIARDI (1995) oder DALLE (1995) modelliert.

[103] Eine absorbierende Grenze ist dadurch charakterisiert, daß ab dieser die Kaufentscheidungen unabhängig von den individuellen Präferenzen nur noch zugunsten der dominierenden Technologie getroffen werden.

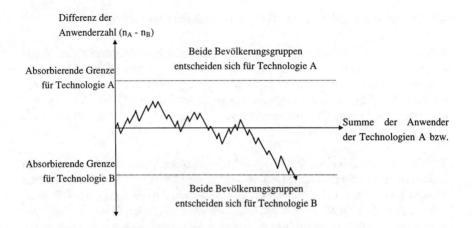

Abbildung 24: Möglicher Entwicklungspfad der Marktanteile zweier Technologien bei positiven Rückkopplungen mit absorbierenden Grenzen (in unmittelbarer Anlehnung an ARTHUR 1987, S. 15)

Technologie

Nutzergruppe		A	B
	R	$a_R + \alpha n_R$	$b_R + \alpha n_R$
	S	$a_S + \beta n_S$	$b_S + \beta n_S$

Tabelle 14: Die Auszahlungen für die Bevölkerungsgruppen in Abhängigkeit ihrer Technologiewahl (Quelle: ARTHUR 1989, S. 118)

In diesem Fall wird der Pfad der Marktanteile, wie in Abbildung 24 dargestellt, zufällig schwanken, um dann ab dem Moment, in dem die absorbierende Grenze erreicht ist, nicht mehr zurückkehren zu können. Die absorbierenden Grenzen können dabei wie folgt beschrieben werden:

absorbierende Grenze für Technologie A: $\dfrac{b_S - a_S}{\alpha}$ und absorbierende Grenze für Technologie B: $\dfrac{b_R - a_R}{\beta}$.

Wie unschwer zu erkennen ist, ist die absorbierende Grenze um so eher erreicht,

- je größer der jeweilige Netzwerkeffekt ist,
- je größer die netzwerkunabhängige Auszahlung durch die eigentlich nicht-präferierte Technologie und
- je kleiner die netzwerkabhängige Auszahlung durch die präferierte Technologie ist.

Da angenommen werden kann, daß sich ein „lock-in" und damit eine Standardisierung durch den Wettbewerb um so schneller einstellt, je dichter die absorbierenden Grenzen an der Ausgangskonstellation liegen, kann konstatiert werden, daß die Geschwindigkeit, mit der der Wettbewerb eine Standardisierung realisiert, von den folgenden Parametern abhängt:

1. Das Verhältnis der netzwerkunabhängigen Auszahlungen der jeweiligen Technologien für diejenigen, die diese Technologie nicht präferieren.
2. Die Intensität der jeweiligen Netzwerkeffekte.
3. Die Sequenz der Kaufentscheidungen.

4.1.3 Die Superioritäts-Komponente

Die Frage nach der Superiorität der Standards insbesondere in dynamischer Sicht ist einer der meistdiskutierten Aspekte der Standardisierung. Welcher der drei Mechanismen ist am ehesten in der Lage, einer überlegenen Technologie zum Erfolg zu verhelfen? Diese Frage gilt nicht nur für einen Wettbewerb, bei dem zwei oder mehr Technologien zu einem (fast) identischen Zeitpunkt in Konkurrenz zueinander treten, sondern genauso für einen Wettbewerb zwischen einer veralteten, aber verbreiteten Technologie und einer neuen, allerdings bisher kaum angewandten Technologie.

4.1.3.1 Hierarchien als Blinde Riesen

„the question naturally arises as to why the government cannot obtain the necessary expertise, either by hiring experts or by thoroughly investigating the candidate technologies. In some cases this is indeed possible (weights and measures are a trivial example). In others, how-

143

ever, an asymmetry of information between the Government agency and vendors is unavoidable: the technicians who are working on developing the product and who are intimately familiar with its idiosynchracies will inevitably know more about its performance characteristics than an outsider can fathom."

SALONER 1990, S. 148

ROSEN, SCHNAARS und SHANI behaupten, daß bei einer Hierarchiestandardisierung objektive Kriterien herangezogen würden und das Wohl der Nation im Vordergrund stünde. Dies entspricht allerdings nicht den tatsächlichen Gegebenheiten. Die hier relevanten Probleme, die im Zusammenhang mit Hierarchiestandards auftreten können, fallen in zwei Kategorien: Zum einen handelt es sich um Informationsprobleme und zum anderen um Anreizprobleme.

Informationsprobleme bereiten dem hierarchischen Standardsetzer sowohl die Entwickler neuer Technologien als auch die Anwender derselben. In bezug auf die Entwickler neuer Technologien verfügen Hierarchien - wie im einleitenden Zitat dargestellt - nicht über den technischen Sachverstand, Technologien im Hinblick auf deren Kosten, Nutzen oder Entwicklungspotential zu beurteilen. Weiterhin ist eine solche Beurteilung bei vielen technologischen Innovationen gerade zu Beginn der Entwicklung nicht nur schwierig, sondern unmöglich. Wird hingegen die Strategie verfolgt, verschiedene Technologien über einen längeren Zeitraum zu testen, um somit weitere Informationen über ihre Eigenschaften zu gewinnen, so entsteht für jede dieser Technologien eine installierte Basis.[104]

Aber auch auf der Anwenderseite stehen hierarchische Standardsetzer vor Informationsproblemen. So besitzt die Hierarchie i.d.R. keine Informationen über die Präferenzen der Anwender im Hinblick auf die zur Auswahl stehenden Technologien.

---

[104] Ein solches Vorgehen wird von CHOI modelliert, der zwischen einer Ex-ante- und einer Ex-post-Standardisierung unterscheidet. Bei der Ex-post-Standardisierung werden zwei Technologien erst getestet und dann wird entschieden, welche als Standard gewählt werden soll, während bei der Ex-ante-Standardisierung auf diese Untersuchung verzichtet wird und sofort eine Standardisierungsentscheidung getroffen wird. Die Vorteile einer Ex-ante-Standardisierung sind die Netzwerkeffekte für beide betrachteten Perioden sowie die Tatsache, daß später keine Wechselkosten aufgewendet werden müssen. Der Vorteil der Ex-post-Standardisierung ist die verbesserte Informationslage. In seinem Modell wählen die Anwender zu häufig eine Ex-post-Standardisierung, d.h., sie entscheiden zu häufig bei einer unzureichenden Informationslage. (CHOI 1996)

Wird zu einem bestimmten Zeitpunkt eine Entscheidung zugunsten einer Technologie und zuungunsten aller anderen Technologien getroffen, so müssen die installierten Basen der anderen Technologien für ihre Umstellungskosten, d.h. für ihre versunkenen Kosten kompensiert werden. Je länger also mit der Entscheidung gewartet wird, um so größer sind die versunkenen Kosten einmal im Hinblick auf die absolute Anwenderzahl und zum zweiten im Hinblick auf die Kosten pro Anwender. Eine frühe Entscheidung zugunsten einer Technologie und der häufig damit verbundenen öffentlichen Förderung kann bei falscher Entscheidung zu einem „weißen Elefanten" wie auch zu einer Vielzahl verärgerter Anwender führen.

Neben diesen Informationsproblemen kann nicht ausgeschlossen werden, daß auch in Fällen, in denen hinreichende Informationen vorliegen, Entscheidungen getroffen werden, die nicht das Wohl der Nation zum Ziel haben. So neigen z.B. die Entscheidungsträger in öffentlichen Behörden i.d.R. dazu, möglichst viele Entscheidungen zu treffen, da sich hierüber ihre Existenzberechtigung definiert. Es besteht der Verdacht, daß zu viele Entscheidungen zu früh getroffen werden. Aber auch der von ROSEN, SCHNAARS und SHANI angesprochene politische Einfluß auf die Standardisierung kann zu einer Entscheidung zugunsten einer unterlegenen Technologie führen.[105]

4.1.3.2 Pfadabhängigkeiten und superiore Wettbewerbsstandards

Eine viel diskutierte Frage ist die nach der Fähigkeit des Wettbewerbs, einem technologisch überlegenen Standard zum Erfolg zu verhelfen. Dieser Punkt wird von ROSEN, SCHNAARS und SHANI und auch von GRINDLEY aufgegriffen. Sie stellen fest, daß der Erfolg einer Technologie auf Marketinganstrengungen beruhen kann, wobei ROSEN, SCHNAARS und SHANI gleichzeitig die Meinung vertreten, daß der Wettbewerb einen Standard auf dem höchsten technischen Niveau favorisiere. Somit widersprechen sich die Einschätzungen der Fähigkeit, der überlegenen Technologie zum Erfolg zu verhelfen.

In einer Vielzahl von Beiträgen wird hervorgehoben, daß die Existenz von Netzwerkeffekten zu einer ineffizienten Lock-in-Situation führen kann, in der entweder bei gleichzeitigem Wettbewerb eine überlegene Technologie nicht notwendigerweise Erfolg hat (vgl. hierzu die oben vorgestellten Modelle von

---

[105] Ein Beispiel für eine solche politische Einflußnahme auf einen Standardisierungsprozeß ist die Forderung der amerikanischen Regierung, den Standard für hochauflösendes Fernsehen zu wählen, der die meisten Arbeitsplätze in den Vereinigten Staaten schafft bzw. sichert. (LEE, S. 8)

ARTHUR) oder in der sich bei zeitlich versetztem Markteintritt eine neue und überlegene Technologie im Wettbewerb nicht durchsetzen kann.

Diesen Wettbewerb zwischen einer alten, schon verbreiteten Technologie und einer innovativen Technologie modellieren FARRELL und SALONER (1986a). Sie gehen von einem stets wachsenden Markt aus, auf dem neue Anwender mit der Rate $n(t) \geq 0$ erscheinen. Es wird dabei angenommen, daß das Erscheinen dieser neuen Anwender stetigen Charakter besitzt. Die Größe des Netzwerkes $N(t)$ ergibt sich aus dem bisherigen Wachstum: $N(t) = \int_0^t n(t')dt'$. Der Nutzen eines Anwenders ergibt sich dabei aus der Größe des Netzwerkes zum Zeitpunkt des Kaufs und der weiteren Entwicklung dieses Netzwerkes. Wählt ein neuer Anwender die alte Technologie und kann sich diese gegen die Innovation behaupten, so erhält dieser Anwender eine Auszahlung von:

$$U(T) = \int_T^\infty u(N(t))e^{-r(t-T)}dt,$$ wobei r den Abzinsungsfaktor der Anwender wiedergibt. Entscheidet sich ein neuer Anwender für die neue Technologie und setzt sich diese gegen die bestehende durch, so erhält dieser neue Anwender eine Auszahlung von:

$$V(T) = \int_T^\infty v[N(t) - N(T^*)]e^{-r(t-T)}dt \text{ für } T \geq T^*.$$

Zur Illustration verwenden FARRELL und SALONER ein lineares Beispiel, in dem sich die Auszahlungsfunktionen aus einer netzwerkunabhängigen und einer netzwerkabhängigen Komponente zusammensetzen. Nach Einsetzen und Ausrechnen lassen sich Parameterbereiche ermitteln, in denen der Erfolg der Innovation zwar einziges Gleichgewicht, nicht aber gesellschaftlich optimal ist.[106] Es sind allerdings auch Konstellationen möglich, in denen es gesellschaftlich wünschenswert ist, daß sich die Innovation durchsetzt, in denen dies aber kein Gleichgewicht darstellt.[107]

In Abbildung 25 ist der Fall einer erfolglosen Innovation dargestellt. Die Einführung der Innovation zum Zeitpunkt T* scheitert daran, daß die schon existierende Technologie über einen zu großen installierten Bestand verfügt. Dieser Bestand generiert Netzwerkeffekte, die nicht durch die technologische Überlegenheit der neuen Technologie kompensiert werden können, so verbleibt der

---

[106] Das gesellschaftliche Optimum wird von FARRELL und SALONER (1986a, S. 946) als Summe der abdiskontierten Auszahlungen definiert.

[107] Auf eine detailliertere Darstellung sei hier verzichtet. Eine ausführlichere Darstellung findet sich u.a. bei PFEIFFER, S. 69-76, 1989.

alte Standard. Dargestellt sind die Entwicklungspfade der alten und der neuen Technologie. Das Netzwerk der alten Technologie wächst auch nach Einführung der neuen Technologie zu T* weiter.

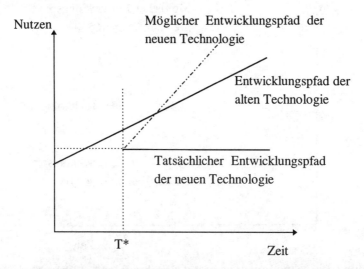

Abbildung 25: **Eine technisch überlegene Innovation kann sich nicht durchsetzen** (in Anlehnung an Farrell und Saloner 1986a, s. 945)

Da jeder Anwender nach T* sich für die alte Technologie entscheidet, wird das Wachstum des Netzwerkes des alten Standards nicht beeinträchtigt, während sich für die neue Technologie gar kein Netzwerk bilden kann. Die Auszahlung der neuen Technologie verharrt auf dem Niveau, den die netzwerkunabhängige Komponente erzeugt. Der potentielle Entwicklungspfad der neuen Technologie macht hingegen deutlich, daß ein Wechsel von der alten zur neuen Technologie sehr wohl wünschenswert gewesen wäre. Häufig zitierte Beispiele für derartige Konstellationen sind die Schreibmaschinentastaturen QWERTY und Dvorak Simplified Keyboard, die Videocassettenrecorder-Systeme VHS und Beta 2000 oder die Auseinandersetzung zwischen den Computer-Betriebssystemen DOS/WINDOWS/WIN 95 von Microsoft und dem ursprünglich von IBM und Microsoft gemeinsam entwickelten OS/2-Betriebssystem.

Abbildung 26 hingegen illustriert eine Situation, in der eine neue Technologie zwar z.B. eine höhere netzwerkunabhängige Auszahlung erzeugt als die alte Technologie, diese Auszahlung aber nicht so groß ist, daß sie die Verluste aus einem einzigen nicht realisierten Netzwerk, das aus allen Anwendern bestünde, kompensieren kann.

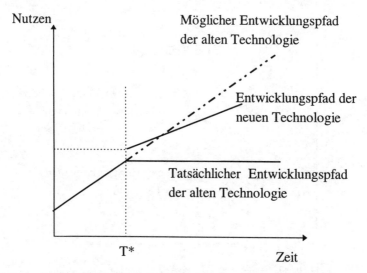

Abbildung 26: **Eine Innovation setzt sich durch, obwohl sie nicht gesell-schaftlich wünschenswert ist** (in Anlehnung an Farrell und Saloner 1986a, S. 945)

Der Befürchtung etlicher Autoren (z.B. ARTHUR, DAVID, FARRELL, KATZ, SALONER, SHAPIRO), es könne sich eine ineffiziente Technologie bzw. ein ineffizienter Standard durchsetzen bzw. behaupten, widersprechen LIEBOWITZ und MARGOLIS (LIEBOWITZ und MARGOLIS 1995a, 1995b, 1995c). Sie führen anstelle dessen eine Unterscheidung der Pfadabhängigkeit unter besonderer Berücksichtigung der Informationslage zum Zeitpunkt der Standardisierung ein (LIEBOWITZ und MARGOLIS 1995d):

Pfadabhängigkeit erster Ordnung
Eine Pfadabhängigkeit der ersten Ordnung führt zwar dazu, daß sich für eine Technologie entschieden wird, die auch ohne Kosten nicht wieder verlassen werden kann, die aber optimal ist. In diesem Fall führen also Netzwerkeffekte bzw. positive Rückkopplungseffekte und damit die Standardisierung durch den Wettbewerb zu einem wünschenswerten Ergebnis.

Fallbeispiel 4: Leichtwasser- versus Schwerwasserreaktoren

Als ein Beispiel für das Versagen des hierarchischen Standardsetzers wird häufig der Wettbewerb kommerziell genutzter Kernenergietechnologie angeführt (Vgl. z.B. DAVID und ROTHWELL 1993). Grundsätzlich lassen sich drei Typen von Kernkraftreaktoren unterscheiden: Leicht- und Schwerwasser- sowie die Graphitreaktoren. Unterscheidungsmerkmale sind die verschiedenen Stoffe, die zur Wärmeübertragung und zur Steuerung der Kernreaktion verwendet werden.

Internationale und nationale Dominanz (zur Entwicklung in Deutschland s. KECK 1980) hat mittlerweile die Leichtwassertechnologie mit etwa 77% der Gesamtzahl an Kernreaktoren und mehr als 83% der Leistung erreicht. Wird ausschließlich die kommerzielle Nutzung betrachtet, so verfügt die Leichtwassertechnologie über einen Marktanteil von über 98%. Auf der Grundlage einer Untersuchung von COWAN (1990) wird die Hypothese vertreten, die Leichtwassertechnologie sei sowohl einem Schwerwasserreaktor wie auch einem durch Graphit gekühlten Reaktor sicherheitstechnisch (S. 546) und betriebswirtschaftlich (S. 557) unterlegen.

Eine entscheidende Komponente für den Erfolg der Leichtwasserreaktoren dürfte die Implementierung eines derartigen Reaktors auf der „USS Nautilus", dem ersten atomgetriebenen U-Boot, gewesen sein. Hier hat sich die US Navy für einen Leichtwasserreaktor der Firma Westinghouse entschieden, da dieser von der Konstruktion her sehr kompakt gebaut wurde und dies ein entscheidendes Kriterium für den U-Boot-Bau war und ist. Hier wurden Informationen über die Technologie per se und auch über ihre Kostenstruktur gesammelt, die dieser Technologie einen kaum noch aufzuholenden Vorsprung gegenüber den anderen konkurrierenden Technologien verschaffte (ARTHUR, 1989, S. 126). Diese Vorteile fanden ihren Niederschlag in

- Lernkurveneffekten bei der Konstruktion, dem Bau und dem Betrieb von Reaktoren (vgl. JOSKOW und ROZANSKI 1989),
- Lerneffekten über die Kostenstruktur von Kernreaktoren (COWAN S. 551) und
- Netzwerkeffekten aufgrund von Know-how-Netzwerken. Diese beziehen sich auf das Wissen der Techniker um bestimmte technische Verfahrensabläufe, Störfallverhalten und Sicherheitsanforderungen, die nur für gleiche Technologien zwischen den Technikern ausgetauscht werden können (COWAN S. 552).

Pfadabhängigkeit zweiter Ordnung

Bei einer Pfadabhängigkeit der zweiten Ordnung ist zum Entscheidungsmoment keine vollständige Information über die zur Verfügung stehenden Technologien bzw. Standards vorhanden. Später könne sehr wohl deutlich werden, daß eine Entscheidung zugunsten einer anderen Technologie höhere Wohlfahrtswirkungen gehabt hätte, nur waren diese Informationen zum Entscheidungszeitpunkt nicht verfügbar. Auch die Ergebnisse einer derartigen unvollständigen Information seien nicht ineffizient.

Pfadabhängigkeit dritter Ordnung

Als Pfadabhängigkeit der dritten Ordnung bezeichnen LIEBOWITZ und MARGOLIS Situationen, in denen ganz bewußt eine nicht optimale Technologie als Standard gewählt wird. Entscheidendes Kriterium für diese Situation ist, daß diese Informationen über die Unterlegenheit der gewählten Technologie zum Entscheidungszeitpunkt vorhanden und bekannt waren.

Das Argument von LIEBOWITZ und MARGOLIS läßt sich darauf reduzieren, daß eine Entscheidung für oder wider eine Technologie oder einen Standard dann effizient ist, wenn die Entscheidung zugunsten der Technologie fällt, die den größten Erwartungswert besitzt. Eine Ineffizienz liegt also nur dann vor, wenn eine Technologie gewählt würde, die einen geringeren Erwartungswert besitzt als eine zur Verfügung stehende Alternative.[108]

4.1.3.3 Superiorität von Komiteestandards

Ein häufig geäußerter Vorwurf, der der verbandlichen Standardisierung gemacht wird, bezieht sich auf die Dominanz der Vertreter der Industrie und hier insbesondere auf ein Übergewicht an Technikern. Diese würden tendenziell den technologisch fortgeschrittensten Standard wählen, ohne betriebs- oder volkswirtschaftliche Aspekte in ihre Überlegungen einzubeziehen. Diese Position wird u.a. auch von GRINDLEY vertreten, wonach technische Kriterien eine zu große Rolle in Standardisierungsgremien spielen. Andererseits sei es ein Vorteil des Komitees, daß sich die technisch überlegene Technologie durchsetze. Wi-

---

[108] Die Diskussion über die Relevanz von Netzwerkeffekten und ihre Verbindung zu Netzwerkexternalitäten ist noch nicht abgeschlossen. (vgl. hierzu die Beiträge von REGIBEAU 1995, LIEBOWITZ und MARGOLIS 1995a und GANDAL 1995a) So schließen LIEBOWITZ und MARGOLIS (1995d, S. 46) mit der Bemerkung:
„Disagreements over the generality and importance of all of this will undoubtedly remain. Our discussants' contributions to this exchange can only serve to sharpen ideas."

dersprüchlich sind auch die Aussagen über die Marktnähe, die von ROSEN, SCHNAARS und SHANI als vorhanden postuliert wird, während GRINDLEY diese verneint.

Der entscheidende Vorteil, über den Standardisierungskomitees im Vergleich zum Wettbewerb und zur Hierarchie als standardsetzende Mechanismen verfügen, ist die Konzentration an Informationen über die zur Disposition stehenden Technologien. Die sich beteiligenden Unternehmen bzw. Innovatoren sind diejenigen, die am meisten Informationen über ihre Technologien besitzen. Somit besteht im Standardisierungskomitee zumindest die Möglichkeit, eine technologisch überlegene Technologie vor der Benutzung durch die Konsumenten zu identifizieren.

Problematisch ist allerdings die Frage, ob und in welcher Form die Innovatoren die relevanten Informationen den anderen Komiteemitgliedern zur Verfügung stellen. Es kann unterschiedliche Interessen der Unternehmen geben, die ihre Technologie zum Komiteestandard machen wollen. Andererseits können unterschiedliche Interessen zwischen den einzelnen Interessengruppen existieren, wenn z.B. eine Technologie für die Unternehmen größere Gewinne verspricht, z.B. weil sie über gewerbliche Schutzrechte abgesichert ist, während eine andere Technologie weitestgehend offen ist und ein erheblicher Wettbewerb droht. Dieser wird aber von den Interessenvertretern der Anwender, Nutzer oder Konsumenten vorgezogen, weil mit dem intensiveren Wettbewerb niedrigere Preise verbunden sind.

Wird dann ein Umfeld geschaffen, in dem diese Interessengruppen Verhandlungslösungen im Sinne von COASE (1960) erzielen können, so ist zu erwarten, daß sie sich auf die gesellschaftlich wünschenswerte Technologie einigen werden, die die höchste Summe an Auszahlungen erzeugt.

Kann ein entsprechendes Umfeld nicht erreicht werden oder ist eine Verhandlungslösung im Sinne von COASE nicht möglich, z.B., weil signifikante Transaktionskosten existieren, so besteht für die Unternehmen ein Anreiz, den anderen beteiligten Interessengruppen nur die Informationen zu geben, die zu einer Entscheidung für eine die Gewinne der Unternehmen maximierenden Technologie führen. In den Verhandlungen zwischen den beteiligten Unternehmen haben diese einen Anreiz, die Höhe der von ihnen getätigten Investitionen in ihre Technologie und die damit verbundenen Wechselkosten zu übertreiben. Es wird also dann nicht die Technologie zum Komiteestandard, die effizient ist, sondern die Technologie, die den beteiligten Unternehmen die höchsten Gewinne verspricht und deren Innovator über das meiste Verhandlungsgeschick verfügt.

4.1.4   Die Kostenkomponente

Dieser Aspekt beschreibt Kostenkomponenten, die mit den jeweiligen Mechanismen einhergehen. Sowohl für GRINDLEY als auch für ROSEN, SCHNAARS und SHANI ist die wichtigste Kostenkomponente die Zahl der Konsumenten, die sich für ein schon bald schrumpfendes Netzwerk entschieden haben und damit zu technologischen „Waisen" werden. Doch treten im Zusammenhang mit den verschiedenen Mechanismen der Standardisierung auch eine Reihe weiterer Kosten auf, wie sie weder von GRINDLEY noch von ROSEN, SCHNAARS und SHANI berücksichtigt werden.

4.1.4.1 Kosten der hierarchischen Standardisierung

Mit der Adoption eines Standards sind Investitionen verbunden, die monetärer (z.B. Geräte und Maschinen) sein, aber auch nicht monetären Charakter besitzen können. Hierzu zählen z.b. das Erlernen einer bestimmten (Computer-) Sprache, das Erlernen der Benutzung einer bestimmten Maschine oder das Umstellen der Ablauf- oder Aufbauorganisation eines Unternehmens, einer Behörde oder eines Vereins im Hinblick auf den bestehenden Standard. Diese Investitionen werden ganz oder zum Teil obsolet, wenn ein anderer Standard implementiert wird. Sie stellen dann versunkene Kosten dar, wenn sie nicht von einer Investition (einem Standard) zu einer anderen Investition (einem anderen Standard) transferiert werden können.

Da mit der Existenz von versunkenen Kosten eine einfachere Identifikation und Organisation der Betroffenen verbunden ist (s. v. WEIZSÄCKER, 1984b, S. 137f), können die Nutzer eines bestehenden Standards kostengünstiger auf die politische Entscheidung der Standardsetzung Einfluß nehmen als die potentiellen Nutzer eines neuen Standards. Dies gilt insbesondere dann, wenn diese potentiellen Nutzer u.U. noch gar nicht geboren sind, so daß ihre Interessen keinerlei nennenswerte Berücksichtigung im gesellschaftlichen Entscheidungsprozeß finden. Aufgrund dieser Konstellation muß mit einer systematischen Verschiebung bei der Beeinflussung staatlicher Entscheidungen im Hinblick auf Standards bzw. Standardisierung zugunsten des Status quo gerechnet werden.

Durch die Vielzahl der Möglichkeiten einer Einflußnahme auf den politischen Entscheidungsprozeß, üblicherweise als Lobbying bezeichnet, werden Ressourcen aufgewendet, um diesen Prozeß und damit die Entscheidung im eigenen Sinne zu beeinflussen. Diese Ressourcen sind insofern unproduktiv, als daß sie keine Werte schaffen, sondern lediglich versucht wird, „in einem Turnier erster zu werden".

Eine weitere Kostenkomponente entsteht durch den eigentlichen Standardisierungsprozeß in der Hierarchie. Im Ergebnis neigen Hierarchien dazu, mehr zu regulieren und zu standardisieren als notwendig. Abgesehen von den unmittelbaren Folgen für die Betroffenen kostet ein umfangreicherer Standard mehr Zeit in der Erstellung und verursacht damit höhere Produktionskosten.

Zu den Kosten einer Hierarchiestandardisierung sind ebenfalls die Auswirkungen auf den technologischen Fortschritt zu zählen. Dadurch, daß bestimmte technologische Lösungen zu verbindlichen Standards werden, sind Innovationen, die diese Standards verdrängen können, ausgeschlossen. Dies war z.B. in der Bundesrepublik Deutschland lange Zeit bei Standards im Postbereich der Fall. (PAUSCH 1981)

4.1.4.2 Kosten der Komiteestandardisierung

Die Kosten, die durch ein Standardisierungskomitee entstehen, sind vergleichsweise einfach zu ermitteln. Sie setzen sich aus den folgenden Komponenten zusammen:

- den i.d.R. kalkulatorischen[109] Personalkosten für die Mitarbeit im Standardisierungskomitee,
- den Reisekosten, die insbesondere bei der internationalen und regionalen Standardisierung eine Rolle spielen[110],
- den Kosten für Vervielfältigung und Verteilung der Entwürfe, Vorschläge etc. sowie
- den gesamten Kosten der nationalen Standardisierungsorganisation für die Erfüllung der Hilfsfunktionen, wie z.B. die Organisation und die Koordination der Standardisierungsarbeit.

Nach einer Schätzung des DIN belaufen sich die Kosten der Komiteestandardisierung auf DEM 4,4 Mrd. Diese Zahl bezieht sich allerdings nur auf die Stan-

---

[109] Diese Kosten sind kalkulatorisch, da die Personalkosten in den beteiligten Unternehmen anfallen und dem Komitee nicht in Rechnung gestellt werden.

[110] Um diese Kosten zu reduzieren, bilden sich in vielen Ländern sogenannte Spiegelkomitees, die mittelbar an der internationalen Standardisierung teilnehmen. Die Komiteemitglieder reisen nicht mehr selber zum Treffen des internationalen Komitees sondern nur der Vorsitzende des Spiegelkomitees (ADOLPHI 1996a, S. 8).

dardisierung im Rahmen des DIN, andere Standardisierungskomitees in Deutschland bleiben bei der Kostenschätzung unberücksichtigt. Von den DEM 4,4 Mrd. entfallen auf

- die hauptamtliche Mitarbeit DEM 0,2 Mrd.,
- die ehrenamtliche Mitarbeit DEM 2,2 Mrd. und
- das Auswerten von Normen in den Unternehmen DEM 2,0 Mrd.[111]

Im Zusammenhang mit den Kosten der Komiteestandardisierung soll an dieser Stelle auch auf deren Finanzierung eingegangen werden. Diese kann auf verschiedene Art und Weise erfolgen. Als Finanzierungsquellen kommen für Standardisierungskomitees eine Reihe von Möglichkeiten in Frage:

- Mitgliederbeiträge,
- Spenden,
- Verkauf von allgemeinen Publikationen,
- Verkauf von Standards,
- Beratung,
- Spenden oder
- staatliche Förderungen.

In vielen Ländern hat man sich dazu entschieden, die Normung als weitestgehend sich selbsttragende Institution einzurichten, der lediglich eine geringe staatliche Förderung zukommen soll.

Die Tatsache, daß sich die standardsetzenden Organisationen selber finanzieren müssen, führt zu anderen Problemen. So stellt sich einerseits die Frage, wer für die Kosten aufkommen soll, und zum anderen, auf welche Art und Weise ein Trittbrettfahren verhindert werden kann. Die Struktur, die die meisten standardsetzenden Organisationen gewählt haben, sich nämlich aus dem Verkauf der Komiteestandards zu finanzieren, wirft ein weiteres Problem auf. In einer freiwilligen Standardisierung sind die Mitarbeiter von Unternehmen die eigentlichen Schöpfer der Komiteestandards und nicht die standardsetzende Organisation. Trotzdem wollen diese die Komiteestandards verkaufen. Für dieses Verhalten bedarf es allerdings einer rechtlichen Begründung. So kann der Verkauf der Standards, d.h. die Verwertung der Ergebnisse des Standardisierungsprozesses, auf einer der folgenden vier Sichtweisen beruhen (WEISS und SPRING, 1992, S. 12):

---

[111] Im Rahmen dieser Schätzung wird ein Nutzen der Standardisierung von ca. DEM 30 Mrd. angegeben, was bei Kosten von DEM 4,4 Mrd. einem Return of Investment von 680% entspricht (DIN 1996). Auf der Grundlage dieser Zahlen besteht im Bereich der Standardisierung für die deutschen Unternehmen ein nahezu unausschöpfliches Potential. Das Berechnungsverfahren ist leider auch dem Verfasser nicht bekannt.

- Die Mitarbeit in Standardisierungskomitees entspricht einer Arbeitnehmertätigkeit, so daß die Verwertungsrechte dem übergeordneten Standardisierungskomitee zufallen.

- Komitee und übergeordnetes Standardisierungskomitee werden als Partner betrachtet, die gemeinsam über die Verwertungsrechte verfügen.

- Der Standard wird als eigenständige Zusammenstellung durch das übergeordnete Standardisierungskomitee angesehen, d.h., die Verwertungsrechte liegen bei der übergeordneten Organisation.

- Die Mitarbeiter des technischen Komitees sind zwar die Schöpfer, doch übertragen sie ihre Rechte an die übergeordnete Standardisierungsorganisation. So äußert sich auch Peter BONNER von der „British Standards Institution" (BONNER, 1994, S. 13): „We talk about protecting the copyright as though we owned it; we do not. The TCs are the creators."[112]

Das DIN handhabt diese Problematik mittlerweile dergestalt, daß die Mitglieder eines Technischen Komitees schriftlich einer Übertragung der Verwertungsrechte aus dem von ihnen zu produzierenden Standard auf das DIN zustimmen (müssen).[113]

Bei einer Finanzierung über den Verkauf von Standards entsteht das Problem, daß verschiedene Unternehmen diesen Standard in sehr unterschiedlicher Art und Weise nutzen werden. So fällt die Nutzung durch ein kleines Unternehmen sehr viel geringer aus als durch ein Großunternehmen, obwohl beide das gleiche für den Standard bezahlen müssen. Es müßte also nach einer Finanzierungsstruktur gesucht werden, die in der Lage ist, die Nutzung eines Standards zu erfassen. Um dies zu erreichen, ist es sinnvoll, die Phasen des disaggregierten Standardisierungsprozesses zu betrachten. Hier müssen alle Unternehmen, für die die Norm einen Nutzen bringt, diese in ihren Produktionsprozeß integrieren und i.d.R. die Konformität ihrer Produkte zur nationalen Norm bestätigen. Schafft man nun die Konformitätsstrukturen dergestalt, daß auch erfaßt wird,

---

[112] TC ist das Technische Komitee (Technical Committee).

[113] Problematisch ist die Tatsache, daß die Industrie nicht nur an der Produktion des Standards beteiligt ist, sondern diese Produktion weitestgehend selber durch die Bereitschaft, Mitarbeiter für die Standardisierungsarbeit abzustellen, finanziert. Das Standardisierungskomitee läßt also die Industrie die Produktion des Gutes „Standard" bezahlen, um dieses Gut im nächsten Schritt derselben Industrie zu verkaufen.

wie oft die Konformität eines Produktes zu einer Norm bestätigt wird, d.h., wie groß die standardkonforme Produktionsmenge ist, so kann eine verursachergerechte Zuordnung der Finanzierungskosten der Normung erfolgen. Dies bedeutet, daß eine mengenabhängige Konformitätsgebühr zu erheben wäre, die verwendet wird, um sowohl die Erstellung als auch die Verbreitung der Norm zu fördern und die Bereitstellung der Hilfsfunktionen zu gewährleisten.

Die heute übliche Praxis, über den Verkauf der Norm die Kosten auf die Unternehmen zu verteilen, hat den Nachteil, daß Unternehmen, die einen großen Vorteil (z.B. in Form großer Produktionsmengen) aus der Norm schöpfen, genauso zu ihrer Finanzierung beitragen wie Unternehmen, die nur einen geringen Vorteil (z.B. in Form kleiner Produktionsmengen) realisieren können.

Die Einnahmen, die durch eine mengenabhängige Konformitätsgebühr eingenommen werden können, müssen dann verwendet werden, um die Erstellung der Normen und deren Verbreitung sowie die Bereitstellung der Hilfsfunktionen zu gewährleisten.

Durch welchen Mechanismus soll nun aber die Finanzierung der Erstellung von Normen gewährleistet werden?[114]

1. Die Kosten der Erstellung von Normen werden voll durch die nationale Normungsorganisation erstattet, die hierfür die Einnahmen aus der Konformitätsgebühr verwendet. In diesem Finanzierungsmodell treten allerdings mehrere Probleme zutage. Für die beteiligten Unternehmen besteht ein Anreiz, ihre Kosten höher anzugeben, als sie tatsächlich aufgetreten sind, un die Gefahr, daß Unternehmen nur aufgrund dieser finanziellen Entschädigung am Normenerstellungsprozeß teilnehmen, um somit ihre Umsatzzahlen zu verbessern. Zusätzlich haben die beteiligten Unternehmen in diesem Fall kein An-

---

[114] Hier scheinen neben Effizienzgesichtspunkten auch andere Faktoren eine Rolle zu spielen. Sollen z.B. alle interessierten Kreise am Normenerstellungsprozeß teilnehmen, so müßte eine kostenlose Teilnahmemöglichkeit mit einer Kompensation für alle Kosten geschaffen werden. Die Qualität der Norm wird voraussichtlich bei einer Beteiligung aller eher sinken, da der kleinste gemeinsame Nenner, auf den man sich einigen kann, bei vielen kleiner ist als bei wenigen. Insofern kann die Frage der Kosten bzw. Finanzierung auch als eine Frage der optimalen Anzahl der am Standardisierungskomitee beteiligten Unternehmen interpretiert werden. Nehmen wenige am Normenerstellungsprozeß teil, so bewirkt eine erweiterte Teilnahme eine bessere Norm. Sind hingegen schon viele am Prozeß beteiligt, führen weitere Teilnehmer zu einer Verschlechterung der Qualität. Zwei gegenläufige Faktoren sind hierfür ursächlich. Zum einen vergrößern sich durch mehr Teilnehmer das fachliche Know-how und der Input, zum anderen wachsen allerdings bei mehr Teilnehmern auch die Koordinierungskosten.

reiz, Kosten zu sparen, da sie diese vollständig auf die nationale Normungsorganisation überwälzen können.

2. Jedes Unternehmen könnte einen pauschalen Kostenzuschuß erhalten, wodurch die Unternehmen zu einem sorgfältigen Umgang mit den Kosten ange-
halten werden könnten. Hierüber wird ebenfalls dem Problem einer zu hohen
Angabe der Kosten entgegengewirkt. Doch entsteht hier ein neues Problem,
da nun ein Anreiz für die Unternehmen besteht, an so vielen Standarderstel-
lungsvorhaben teilzunehmen wie möglich und so wenig Aufwand wie möglich zu betreiben, um somit den Kostenzuschuß zu erhalten und diesen als
betriebsfremden Erlös zu realisieren. Somit wird zwar die Teilnahme sehr
breit gefächert sein, doch dadurch wird der Standarderstellungsprozeß nicht
unbedingt wirkungsvoller werden.

Die Unternehmen, die am Standarderstellungsprozeß teilnehmen, zahlen keine
oder eine reduzierte Konformitätsgebühr. Hierüber kann offensichtlich erreicht
werden, daß die beteiligten Unternehmen weder ihre tatsächlichen Kosten zu
hoch angeben noch ihre effektiven Kosten in die Höhe treiben. Mit diesem Instrument allein kann allerdings nicht verhindert werden, daß viele Unternehmen
versuchen werden, sich die Vorteile der (nahezu) kostenlosen Nutzung der Komiteestandards zu verschaffen. Dem kann dadurch entgegengewirkt werden,
daß vor der Teilnahme am Standarderstellungsprozeß ein hinreichend großer
Mitgliedsbeitrag zu entrichten ist. Damit wird erreicht, daß nur diejenigen am
Standarderstellungsprozeß teilnehmen, die tatsächlich einen Nutzen aus dem
Komiteestandard haben und die deshalb auch bereit sind, entsprechende Investitionen zu tätigen.

4.1.4.3 Kosten der Wettbewerbsstandardisierung

Einer der größten Nachteile einer Standardisierung durch den Wettbewerb ist
die Existenz von „Schlachten" zwischen den konkurrierenden Technologien.
Die beteiligten Unternehmen versuchen, ihre Technologie am Markt zu etablieren, indem sie z.B. erheblichen Marketingaufwand[115] oder eine sehr aggressive
Preispolitik betreiben. Hierüber sollen in möglichst kurzer Zeit installierte Bestände aufgebaut werden, um somit die zukünftigen Chancen der Technologien
zu verbessern. Da aber langfristig nur ein Netzwerk u.U. mit wenigen überle-
benden Nischennetzwerken existieren kann, produzieren diese Schlachten eine

---

[115] Erinnert sei an Microsofts Kauf der gesamten Auflage der Times zur Unterstützung des
WIN 95 Betriebssystems.

Vielzahl von „ärgerlichen technologischen Waisen", die sich für eine Technologie bzw. ein Netzwerk entschieden haben, das die Schlacht nicht gewonnen
hat. Diese Waisen müssen also auf ein weiteres Wachstum ihres Netzwerkes
verzichten. Diese Gruppen stehen vor der Wahl, ihre getätigten Investitionen
abzuschreiben und in die siegreiche Technologie neu zu investieren, ihre getätigten Investitionen zu konvertieren, sofern dies technisch machbar ist, oder auf
einen Wechsel der Technologie zu verzichten und sich mit dem vorhandenen
kleinen und langfristig schrumpfenden Netzwerk zufriedenzugeben.

Im Zusammenhang mit einer Standardisierung über den Wettbewerb treten nach
GRINDLEY weitere Kosten in Form von mehrfachen Forschungs- und Entwicklungskosten auf.

4.2 Zusammenfassung

In diesem vierten Kapitel konnten zwar Kriterien herausgearbeitet werden, anhand derer die Mechanismen der Standardisierung miteinander verglichen werden können, doch erscheint ein quantitativer Ansatz nicht realisierbar, wenn
nicht einmal Einigkeit über die qualitativen Eigenschaften der betrachteten Mechanismen besteht. Die Aussage von ROSEN, SCHNAARS und SHANI, der Wettbewerb verfüge z.B. über die größte Flexibilität, wird nicht durch die Arbeiten
von ARTHUR oder FARRELL und SALONER bestätigt. Im Gegenteil, diese Autoren
sehen insbesondere bei einer Wettbewerbsstandardisierung die Gefahr einer Ex-
zeßträgheit, d.h. eines Verharrens in einem obsoleten Standard bzw. einer obsoleten Technologie. Auch der Einschätzung von ROSEN, SCHNAARS und SHANI,
der Wettbewerb favorisiere den Standard auf dem höchsten technologischen
Niveau, kann der Verfasser nicht zustimmen. Das von diesen Autoren selber
vorgebrachte Argument, der Erfolg einer Technologie könne stärker durch
Marketinganstrengungen bedingt sein als durch technologische Überlegenheit,
widerlegt ihre erste Einschätzung.

Als wichtige Eigenschaften wurden die Koordinationsfähigkeit des Mechanismus, die Dauer, bis Standardisierung erreicht wird, die entstehenden Kosten
und die Fähigkeit, eine überlegene Technologie auszuwählen, erkannt.

• Die bessere Koordination der Beteiligten bzw. die bessere Durchsetzbarkeit
  eines Standards wird von ROSEN, SCHNAARS und SHANI der Hierarchie zugesprochen, während ein Komiteestandard nur sehr schwach durchsetzbar sei.
  Dies ist insofern richtig, als daß bei einer verbindlichen Standardisierung
  keine Alternative bleibt. Trotzdem kann auch eine Komiteestandardisierung

über Durchsetzungsvermögen im Hinblick auf einen Standard verfügen, wenn eine Technologie eben dadurch, daß sie als Komiteestandard angenommen wurde, zu einem Fokussierungspunkt wird. Die Intensität, mit der dieses geschieht, hängt in erheblichem Maße von der Bedeutung und Akzeptanz des Standardisierungskomitees ab.

• Den Vorstellungen, daß eine Komiteestandardisierung besonders langsam sei, mußte hier widersprochen werden. Es gibt keinerlei Hinweise darauf, daß eine Hierarchie oder der Wettbewerb in der Lage ist, schneller als ein Komitee eine Standardisierung zu erreichen. Insofern stimmt die Auffassung des Verfassers mit den Einschätzungen von ROSEN, SCHNAARS und SHANI überein: Alle drei Mechanismen benötigen viel Zeit, um Standardisierung zu realisieren.

• Ein außerordentlich wichtiger Aspekt sind die Kosten einer Standardisierung. Ein Vergleich der Mechanismen ist für den Kostenaspekt nahezu unmöglich, da sehr exakt berechenbare Kosten entstehen, wie z.B. bei der Komiteestandardisierung in Form von Reisekosten. Einen nicht berechenbaren Charakter besitzen hingegen Kosten einer Wettbewerbsstandardisierung, wie sie z.B. in Form einer Doppel- und Mehrfachforschung und im Aufbau von mehreren installierten Beständen auftreten können. Im Hinblick auf installierte Bestände verursacht sicherlich der Wettbewerb die größten Kosten.

• Der vierte Aspekt, der bei einer Beurteilung der standardsetzenden Mechanismen eine Rolle spielt, ist die Fähigkeit, den Erfolg einer superioren Technologie zu gewährleisten. Leider bietet keiner der Mechanismen hierfür eine Gewähr. Jeder birgt die Gefahr einer nicht optimalen Entscheidung in sich. Während bei einer Wettbewerbsstandardisierung Zufälle oder Marketinganstrengungen den Erfolg bestimmen, können bei einer Komiteestandardisierung Kenntnisse über die Standardisierungsprozesse oder über Lobbying zu einer Verzerrung des Ergebnisses führen. Der hierarchische Standardsetzer steht zum einen vor großen Informationsproblemen, die kaum zu lösen sind, und zum anderen vor dem Anreizproblem, daß die Entscheidungsträger des hierarchischen Standardsetzers andere Interessen haben, als einen Standard zum Wohle der Nation zu wählen.

Im weiteren Verlauf dieser Arbeit sind insbesondere die Aspekte der Geschwindigkeit sowie der Koordinationsfähigkeit und Durchsetzbarkeit von Bedeutung. Im folgenden fünften Kapitel wird die Durchsetzbarkeit von Standards und der zunehmende Rekurs von Hierarchien auf Komiteestandards näher beleuchtet. Die Koordination von Unternehmen in Standardisierungskomitees ist aus Sicht des Abschnittes „Die Koordination der Standardisierung" etwas Positives. Diese Einschätzung kann sich allerdings ändern, wenn die Unternehmen nicht nur technische Absprachen vornehmen, sondern auch Preis- oder Mengenabsprachen. In diesem Fall ist z.B. mit einem Eingreifen einer Wettbewerbsaufsicht in die Komiteestandardisierung zu rechnen. Die Geschwindigkeit einer Standardisierung, unabhängig vom Standardisierungsmechanismus, hängt u.a. auch vom Verhalten des Innovators ab. Weiterhin müssen die Anreize, denen sich ein Innovator gegenüber sieht, nicht unbedingt dazu führen, daß er eine weite Verbreitung seiner Innovation anstrebt. Diese Anreize und die Durchsetzbarkeit von Standards werden durch den rechtlichen Rahmen bestimmt, der Thema des folgenden Kapitels ist.

5 Die rechtliche Dimension der Standardisierung

In den folgenden drei Abschnitten werden drei Berührungspunkte zwischen den verschiedenen Formen des Standardisierungsprozesses und dem rechtlichen Rahmen angesprochen.[116] Auch wenn diese drei Bereiche - Verbindlichkeit von Standards, Wettbewerbswirkungen und gewerbliche Schutzrechte - komplementäre Eigenschaften aufweisen, sollen sie getrennt dargestellt und diskutiert werden. Vorrangiges Ziel ist dabei, einen Eindruck über den aktuellen Stand der Diskussion zu geben und die unterschiedlichen Meinungen aufzuzeigen, die in diesem Zusammenhang geäußert werden. Es kann schon jetzt darauf hingewiesen werden, daß sich bisher in keinem der drei Bereiche eine herrschende Meinung hat herausbilden können. Die Behandlung der angesprochenen Probleme hat erst in jüngster Zeit Eingang in die ökonomische Literatur gefunden, wobei hier Probleme der Schützbarkeit von Kompatibilitätsstandards im Vordergrund stehen. Die Probleme, insbesondere die Verbindung aus Wettbewerbsrecht, Schutzrechten und Kompatibilitätsstandards, standen im Mittelpunkt einer dreitägigen Anhörung bei der „Federal Trade Commission" Ende November und Anfang Dezember 1995. Eine darüber hinausgehende Beschäftigung mit dem Problem der Verbindlichkeit von Standards fand in einer Diskussion Anfang November 1996 bei der „Federal Communications Commission" im Hinblick auf die anstehende Standardisierung des amerikanischen Standards für hochauflösendes Fernsehen statt.

Der erste Abschnitt diskutiert die Frage der rechtlichen oder faktischen Verbindlichkeit von Standards. Diese folgt aus dem allgemeinen Wunsch nach einer Standardisierung aufgrund von Netzwerkeffekten (Abschnitt 2.3.2.2 „Standards in Industrien mit Netzwerkeffekten) sowie der Tatsache, daß Komiteestandards von der Judikative zur Rechtsprechung herangezogen werden. Dabei soll deutlich gemacht werden, daß es sich bei der Verbindlichkeit von Standards nicht um eine 0-1-Entscheidung handelt. Vielmehr soll gezeigt werden, daß abgestufte Formen der Verbindlichkeit nicht nur möglich sind, sondern von ihnen auch in der Realität ständig Gebrauch gemacht wird. Im zweiten Abschnitt wird der Zusammenhang zwischen Standardisierungsprozessen und dem Wettbewerbsrecht hergestellt. Eine wettbewerbsrechtliche Betrachtung von Standardi-

---

[116] Darüber hinaus existieren natürlich noch weitere Schnittstellen zwischen Standards und Recht. So wird beispielsweise in internationalen Verträgen im Zusammenhang mit der Welthandelsorganisation die Aufhebung von Standards als technische Handelshemmnisse gefordert, wenn diese protektionistischen Zwecken dienen; oder Unternehmen können Komiteestandards als Mittel der Umkehrung der Beweislast in Produkthaftungsfällen heranziehen; oder standardsetzende Organisationen werden für fehlerhafte Komiteestandards in Regreß genommen. (WORLD WIDE LEGAL INFORMATION ASSOCIATION 1996)

sierungskomitees wird aufgrund der Tatsache notwendig, daß Standards mit ihren steigenden Skalenerträgen auf der Nachfragerseite die Tendenz zur Monopolisierung haben (s. Abschnitt 2.1.3.1 „Standards als natürliche Monopole") und somit die Gefahr besteht, daß Unternehmen sich zu Standardisierungskartellen zusammenfinden, um gemeinsam einen Wettbewerbsstandard zu setzen und damit Konkurrenten den Marktzutritt unmöglich zu machen. Die Zugangsmöglichkeiten zu diesen Kartellen sind dabei eine der entscheidenden Fragestellungen. Darüber hinaus stellt die Möglichkeit einer Übertragung einer dominanten Position in einem Primärmarkt auf einen komplementären Sekundärmarkt (s. Abschnitt 2.3.1.4 „Kombinierbarkeit von Komplementärprodukten durch Standards") einen weiteren Problemkreis dar, der im Rahmen des Wettbewerbsrechts zu diskutieren ist. Der letzte angesprochene Aspekt ist die Frage der Verteilung von Eigentumsrechten an Innovationen. Hier treffen zwei konträre Argumente aufeinander. So führt eine sehr strikte Auslegung der gewerblichen Schutzrechte (Urheberrecht, Patentrecht etc.) zu den Anreizen, die Innovationen überhaupt erst lohnenswert machen. Diesem Argument steht aber auf der anderen Seite gegenüber, daß eine Innovation nur dann ihren gesellschaftlichen Nutzen entfalten kann, wenn sie eine weite Verbreitung findet. Dieser Dualismus wird durch Netzwerkeffekte zusätzlich verstärkt, und es entsteht der Eindruck, daß die existierenden Schutzrechte, insbesondere in Verbindung mit Komplementärmärkten, nicht nur zu einer unzureichenden Verbreitung der eigentlichen Innovation führen, sondern durch eine Übertragung des Monopols auf Komplementärmärkte auch auf diesen die Innovationstätigkeit gemindert werden kann.

Die Standpunkte, die die jeweils konträren Seiten beziehen, gründen dabei häufig weniger auf quantifizierbaren ökonomischen Argumenten als vielmehr der rein subjektiven Einschätzung, ob in Märkten mit Kompatibilitätsstandards die Auswirkungen eines Marktversagens größer sind oder die Auswirkungen eines Staatsversagens.

5.1 De-facto- und De-jure-Verbindlichkeit von Standards

Regierungen bzw. staatliche Verwaltungsbehörden nehmen in unterschiedlichem Ausmaß Einfluß auf den Standardisierungsprozeß. Dieser kann sich auf die Erstellung, Verbreitung oder Implementierung von Standards sowie auf die Hilfsfunktionen erstrecken. Das Engagement des jeweiligen Staates in den verschiedenen Funktionen muß nicht notwendigerweise gleich aussehen. So reicht das Spektrum von der vollständigen Übernahme einer Funktion bis hin zu einer völligen Abwesenheit staatlichen Einflusses auf diese Funktion.

5.1.1 Formen einer staatlichen Beeinflussung von Standardisierungsprozessen

Als Extrema einer staatlichen Standardisierungspolitik existieren zum einen die vollständige Abwesenheit des Staates vom Standardisierungsprozeß, also das „freie Spiel der Kräfte", und zum anderen die unmittelbare gesetzliche Standardisierung. Zwischen diesen beiden Extremfällen stehen dem Staat eine Vielzahl von abgestuften Einflußmöglichkeiten auf den Standardisierungsprozeß zur Verfügung, deren regulierender oder verpflichtender Charakter sehr unterschiedlich sein kann. Diese Stufen werden nun kurz charakterisiert.[117]

Verbindliche staatliche Standardisierung
Hier werden alle Funktionen vom Staat wahrgenommen, wobei die Standards durch staatliche Stellen für verbindlich erklärt werden. Ein Abweichen von diesen Standards ist somit nicht möglich; es handelt sich um „MUSS"-Standards. Ein Beispiel für solche Standards ist die Einführung des Rechtsfahrgebots in Österreich durch den „Anschluß". (KINDLEBERGER S. 389)

Staatliche Durchführung der freiwilligen Standardisierung
Auch hier werden alle Funktionen vom Staat wahrgenommen. Doch unterscheidet sich diese staatlich durchgeführte Standardisierung von der „verbindlichen staatlichen Standardisierung" dadurch, daß im Rahmen der freiwilligen Standardisierung ausschließlich „KANN"-Standards entwickelt werden. Die Standardisierung kann dabei von einer unmittelbar der Regierung untergeordneten Behörde oder durch eine Körperschaft des öffentlichen Rechts durchgeführt werden.[118] Die Standardisierung in Thailand ist ein Beispiel für die erstgenannte Struktur.

Staatliche Übertragung der Standardisierung
Hier werden bestimmte Funktionen, die ursprünglich vom Staat ausgeführt wurden, auf andere Organisationen übertragen. Als Beispiel für eine

---

[117] Die Monopolkommission unterscheidet in ihrem Hauptgutachten 1990/1991 lediglich vier Formen der Beeinflussung des Standardisierungsprozesses durch den Staat: die Übernahme von Komiteestandards in Gesetze, die Mitarbeit in Standardisierungskomitees, die Regulierung des Standardisierungsprozesses und die Beeinflussung durch das Beschaffungswesen öffentlicher Stellen. (MONOPOLKOMMISSION 1991, S. 343)

[118] Ein solches Verfahren könnte z.B. für die Oktanwerte von Benzin so aussehen, daß der Staat einige Werte vorgibt, die von Tankstellen verwendet werden können. Die Konsumenten entscheiden dann, ob sie die Informationen, die in diesen Werten stecken, verwenden wollen. (POSNER 1986, S. 349)

solche Übertragung kann die Organisation der Überwachung sicherheitstechnisch relevanter Anlagen in der Bundesrepublik Deutschland dienen, die durch die Technischen Überwachungsvereine ausgeübt wird..

Staatliche Aufsicht der Standardisierung
Der Staat kann die Standardisierungsarbeit den beteiligten Kreisen, d.h. den Unternehmen, Anwendern u.a. überlassen, sich dabei aber die Möglichkeit einer staatlichen Kontrolle offenhalten. Diese Kontrolle kann sich generell sowohl auf die Inhalte der Standards als auch auf den Standardisierungsprozeß erstrecken. Ein Beispiel für die staatliche Kontrolle insbesondere des Standardisierungsprozesses ist Frankreich.

Staatliche Beteiligung am Standardisierungsprozeß
Der Staat kann Einfluß auf die Standardisierung allein dadurch nehmen, daß er sich an diesem Prozeß aktiv beteiligt. Die Bundesrepublik Deutschland hat sich das Recht, am nationalen Standardisierungsprozeß des DIN teilzunehmen, durch den Vertrag von 1975 gesichert, in dem es in § 2 heißt:

> „(1) Das DIN räumt der Bundesregierung im Rahmen ihrer fachlichen Zuständigkeiten auf Antrag Sitz in den Lenkungsgremien der Normenausschüsse ein.
>
> (2) Das DIN verpflichtet sich, die jeweils in Betracht kommenden behördlichen Stellen bei der Durchführung der Normungsarbeit zu beteiligen."

Über den reinen Beteiligungscharakter geht dann der § 4 Abs. 1 hinaus, der der Bundesregierung Einfluß auf die Priorität der Bearbeitung von Normungsanträgen einräumt:

> „Das DIN verpflichtet sich, Anträge der Bundesregierung auf Durchführung von Normungsarbeiten, für die von der Bundesregierung ein öffentliches Interesse geltend gemacht wird, bevorzugt zu bearbeiten."

Staatliche Rahmensetzung
Die Problematik von sich schnell wandelnden Technologien macht explizite staatliche Regelungen zunehmend schwierig. Hierbei spielt sowohl die Zeit des Gesetzgebungsverfahrens als auch die Tendenz zu einer Überregulierung und fehlendes technisches Wissen eine Rolle. Aus diesem Grunde kann es als sinnvoll erachtet werden, nur allgemein gehaltene

Vorgaben zu formulieren, die dann durch Standardisierungsorganisationen unter Rückgriff auf das technische Wissen ihrer Mitglieder ausgefüllt werden können. Dies geschieht z.B. auf europäischer Ebene durch den „New Approach". Hier werden eben nur allgemeine Anforderungen z.B. an die Sicherheit von Produkten gestellt, die auf unterschiedliche Arten erfüllt werden können, wobei die Konformität zu Europäischen Normen als hinreichend erachtet wird, um die Erfüllung der Anforderungen aus EG-Richtlinien anzunehmen. (HAHN, 1995, S. 16)

Staatliche Ergebnisnutzung
In vielen Staaten werden die Ergebnisse der Komiteestandardisierung als Referenz durch die Rechtsprechung herangezogen, womit ein impliziter Einfluß auch auf die Inhalte genommen wird. Dieses Verfahren wird auch auf der europäischen Ebene angewandt. Wie im Abschnitt über die europäische Standardisierung ausgeführt, verwendet die europäische Kommission Standards der drei anerkannten Standardisierungsorganisationen, um in den Anhängen der Richtlinien auf diese zu verweisen.

Diese Komiteestandards können dann z.B. bei Gewährleistungsfragen oder auch bei Produkthaftungsfällen als Maßstab für eine Vertragserfüllung, ein sorgfältiges Verhalten, eine sorgfältige Produktion oder ein sorgfältiges Produkt dienen und somit die Beweisführung des Produzenten des Produktes insbesondere bei einer Gefährdungshaftung vereinfachen.

Dieses Verfahren wird schon seit geraumer Zeit auf andere Standards als Kompatibilitätsstandards angewendet. So rekurrierten beispielsweise schon im Preußischen Allgemeinen Landrecht die zivilrechtlichen Ansprüche gegen Bauunternehmer auf die anerkannten Regeln der Baukunst:

> „Baumeister, die bey einem Baue oder einer Reparatur oder bey der Auswahl der Materialien dazu wider die allgemein anerkannten Regeln der Baukunst dergestalt gehandelt haben, daß daraus eine Gefahr für die Einwohner oder das Publikum entsteht, sollen den Fehler auf eigene Kosten zu verbessern angehalten werden."
>
> (Gefunden bei WOLFENSBERGER, S. 25)

Im § 202 Strafgesetzbuch für den Preußischen Staat wurden Produkthaftungsfragen ebenfalls unter Bezugnahme auf die allgemein anerkannten Regeln der Baukunst festgelegt:

> „Baumeister und Bauhandwerker, welche bei der Ausführung eines Baues wider die allgemein anerkannten Regeln der Baukunst dergestalt gehandelt haben, daß hieraus für andere Gefahr entsteht, sollen mit Geldbuße von 50 bis zu 300 Thalern oder mit Gefängnis von 6 Wochen bis zu 6 Monaten bestraft werden."
>
> (Gefunden bei WOLFENSBERGER, S. 26)

Im Bereich der Kompatibilitätsstandards ist die Standardisierungsentscheidung der Technologie für HDTV durch die „Federal Communications Commission" (FCC) in den Vereinigten Staaten ein aktuelles Beispiel für die Nutzung von Komiteestandards durch staatliche Behörden.

Staatliches Beschaffungswesen
Der Staat kann die Anwendung sowohl eines Komiteestandards als auch eines Wettbewerbsstandards in erheblichem Maße dadurch beeinflussen, daß staatliche Stellen nur noch Produkte oder Dienstleistungen beschaffen dürfen, die explizit vorgegebenen Standards oder aber Standards, die von explizit vorgegebenen Organisationen erstellt wurden, entsprechen. Dieses Verfahren einer nachträglichen Unterstützung von Standards oder standardsetzenden Organisationen ist weit verbreitet und findet in Deutschland für z.B. DIN-Normen oder VDI-Richtlinien oder in Frankreich für „Normes Française" Anwendung.

„Freies Spiel der Kräfte"
Ein freies Spiel der Kräfte ist natürlich auf internationaler Ebene zu beobachten, da es hier keine übergeordnete Autorität gibt. Den einzelnen Staaten bleiben i.d.R. wenig Einflußmöglichkeiten bei einer internationalen Standardisierung, wenn diese z.B. durch Privatorganisationen wie bei ETSI vorgenommen wird. Es konkurrieren dann die jeweiligen nationalen Interessen und Technologien. Dieser Wettbewerb führt allerdings auch gelegentlich zu unbefriedigenden Situationen, in denen keine Standardisierung erreicht wird. Das Fehlen einer einflußreichen Autorität kann z.B. fehlende Standardisierung bei Steckdosen und Steckern (s. S.

4), bei Spurweiten von Eisenbahnen oder bei der Technologie für Farbfernsehen[119] erklären.

Die Zusammenhänge zwischen den verschiedenen Formen eines Eingriffs des Staates in den Standardisierungsprozeß veranschaulicht Abbildung 27.[120] Die Verbindlichkeit von Komiteestandards kann sich z.b. aus einer Integration von Komiteestandards in rechtlich verbindliche Dokumente, wie z.b. Gesetze, Verordnungen oder Vorschriften, aber auch durch privatrechtliche Verträge ergeben. Weiterhin besteht die Möglichkeit, daß die Fokussierungsfunktion der standardsetzenden Organisation zu einer faktischen Verbindlichkeit führt.[121] Die Fokussierungsfunktion eines Komitees hängt dabei von seiner Standardisierungskraft, also seiner Macht, den Wettbewerbsprozeß entscheidend zugunsten des Komiteestandards zu beeinflussen, ab. Die Fokussierungsfunktion bezieht sich darauf, daß bei einer großen Menge möglicher Standards es im vorhinein keinen „singulären" Fokussierungspunkt gibt. Dadurch, daß ein Standardisierungskomitee eine der vielen Möglichkeiten auswählt, existiert ein Kriterium, nach dem es tatsächlich nur noch einen Fokussierungspunkt - nämlich den Komiteestandard - gibt.

---

[119] Etwa 95% der drei existierenden Technologien für Farbfernsehen - NTSC, PAL, SECAM - sind identisch. Die verbleibenden 5% führen dazu, daß die Systeme inkompatibel sind und für eine Überbrückung Konverter geschaffen werden müssen. (LEE 1996, S. 7)

[120] Die Komplexität der Zusammenhänge und Abstufungen von Verbindlichkeit und Freiwilligkeit in Verbindung mit einer nicht eindeutigen Terminologie ist wohl auch die Ursache für die falsche Darstellung der Verbindlichkeit Europäischer Normen durch die Monopolkommission. Dort heißt es:

„Die von den europäischen Normenorganisationen erstellten Normen EN (Europäische Normen) und ENV (Europäische Vornormen) unterscheiden sich im wesentlichen durch den *Grad der Verpflichtung*, den die Mitglieder gegenüber diesen Dokumenten eingehen. Eine EN ist mit der Verpflichtung verbunden, auf nationaler Ebene in einen *de jure-Standard* umgewandelt zu werden. Ihr wird in der Regel durch einen Rechtsakt der Status einer national verbindlichen Norm erteilt, und jede ihr entgegenstehende Norm muß zurückgezogen werden." (MONOPOLKOMMISSION 1991, S. 352, Hervorhebung im Original).

Die Formulierung, daß eine EN durch „einen Rechtsakt den Status einer national verbindlichen Norm" erhält, ist mindestens mißverständlich. Die Mitglieder von CEN/CENELEC sind tatsächlich verpflichtet, die EN in ihr jeweiliges nationales Normenwerk aufzunehmen, womit allerdings über die Verbindlichkeit einer Norm noch nichts ausgesagt ist.

[121] Ein Fokussierungspunkt ist etwas, das aus einer Viel- oder Mehrzahl an Alternativen herausfällt und von unabhängigen Individuen als „herausragend" identifiziert werden kann. Die Idee des Focal Points geht auf SCHELLING (SCHELLING 1960) zurück.

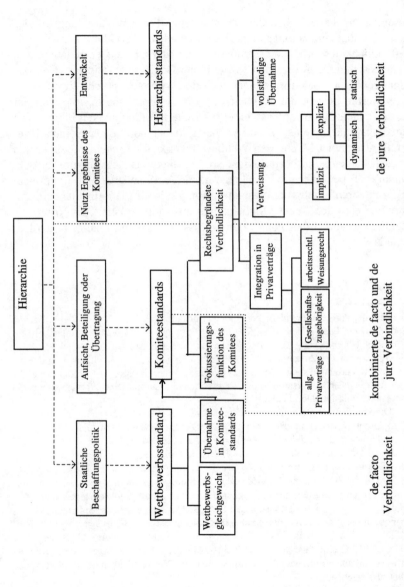

Abbildung 27: Die Verbindlichkeit von Standards und die Möglichkeiten, aus Komiteestandards Hierarchiestandards zu machen

Die rechtsbegründete Verbindlichkeit von Standards kann mittels unterschiedlicher Verfahren erreicht werden. Zum einen können Standards freiwillig von den Vertragsparteien in einen Privatvertrag übernommen werden. Die Komiteestandards werden dann Bestandteil des Vertrages und somit im Rahmen des Vertrages bindend. Dies gilt unter anderem für Arbeitsverträge, die dem Vorgesetzten das Recht geben, die Einhaltung von Werknormen anzuordnen. Diese werden somit für den Arbeitnehmer bindend.

Zum anderen kann die Genehmigung, ein Güte-, Qualitäts- oder Prüfzeichen anzubringen, von der dieses Zeichen vergebenden Unternehmung oder Organisation an die Einhaltung von Komiteestandards geknüpft sein. Beispiele für entsprechende Zeichen in Deutschland sind die RAL-Gütezeichengemeinschaften, das VDE-, das DIN- oder das GS-Prüfzeichen (Geprüfte Sicherheit).

Neben diesen auf Privatverträgen beruhenden Möglichkeiten einer rechtsbegründeten Verbindlichkeit existiert die Option der direkten Einbindung von Komiteestandards bzw. der Übernahme von Komiteestandards in Hierarchiestandards. Ein häufig verwendetes Mittel hierzu ist die Verweisung, die sowohl implizit durch Generalklausel auf „den Stand der Technik", wie z.B. im Immissionsschutzgesetz §§ 5, 14, 17, 22,41 oder 48 (vgl. hierzu auch RENGELING, S. 17ff), auf den „Stand von Wissenschaft und Technik" wie im Atomgesetz im § 7 (2) Nr. 3 oder auf die „allgemein anerkannten Regeln der Technik", wie im Wasserhaushaltsgesetz § 7a als auch explizit durch eine identifizierende Benennung eines Komiteestandards in einem Gesetz, einer Verordnung oder einer Vorschrift erfolgen kann. Diese Benennung kann sich auf einen ganz konkreten Komiteestandard beziehen, der durch Datum etc. eindeutig bestimmt ist (statische Verweisung), oder die Benennung verzichtet auf diese eindeutige Bestimmung und referenziert damit auf den jeweils aktuellen Komiteestandard (dynamische Verweisung).[122] Ferner kann ein Komiteestandard vollständig in ein Gesetzeswerk übernommen werden, wie z.B. bei der französischen Form des „arreté".

Wettbewerbsstandards erlangen eine de facto Verbindlichkeit darüber, daß sie das Ergebnis des Wettbewerbsprozesses darstellen und sich eine Abweichung von diesem zumindest temporären Gleichgewicht i.d.R. nicht auszahlt. Beispiele hierfür sind der hinlänglich bekannte IBM-Standard für Personal Computer und für Papierformate der Reihe: DIN A.

---

[122] Die dynamische Verweisung wird allerdings zumindest in der Bundesrepublik Deutschland nicht mehr angewendet, da dadurch einer privatrechtlichen Organisation faktische Gesetzgebungskompetenz eingeräumt wird und dies nicht mit den Prinzipien eines demokratischen Rechtsstaates vereinbar ist. (Vgl. KYPKE, 1982, S. 107f.)

Fallbeispiel 5: Hochauflösendes Fernsehen als verbindlicher Standard[123]

Eines der offensichtlichsten Beispiele für einen unmittelbaren Eingriff einer Hierarchie in den Standardisierungsprozeß, indem sie einen Standard für verbindlich erklärt, ist die Richtlinie der Europäischen Kommission über die zu verwendenden Standards bei einer Satellitenübertragung. Hier machte die Europäische Kommission die Standards, die im Rahmen des EUREKA 95 Projektes entwickelt wurden, für Satellitenübertragungen in Europa verbindlich. In dieser Richtlinie der Kommission heißt es dabei wie folgt:

„Gemäß dieser Richtlinie darf für jede nicht vollständig digitale Übertragung eines Fernsehdienstes im HDTV-Format nur die HD-MAC-Norm verwendet werden und für jede Übertragung im Format 16:9 nur die D2-MAC-Norm. Die letztere muß bei jedem anderen Dienst, der nach dem 1. Januar 1995 aufgenommen wird, verwendet werden. Diese Dienste dürfen auch simultan in PAL, SECAM oder D2-MAC übertragen werden. Diese Richtlinie gilt bis zum 31. Dezember 1998; die Bestimmungen dieser Richtlinie werden ergänzt durch kommerzielle Maßnahmen auf der Basis einer von den Beteiligten unterzeichneten gemeinsamen Absichtserklärung zur Koordinierung der Aktivitäten der Unterzeichner und, wo dies angebracht ist, durch flankierende Maßnahmen im Hinblick auf die Schaffung eines europäischen Marktes für die D2-MAC, 16:9- und HD-MAC-Norm."

Europäische Kommission, 1992

Da bei einer Umstellung von der bisherigen Technologie zu den neuen Standards die bestehende Infrastruktur bei

- Produzenten von Programmen, d.h. den Produktionsstudios, als auch bei
- Übertragungseinheiten sowie bei den
- Sendern

zum Großteil obsolet würde und somit zum Teil erhebliche Aufwendungen nach sich zöge, erklärte sich die Europäische Kommission im Gegenzug bereit, insbesondere die Kosten der Fernsehsender, die häufig gleichzeitig als Produzenten fungieren, für einen Zeitraum von fünf Jahren mit bis zu 200 Mio ECU pro Jahr zu unterstützen.

---

[123] Es handelt sich hier um eine Mischung aus der Beteiligung und Finanzierung des Standardisierungsprozesses durch den Staat und eine anschließende Übernahme des Standards als „verbindlicher Standard".

Insbesondere anhand der Papierformate kann deutlich gemacht werden, wie die Festlegung der Kantenlängen bzw. des Verhältnisses der Kantenlängen von Papier über das Format von Schreibmaschinen, Briefumschlägen bis hin zu Aktenordnern, Aktenschränken und Büromöbeln im allgemeinen massiven Einfluß auf vielleicht nicht offensichtlich betroffene Bereiche ausgeübt hat.

In vielen Situationen bietet es sich für das standardsetzende Komitee an, auf der Grundlage einer im Markt erfolgreichen Technologie einen Standard zu verabschieden. Dies birgt allerdings Gefahren in sich, da in aller Regel die erfolgreiche Technologie durch gewerbliche Schutzrechte vor der Verwendung durch andere Unternehmen geschützt ist. Eine Technologie bzw. ein Standard, der als Fokussierungspunkt dienen soll, muß sich von allen Technologien oder Standards eindeutig abheben.[124]

Um diese Problematik geschützten Wissens zu lösen, haben viele Standardisierungskomitees Mechanismen geschaffen, die dafür sorgen sollen, daß nur dann entsprechende Technologien in Komiteestandards integriert werden, wenn die Eigentümer der gewerblichen Schutzrechte auf Lizenzen entweder verzichten oder aber Lizenzen zu „vernünftigen" („reasonable") Bedingungen und nicht diskriminatorisch vergeben.[125]

Entscheidend für den Erfolg eines Fokussierungsmechanismus ist, daß das Kriterium, anhand dessen dieser Mechanismus bestimmt wird, nicht auf individuellen Einschätzungen und Erfahrungen beruht, sondern daß es objektiv auch von anderen, möglichst allen Beteiligten angewandt werden kann. Für Standards bedeutet dies, daß die Adoption einer Technologie durch ein Standadisierungskomitee nur dann fokussierend wirken kann, wenn es als einziges in dem relevanten Bereich Standardisierung betreibt oder aber so groß und akzeptiert ist, daß es alle anderen Standardisierungskomitees dominiert.

---

[124] In seinem Buch über „Strategy of Conflict" illustriert SCHELLING (1960) die Idee des Fokussierungspunktes („focal points") anhand zweier Agenten, die lediglich über gemeinsames Wissen dahingehend verfügen, daß sie sich in einer bestimmten Stadt an einem bestimmten Tag treffen sollen, ohne daß sie vorher über den Ort und die Tageszeit kommunizieren können.

[125] Zur Bedeutung und Problematik der gewerblichen Schutzrechte und Lizenzen ausführlicher im Abschnitt „Gewerbliche Schutzrechte und Standards".

Fallbeispiel 6: Papierformat DIN A 4

Im Bereich der Papierformate existierten Ende des letzten Jahrhunderts sowohl in Deutschland als auch in anderen Staaten eine ganze Reihe unterschiedlichster und nicht aufeinander abgestimmter Papierformate. So arbeitete die preußische Verwaltung mit einem Format „Folio", die Geschäftswelt mit „Quart" sowie einer Vielzahl von weiteren Formaten für spezielle Anwendungen wie Kartei-karten, Postkarten (je eine für den Versand im Inland und ins Ausland), Zeich-nungen, Fotos usw.

Erste Versuche, sich auf ein durchgängiges Papierformat zu einigen, scheiterten an den von allen zu tragenden Umstellungskosten. So bezeichneten die preußi-schen Behörden die ersten Entwürfe als unannehmbar, weil sie breiter als die von den Behörden verwendeten Folio-Formate waren und somit die Aktenord-ner und Aktenschränke obsolet gemacht hätten. Erst der durch den ersten Welt-krieg ausgelöste Druck einer stärker kooperierenden Wirtschaft führte dazu, daß man sich auf eine Papierformat-Reihe einigte, die bestimmten vorher definierten Kriterien genügen sollte:

- Die Seitenlängen sollten sich auf den Zentimeter als Längenmaß beziehen.
- Die Formate sollten geometrisch ähnlich sein.
- Die Formate sollten durch Halbierung bzw. Verdoppelung auseinander herleitbar sein.
- Die Formate sollten über ein identisches Verhältnis von Höhe zu Seite ver-fügen.

So wurden Vorschläge für ein einheitliches Papierformat sowohl von Einzelper-sonen, aber auch von Normen-Ausschüssen gemacht, die allerdings erneut am Einspruch der Behörden scheiterten. 1918 entwickelte der „Normenausschuß für das Graphische Gewerbe" einen Vorschlag auf der Grundlage der obenge-nannten Anforderungen und mit Abmessungen, der einen Ausgleich zwischen den beteiligten Gruppen schuf. So wurden die Abmessungen als Kompromiß zwischen den schmaleren Formaten der Behörden und den Formaten der Ge-schäftswelt und der Normen für Zeichnungen gewählt. Alle beteiligten Gruppen konnten sich diesem Vorschlag anschließen, so daß 1918 als die Geburtsstunde der DIN 476 angesehen werden kann, in der mit dem Format DIN A 4 die wohl bekannteste DIN enthalten ist.

(WITTHÖFT, 1995)

Nur dann stellt die Adoption einer Technologie durch diese Organisation ein objektives Kriterium dar, um diese Technologie von allen anderen zu unterscheiden. Existieren neben diesem einen Standardisierungskomitee weitere, die in dem relevanten Bereich zuständig sind oder sich zuständig fühlen, wie z.B. in den USA mit einer Vielzahl von großen und mittleren standardsetzenden Organisationen, so verliert die Adoption einer Technologie durch das Standardisierungskomitee deutlich an Fokussierungskraft.

5.1.2 *Sinn und Unsinn verbindlicher Standards*

Die Tatsache, daß sich staatliche Stellen entweder unmittelbar in den Standardisierungsprozeß einschalten oder aber Komiteestandards nutzen, um diese durch Verweis quasi-verbindlich oder durch Übernahme vollständig verbindlich zu machen, führt zu einer auch Ende 1996 noch kontrovers geführten Diskussion. Während in der Bundesrepublik Deutschland die Diskussion besonderes Schwergewicht auf die Frage der Legitimität der Verweistechnik legt[126], spielt dieser Aspekt in den Vereinigten Staaten keine große Rolle.

In den Vereinigten Staaten wird vielmehr die Frage der Verbindlichkeit unter Effizienzgesichtspunkten diskutiert, ob und in welcher Form der Staat Standards als verbindlich erklären soll. Diese Fragestellung rückte in den USA durch die anstehende Entscheidung bezüglich des Standards für digitales hochauflösendes Fernsehen wieder in den Vordergrund (vgl. Fallbeispiel 7). So führte die für die Standardisierung des Fernsehens zuständige amerikanische Behörde „Federal Communications Commission" Anfang November 1996 eine Befragung von Experten durch. Dort prallten zwei gegensätzliche Standpunkte aufeinander. Zum einen diejenigen, die grundsätzlich eine Wettbewerbsstandardisierung einer Hierarchiestandardisierung vorziehen, und zum anderen diejenigen, die unter bestimmten Bedingungen einer Hierarchiestandardisierung den Vorzug geben. Die bedeutendsten Argumente gegen eine Hierarchiestandardisierung sind:

1. Die Entwicklung verbindlicher Standards über eine Hierarchie ist zu langsam sowohl im Hinblick auf die erste Standardisierung als auch auf spätere Änderungen des Standards.
2. Hierarchien besitzen weder Informationen über die Produzenten noch über die Konsumenten.
3. Verbindliche Standards behindern die Innovationstätigkeit.

---

[126] Eine umfangreiche Darstellung findet sich z.B. bei STUURMAN 1995.

Die wichtigsten Argumente, die für eine Hierarchiestandardisierung sprechen, sind:

1. Verbindliche Standards lösen Koordinations- und Startprobleme.
2. Verbindliche Standards reduzieren Unsicherheit und minimieren Wechselkosten.
3. Verbindliche Standards fördern die Innovationstätigkeit.

Das erste Argument gegen eine verbindliche Standardisierung ist die niedrige Geschwindigkeit, mit der staatliche Stellen Standards erarbeiten. Dies gelte sowohl für die Festsetzung des „ersten" Standards als auch für jede später als notwendig erachtete Änderung. (SELWYN 1996, S. 26) Dies ist sicherlich richtig, doch muß der langsame hierarchische Standardisierungsprozeß mit der Geschwindigkeit der anderen Alternativen verglichen werden. So hat die Wettbewerbsstandardisierung zwar den Vorteil, daß im Gegensatz zur Hierarchiestandardisierung sofort eine Vielzahl von Technologien verfügbar sind, doch kann in diesem Stadium sicherlich noch nicht von einer Standardisierung gesprochen werden. Um zu einer Standardisierung zu gelangen, benötigt auch der Wettbewerb Zeit. So dauerte es etwa vier Jahre, bis zu erkennen war, daß sich VHS gegen Betamax durchsetzen würde[127]. Von der Markteinführung der CompactDisc 1983 bis hin zur Dominanz z.B. in Großbritannien, d.h. mehr verkaufte CDs als LPs, dauerte es auch etwa sechs Jahre. (GRINDLEY 1995, S. 104) Auch eine Standardisierung über ein Komitee dauert mehrere Jahre[128]. Andere Bereiche sind auch nach einhundert Jahren noch nicht standardisiert, obwohl weitestgehend Einigkeit über die Vorteile eines einheitlichen Standards z.B. bei Steckdosen oder Spurweiten bei Eisenbahnen herrscht. Es läßt sich keine pauschale Aussage über das Verhältnis der Zeiträume machen, die Hierarchien, Komitees oder der Wettbewerb zur Standardisierung benötigen.

Akzeptiert man, daß der Standardisierungsprozeß über Hierarchien länger dauert als über den Wettbewerb, so bleibt festzuhalten, daß dem langsamen Standardisierungsprozeß durch eine Hierarchie immer auch die Eindeutigkeit eines spät gesetzten Standards entgegensteht. Dies bedeutet, daß sich Wettbewerbsstandardisierung mit hohen Geschwindigkeiten, aber hoher Unsicherheit auf Seiten aller Beteiligten, und Hierarchiestandardisierung mit einer geringen Geschwindigkeit, aber auch geringer Unsicherheit, gegenüberstehen. Standardisie-

---

[127] Wobei Betamax noch 1984 z.B. in Großbritannien einen Marktanteil von etwa 20% hatte. (GRINDLEY 1995, S. 88)

[128] Die durchschnittliche Entwicklungsdauer eines „International Standards" der ISO wurde 1990 mit fast sechs Jahren und 1994 noch immer mit über fünf Jahren angegeben. (ISO 1994a, S. 11) Auch die IEC berichtet von Entwicklungszeiträumen von etwa sieben Jahren. (IEC 1991)

rung über den Wettbewerb bedeutet, daß während der Standardisierungsphase mehrere Technologien nebeneinander um die Gunst der Konsumenten buhlen. Da sich in Industrien mit signifikanten Netzwerkeffekten aber nur eine Technologie (in Ausnahmefällen einige wenige Technologien) halten kann, stagnieren oder schrumpfen die Netzwerke der Technologien, die sich nicht durchsetzen können. Jedes dieser Netzwerke besteht aus Anwendern, die damit rechneten, daß sich die von ihnen gewählte Technologie halten würde. Diese Konsumenten haben nicht falsch entschieden, sie mußten nur eine Entscheidung unter Unsicherheit treffen und haben letztlich eine Wahl getroffen, die sie im Nachhinein bedauern.

Ein weiteres Argument, das gegen eine staatliche Standardisierung spricht, ist die Informationslage des Staates. Diesem stehen insbesondere zu Beginn eines Standardisierungsprozesses i.d.R. wenige oder gar keine Informationen zur Verfügung (DAVID 1987). Dies betrifft sowohl die Daten der Hersteller von Produkten oder Dienstleistungen, die zu standardisieren sind, als auch die Daten über die Wünsche, Präferenzen oder Zahlungsbereitschaft der Konsumenten. Dieses Manko versucht der Staat dadurch zu umgehen, daß er die Ergebnisse der Komiteestandardisierung in der Legislative verwendet, um darüber zumindest das technische Wissen der Produzenten zu nutzen. Dies ist insofern kritisch zu bewerten, da das Wissen um eine mögliche Übernahme des Komiteestandards durch eine Hierarchie das Verhalten der Beteiligten und damit auch den Standard in erheblichem Maße beeinflußt oder beeinflussen kann.

Im Hinblick auf den ATSC-Standard argumentiert OWEN (OWEN, 1996), daß es nicht nötig sei, diesen Standard für verbindlich zu erklären, weil er sich durchsetzt, wenn er „gut" sei und nicht durchsetzt, wenn er „schlecht" sei. Ein Eingreifen des Staates sei also entweder nicht notwendig, weil sich ein „guter" Standard auf jeden Fall durchsetze, oder der Eingriff sei falsch, weil er nur dann Sinn mache, wenn sich ein Standard ohne diesen Eingriff nicht durchsetzen könnte, es sich somit um einen „schlechten" Standard handele. OWEN tritt also für einen rein marktorientierten Ansatz ein, bei dem der Wettbewerb und damit die Konsumenten darüber entscheiden sollen, welcher Standard sich letztlich durchsetzt. Dieses ist aus heutiger Sicht - ex post - sogar richtig. Dadurch, daß der ATSC-Standard durch eine große Allianz aller beteiligten Unternehmen und Forschungsinstitute zustande kam, haben alle Beteiligten ein homogenes Interesse am Erfolg dieser Technologie(n). Somit ist nicht damit zu rechnen, daß es noch zu einem Wettbewerb um den Markt durch andere Technologien kommt. Vielmehr kann davon ausgegangen werden, daß ein Wettbewerb im Markt stattfinden wird und somit das Entstehen von „technologischen Waisen" und Wechselkosten vermieden wird.

Fallbeispiel 7: Nutzung eines Komiteestandards für HDTV durch eine staatliche Behörde[129]

Nach der Initiative der Japaner 1986 und der Antwort der Europäer entschieden sich die Vereinigten Staaten in Form der „Federal Communications Commission" dafür, eine Ausschreibung für das amerikanische „Advanced Television" (ATV) zu initiieren. Anfänglich wurden 23 Vorschläge für das zukünftige amerikanische Fernsehen gemacht. 1990 entschied sich die FCC dann zugunsten eines sogenannten „simulcast" Systems, d.h., neben dem Signal für die technologisch fortschrittlichere Technologie wird simultan ein Signal für die veraltete Technologie (NTSC) emittiert, um somit den installierten Bestand an NTSC Geräten nicht obsolet zu machen.

Noch im gleichen Jahr wurde von der General Instrument Corporation ein rein digitales System vorgeschlagen, woraufhin drei der vier verbliebenen Konkurrenten diesem technologischen Fortschritt folgten. Nur der japanische Konkurrent NHK blieb bei seinem rein analogen System. In der Folgezeit wurden die fünf Systeme bis Ende 1992 von Prüflaboren getestet. 1993 schied das analoge System aufgrund einer deutlichen Überlegenheit der digitalen Systeme aus. Den verbliebenen vier digitalen HDTV-Technologien wurde attestiert, daß bei allen noch Überarbeitungen notwendig seien. Das „Advanced Television Systems Committee" (ATSC) schlug den Unternehmen daraufhin zwei Möglichkeiten vor:

1. Jeder verbessert seine Technologie, und die beste Technologie wird in einem zweiten ebenfalls wieder kostspieligen Prüfverfahren ermittelt, oder
2. die Unternehmen formen ein Joint Venture und nehmen für jede der notwendigen Komponenten die jeweils beste und müssen lediglich die Schnittstellen anpassen.

Die Unternehmen entschieden sich für den letzten Vorschlag und formten die „Digital HDTV Grand Alliance". Die hier zusammengestellte bzw. entwickelte Technologie wurde mit dem Abschlußbericht als „ATSC Standard" der FCC zur verbindlichen Übernahme empfohlen.

Andererseits muß überlegt werden, wie sich die Unternehmen verhalten hätten, wenn nicht die Drohung existiert hätte, den letztlich von ihnen entwickelten und gewählten Standard mit einer juristischen Verbindlichkeit auszustatten. Daß

---

[129] Die Darstellung beruht auf dem Abschlußbericht des von der FCC eingerichteten „Advisory Committees" vom 28. November 1995. Das Beispiel steht am Beginn dieses Kapitels, da sich etliche der unten folgenden Ausführungen auf diesen aktuellen Fall beziehen.

sich die Unternehmen möglicherweise nur deshalb zusammengeschlossen haben, um ihr jeweiliges Risiko zu minimieren, bleibt von OWEN unberücksichtigt. Eine drohende juristische Verbindlichkeit kann aber offensichtlich erheblichen Einfluß auf das strategische Verhalten der involvierten Unternehmen haben. Dieser Einfluß kann so weit gehen, daß die Unternehmen einen Wettbewerb im Markt einem Wettbewerb um einen Markt vorziehen und somit der Aufbau vieler installierter Bestände unterbleibt, die am Ende des Standardisierungsprozesses über den Wettbewerb zum großen Teil als „ärgerliche technologische Waisen" auf eine erfolglose Technologie gesetzt haben. In diesem Fall kann also eine drohende Verbindlichkeit hilfreich sein, um ein koordiniertes Verhalten der Produzenten zu erreichen.

Im Falle des ATSC-Standards scheint auch die Notwendigkeit einer staatlichen Intervention aufgrund mangelnder Koordinierungsmöglichkeiten durch die Anwender nicht unmittelbar gegeben zu sein. Dadurch, daß eine große Allianz gebildet wurde und alle einen Teil ihrer Technologie zur Verfügung stellten und einen anderen größeren Teil firmenintern neu entwickeln bzw. anpassen mußten, entstanden weitestgehend homogene Interessen. In diesem Fall kann eine unverbindliche Empfehlung des ATSC-Standards seitens staatlicher Stellen als Fokussierungspunkt dienen und damit ausreichen, um die Annahme des Standards zu initiieren. Sind derartige homogene Interessen allerdings nicht mehr gegeben, so kann nicht ausgeschlossen werden, daß die Unternehmen es vorziehen, eine Entscheidung über den Wettbewerb zu suchen und damit das Nebeneinander unterschiedlicher Technologien und die Entstehung technologischer Waisen in Kauf zu nehmen.

Das wohl wichtigste Argument gegen eine Politik der verbindlichen Standards ist die Tendenz zu einer vehementen Behinderung des technischen Fortschritts. Besonders deutlich drückte dies OWEN in der oben erwähnten Befragung der FCC aus:

> „I guess I can summarize my view within the context of the recent dialogue by saying that if the [Federal Communications] Commission were responsible for setting mandatory standards for computer operating systems we would all still be using CPM. For those of you who aren't as old as I am, that was the predecessor of DOS."
>
> (OWEN, 1996, S. 40)

Diesem Argument der Beschränkung der Innovationstätigkeit durch eine hierarchische Standardisierung, wird vom Verfasser nicht ohne weiteres zugestimmt. Wie weiter oben angesprochen, führt jede Standardisierung zu einer Reduktion der Möglichkeiten und somit auch zu einer Beschränkung der Innovationen. Neue Produkte oder Dienstleistungen müssen sowohl bei einer de facto wie auch bei einer de jure Verbindlichkeit Kompatibilität zu dem existierenden Standard aufweisen, womit also die Innovationsmöglichkeiten für kompatible Lösungen eingeschränkt sind. Andererseits stellt dieser Standard eine Plattform dar, auf der Folgeinnovationen, z.B. Komplementärgüter, aufbauen können.[130] Ist diese Plattform vergleichsweise groß, d.h., existiert nur ein Standard, so bietet diese das Fundament für eine Konzentration der Ressourcen, um eine größere Produkt- oder Technologietiefe zu erreichen. Dies ist eben bei der Existenz vieler kleiner Plattformen nicht möglich.

Anwendung
Darstellung
Kommunikation
Transport
Vermittlung
Sicherung
Übertragung

Abbildung 28: Die sieben Schichten des ISO-Schichtenmodells (Quelle: Santifaller, S. 10)

Die Auffassung, daß eine verbindliche Standardisierung von „technologischen Plattformen" notwendig sei, führte BLANKART und KNIEPS (1992a und 1992b) zu ihrem Konzept der „offenen Regulierung". Dieses Konzept läßt sich am leichtesten durch das OSI-Schichtenmodell der ISO illustrieren (Abbildung 28). In diesem Modell werden verschiedene aufeinander aufbauende technologische oder funktionale Schichten im Hinblick auf die Übertragung von Daten defi-

---

[130] So macht ein großer installierter Bestand an DOS/Windows Betriebssystemen für die Entwickler von Anwendungsprogrammen eine Reihe von Softwareprodukten überhaupt erst lohnenswert. Da die Herstellung von Software mit sehr hohen Aufwendungen in der Entwicklung und sehr niedrigen Grenzkosten der Produktion verbunden ist, benötigen die Softwarehersteller also große Absatzmengen. (UNITED STATES COURT OF APPEALS DISTRIC OF COLUMBIA, S. 5) Die Existenz vieler gleich kleiner Betriebssytemnetzwerke führt dann dazu, daß diese Mengen gar nicht erreicht werden können, so daß die Herstellung dieser Software unterbleibt.

niert. BLANKART und KNIEPS schlagen nun vor, daß die unteren Schichten, d.h., Schichten, die z.B. die Vermittlung, Sicherung oder Übertragung von Daten betreffen, durch einen hierarchischen Standardsetzer festgelegt werden sollten, während die Standardisierung der oberen Schichten, wie z.b. Anwendungs- und Darstellungsschichten, dem Wettbewerb vorbehalten bleiben sollten.

BLANKART und KNIEPS (1993) ermitteln eine optimale Trennschicht zwischen einem hierarchischen Standardsetzer und dem Wettbewerb, indem sie eine Nachfragefunktion nach Standardisierung und eine Grenzkostenfunktion der Standardisierung definieren. Somit sollen Hierarchiestandards bis zu der Schicht gesetzt werden, bei der sich die Kurve der Nachfrage nach Standards und die Kurve der Grenzkosten der Standards schneiden. Ab dieser Schicht soll dann der Wettbewerb den Standard setzen. In der Abbildung 29 wären die Standards der ersten drei Schichten durch eine Hierarchie zu setzen, ab der vierten Schicht sollen die Standards dann durch den Wettbewerb gesetzt werden.

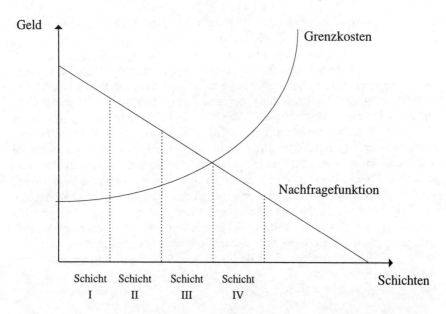

Abbildung 29: Hierarchische und wettbewerbliche Standardisierung im Konzept der offenen Regulierung (Quelle: BLANKART und KNIEPS, 1993b)

Über die Umsetzbarkeit dieses Konzeptes der „offenen Regulierung" läßt sich sicherlich streiten. Die Realisation der „offenen Regulierung" wird durch zwei Probleme eingeschränkt. Zum einen existiert - nach dem Kenntnisstand des Verfassers - bisher noch kein Verfahren zur Berechnung der Grenzkosten einer Standardisierung, die sich aus einer zunehmenden Komplexität des Standards ergeben. Zum anderen bewegt sich dieses Konzept in einer statischen Welt, so daß z.B. die Wirkungen einer verbindlichen Standardisierung in den unteren Schichten auf die Innovationstätigkeit unberücksichtigt bleiben.

Dem Problem der statischen Dimension ihres Konzeptes begegnen BLANKART und KNIEPS damit, daß der Wettbewerb bekanntermaßen als „Suchmechanismus" dient und somit eine Verbindlichkeit von Standards diesen Suchmechanismus in Teilen einschränkt oder behindert, doch könne davon ausgegangen werden, daß in einer dynamischen Welt die Trennschicht zwischen Verbindlichkeit und Freiwilligkeit weiter „links" als in einer statischen Welt liege. (BLANKART und KNIEPS 1992c, S. 9)

Wie aus der Darstellung der Diskussion um eine verbindliche Standardisierung ersichtlich wurde, gibt es keine einfache Antwort auf dieses komplexe Problem. Sowohl die Argumentation für eine verbindliche Standardisierung als auch gegen diese sind angreifbar. Die Standpunkte unterscheiden sich letztlich weniger darin, Argumente und Gegenargumente zu akzeptieren, als durch eine unterschiedliche subjektive Bewertung der einzelnen Effekte einer verbindlichen Standardisierung insbesondere auf die technologische Entwicklung. Somit ist offensichtlich keine pauschale Lösung möglich, wohl aber eine Einzelfallentscheidung denkbar, bei der im Sinne BLANKARTS und KNIEPS eine hierarchische Standardisierung oder Verbindlicherklärung von Komiteestandards für verschiedene Ebenen der zur Standardisierung anstehenden Technologie erwogen wird. Auch wenn der konkreten Umsetzung oder Berechnung ihres Konzeptes einige grundsätzliche Probleme entgegenstehen, so kann dem prinzipiellen Verlauf der Kurven kaum widersprochen werden. Der Wunsch nach Vielfalt wird tatsächlich größer werden, je höher die betrachtete Schicht liegt und vice versa, so daß das Konzept einer verbindlichen Standardisierung nicht per se verworfen werden sollte.

5.2 Standardisierung und Wettbewerbsrecht

Standards können den Wettbewerb in erheblichem Maße behindern und ihn gleichzeitig in gleichem Maße auch fördern, unabhängig davon, ob der Standard durch den Wettbewerb, ein Komitee oder eine Hierarchie gesetzt wird. Dort wo ein Standard einen positiven Effekt auf den Wettbewerb hat, wird der Standard und damit auch der Standardisierungsprozeß als unproblematisch angesehen.

Das Ergebnis einer Wettbewerbsstandardisierung kann je nach Intensität der Netzwerkeffekte zu einer gegebenenfalls vollständigen Dominanz einer Technologie, also zu einem technologischen Monopol, führen[131]. Dadurch rücken Strategien von Unternehmen, die sie im Rahmen der Wettbewerbsstandardisierung wählen, in den Blickpunkt der Monopolaufsicht. Aber auch Standardisierungskomitees oder Rationalisierungs- bzw. Normenkartelle, wie sie im deutschen Gesetz gegen Wettbewerbsbeschränkungen genannt werden, werden in zunehmendem Maße stärker auf ihre wettbewerbsbeschränkenden Wirkungen hin untersucht. Beide Aspekte sollen im folgenden näher diskutiert werden.[132]

5.2.1   Strategisches Verhalten bei Wettbewerbsstandardisierung

In Industrien, in denen Netzwerkeffekte wichtig sind, besteht, wie oben gezeigt, die Tendenz zu einer Reduktion auf nur eine Technologie. Hat der Eigentümer dieser Technologie den Zugang zu dieser für andere Unternehmen geöffnet, so steht wohl kein Eingreifen einer Monopolaufsicht zu befürchten. Hält der Eigentümer der Technologie den Zugang allerdings geschlossen, so daß er in diesem technischen Monopol als Monopolist agieren kann, so ist ein Eingreifen staatlicher Aufsichtsbehörden nicht auszuschließen. Ähnlich wie bei der Diskussion um die Verbindlichkeit von Standards stehen sich auch bei der Beurteilung der Wettbewerbswirkungen unternehmerischen Handelns zwei konträre Lager gegenüber. Während die einen sich ein Eingreifen des Staates in den Standardisierungsprozeß in bestimmten Situationen vorstellen können, lehnen die anderen dies kategorisch ab.

Bei der Beurteilung des Verhaltens von Unternehmen im Standardisierungsprozeß werden drei unterschiedliche Fragekomplexe angeschnitten:

---

[131] Vgl. Abschnitt 2.1.3.1 „Standards als natürliche Monopole".

[132] Weltweit existiert leider kein einheitliches oder standardisiertes Wettbewerbsrecht. In dieser Arbeit wird sowohl auf das amerikanische als auch auf das deutsche Wettbewerbsrecht Bezug genommen. Das amerikanische Wettbewerbsrecht ist insofern von Bedeutung, weil einige der bekanntesten und wichtigsten Auseinandersetzungen über wettbewerbsfeindliches Verhalten im Zusammenhang mit Standards und der Standardisierung in den Vereinigten Staaten stattgefunden haben. Eine der Besonderheiten des amerikanischen Rechts liegt z.B. in der „Section 2" des Sherman Acts von 1890, der „monopolization and conspiracies and attempts to monopolize" verbietet. Ausführlicher z.B. bei POSNER 1976, S. 23-35 und TURNER 1976.

1. Hat sich die dominierende Technologie aufgrund wettbewerbsfeindlichen[133] Verhaltens durchgesetzt?
2. Erhält die dominierende Technologie ihr Monopol durch wettbewerbsfeindliches Verhalten?
3. Kann und darf das technologische Monopol auf Märkte für Komplementärgüter ausgedehnt werden?

Hat sich die dominierende Technologie aufgrund wettbewerbsfeindlichen Verhaltens durchgesetzt?

Diese erste Fragestellung ist dabei vergleichsweise unbedeutend. Aus wettbewerbsrechtlicher Sicht ist zu fragen, ob das Unternehmen, dem die erfolgreiche Technologie gehört, im Rahmen des Standardisierungsprozesses gegen Gesetze verstoßen hat. Dies ist insbesondere in den Vereinigten Staaten eine problematische Angelegenheit, da dort eben auch schon Monopolisierungs*versuche* als Verstoß gegen den Sherman Act gewertet werden (können). Bei Industrien, die zu Gleichgewichten mit nur einer verbleibenden Technologie neigen, sind die Probleme für das erfolgreiche Unternehmen offensichtlich.[134]

Natürlich versuchen alle Unternehmen, ihre jeweiligen Technologien zu fördern und zu unterstützen, damit sie sich als Wettbewerbsstandard durchsetzen. Der Erfolg kann von der besseren Technologie, einer besseren Preisstrategie, einer besseren Marketingstrategie oder einfach von Zufällen abhängen. Hat sich z.B. tatsächlich die bessere Technologie durchgesetzt, so wäre es kontraproduktiv, den erfolgreichen Innovator dafür zu bestrafen, daß er eine überlegene Technologie entwickelt und im Wettbewerb gegen andere durchgesetzt hat.

Aus diesem Grund finden wettbewerbsrechtliche Untersuchungen von Wettbewerbsstandardisierungen, in denen mehrere Technologien zum gleichen Zeitpunkt auf den Markt kommen, kaum statt.[135]

---

[133] Die Positivdefinition eines wettbewerbsfeindlichen Verhaltens ist kaum möglich; als generell nicht wettbewerbsfeindlich werden hingegen die folgenden Verhaltensweisen von Unternehmen bewertet: eine höhere Ausbringungsmenge, Innovationen, verbesserte Produktqualität, Marktdurchdringung, erfolgreiche Forschung und Entwicklung, kostenreduzierende Innovationen u.a. (US DEPARTMENT OF JUSTICE ANTITRUST DIVISION, 1995).

[134] Ähnlich äußert sich auch ARROW: „But notice that most of the steps in the dynamic process leading to monopoly or imperfect competition are steps in which the growth of the monopoly arises by offering a cheaper or superior product. [...], the process is entirely natural in the market." (ARROW, 1995)

[135] Es wird auch immer wieder betont, daß die „Antitrust Division" nicht der Meinung sei, daß die Monopolstellung Microsofts auf der Betriebssystemebene durch wettbewerbsfeindliches Verhalten entstanden sei. Vielmehr sei es ein für Microsoft glücklicher Um-

Erhält die dominierende Technologie ihr Monopol durch wettbewerbsfeindliches Verhalten?

Deutlich mehr Beachtung hat dagegen das Verhalten von Unternehmen gefunden, die sich in einer gesicherten Position befinden und im Besitz der Technologie eines Wettbewerbsstandards waren oder sind. Diese Unternehmen werden nun alles versuchen, um die Dominanz ihres Standards zu verteidigen. Ein solches Verhalten wird z.b. von der „Antitrust Division" des „US Department of Justice" mit kritischen Augen verfolgt. (SHAPIRO 1996, S. 15)

Zur Verteidigung ihrer Position stehen den etablierten Unternehmen eine Reihe von Strategien zur Verfügung, wie z.b. „räuberische Preissetzung"[136], Produktvorankündigungen[137], Verunsicherung der potentiellen Kunden im Hinblick auf Kompatibilitätseigenschaften des Konkurrenten zum existierenden Wettbewerbsstandard, die Betonung von Schwierigkeiten bei der Umstellung auf die neue Technologie, das Zurückhalten von technischen Informationen, die notwendig sind, um Kompatibilität herstellen zu können, ein häufiger Wechsel von Schnittstellen bis hin zur Androhung und Einreichung von Klagen wegen des Verstoßes gegen gewerbliche Schutzrechte[138]. (SHAPIRO 1996, S. 2f)

Ein Großteil dieser Strategien ist allerdings nicht per se wettbewerbsfeindlich. So können Produktvorankündigungen dazu dienen, die Anbieter von Komplementärprodukten über das eigene neue Produkt zu informieren, damit diese dann kompatible Komplementärgüter entwickeln und anbieten können. Sie können auch die Konsumenten darüber informieren, daß ein neues Produkt auf den Markt kommt, und sie somit davon abhalten, in eine veraltete Technologie zu investieren. (US DEPARTMENT OF JUSTICE ANTITRUST DIVISION, 1995) Ob beispielsweise eine Produktvorankündigung wettbewerbsfeindlich ist oder war, kann bestenfalls in einer Einzelfalluntersuchung ermittelt werden. (SHAPIRO 1996, S. 10)

In der Auseinandersetzung United States v. Microsoft entschied z.B. das zuständige Gericht, daß Microsoft eine Reihe von Praktiken nicht mehr anwenden

---

[136] stand gewesen, daß sich IBM für DOS entschied, als IBM in den PC-Markt einstieg. (US COURT OF APPEALS DISTRICT OF COLUMBIA, 1995)
[136] Dieser Begriff geht auf FISHER, MCGOWAN und GREENWOOD, in der Übersetzung durch CARL CHRISTIAN VON WEIZSÄCKER, 1985, S. 24 zurück.
[137] Siehe auch MONOPOLKOMMISSION, 1991, S. 341.
[138] „Companies that oppose standards often seek to protect their bottom line with phalanxes of lawyers. In my judgment, they sometimes find it cheaper to litigate than to improve their products." DAVIS III, 1993, S. 20.

dürfe, da diese den Marktzutritt und Markterfolg konkurrierender Betriebssystemanbieter unfair behindern würden. Hierzu zählen:

- die langfristige Bindung von OEM-Produzenten an Microsoft Software,
- die Lizenzabkommen auf der Basis der verkauften Prozessoren („Per Processor License"),
- die Festlegung von Mindestmengen („Minimum Commitments") oder auch
- die Vergabe von Testversionen an ausgewählte Entwickler von Anwendungsprogrammen („non-disclosure agreement"). (UNITED STATES COURT OF APPEALS DISTRICT OF COLUMBIA, 1995a.)

Microsoft wird vorgeworfen, daß all diese Maßnahmen nur ergriffen wurden, um den Vertragspartnern das Wechseln von einem Betriebssystem zu einem anderen zu erschweren, und somit einen Versuch darstellen, konkurrierenden Betriebssystemen den Marktzutritt unmöglich zu machen.

Kann und darf das technologische Monopol auf Märkte für Komplementärgüter ausgedehnt werden?

Besonders problematisch ist die wettbewerbsrechtliche Bewertung des Verhaltens von Unternehmen im Standardisierungsprozeß, wenn diese versuchen, auf der Grundlage einer geschützten und dominierenden Technologie nachgelagerte Märkte für Komplementärgüter ebenfalls zu dominieren.

Bisher hat sich noch keine herrschende Meinung bezüglich der Beurteilung dieser Übertragung eines Monopols auf Komplementärgütermärkte herausgebildet. So wird z.B. durch BAXTER die Meinung vertreten, daß auch Monopolgewinne, die durch eine Übertragung auf einem Komplementärgütermarkt entstehen, zu den Gewinnen gehören, die dem Monopolisten aufgrund seiner technologischen Innovation zustehen und die benötigt werden, um ihm entsprechende Anreize für sein innovatives Verhalten zu geben. (FTC 1995c, S. 20)

Es wird aber auch die gegenteilige Position vertreten, wie sie hier zusammengefaßt wird:

„In their view, although it might be argued that monopoly profits earned in a primary market reward the dominant firm for its innovation and legitimate business success, there is no basis for allowing it to reap monopoly profits in complementary markets as well."

(FTC, 1996)

Je nachdem, welcher dieser Auffassungen man zustimmt, folgen natürlich unterschiedliche Einschätzungen des Verhaltens von Unternehmen und damit verbundene Vorstellungen über regulierende Eingriffe des Staates.

Hält man das Abschöpfen von Monopolgewinnen auch in Komplementärgüter-märkten für legitim, so besteht wenig Anlaß für regulierende Maßnahmen. Steht man hingegen auf dem Standpunkt, daß die Monopolgewinne auf dem Primär-gütermarkt ausreichen (müssen), um Anreize für Innovationen zu geben, so ist z.b. der Versuch, auch auf Komplementärmärkten eine dominante Position an-zustreben, sehr kritisch zu betrachten.[139]

Das momentan wohl am meisten diskutierte Beispiel ist die Verbindung des Betriebssystems von Microsoft DOS/Windows und seit 1995 auch WIN95 mit komplementären Anwendungsprogrammen, wie sie z.b. im Office-Paket ge-bündelt sind. Microsoft hat sich im Betriebssystemmarkt für Personal Computer eine dominante Position erarbeitet und versucht, diese bisher recht erfolgreich auf Anwendungsprogramme zu übertragen, indem der grundsätzliche Zugang zwar gewährleistet ist, Veränderungen der Schnittstellen aber nur ausgewählten Anwendungsprogrammherstellern in Form von Testversionen zur Verfügung gestellt wurden („independent software vendors"). (US COURT OF APPEALS DISTRICT OF COLUMBIA, 1995b)[140]

5.2.2   Standardisierungskomitees und Wettbewerbsrecht

Aber auch die Organisation der Standardisierung im Rahmen von Komitees hat wettbewerbsrechtliche Implikationen. So nehmen an diesen Standardisierungs-komitees fast ausschließlich Unternehmen teil, die sich über die technischen Aspekte eines Produkts oder Verfahrens einigen wollen und sollen. Zwar betei-ligen sich an dieser Form des Standardisierungsprozesses auch andere Gruppen, doch fehlt diesen Gruppen meist das technische Wissen, um das Verhalten der Unternehmensvertreter kontrollieren zu können. Der Verdacht liegt also nahe, daß zum einen nicht ausschließlich über technische Eigenschaften der Produkte verhandelt wird, sondern gegebenenfalls auch über Preise oder Mengen, und zum anderen die technischen Spezifikationen derart gewählt werden, daß sie Unternehmen, die nicht am Standardisierungskomitee teilnehmen, benachteili-gen.

---

[139] Dies war wohl auch das Motiv für die ablehnende Haltung der „Antitrust Division" ge-genüber dem beabsichtigten Kauf der Intuit Inc. durch Microsoft. Intuit ist der Anbieter des sehr erfolgreichen „Quicken" Programms. Durch diese vertikale Integration wollte Microsoft seine Dominanz im Anwendungsprogrammarkt weiter ausbauen. (Vgl. REBACK, CREIGHTON, KILLAM und NATHANSON, 1995)

[140] Dieses Verfahren wurde Microsoft Anfang 1995 durch den UNITED STATES COURT OF APPEALS DISTRICT OF COLUMBIA verboten. (s. oben)

In der Bundesrepublik Deutschland wird der Bereich der Kartelle durch das Gesetz gegen Wettbewerbsbeschränkungen (GWB) geregelt und durch das Bundeskartellamt beaufsichtigt und überwacht. Durch § 1 GWB werden „Beschlüsse von Vereinigungen von Unternehmen [..] unwirksam, soweit sie geeignet sind, die Erzeugung oder die Marktverhältnisse für den Verkehr mit Waren oder gewerblichen Leistungen durch Beschränkungen des Wettbewerbs zu beeinflussen". Im § 5 GWB werden Normen- und Typenkartelle sowie Rationalisierungskartelle explizit vom Kartellverbot des § 1 GWB ausgenommen; sie bedürfen allerdings der Anmeldung bei der Kartellbehörde, wobei dieser eine Stellungnahme eines Rationalisierungsverbandes beizufügen ist. Als Rationalisierungsverband gelten nach § 5 GWB Organisationen und „Verbände, zu deren satzungsgemäßen Aufgabe es gehört, Normungs- und Typungsvorhaben durchzuführen oder zu prüfen und dabei die Lieferanten und Abnehmer, die durch die Vorhaben betroffen werden, in angemessener Weise zu beteiligen." Aus dieser Formulierung ist zu schließen, daß nicht mit der Möglichkeit gerechnet wird, daß Unternehmen den Standardisierungsprozeß auch im Rahmen eines Rationalisierungsverbandes zu wettbewerbsbehindernden Aktionen nutzen können oder daß der Rationalisierungsverband selber wettbewerbsbehindernd tätig wird[141].

Nach KIECKER (1994, S. 223f.) erstrecken sich Normen- und Typenkartelle z.B. auf Festlegungen bezüglich der

- Leistung eines Aggregates,
- Festigkeitswerte eines Teils,
- Qualität des Vormaterials,
- Haltbarkeit,
- Sicherheitsstandards oder
- Farbe.

Ausgenommen werden danach Gütezeichen, auch wenn diese auf einer Qualitätsnorm basieren, Rechtsnormen (womit nicht Gesetze gemeint sind, sondern genormte Verträge, wie z.B. die jeweiligen Allgemeinen Geschäftsbedingungen), Dienstleistungsnormen und Verständigungsnormen, die „Begriffe, Bezeichnungen und Zeichen" (KIECKER, 1994, S. 224) festlegen.[142] In der Termi-

---

[141] Diese Einschätzung von Rationalisierungsverbänden im allgemeinen und dem Deutschen Institut für Normung ist insofern verwunderlich, als daß das DIN einen jährlichen Umsatz von ca. 160 Mio DEM hat und über „Veröffentlichungen und sonstige Erlöse" 105 Mio DEM einnimmt (DIN 1996, S. 42). Jede andere standardsetzende Organisation stellt somit für das DIN einen potentiellen Konkurrenten dar.

[142] Die von KIECKER an dieser Stelle verwendete Terminologie deutet darauf hin, daß die Klassifikation von Standards, wie sie vom DIN vertreten wird, auch bei der Auslegung

nologie der vorliegenden Arbeit ist der § 5 GWB anzuwenden auf Normungs-
und Typisierungsverfahren, die die Realisation produktionsseitiger Skalenerträge sowie die Reduktion von Transaktionskosten im Hinblick auf die Suchkosten
der Konsumenten zum Ziel haben.

Nicht unter die Freistellung des § 5 GWB fallen danach Normungs- und Typisierungsverfahren, die die Realisation produktionsseitiger Skalenerträge auf der
Grundlage von Kompatibilitätsstandards, die Senkung von Transaktionskosten
über Qualitätsstandards und die Reduktion externer Effekte über Umweltstandards zum Ziel haben.

Im folgenden sollen einige Möglichkeiten aufgezeigt werden, wie Unternehmen
bzw. Standardisierungskomitees den Wettbewerb zu ihren Gunsten beeinflussen
können. Wie gezeigt werden wird, können auch die durch § 5 GWB erlaubten
Normungs- und Typisierungsvorhaben durchaus als Instrument zur Behinderung des Wettbewerbs bzw. der Konkurrenten mißbraucht werden.

Qualitätsstandards als Marktzutrittsschranke
Ist das Einhalten des Qualitätsstandards notwendige Voraussetzung für den
Marktzutritt, sei es über eine rechtliche oder eine faktische Verbindlichkeit, und
wird dieser Qualitätsstandard durch Unternehmen gesetzt, die diesen Standard
schon erfüllen, so besteht die Tendenz, daß die Anforderungen eines von diesen
Unternehmen formulierten Qualitätsstandards über den gesellschaftlichen wünschenswerten Anforderungen liegen (LELAND 1979).

Umweltstandards
Hier ist entscheidend, ob die Unternehmen, die am Standardisierungsprozeß
teilnehmen, Schädiger oder Geschädigter sind. Sind sie Schädiger, so gibt es für
sie keinen Grund, einen alle externen Kosten internalisierenden Umweltstan-
dard zu wählen, vielmehr werden sie einen Standard bevorzugen, bei dem sie
ein Maximum an Kosten auf andere abwälzen können. Sind die Teilnehmer am
Standardisierungsprozeß die Geschädigten, so werden sie tendenziell den Um-
weltstandard zu hoch ansetzen und damit eine, vom gesellschaftlichen Standpunkt aus gesehen, zu geringe Menge der schädigenden Tätigkeit festschreiben.

Durch Standards die Kosten der Konkurrenten erhöhen
Damit die Festlegung von technischen Standards durch Standardisierungskomitees keine Wettbewerbswirkungen haben kann, müssen sehr restriktive Be-

---

des § 5 GWB eine Rolle spielt. Zur kritischen Diskussion der Klassifikation des DIN vgl.
den Abschnitt 1.3.3.1 „Kriterien und Klassifikation nach DIN".

dingungen herrschen. Eine dieser Bedingungen sind homogene Kostenstrukturen der Produzenten. Nur dann bleiben die jeweiligen Grenz- und Durchschnittskosten durch den Standardisierungsprozeß unverändert. Sind die Kostenstrukturen hingegen heterogen, so kann die Teilnahme am Standardisierungsprozeß und die Beeinflussung desselben dazu genutzt werden, die Kosten der Konkurrenten relativ stärker anzuheben als die eigenen (SALOP und SCHEFFMAN, 1983, S. 267).

Darüber hinaus können durch die im Rahmen des Komitees erzielte Kompatibilität der Produkte die Grenzkostenkurven derart verschoben werden, daß darüber geringere Mengen produziert und zu höheren Preisen verkauft werden. Es existieren Konstellationen, in denen die gewinnsteigernden Effekte größer sind als die durch die Kostensteigerungen wirksam werdenden gewinnsenkenden Effekte. Somit kann das Erlangen von Kompatibilität im Rahmen eines Komitees eine implizite Kartellbildung zur Mengenreduktion zu Lasten der Konsumenten verwendet werden (KATZ und SHAPIRO, 1985b, S. 432ff).

Konkurrenten von Informationen abschneiden
Für viele Unternehmen ist neben der Beeinflussung des Standardisierungsprozesses die Beschaffung von Informationen ein Argument für ihre Teilnahme. Die Informationen werden um so wichtiger, je größer die Standardisierungsmacht des Standardisierungskomitees ist, d.h., je größer der Einfluß des Komiteestandards auf den Rest der Branche oder Industrie ist. Schließen sich also einige wenige, aber wichtige Unternehmen zusammen, so daß allgemein erwartet werden kann, daß der Komiteestandard, auf den sie sich einigen werden, einen Fokussierungseffekt erzeugen wird, so können diese Unternehmen ihre Konkurrenten deutlich dadurch schwächen, daß sie keinen Zutritt zum Komitee zulassen.

Für SCHMALENSEE z.B. ist dieses Verhalten per se nicht wettbewerbsfeindlich. Vielmehr könne der Ausschluß von Konkurrenten von dem Standardisierungskomitee dazu führen, daß es zu einem Wettbewerb außerhalb des Komitees komme. Das oder die ausgeschlossenen Unternehmen würden also eigene Technologien entwickeln, um mit dem entstehenden Komiteestandard zu konkurrieren. (SCHMALENSEE, 1995, S. 4) Diese Möglichkeit eines wettbewerbsfördernden Ausschlusses von Unternehmen aus einem Standardisierungskomitee kann zwar nicht ausgeschlossen werden, doch ist es verwunderlich, daß sich die Unternehmen, die sich schon im Standardisierungskomitee zusammengeschlossen haben, diesen Wettbewerb durch den Ausschluß überhaupt erst schaffen sollten. Eher stünde zu erwarten, daß sie den Zutritt zulassen, um den Wettbewerb zu verhindern. Sie werden dies nur dann nicht tun, wenn sie überzeugt sind, daß sich ihr eigener Komiteestandard durchsetzt, selbst wenn die ausgeschlossenen Unternehmen eine eigene Konkurrenztechnologie entwickeln sollten. Beruht der Ausschluß auf einer korrekten Einschätzung der Gegebenheiten, so ist nicht mit einer Konkurrenztechnologie zu rechnen, und der Ausschluß dient damit ausschließlich der Beschränkung des Wettbewerbs im Markt des Komiteestandards. Die Unternehmen werden den Zutritt aber nur dann zulassen, wenn sie die Konkurrenz bzw. eine Konkurrenztechnologie fürchten und somit ein Wettbewerb von Technologien tatsächlich zu erwarten wäre. Da die Unternehmen aber keinen Zutritt zulassen, kann eben daraus geschlossen werden, daß der Ausschluß wettbewerbsbehindernd ist.

Verwendung geschützten Wissens in Standards

Der Problematik der Integration geschützten Wissens in Standards begegnen Standardisierungsorganisationen damit, daß sie von den am Standardisierungsprozeß beteiligten Unternehmen und Individuen eine Offenlegung der Patente und Urheberrechte verlangen, die den Gegenstand des Standardisierungsprozesses betreffen. Sollen geschützte Technologien oder geschütztes Wissen Eingang in einen Komiteestandard finden, so ist dafür in vielen Fällen eine Voraberklärung des Schutzrechtsinhabers über die Bereitschaft, Lizenzen zu akzeptablen Bedingungen („reasonable terms") zu vergeben, Voraussetzung. Problematisch an diesem Verfahren ist natürlich, daß nicht gewährleistet ist, daß die Unternehmen ihre Schutzrechte vor dem Standardisierungsverfahren tatsächlich offenlegen. Sie können z.B. warten, bis der Komiteestandard beschlossen ist und schon eine breite Anwendung in der Wirtschaft gefunden hat. In diesem Fall haben die Konkurrenten üblicherweise schon erhebliche Investitionen in diesen Standard getätigt. Offenbart nun das Unternehmen, daß Teile dieses Standards geschütztes Wissen darstellen, so kann es die weitere Verwendung des Standards an die Zahlung von Lizenzgebühren knüpfen und sich darüber die Investitionen der Konkurrenten bzw. die damit verbundenen ökonomischen Renten aneignen.[143]

Auch das Konsensprinzip, auf dem viele standardsetzende Institutionen beruhen, kann als Mechanismus zur Verhinderung einer nicht akzeptablen Inkorporation geschützten Wissens in Komiteestandards interpretiert werden. Danach kann ein Unternehmen, das sich am Standardisierungsprozeß beteiligt, die Annahme eines Komiteestandards so lange verhindern, bis entweder der Schutz-

---

[143] Ein entsprechendes Verhalten der Dell Computer Corporation veranlaßte die Federal Trade Commission zum Eingriff. Ein Vertreter Dells hatte in einem Standardisierungskomitee (Video Electronic Standards Association VESA) über den VL-Bus angegeben, Dell verfüge über keine relevanten Patente. Später machte Dell dann doch Patente geltend und forderte von den Unternehmen Lizenzgebühren (s. SHAPIRO, 1996, S. 14).

rechtsinhaber Lizenzen zu akzeptablen Bedingungen vergibt oder aber ein Komiteestandard ohne Verwendung dieses Wissens entwickelt wird. Somit kann das Konsensprinzip dazu beitragen, daß die Diffusion von Wissen kostengünstiger und breiter erfolgt, als bei einer „freien" Lizensierung durch das Monopolunternehmen. Doch hat diese Prozedur, über einen Konsens eine Entscheidung zu finden, einen entscheidenden Nachteil, sie kostet Zeit. In Branchen, in denen die Produktlebenszyklen nicht einmal mehr vier oder fünf Jahre betragen, ist ein Standardisierungsprozeß, der mindestens genauso lange dauert, sinnlos. Der Komiteestandard ist fertig, wenn er nicht mehr gebraucht wird. Dies ist einer der Gründe für die Implementierung eines neuen Standardisierungsverfahrens, die sogenannte *Entwicklungsbegleitende Normung*, die schon während der Produktentwicklungsphase einsetzt. Hierüber soll der Standardisierungsprozeß beschleunigt werden, eine Änderung der Abstimmungsprozeduren ist aber zumindest in Deutschland nicht angedacht (vgl. EICHENER und VOELZKOW, 1993, S. 764-768).

5.3 Gewerbliche Schutzrechte und Standards

> „If you find the conflicting court decisions and inconsistent legal rules confusing, take heart - you're not alone. The courts and lawyers are confused as well"
>
> G. GERVAISE DAVIS III, 1993, S. 19.

In den folgenden Abschnitten wird der Stand der Diskussion über die rechtliche Ausgestaltung der Standardisierung dargestellt. Vorab wird darauf hingewiesen, daß sich bisher auch hier noch keine herrschende Meinung - weder im rechtlichen noch im ökonomischen Bereich - herausgebildet hat.

Ausschlaggebend für die Konfusion sind zwei jeweils ambivalente Parameter der technologischen Entwicklung, zum einen die Gewährung von gewerblichen Schutzrechten selber. Diese Schutzrechte haben ambivalente Wirkungen, da sie ein Monopol gewähren, das nur geduldet wird, weil es einen Anreiz für die Produktion neuen Wissens darstellt. Da aber der Wert der meisten neugewonnenen Erkenntnisse oder Technologien insbesondere durch eine große Verbreitung entsteht, muß und wird hier ein Ausgleich zwischen der Produktion und der Verbreitung neuen Wissens geschaffen. Dieser Ausgleich wird durch entsprechende Regelungen in Gesetzen erreicht, wie sie im zweiten Abschnitt kurz vorgestellt werden.

Ein zweiter ambivalenter Parameter sind die Standards, die sowohl wettbewerbsfördernd als auch wettbewerbsbehindernd wirken können. Während bei einer Veränderung der Schutzrechte die Wirkungsrichtung eindeutig zu sein scheint - eine Ausdehnung des Schutzes führt zu mehr Innovationen -, ist eine solche Aussage für Standards nicht möglich. Im dritten Abschnitt wird allerdings dahingehend argumentiert, daß der Einfluß von Standards auf die Innovationstätigkeit und die Effizienz größer wird. Hierfür ist nicht zuletzt die zunehmende Bedeutung der Information als Produktionsfaktor und die damit einhergehende Bedeutung der Informationsverarbeitung von ausschlaggebender Bedeutung.

Davon berührt sind ebenfalls Aspekte wie das Verschmelzen von Idee und Ausdruck, einem Konzept, das für das Urheberrecht von großer Bedeutung ist, als auch die zunehmende wirtschaftliche Bedeutung von Schnittstellen und die Entstehung von Industrien mit einem erheblichen Potential an Netzwerkeffekten. Diese Tendenzen führen dazu, daß es zu den im Eingangszitat beschriebenen Unsicherheiten über eine adäquate Rechtsetzung und Rechtsprechung kommt.

Um diesen Herausforderungen, vor denen die herkömmliche Betrachtung und Bewertung des Schutzes geistigen Eigentums steht, zu begegnen, werden abschließend zwei mögliche Reformen vorgestellt bzw. entwickelt. Zum einen eine Änderung der Lizenzpolitik und zum anderen eine Veränderung der Grundlage zur Bestimmung der maximalen Schutzrechtslaufzeit.

5.3.1   Der Dualismus zwischen der Produktion und der Verbreitung von Innovationen und Standards

„It is good that authors should be remunerated; and the least exceptional way of remunerating them is by a monopoly. Yet monopoly is evil. For the sake of good we must submit the evil; but evil ought not last a day longer than is necessary for the purpose of securing the good."

MACCAULAY[144], 1866

Wie dies einleitende Zitat deutlich macht, existiert ein Dualismus zwischen der Produktion und der Verbreitung von Wissen im allgemeinen und technischen

---

[144]   British House of Commons, 1866, gefunden bei ROBERT H. KOHN (FTC 1995a).

Inventionen oder Standards im besonderen.[145] Traditionelle Ansätze über die Gestaltung von Eigentumsrechten im Hinblick auf Innovationen, Information und Wissen, also im Hinblick auf geistiges Eigentum, stellen insbesondere darauf ab, Anreize für die Erzeugung neuer Informationen und neuen Wissens zu geben. Innovationen als technische Manifestion neuen Wissens werden dabei nur dann in hinreichendem Maße produziert, wenn die bei der Entwicklung und Produktion entstehenden Kosten von den Innovatoren wieder erwirtschaftet werden können. Dies läßt sich z.B. dadurch erreichen, daß dem Innovator ein Monopol gewährt wird, das er für einen bestimmten, festgelegten Zeitraum ausbeuten kann.

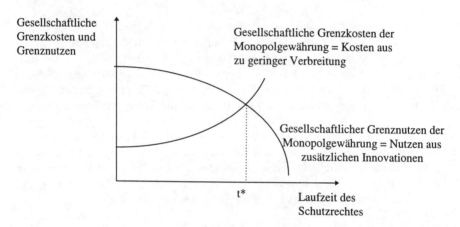

Abbildung 30: Optimale Laufzeit t* des Schutzrechtes geistigen Eigentums
(Quelle: COOTER und ULEN 1986, S. 137)

Sind die Bedingungen für eine hinreichend innovative Gesellschaft erfüllt, so stehen diese künstlich geschaffenen Marktzutrittsbarrieren dem allgemeinen Wunsch nach Verbreitung dieses neuen Wissens entgegen. Insofern wird versucht, durch eine zeitlich begrenzte Vergabe der Monopolrechte einen Kompromiß zwischen der Produktion und der Verbreitung neuen Wissens zu finden.

---

[145] Auch wenn die historischen Ursprünge für Patent- und Urheberrecht ihr Ziel nicht in einer Verbreitung von Wissen und der Entwicklung neuen Wissens, sondern in der Akquisition 'ausländischen' Wissens hatten (vgl. DAVID, 1993 oder KAUFER, 1989 S. 6), so können die Wirkungen auf die Produktion und die Diffusion neuen Wissens nicht bestritten werden (s. auch WEISS und SPRING, 1992, S. 3).

In der einfachsten Variante läßt sich die optimale Laufzeit des Schutzrechts t* im Rahmen einer Marginalanalyse bestimmen. Dabei werden dem gesellschaftlichen Grenznutzen des Schutzrechtes die damit verbundenen gesellschaftlichen Grenzkosten gegenübergestellt (s. Abbildung 30).

Die gesellschaftlichen Grenzkosten entstehen dadurch, daß der erfolgreiche Innovator das ihm durch das Schutzrecht gewährte Monopol ausnutzen und somit die Produktionsmenge klein halten wird. Da der gesellschaftliche Wert dieser Innovation aber gerade auch in seiner Anwendung liegt, diese aber wegen des Monopols nur teilweise erfolgt, entgehen der Gesellschaft mögliche Wohlfahrtssteigerungen. Erst nach Ablauf der Schutzfrist kann das (ehemals) neue Wissen uneingeschränkt genutzt werden.

Der gesellschaftliche Grenznutzen ergibt sich aus einer regeren Innovationstätigkeit, wenn dem erfolgreichen Innovator die Ausbeutung seiner Innovation garantiert wird. Je umfangreicher die gewährten Schutzrechte sind, um so größer ist der Anreiz, neues Wissen zu produzieren, und um so mehr Wissen wird letztlich auch erzeugt. Auf diesen Überlegungen zur optimalen Laufzeit bauen die heutigen Gesetze zum Schutz geistigen Eigentums auf.

In den folgenden Abschnitten wird gezeigt werden, daß dieses traditionelle Verfahren zur Bestimmung der Laufzeit eines Schutzrechtes oder zur Bestimmung der Ausdehnung dieses Schutzrechtes nicht in der Lage ist, die besonderen Erfordernisse von Kompatibilitätsstandards zu berücksichtigen, so daß ohne eine Veränderung oder Anpassung dieser Schutzrechte an die Belange von Kompatibilitätsstandards negative Effekte auf die Produktion und Diffusion dieser Standards erwartet werden müssen.

5.3.2 Überblick über die rechtlichen Grundlagen

„Most troublesome is the protection of the input command words (such as Move, Copy, Print) and the court's rejection of the defendant's argument that these familiar components of a screen display should be considered as unprotectable, de facto standard."
STANLEY M. BESEN und LEO J. RASKIND 1991, S. 18

Manche Standards können eigentumsrechtlich geschützt werden, für andere Standards existiert wiederum keinerlei Möglichkeit, Konkurrenten von der Verwendung des Standards auszuschließen. Nach GABEL (GABEL, 1993, S. 12) soll ein Standard dann geschützt werden, wenn seine Entwicklung mit Investitionen verbunden ist. Dies ist bei technischen Standards unbestrittenerweise der Fall. Auf den Schutz solle verzichtet werden, wenn der Standard lediglich eine Vereinbarung darstelle, wie z.B. bei der Standardisierung von Abmessungen.

Zum Schutz dieser Investitionen und dem sich hieraus entwickelnden Wissen kann eine Reihe von Gesetzen herangezogen werden. Doch nicht jedes Gesetz kann als Rechtsgrundlage für den Schutz eines jeden Standards dienen. Im folgenden werden die für diese Untersuchung wichtigsten gesetzlichen Grundlagen - wie das Patentrecht, das Gebrauchsmusterrecht oder das Urheberrecht - für den Schutz geistigen Eigentums sowie die gesetzlichen Schutzmöglichkeiten von Geschäftsgeheimnissen kurz charakterisiert.

Patentrecht
Auf das Patentrecht kann rekurriert werden, wenn aus dem neuen Wissen eine Erfindung resultiert. Eine Erfindung muß gem. § 1 Abs. 1 des deutschen Patentgesetzes (PatG) die folgenden Eigenschaften aufweisen, um Patentfähigkeit zu erlangen:
- Die Erfindung muß neu sein.[146]
- Die Erfindung muß auf einer erfinderischen Tätigkeit beruhen.
- Die Erfindung muß gewerblich anwendbar sein.

Der hier offensichtlich zentrale Begriff der *Erfindung* ist allerdings im Gesetz nicht näher spezifiziert. Der Bundesgerichtshof hat die patentrechtlichen Anforderungen an eine Erfindung wie folgt definiert: Eine Erfindung ist danach eine "Lehre zum planmäßigen Handeln unter Einsatz beherrschbarer Naturkräfte - außerhalb der menschlichen Verstandestätigkeit - zur unmittelbaren Herbeiführung eines kausal übersehbaren Erfolges"[147].

Der Rekurs auf Naturkräfte beschränkt die Anwendbarkeit des Patentrechtes somit unmittelbar auf technische Innovationen.

Die Vergabe eines Patentes wird in verschiedenen Staaten unterschiedlich gehandhabt. Während bei einigen der Zeitpunkt der Erfindung den Ausschlag gibt, wird in anderen Staaten der Zeitpunkt des Patentantrages zugrunde gelegt (KAUFER, S. 11). Den unterschiedlichen Ausgestaltungen des Patentrechtes ist aber gemein, daß dieses Recht für einen begrenzten Zeitraum vergeben wird. In einigen Staaten wird das Patent nur gegen eine i.d.R. ansteigende Gebühr erneuert, um für den Erfinder wertlose Erfindungen aus dem Patentpool zu entfer-

---

[146] Eine Erfindung ist dann neu, wenn sie nicht dem „Stand der Technik" entspricht.
[147] BGH vom 27.3.1969, X ZB 15/76.

nen (KAUFER, S. 13) bzw. die steigenden Kosten einer zu geringen Diffusion zu internalisieren (KOHN, S. 21).

Gebrauchsmuster

Das Gebrauchsmusterrecht stellt wie das Patentrecht auf technische Innovationen ab und wird häufig auch als das „kleine Patent" oder „petty patent" bezeichnet (KAUFER, S. 12). Über das Gebrauchsmuster ist wesentlich schneller ein Schutz zu erlangen, der allerdings eine Höchstdauer von zehn Jahren (drei Jahre Laufzeit mit maximal dreimaliger Verlängerungsmöglichkeit um einmal weitere drei und danach zweimal zwei Jahre (§ 23 Gebrauchsmustergesetz)) hat. Der wesentliche Unterschied zum Patentrecht liegt darin, daß die Eintragung des Gebrauchsmusters ohne weitere Prüfung und damit im Gegensatz zum Patentrecht vollzogen wird. Es wird damit zu einem deutlich schneller realisierbaren Schutz.

Urheberrecht

„Because of the uncritical and automatic nature of copyright protection, there is a substantial risk of overcompensation if copyright protection is extended to interface standards."

Robert H. KOHN, (FTC, 1995a, S. 21)

Das Urheberrecht konzentriert sich auf den Schutz des Ausdrucks schöpferischer Leistungen, den sogenannten *Werken*, die in Wort, Bild oder Ton vorliegen. So wird dem Schöpfer eines Werkes ein Schutzrecht für die Dauer von 70 Jahren nach dem Tode gewährt. Durch das „Zweite Gesetz zur Änderung des Urheberrechtsgesetzes" vom 9. Juni 1993 wurde die Forderung nach einem Schutz von Computerprogrammen, wie sie in der europäischen Richtlinie 91/250 erhoben wurde, auch in deutsches Recht umgesetzt. Seitdem können Computerprogramme über § 69 des Urheberrechtsgesetzes geschützt werden.

Das Urheberrecht versucht zwischen dem „Ausdruck" und der „Idee" zu unterscheiden. So ist grundsätzlich nur der Ausdruck einer Idee schützbar, nicht aber die Idee selber[148]. Dieses Vorgehen ist so lange unproblematisch, wie eine Idee durch mehr als eine Möglichkeit ausgedrückt werden kann. Dies ist sicherlich für eine Vielzahl von Schöpfungen - insbesondere in den Bereichen, die ursprünglich Ziel des Urheberrechtes waren wie die Literatur und Musik - der Fall.

---

[148] So kann zwar die literarische Idee einer Geschichte über einen alles Unmögliche ausschließenden Detektiv nicht geschützt werden, wohl aber der individuelle Ausdruck dieser Idee durch Sir Arthur Conan Doyle's *Sherlock Holmes*.

Im Urheberrecht kann weiterhin zwischen den persönlichkeitsgebundenen und den nicht persönlichkeitsgebundenen Rechten unterschieden werden. Erstere beziehen sich z.B. auf das Recht der Namensnennung oder auf das Recht auf Unveränderlichkeit des Werkes. Letzere beziehen sich auf die kommerzielle Nutzung der Werke; diese Rechte werden deshalb auch als Verwertungsrechte bezeichnet. Während es z.b. keine Möglichkeit gibt, das Recht auf Namensnennung zu veräußern, steht es einem Schöpfer frei, die Verwertungsrechte an seinem Werk zu veräußern.

Betriebsgeheimnisse und das Gesetz gegen unlauteren Wettbewerb
Neben diesen direkt den Standard schützenden Gesetzen existiert ferner die Möglichkeit, Informationen über den Standard als Betriebs- oder Geschäfts- oder Betriebsgeheimnisse im Sinne der §§ 17 und 18 des Gesetzes gegen unlauteren Wettbewerb (UWG) zu klassifizieren und damit einem Zugang durch die Allgemeinheit zu entziehen. In § 20 des UWG wird sowohl der Verrat von Geschäftsgeheimnissen als auch das Anstiften zum Geheimnisverrat unter Strafe gestellt. Als Geschäftsgeheimnisse sind dabei nicht nur ausschließlich im Betrieb erzeugte Informationen zu verstehen, sondern auch solche, die im Prinzip zwar allgemein verfügbar sind, deren Ermittlung und Sammlung allerdings mit Kosten verbunden sind (TAEGER, 1991, S. 6-8).[149]

5.3.3 Herausforderungen der gewerblichen Schutzrechte

In den folgenden vier Abschnitten werden die wichtigsten Tendenzen, die zu einer geänderten Beurteilung der gewerblichen Schutzrechte führen (können), kurz dargestellt.

5.3.3.1 Verschmelzen von Idee und Ausdruck

In Bereichen, in denen Kompatibilitätsstandards eine Rolle spielen, muß zwischen einer ex ante und einer ex post Unterscheidung von Ausdruck und Idee differenziert werden. Vor einer Standardisierung in eine Technologie gibt es eine Vielzahl von Möglichkeiten und Ideen, das Problem, das dann durch die Technologie gelöst wird, zu lösen. Somit kann der Wettbewerb zwischen den Ideen ungehindert erfolgen. Es findet aber häufig eine ex post Verschmelzung

---

[149] Eine Darstellung unterschiedlicher Ausgestaltungen des Schutzes von Geschäfts- oder Betriebsgeheimnissen findet sich bei LUKES, VIEWEG und HAUCK.

von Ausdruck und Idee statt, d.h., es gibt nur noch eine Möglichkeit, eine Idee bzw. ein Problemlösungsverfahren auszudrücken.

Diese Problematik ist insbesondere im Bereich der Computer-Software von herausragender Bedeutung. Schon seit geraumer Zeit wird über die Schutzfähigkeit von Software im Rahmen des Urheberrechtes diskutiert (z.B. HABERSTUMPF 1988 oder KRAßER 1988). Üblicherweise wird als Rechtsgrundlage, wie jetzt auch in Deutschland, das Urheberrecht herangezogen[150]. Hat sich aber ein Softwareprogramm - dies gilt in besonderem Maße für Betriebssystemsoftware - als Industriestandard etabliert, so müssen spätere Innovatoren Kompatibilität zu diesem Standard herstellen können, da sie andernfalls keinen Zugang zum installierten Bestand des Industriestandards haben (WARREN-BOULTON, BASEMAN und WOROCH, 1994). Damit ist die z.B. von HABERSTUMPF (HABERSTUMPF 1988, S. 34) formulierte Annahme, daß

„es [..] folglich ohne weiteres möglich [ist], dieselbe Aufgabe mit denselben Ergebnissen (Verarbeitungswirkungen) durch verschiedene, jeweils selbständig geschützte Programme zu lösen, weil in aller Regel viele Lösungswege und damit verschiedene Beschreibungen von Lösungswegen offenstehen."

nicht mehr uneingeschränkt gültig. In diesen Fällen bedeutet die Vergabe eines Schutzrechtes nicht nur die Festschreibung der bestehenden Technologie, sondern sie schränkt auch die Möglichkeiten von zukünftigen Innovatoren ein, da sie, um abwärtskompatible, aber technologisch verbesserte Produkte produzieren zu können, Zugang zu der Schnittstelle der bestehenden Technologie benötigen. Da aber auch Schnittstellen durch das deutsche Urheberrecht geschützt werden (RAUBENHEIMER, 1994, S. 70), wird damit nicht nur eine Marktzutrittsschranke für ein einziges Produkt, sondern für eine Abfolge von Produkten geschaffen.

5.3.3.2 Wachsende Bedeutung von Schnittstellen

Damit zwei Produkte kompatibel werden, müssen sie über abgestimmte Schnittstellen verfügen, über die sie miteinander verbunden werden und Informationen

---

[150] Eine der wenigen Ausnahmen ist Belgien, wo ein eigenes Gesetz zum Schutz von Software erlassen wurde (vgl. WACHTER, 1995, S. 133-142), ohne daß dort allerdings von der Möglichkeit einer computerprogrammgerechten Regelung Gebrauch gemacht wurde.

austauschen können. Kompatibilitätsstandards definieren diese Schnittstellen.[151] Um den Begriff der Schnittstelle allerdings adäquat beschreiben zu können, muß der Begriff des Systems näher erläutert werden. Im Rahmen dieser Arbeit soll ein System als etwas von Menschen Geschaffenes verstanden werden, das *bestimmte definierte Aufgaben wahrnehmen soll*, wie z.B. das Verarbeiten von elektrischen Impulsen mit einer sich anschließenden Ausgabe von elektrischen Impulsen. Wenn immer dieses System mit seiner Umgebung interagiert, so geschieht dies über eine Schnittstelle zu dieser Umgebung (s. Abbildung 31).

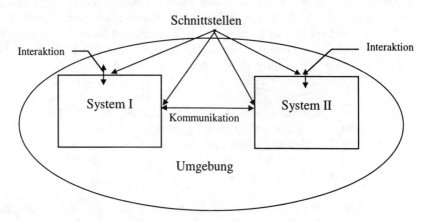

Abbildung 31: **Schnittstellen zwischen zwei Systemen und zwischen Systemen und ihrer Umgebung**

Ein System kann dabei als *Singulärsystem* existieren, d.h., es kommuniziert nicht mit anderen Systemen, sondern ausschließlich mit seiner Umgebung oder aber als *Verbundsystem*, das sowohl mit seiner Umgebung als auch mit mindestens einem anderen System über Schnittstellen kommuniziert (Beispiele hierfür finden sich in Abbildung 33).

Ein Schutzrecht, wie z.B. ein Patent oder Urheberrecht, kann sich entweder auf das System allein, auf eine oder mehrere Schnittstellen oder aber auf die Summe beider, d.h. sowohl auf das System wie auch auf die Schnittstellen beziehen. Gerade im Bereich der Kompatibilitätsstandards muß zwischen dem System und der Schnittstelle differenziert werden.

---

[151] Dieser Zusammenhang wird auch von der Monopolkommission in ihrem Hauptgutachten 1990/1991 bezogen. (MONOPOLKOMMISSION 1991, S. 334)

Fallbeispiel 8: „War of the words"

Zu welchen absonderlichen Urteilen eine enge Auslegung des Urheberrechts führen kann, mögen die folgenden Beispiele aus den Vereinigten Staaten illustrieren.

Lotus vs. Borland

Lotus konnte ein Gericht davon überzeugen, daß die Verwendung der Befehlsstruktur von Lotus durch Borland einschließlich der Befehle „Print", „Quit" und „File" ein Verstoß gegen das Urheberrecht sei. Ebenso wurde Lotus das Urheberrecht an der Verwendung des „@" als Beginn für eine Formel zugesprochen. Immerhin stufte das Gericht den Aufbau der Tabelle in Spalten und Zeilen und die damit verbundene Durchnumerierung und Durchbuchstabierung als nicht urheberrechtlich schützbar ein.[152]

Apple vs. Microsoft

Apple beanspruchte für sich das Urheberrecht an sich überschneidenden Fenstern und die Verwendung von Symbolen anstelle von Befehlen. Apple konnte sich allerdings nicht vor Gericht durchsetzen.

Autoskill vs. NESS

In dieser Auseinandersetzung zweier Lernprogramme für leseschwache Kinder versuchte Autoskill, sich die Struktur seines Programmes schützen zu lassen. Diese bestand in der Abfolge von „Test des Schülers", „Analyse der Testergebnisse", „Vermitteln von Wissen" und „Erneuter Test". Das Gericht befand, daß diese Struktur mittels Urheberrecht schützbar sei. Das Gericht entschied ebenfalls, daß die Verwendung der Zahlen „1, 2, 3" für die Auswahl einer Antwort aus mehreren Alternativen und das damit verbundene Drücken der Tasten einer Tastatur unter das Urheberrecht fällt. Dies bedeutete das wirtschaftliche Ende für den zweiten Anbieter.

Computermax vs. UCR

Hier setzten sich zwei Anbieter von Anwendungsprogrammen (für Adressen, Namen und Sachnummern) auseinander. Das Gericht entschied, daß die Datenstruktur des Konkurrenten der des Klägers gleicht und somit ein Verstoß gegen das Urheberrecht vorliegt. Das Problem war nur, daß beide auf der gleichen Hardware aufsetzten, die eine ganz bestimmte Datenstruktur erforderte.[153]

---

[152] Das eigentlich Erstaunliche hieran ist, daß Lotus tatsächlich auch diese „Eigenschaften" schützen lassen wollte.

[153] In den Vereinigten Staaten wurden die Gerichte in den letzten Jahren von Softwareproduzenten mit einer Vielzahl von Prozessen über Urheberrechtsverletzungen durch andere Softwarehersteller konfrontiert. Im folgenden werden einige der zum Teil ungewöhnli-

Die Bedeutung von Schnittstellen wird zusätzlich durch eine Veränderung der Innovationsstruktur in wichtigen Branchen verstärkt. Danach verlieren Innovationen den Charakter des bisher „Ungedachten" und reduzieren sich auf die

- Neukombination existierender Systeme [Abbildung 32 (a)],
- Verwendung aller existierenden Systeme eines Metasystems unter Hinzufügung eines neuen Systems [Abbildung 32 (b)],
- Verbesserung eines der existierenden Systeme unter Beibehaltung des Metasystems [Abbildung 32 (c)] oder die
- vollständige Neuschaffung aller Komponenten [Abbildung 32 (d)].

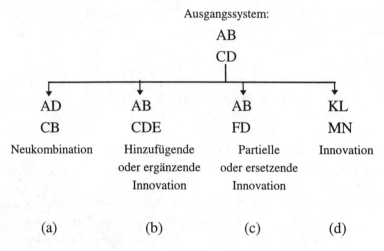

Abbildung 32: Innovationsarten[154]

---

chen Urteile aufgelistet. Auch wenn etliche der Urteile von höheren Instanzen aufgehoben wurden, so ist die große Unsicherheit nicht zu übersehen, die sowohl bei Gerichten und Anwälten als auch bei Ökonomen herrscht. Nach amerikanischem Recht muß bei einem Verstoß gegen das Urheberrecht nachgewiesen werden, daß ein Programm direkt kopiert wurde oder daß der Beklagte Zugang zu dem Programm hatte und das Konkurrenzprodukt „wesentliche Ähnlichkeiten" („substantially similar") aufweist (DAVIS III, 1993, S. 22). Die Fälle sind sämtlich DAVIS III, 1993 entnommen.

[154] Abbildung nach FORAY (1994, S. 128). Ähnlich auch JORDE und TEECE, 1991, S. 78: „In short, much innovation today is likely to require lateral and horizontal linkages as well as vertical ones."; JORDE und TEECE beziehen sich in ihrer Argumentation zwar auf die kartellrechtliche Problematik von Unternehmenszusammenschlüssen, doch sind die Ursachen für ihre Argumentation - die veränderten Innovationsstrukturen - dieselben. So baut z.B. die Vielzahl der Innovationen in der Informationstechnologie auf bestehenden Technologien auf. (VARNEY 1995)

Jede dieser Innovationsarten ist auf die Kompatibilität der Systemkomponenten angewiesen.[155] So müssen bei einer vollständigen Neukombination von Systemkomponenten alle Schnittstellen einheitlich definiert sein. Bei einer hinzufügenden Innovation muß mindestens die Schnittstelle zwischen der alten und der neuen Systemkomponente eindeutig definiert sein, und bei einer partiellen Innovation müssen alle Schnittstellen zu der erneuerten Komponente erhalten bleiben. Um also Innovationen, wie die in Abbildung 32 (a) - (c) dargestellten, im Rahmen eines innovativen Wettbewerbs stattfinden zu lassen, muß der Zugang zu den Schnittstellen allen potentiellen Innovatoren offenstehen. Somit gewinnt im Lichte dieser neuen Tendenzen von Innovationen die Diffusion von Schnittstelleninformationen zusätzliche Bedeutung.

Als erstes werden nun Schutzrechte für ein Singulärsystem betrachtet, wie es in Abbildung 33 beispielhaft dargestellt ist. Dabei kann es sich z.B. um eine Maschine handeln, die nach den individuellen Wünschen eines Kunden gefertigt wurde. Diese Maschine interagiert ausschließlich mit den Mitarbeitern des Unternehmens. Die Konstruktion und Produktion dieser spezifischen Maschine führe zu neuem Wissen, das über eines der angesprochenen Gesetze geschützt werden kann. Die Vergabe dieses Schutzrechts an das entwickelnde Maschinenbauunternehmen gibt diesem die Verfügungsrechte über die technische Fortentwicklung der Maschine bzw. der dieser Maschine innewohnenden technischen Lösungen. Der Anwender der Maschine darf dann keine Fortentwicklung durchführen, da er auf einer geschützten Technologie aufbauen müßte. Diese Konstellation ist durch die Existenz zweier Parteien, die sich noch dazu kostenlos identifizieren lassen, und sehr geringe Transaktionskosten geprägt. Damit kann durch die Vergabe des Schutzrechts an eines der beiden Unternehmen die Grundlage für eine Vertragslösung im Sinne COASE's gelegt werden (COASE, 1960). Um eine effiziente Verhandlungslösung zu gewährleisten, bedarf es nach COASE klar definierter Eigentumsrechte sowie der Abwesenheit von Transaktionskosten. Beide Bedingungen sind bei Singulärsystemen und der Vergabe von Schutzrechten für geistiges Eigentum am Singulärsystem erfüllt, so daß kein Bedarf für Veränderungen vorhanden ist. Die Vergabe des Eigentumsrechts hat ausschließlich eine verteilungspolitische Wirkung.[156]

---

[155] Moderne Großsysteme sind gar nicht mehr möglich, wenn keine Kompatibilität mehr gewährleistet ist; somit stellen Kompatibilitätsstandards die Voraussetzung für solche Großsysteme dar. (FLECK, 1995, S. 43)

[156] Prinzipiell ist es denkbar, daß Singulärsysteme existieren, die bis auf ihre Umgebung identisch sind. Je mehr Personen oder Organisationen dieses Singulärsystem nutzen, um so größer werden die Transaktionskosten, wenn über die optimale Vergabe des Schutzrechts verhandelt wird. Insofern kann für derartige Systeme die Vergabe an den Produzenten als effizient erachtet werden, da sonst die Nutzer der Singulärsysteme zuerst alle anderen Nut-

Diese Situation ändert sich allerdings, wenn nicht mehr Singulärsysteme, sondern Verbundsysteme betrachtet werden. Dann ist es sinnvoll und notwendig, die folgenden Fälle zu unterscheiden:

Fall 1: Schutzrecht nur für das System I
Wird das Schutzrecht ausschließlich für das System I vergeben, so können sich andere Produzenten Zugang zu diesem System über Schnittstellen verschaffen, die entweder schon vorhanden, aber eben nicht geschützt sind, oder aber neu geschaffen werden. Es besteht zu jedem Zeitpunkt die Möglichkeit, für ein Konkurrenzunternehmen ein System I_B zu entwickeln und auf den Markt zu bringen. Hat System I es geschafft, sich als dominante Technologie zu etablieren, so ist zwar nicht gewährleistet, daß ein neues und technologisch überlegenes System sich durchsetzt, es hat aber die reelle Chance auf einen Wettbewerb.

Fall 2: Schutzrecht nur für die Schnittstelle(n)
Solange keine Netzwerkeffekte oder andere Tendenzen zu natürlichen Monopolen relevant sind, ist die Vergabe eines Schutzrechts ausschließlich an der Schnittstelle wenig dramatisch. Sollte der Schutzrechtsinhaber entweder gar nicht oder zu hoch lizenzieren, müßten die Betreiber der beiden zu verbindenden Systeme lediglich einen neuen Kommunikationspfad mit zwei Schnittstellen jeweils für System I und System II entwickeln. Hat sich jedoch die Schnittstelle als „Industriestandard" durchgesetzt, oder existiert keine technische Möglichkeit, den durch die geschützte Schnittstelle geschaffenen Kommunikationspfad zu umgehen, so bietet die geschützte Schnittstelle die Möglichkeit, sowohl von den Anbietern oder Nutzern des Systems I wie auch des Systems II die ökonomischen Renten - zumindest teilweise - abzuschöpfen.

Diese Tatsache kann innovationshindernde Auswirkungen auf beide durch die Schnittstelle verbundene Systeme haben, da die getätigten Investitionen nur zu einem Teil durch den Innovator vereinnahmt werden können und zum anderen Teil dem Inhaber der Schnittstelle zufließen.

Fall 3: Schutzrecht sowohl für das System als auch für die Schnittstelle(n)
Betrachten wir nun den Fall, in dem sowohl das System als auch die sich daraus ergebenden Schnittstellen von den Schutzrechten erfaßt werden. Ein Unternehmen habe also das System I entwickelt und dieses sowie die Schnittstellen schützen lassen. In einer derartigen Situation hätte das Unternehmen die Möglichkeit, das Schnittstellenmonopol als Marktzutrittsschranke auf Märkten für komplementäre Systeme zu etablieren. Somit besteht die Gefahr einer nicht ge-

---

zer, insbesondere denjenigen, dem das Recht zugesprochen wurde, identifizieren müßten, um dann in Verhandlungen mit ihm und den anderen einzutreten.

rechtfertigten Ausdehnung der juristisch gewährten Marktzutrittsbarrieren für das System I auf andere Systeme (z.B. System II), die über Schnittstellen mit System I verbunden sind.[157]

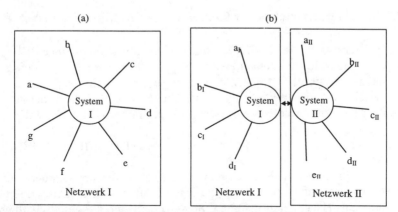

Abbildung 33: Beispielhafte Darstellung eines Singulärsystems (a) und eines Verbundsystems (b)[158]

Handelt es sich bei diesen zwei Systemen um komplementäre Güter, d.h., beide Güter erzeugen zusammen einen höheren Nutzen als die Summe der einzelnen Güter, so kann ein gewährtes Monopol von System I auf System II dadurch übertragen werden, daß der Zugang zu den Schnittstellen nicht geöffnet wird und somit quasi „künstlich" Inkompatibilität erzeugt wird. Die Anwender sind dann nicht nur beim Kauf des Systems I gezwungen, beim Monopolisten zu kaufen, sondern auch beim Kauf von System II, da die Konkurrenten keine Kompatibilität zu System I erzeugen dürfen.

Gerade im Zusammenhang mit Computerprogrammen gibt es eine heftig geführte Diskussion um die Schützbarkeit von Schnittstellen. So verwehrte die *„Lotus Development Corporation"* als Entwickler des Referenzprogramms der Tabellenkalkulation für den PC „Lotus 1-2-3" der *„Borland International, Inc."* den Zugang zur Schnittstelle des Programms. Borland wollte in seinem Konkurrenzprodukt „Quattro" einen Importfilter für „Lotus 1-2-3"-Tabellen integrie-

---

[157] Vgl. die Diskussion im vorangegangenen Abschnitt.
[158] Die Abbildung lehnt sich unmittelbar an ECONOMIDES und WHITE 1994a, S. 653 bzw. 1994b, S. 3 an.

ren, um seinen Käufern die Möglichkeit zu geben, auch „Lotus 1-2-3"-Tabellen lesen und bearbeiten zu können[159].

5.3.3.3 Netzwerkeffekte und die Laufzeit der gewerblichen Schutzrechte

> „[...] patents expire after 17 years, a period that made sense when scientific knowledge doubled every 100 years, instead of today's doubling every three years, if not every three months. Copyrights conversely, last for the life of the author plus 50 years [...]. Considering the degree of obsolescence of most software and hardware, this is also too long."
>
> G. Gervaise DAVIS III, 1993, S. 21

Der weiter oben beschriebene traditionelle Ansatz zur Bestimmung der optimalen Schutzrechtslaufzeit wird durch die Eigenschaften, wie sie Kompatibilitätsstandards aufweisen, herausgefordert. So verändern sich die gesellschaftlichen Grenzkosten bzw. der gesellschaftliche Grenznutzen eines Standards, wenn Netzwerkeffekte eine Rolle spielen. Während bisher die Produktion von neuem Wissen im Vordergrund dieser Schutzrechte stand, spielt nun weniger die Innovation die herausragende Rolle, sondern die Diffusion des Wissens (FARRELL, 1989). Treten keine Netzwerkeffekte auf und spielt somit auch ein installierter Bestand keine Rolle, so ergibt sich - nach traditionellem Ansatz - die optimale Schutzrechtslaufzeit bei t^A (s. Abbildung 34). Hier entsprechen die gesellschaftlichen Grenzkosten aus einer geringen Diffusion der Innovation(en) dem gesellschaftlichen Grenznutzen aus zusätzlichen Investitionen.

Existiert hingegen schon eine installierte Basis, die u.U. ein massives Interesse daran hat, daß ihre Investitionen in den alten Standard nicht obsolet werden, so reduziert sich allgemein damit der Grenznutzen von Innovationen. Die Anzahl derer, die diese Innovation nutzen können, ist entweder dadurch gering, daß einige Anwender keine Wechselkosten aufwenden wollen und damit auf die Nutzung dieser Innovation verzichten oder daß durch einen Wechsel Wechselkosten entstehen, die sowohl für die Individuen wie auch für die Gesellschaft verloren sind. Die Grenznutzenkurve verschiebt sich somit in westlicher Richtung. Somit führt die Berücksichtigung der Grenznutzenseite unter Einbezie-

---

[159] Daß die Anwender von Tabellenkalkulationsprogrammen viel Wert auf die Kompatibilität ihres Programms zu „Lotus 1-2-3" legen, belegt GANDAL (1994 , S. 160-170 und 1995, S. 599-608).

hung von Netzwerkeffekten zu einer Verkürzung der optimalen Schutzrechtslaufzeit für Kompatibilitätsstandards.

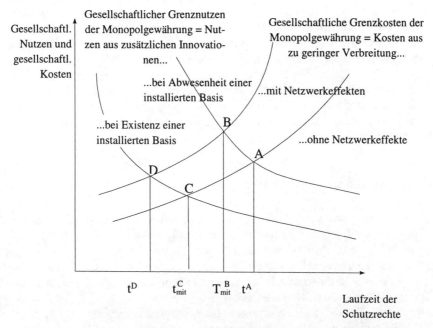

Abbildung 34: **Unterschiedliche optimale Laufzeiten des Schutzrechtes geistigen Eigentums im konventionellen Ansatz und bei Anwesenheit von Netzwerkeffekten**

Während also der gesellschaftliche Grenznutzen sinkt, steigen die gesellschaftlichen Grenzkosten der Diffusion eines Standards, wenn Netzwerkeffekte eine Rolle spielen. Für jede Laufzeit sind die Kosten mit Netzwerkeffekten größer als die Kosten ohne Netzwerkeffekte. Bleibt der gesellschaftliche Grenznutzen konstant, so reduziert sich die optimale Schutzrechtslaufzeit von t^A auf t^B. Dies ergibt sich aus der Eigenschaft von Netzwerken, da ihr Nutzen für die Anwender positiv mit der Anzahl der Netzwerkanwender verknüpft ist, d.h., die Anwender ziehen immer ein größeres Netzwerk vor.[160] Findet eine Innovation also

---

[160] Besonderheiten negativer Netzwerkeffekte, wie sie z.B. bei Impfstoffen auftreten, wenn sich durch eine große Verbreitung zunehmend resistente Krankheitserreger entwickeln, sollen hier keine Berücksichtigung finden, da sie wohl eher eine Ausnahme denn eine Regel darstellen. Eine Untersuchung über die Auswirkungen von negativen Netzwerkeffekten auf die Produktwahl findet sich bei RÖVER (1996, S. 14-32).

keine große Verbreitung, weil der Monopolist die Preise hochhält, so entsteht ein zu kleines Netzwerk. Mengenrestriktionen sind zwar aus der Monopoltheorie hinreichend bekannt, doch in Verbindung mit Netzwerkeffekten entsteht nicht nur ein totes Dreieck durch die Käufer, deren Zahlungsbereitschaft zwischen dem Monopolpreis und den Grenzkosten liegt und die deshalb nicht kaufen. Ein weiteres totes Dreieck entsteht auch durch diejenigen, die den Kauf zwar realisieren, die aber nicht in den Genuß eines großen Netzwerks kommen.

In der Summe verkürzt sich somit die gesellschaftlich optimale Schutzfrist für Schnittstellen- oder Kompatibilitätsstandards von t^A bis t^D. Damit sind dann die Auswirkungen sowohl auf die Grenznutzen- wie auch auf die Grenzkostenseite berücksichtigt.

5.3.3.4 Diskrepanz zwischen Wertschöpfer und Wertabschöpfer

Bisher wurde argumentiert, daß die existierenden Schutzrechte in ihrem Umfang und ihrer Laufzeit eingeschränkt werden müssen, wenn Kompatibilitätseffekte und Verbundsysteme und damit Schnittstellen eine Rolle spielen. Im nun folgenden Abschnitt soll die Frage diskutiert werden, ob die traditionelle Vergabepraxis von Schutzrechten an die Innovatoren bei Existenz von Netzwerkeffekten überhaupt zu Recht erfolgt.

Der Wert eines Systems, das durch Kompatibilitätsstandards und Netzwerkeffekte geprägt ist, setzt sich üblicherweise aus einer netzwerkunabhängigen und einer netzwerkabhängigen Komponente zusammen. So setzt sich beispielsweise der Wert des Netzwerkes I in Abbildung 33 (a) aus der Qualität des Netzwerkknotens und der Anzahl der Verbindungen zum Knoten zusammen. In der Terminologie dieser Arbeit stellt das Netzwerk I ein Singulärsystem dar, das ausschließlich mit seiner Umgebung, den Netzwerkteilnehmern a-g, interagiert. Während die Qualität des Netzwerkknotens in den Entscheidungsbereich des Innovators fällt, basiert die Größe des Netzwerks auf den individuellen Entscheidungen der Anwender. Der Wert eines Netzwerks wird somit um so stärker durch die Anwender generiert und weniger durch den technologischen Innovator, je größer die netzwerkabhängige Nutzenkomponente im Vergleich zur netzwerkunabhängigen Nutzenkomponente ist.[161]

---

[161] Ähnlich ist auch die Position der „Federal Trade Commission". Diese hat in der Auseinandersetzung mit Dell Computer sich wie folgt geäußert:
„If a company misrepresents its patent rights to a standard-setting organization, thereby leading the organization to adopt a particular standard that may infringe on the company's patent rights, the company's later efforts to take advantage of

Werden diesem Innovator auch Schutzrechte für die Schnittstellen seines Netzwerks zu anderen Netzwerken zugesprochen, so wird ihm damit die Möglichkeit geboten, von anderen Netzwerkbetreibern Gebühren für den Netzwerkzugang zu fordern (s. Abbildung 33 (b)). Das entsprechende Unternehmen eignet sich damit ökonomische Renten an, die nicht von ihm, sondern von den Anwendern geschaffen wurden. Möglicherweise kann es sogar Renten, die im Netzwerk II durch den Netzwerkbetreiber oder die Netzwerkanwender erzeugt wurden, abschöpfen.

Auch das Argument, der Innovator müsse das Schutzrecht erhalten, weil er in die Entwicklung des neuen Wissens investiert habe, ist für eine Vielzahl von Systemen nicht uneingeschränkt haltbar. Die Nutzer dieser Systeme wenden zum Teil erhebliche Ressourcen auf, um die Anwendung des Systems zu erlernen, es u.U. im Hinblick auf individuelle Wünsche zu ergänzen, oder sie investieren in ein entsprechendes System. Diese Investitionen stellen für die Anwender Wechselkosten dergestalt dar, daß sie verlorengehen, wenn von einem System auf ein anderes inkompatibles System gewechselt wird. Mit diesen Wechselkosten wird also ein Wechsel teurer und somit die Bindung an den Innovator größer, die dieser dann ausnutzen kann und wird. Für Computerprogramme können diese Investitionen z.B. in Form des Erlernens von Short-Keys, des Schreibens von Makros oder des Erlernens der allgemeinen Befehlsstruktur auftreten.

5.3.4   Reformansätze

Die Unzufriedenheit über die bestehenden rechtlichen Vorgaben führt zu viel Unsicherheit und auch zu einigen wenigen Reformvorschlägen. Ein Eingreifen in die unternehmerische Lizenzierungspolitik, wie sie an verschiedenen Stellen vorgeschlagen wird, soll im folgenden kurz dargestellt und diskutiert werden. Im Anschluß hieran wird vom Verfasser eine Änderung der Bezugsgröße für gewerbliche Schutzrechte vorgeschlagen.

---

market power resulting from the standard, rather than from some inherent value of the patent, constitute a violation of Section 5."
(zitiert nach MOORE, SMITH und JENSEN, 1996, Hervorhebung durch den Verfasser)
Dies ist der Fall, in dem Dell im Rahmen einer Komiteestandardisierung angegeben hatte, daß der Komiteestandard keine Patente der Dell berührte. Später offenbarte Dell dann, daß doch Patente berührt seien und Dell nun die Zahlung von Lizenzen erwarte.

5.3.4.1 Reformierte Lizenzierungspolitik

Ein Ansatz, die in den vorangegangenen Abschnitten beschriebenen Probleme zu lösen, bezieht sich auf regulative Eingriffe in die Lizenzierungspolitik der Unternehmen. Dabei wird gefordert, daß ein Unternehmen, das im Besitz gewerblicher Schutzrechte für eine wichtige Schnittstellentechnologie ist, Lizenzen für diese Technologie vergeben muß. Die vorgeschlagenen Lizenzgebühren reichen von „keine Lizenzgebühren" bis hin zu einer „vernünftigen und nicht diskriminierenden" Lizenzierungspolitik.

So sollte z.b. der amerikanische HDTV-Standard auch unter der Maßgabe der Lizenzierungspolitik der beteiligten Unternehmen ausgewählt werden. Dabei sollten die Unternehmen erklären, daß sie diese Lizenz

> „without compensation to applicants desiring to use the license for the purpose of implementing the standard or to applicants under reasonable terms and conditions that are demonstrably free of any unfair discrimination"   BECK 1995, S. 1 und S. 3

vergeben werden. Das dort vorgeschlagene Verfahren bezieht ANSI in den Prozeß ein, indem das lizenzgebende Unternehmen die Lizenzbedingungen bei ANSI einreichen und gleichzeitig die Anzahl unabhängiger Lizenznehmer angeben muß, die diese Bedingungen akzeptiert haben und der Auffassung sind, die Bedingungen seien „free of any unfair discrimination" (BECK 1995, S. 3).

Die Notwendigkeit, an den bestehenden Strukturen des gewerblichen Rechtsschutzes für Technologien mit signifikanten Netzwerkeffekten etwas zu ändern, wird noch deutlicher, wenn sie in Verbindung mit der angedachten Verbindlichkeit des amerikanischen HDTV-Standards gesehen wird. Sollte die dort gewählte Technologie nicht frei verfügbar sein, so hätte die Verbindlichkeit der Technologie für digitales hochauflösendes Fernsehen einen sehr hohen Verteilungscharakter, da jeder, der in diesem Bereich tätig sein will, gezwungen wäre, die Lizenzen zu den Monopollizenzgebühren zu erwerben, ohne daß er eine (auch nur theoretische) Möglichkeit zur Umgehung dieser geschützten Technologie hat.

Nach Auffassung des Verfassers ist eine erzwungene Lizenzierung mit oder ohne Verbindlichkeit der Technologie problematisch, weil es ex post die ex ante Anreizstrukturen verändert und somit lediglich ex ante Unsicherheit schafft. Innovatoren wissen somit nicht mehr, ob sie nach einem Erfolg ihrer Innovation das ihnen durch die gewerblichen Schutzrechte zugesprochene Monopol auch tatsächlich nutzen können oder ob es zu einer erzwungenen Lizenzierung kommt.

Die Implementierung einer solchen erzwungenen Lizenzierung in vielen Standardisierungskomitees ist dagegen durchaus sinnvoll, da der Wert eines Komiteestandards nur zu einem Teil von der Technologie, die von den gewerblichen Schutzrechten betroffen ist, abhängt und zum anderen Teil von der Verbreitung der Technologie, die im wesentlichen von den Unternehmen im Standardisierungskomitee bestimmt wird. (MOORE, SMITH und JENSEN 1996, S. 3)

Noch radikaler als von der Federal Trade Commission angestrebt, war der Versuch von ETSI, einen Verzicht auf Lizenzgebühren von Unternehmen, deren Technologie Eingang in einen Komiteestandard gefunden hat, durchzusetzen. Dieses Verfahren wurde allerdings von amerikanischer Seite heftig kritisiert, weil man der Meinung war, daß sich europäische Unternehmen so lediglich einen günstigen Weg zu amerikanischen Technologien verschaffen wollten. Letztlich mußte ETSI dieses Verfahren zurücknehmen und sich auf die Klausel „vernünftige Bedingungen" zurückziehen. (BRANSCOMB und KAHIN, 1996, S. 18)

5.3.4.2 Geänderte Bemessungsgrundlage der Laufzeit gewerblicher Schutzrechte

„So in a Schumpeterian sense where really what's important to competition is new products and new innovations, standard setting is an early, upfront step that's necessary to kick off a new round of competition."

TEECE (FTC 1995c, S. 33)

Nachdem in den vorangegangenen Abschnitten die Diskussion einer Reform der Schutzrechte geistigen Eigentums auf der Grundlage der bisher bestehenden Bemessungsgrundlagen, der Laufzeit und des Umfangs erfolgte, soll in diesem Abschnitt ein neues Konzept, d.h. eine neuartige Bemessungsgrundlage für die Laufzeit des Schutzrechtes entwickelt und diskutiert werden. In den meisten betroffenen Branchen bedeutet ein Schutzrecht, das 10, 16 oder 18 Jahre läuft[162], den Schutz des geistigen Eigentums für die gesamte Lebensdauer der zugrunde liegenden Technologie. Ein Schutzrecht auf den 486-Mikroprozessor

---

[162] Noch deutlicher wird die Problematik, wenn die Laufzeit des Urheberrechts von ca. 70 Jahren betrachtet wird.

oder den 586-Prozessor von Intel, das länger als vier oder sechs Jahre läuft, ist überflüssig, da die technologische Entwicklung in vier bis sechs Jahren den Schutz des 586- oder 686-Mikroprozessors erfordert und ein 486-Mikroprozessor nicht mehr zu verkaufen ist.

Bei Gütern, die keinen Netzwerkeffekten unterliegen, sind die Produktlebenszyklen der einzelnen Produkte eindeutig voneinander abgegrenzt (s. Abbildung 35 (a)). So hat eine erfolgreiche Produkteinführung zu t_0 bestenfalls über Reputationseffekte Auswirkungen auf den Erfolg der Produkteinführung zu t_3. Auch bei Netzwerkgütern kann diese Struktur auftreten, und zwar dann, wenn neue Produkte zu den vorangegangenen nicht kompatibel sind, d.h. keine *Abwärtskompatibilität* vorhanden ist. Kann ein Unternehmen allerdings Kompatibilität zu dem Vorgängerprodukt erzeugen, so kann es unmittelbar auf dem installierten Bestand dieses Produktes aufsetzen. Die Wachstumsraten verlaufen zwar genauso wie bei Gütern, bei denen keine Netzwerkeffekte eine Rolle spielen, d.h., auf die Einführungsphase folgen Wachstums-, Reife- und Sättigungsphase, doch schließt sich an die Sättigungsphase unmittelbar die Einführungsphase des abwärtskompatiblen Folgeproduktes an. Die Sättigungsphase des Vorgängerproduktes ist daraufhin i.d.R. wesentlich stärker ausgeprägt, da zunehmend auf das Folgeprodukt zugegriffen bzw. auf dessen Erfolg gewartet wird und somit ein Kannibalismuseffekt zwischen dem alten und dem neuen Produkt auftritt.

Um die gleichen wettbewerbs- und damit effizienzfördernden Effekte wie bei „normalen" Gütern zu erreichen, muß also zu den jeweiligen Zeitpunkten t_1 bis t_3 der Marktzutritt für potentielle Konkurrenten möglich sein. Andernfalls hat das Unternehmen, das über die Eigentumsrechte an der Schnittstelle zum Vorgängerprodukt verfügt, einen Wettbewerbsvorteil[163] auch für jedes Folgeprodukt. Während in Abbildung 35 (a) im Hinblick auf den installierten Bestand zu jedem Zeitpunkt t_1 - t_3 von einem „umstrittenen Markt" gesprochen werden kann, zu dem (potentielle) Konkurrenten gleichen Marktzutritt haben, ist ein Markt wie in Abbildung 35 (b) allein aufgrund der installierten Basis geschlos-

---

[163] Dieses Unternehmen verfügt nicht nur über einen installierten Bestand, sondern hat weiterhin einen zeitlichen Vorsprung, da es die Schnittstellen des Folgeproduktes kennt und bei kurzen Lebenszyklen und hoher Innovationsrate mehrere Generationen im voraus planen und entwickeln kann, während dies für die Konkurrenten nicht möglich ist. Zusätzlich hat dieses Unternehmen den Vorteil, sich weder in der Konstruktion und Entwicklung noch in der Produktion umstellen zu müssen, während alle anderen Unternehmen die von ihnen getätigten Investitionen abschreiben können und, sofern sie im Markt verbleiben wollen, neu - diesmal in der Technologie des Vorgängerproduktes - aufbringen müssen.

sen, da diese eine versunkene Investition für das entsprechende Unternehmen darstellen und andere Unternehmen diese Investitionen erst noch aufwenden müßten und somit vom Marktzutritt abgeschreckt werden. Dieser Markt ist ausschließlich zum Zeitpunkt t_0 für Konkurrenten geöffnet.

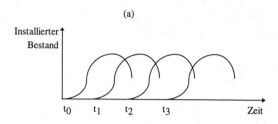

(a)

Installierter Bestand

$t_0 \quad t_1 \quad t_2 \quad t_3 \qquad$ Zeit

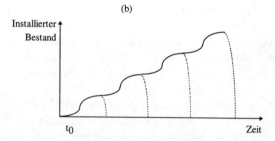

(b)

Installierter Bestand

$t_0 \qquad$ Zeit

Abbildung 35: **Wachstum des installierten Bestandes bei Gütern ohne Netzwerkeffekte bzw.** mit Netzwerkeffekten, aber ohne Abwärtskompatibilität und bei Gütern mit Netzwerkeffekten und Abwärtskompatibilität

Ist es also technisch möglich, den installierten Bestand eines Produktes durch Abwärtskompatibilität für ein Folgeprodukt zu nutzen, so wird durch die Verknüpfung der aufeinander aufbauenden Produkte mit den zeitlich ausgerichteten Schutzrechten geistigen Eigentums das Ziel der letzteren, innovationsfördernd zu wirken, verfehlt. Das entscheidende Kriterium für die Wirksamkeit dieser Schutzrechte ist dann nicht mehr die Zeit, sondern der installierte Bestand. Somit ist zu erwarten, daß eine Verknüpfung von geistigen Schutzrechten und dem jeweils relevanten installierten Bestand wettbewerbsfördernder ist als bei Berücksichtigung ausschließlich der zeitlichen Komponente.

Praktisch läßt sich dieses Konzept dadurch umsetzen, daß Schutzrechte ihre Wirkung verlieren, wenn von dem Schutzrechtsinhaber ein neues Produkt eingeführt wird. In diesem Fall hat dieses Unternehmen zwar weiterhin einen zeitlichen Vorteil im Bereich der Forschung und Entwicklung, doch kann es dann andere Unternehmen nicht mehr von der installierten Basis des Vorgängerproduktes ausschließen. In der Einführungsphase wird das Unternehmen also weiterhin Monopolgewinne realisieren, doch werden diese durch den steten Marktzutritt und die damit steigende Konkurrenz reduziert und nähern sich den Gewinnen bei vollständiger Konkurrenz an.

Damit sollte also ein Schutzrecht spätestens in dem Augenblick seine Wirkung verlieren, da vom Schutzrechtsinhaber oder einer sich in seinem Besitz befindlichen Unternehmung ein neues Produkt - oder im Softwarebereich z.b. ein Update - auf den Markt gebracht wird, das zu dem bereits im Markt befindlichen Produkt abwärtskompatibel ist.[164] Somit ist gewährleistet, daß die Konkurrenten die Chance erhalten, wieder in den Markt oder den Wettbewerb einzutreten.

Ein Problem ergibt sich dadurch, daß Anreize für den Marktführer geschaffen werden, Produktinnovationen zu verzögern. Doch würde dies z.b. in der Softwarebranche der im Moment stattfindenden frühzeitigen Produktauslieferung entgegenwirken[165] und somit nicht notwendigerweise wohlfahrtsmindernd wirken. Aufgrund der Netzwerkeffekte und der in Verbindung mit Wechselkosten entstehenden installierten Bestände bestehen in allen entsprechenden Branchen Anreize zu einem frühzeitigen Eintritt in die Produkteinführungsphase, so daß die Wohlfahrtswirkungen einer entsprechenden Regelung der Schutzrechte davon abhängen, ob sie die negativen Auswirkungen auf die Produkteinführung kompensieren und wohlfahrtssteigernd wirken oder überkompensieren und damit u.U. Wohlfahrtsverluste aus zu lange hinausgezögerten Produkteinführungen entstehen.

---

[164] Ein definierendes Merkmal für ein neues Produkt bzw. ein neues Programm könnte z.b. eine veränderte Bedieneroberfläche oder die Integration neuer Möglichkeiten für den Anwender sein.

[165] Vgl. FARRELL, U.A., 1995 S. 9, Fußnote 11, wonach der Druck, möglichst frühzeitig mit 'irgendeinem' Produkt am Markt zu sein, dazu führt, daß die Produkte zunehmend weniger ausgereift sind und erst beim Benutzer ihre Fehler zu Tage treten und dann in späteren Versionen diese Fehler (Bugs) vermieden werden. Damit soll einem konkurrierenden Unternehmen, das evtl. ein schon ausgereiftes Produkt eingeführt hat, der Aufbau eines installierten Bestandes erschwert werden. Entsprechendes berichtet FORAY über die pharmazeutische Industrie (FORAY, 1994, S. 124). Im gleichen Zusammenhang ist die sogenannte „Vaporware" zu sehen, also eine Produktankündigung für ein Produkt, das entweder nie oder nur mit unverhältnismäßiger Verzögerung auf den Markt kommt.

5.4 Zusammenfassung

Der rechtliche Rahmen der Standardisierung setzt sich offensichtlich aus mehreren Komponenten zusammen, die oftmals einen komplementären oder sich verstärkenden Charakter aufweisen. Die Ausgestaltung dieser Komponenten ist überwiegend durch Industrien geprägt, in denen Netzwerkeffekte keine Rolle spielten. Die zugrunde liegenden Strukturen und Gesetze gehen häufig bis ins 19. Jahrhundert zurück.

Das Ergebnis dieser Entwicklung kann als das Resultat eines Suchprozesses interpretiert werden, bei dem sich

- ein starker und langer Schutz von geistigem Eigentum,
- eine (überwiegend) freiwillige Standardisierung,
- eine kartellrechtliche Ignoranz von Standardisierungskomitees und
- eine Nichtbeachtung von Effekten auf Komplementärmärkte

als optimale Kombination ergeben hat.

Die Industrien, die diese Entwicklung geprägt haben, verlieren allerdings in zunehmendem Maße an Bedeutung. Sie werden durch hochgradig interdependente Industrien abgelöst (vgl. Fallbeispiel 9), in denen Großsysteme und Verbundsysteme und damit das fehlerfreie Zusammenspiel von einzelnen Komponenten oder Teilsystemen erheblich an Bedeutung gewonnen haben. Diese Interdependenz hat dabei erheblichen Einfluß auf die Ausprägung von Innovationen. Es stehen nicht mehr vollständige und unabhängige Innovationen im Vordergrund, sondern vielmehr ergänzende oder Komponenten ersetzende Innovationen. Diese basieren in erheblichem Maße auf bestehenden Technologien und bilden in Kombination mit anderen bestehenden Komponenten ein neues überlegenes Großsystem.

Diese neue Struktur einer technologischen Umgebung kann ein Argument dafür sein, die Angemessenheit des „traditionellen" rechtlichen Rahmens für diese neue Umgebung in Frage zu stellen und nach einem neuen und eventuell besseren Rahmen zu suchen. Wie in den vorangegangenen Abschnitten aufgezeigt wurde, herrscht große Unsicherheit darüber, ob überhaupt von diesem traditionellen Rahmen Abstand genommen werden soll. Besondere Probleme entstehen wahrscheinlich allein dadurch, daß es einen Status quo gibt, von dem abzuweichen besser begründet werden muß, als in ihm zu verharren. Nach Auffassung des Verfassers bieten die Strukturen der heutigen technologischen Innovationen hinreichend Grund, diesen Schritt zu wagen.

Fallbeispiel 9: Die Digitale Versatile Disc DVD[166]

Für das angestrebte Zusammenwachsen einer Vielzahl von Medien - Computer, Internet, Video, Kino, TV und Musik - sind eine Vielzahl von gemeinsamen Standards notwendig. Einer dieser Standards muß sich auf ein geeignetes Speichermedium beziehen. Die herkömmlichen CDs und CD-ROMs sind von ihrem Speichervolumen mit 700 Megabyte zu klein, um z.b. zweistündige Spielfilme in digitaler und hochauflösender Qualität zu speichern. Deshalb haben sich eine Reihe von führenden Unternehmen zusammengeschlossen, um eine gemeinsame Technologie zu entwickeln, die den Anforderungen einer multimedialen Gesellschaft genügen kann. Zu diesen Unternehmen gehören u.a. Panasonic, Sony, Philips, Grundig, Toshiba. Das Ergebnis der gemeinsamen Entwicklung ist die Digital Versatile Disc (DVD), die zum einen eine 7-12fache Speicherkapazität zur herkömmlichen CD oder CD-ROM besitzt (SONY 1996) und darüber hinaus ab der zweiten Generation auch noch beliebig häufig löschbar und bespielbar sein soll.

Obwohl eine Reihe von technischen Daten sich von der CD bzw. CD-ROM unterscheidet (andere Wellenlänge des Lasers, zweiseitig, höhere Kapazität), wurde doch keine unabhängige Innovation geschaffen, sondern ein Speichermedium entwickelt, das Kompatibilität zu bestehenden Medien aufweist. Dies bezieht sich insbesondere auf die Interoperabilität mit den bestehenden Beständen an CDs und CD-ROMs. Nach Meinung der beteiligten Unternehmen wäre wohl der Versuch, ein komplett neues System schaffen zu wollen, zum Scheitern verurteilt, da man nicht erwartet, daß die Konsumenten z.B. ihre Musiksammlung ein weiteres Mal konvertieren: erst von Vinyl zu CD und dann von CD zu DVD.

Dies erklärt das Verhalten der Unternehmen, eine abwärtskompatible Technologie zu entwickeln, die den installierten Bestand an CDs und CD-ROMs nicht obsolet macht und somit schon auf einen installierten Bestand an „Software" zurückgreifen kann. Innovationen erfolgen überwiegend durch die Verbesserung von Komponenten, ohne damit das Gesamtsystem in Frage zu stellen.

Doch auch der Erfolg der angestrebten multimedialen Gesellschaft beruht in entscheidendem Maße auf der einfachen und problemlosen Kombinierbarkeit einer Vielzahl von Komponenten zu einem Großsystem. Dabei spielen Kompatibilitätsstandards und Schnittstellen eine immer größer werdende Rolle.

---

[166] Die Darstellung basiert auf DOEBERL 1996.

Revolutionierende Innovationen werden dadurch immer seltener werden, da sie sich in das Großsystem integrieren müssen.

Eine weiterhin wachsende Bedeutung wird Ergänzungs- oder Ersetzungsinnovationen zukommen, für die ein adäquater rechtlicher Rahmen vorhanden sein muß. Der traditionelle rechtliche Rahmen ist hierzu nicht in der Lage, so daß Reformen unumgänglich sind. Somit stellt sich natürlich unmittelbar die Frage nach dem Ausmaß solcher Reformen. Aufgrund der komplementären Verknüpfungen zwischen den relevanten rechtlichen Regelungen erscheint es sinnvoll, nicht ein Gesetz losgelöst von den anderen zu reformieren oder verändern, sondern alle, die den rechtlichen Rahmen der Standardisierung determinieren.

Zu den Reformen sollten gehören

- eine merkliche Verkürzung der Laufzeit der gewerblichen Schutzrechte oder eine entsprechende Änderung der Berechnungsgrundlage der Laufzeit,
- eine stärkere Verbindlichkeit von Komiteestandards,
- der unbeschränkte Zugang zu einer Schnittstelle, wenn es sich um ein komplementäres Produkt handelt; der Zugang sollte beschränkt werden können, wenn es sich um ein substitutives Produkt handelt (BRANSCOMB und KAHIN, 1995, S. 19), und
- die kartellrechtliche Bewertung von Standardisierungskartellen sollte verschärft werden.

Ein großes Problem ergibt sich aus der gleichzeitigen Existenz unterschiedlicher Arten von Standards. Der traditionelle Rahmen fördert die Entwicklung und Verbreitung von Standards, die produktionsseitige steigende Skalenerträge bewirken, behindert aber gleichzeitig die Entwicklung und Verbreitung von Standards, die zu konsumseitigen steigenden Skalenerträgen führen. Auf der anderen Seite ist zu erwarten, daß ein reformierter rechtlicher Rahmen, der Standards mit dem Ziel steigender Skalenerträge im Konsum fördert, Standards mit dem Ziel steigender Skalenerträge in der Produktion behindert. Entweder muß also zwischen diesen beiden Fällen abgewogen werden, wenn nur ein rechtlicher Rahmen existieren soll, oder es müssen mehrere Rahmen geschaffen werden, die jeweils eine optimale Förderung der Standards, für die sie konzipiert sind, erreichen. In diesem letzten Fall muß eine Möglichkeit geschaffen werden zu erkennen, um was für eine Art von Standard es sich im Einzelfall handelt. Da Standards i.d.R. nicht als reine Formen eines Kompatibilitäts- oder vielfaltreduzierenden Standards auftreten, sind kontroverse Einschätzungen vorprogrammiert.

Das Ziel einer Reform ist es dabei nicht, erfolgreiche Innovatoren dadurch zu bestrafen, daß sie ihre Entwicklungskosten nicht verdienen können, sondern dafür zu sorgen, daß potentielle Wettbewerber die Chance zu einem Marktzutritt erhalten.

6 Vergleichende Analyse der Standardisierungsmechanismen

Wie im vierten Kapitel gezeigt wurde, sind die Aussagen über die Fähigkeit der verschiedenen Mechanismen, Koordination zu erreichen, die Geschwindigkeit der Standardisierung und die Chance, einer überlegenen Technologie zum Erfolg zu verhelfen, nicht eindeutig. Während die Frage der Überlegenheit von Technologien - zumindest für eine Wettbewerbsstandardisierung[167] - bereits an anderer Stelle analysiert wurde und die Frage der Geschwindigkeit von Standardisierungsprozessen eine stärker empirisch ausgerichtete Arbeit verlangt, soll in diesem Kapitel die Frage der Koordinationsfähigkeit von Standardisierungsmechanismen im Vordergrund stehen. Hierfür werden im ersten Abschnitt die bedeutendsten formalen Erläuterungen, wie sie in der Literatur vorhanden sind, dargestellt.

Mit Hilfe der Ausführungen des fünften Kapitels können diese formalen Darstellungen der Koordinationsfähigkeit anhand ihrer impliziten oder expliziten Annahmen über den rechtlichen Rahmen, in dem sich jeweils die Standardisierung vollzieht, charakterisiert werden. Das erste dargestellte Modell von FARRELL und SALONER (1986b) geht von einer freiwilligen Standardisierung, freiem Komiteezutritt und einer einfachen Mehrheitsregel aus. In ihren impliziten Annahmen unterstellen GOERKE und HOLLER (1995), deren Modellstruktur unmittelbar auf der von FARRELL und SALONER aufbaut, eine verbindliche Standardisierung, innerhalb derer sie verschiedene Mehrheitsregeln und ihre Auswirkungen auf die Ergebnisse des Standardisierungsprozesses untersuchen.

Das diesen Abschnitt abschließende Modell von FARRELL und SALONER (1988) erweitert die Fragestellung um die explizite Modellierung des Standardisierungskomitees und um einen Vergleich von Wettbewerb, Komitee und einer Mischung aus Wettbewerb und Komitee. Der rechtliche Rahmen, in dem sich dieses Modell bewegt, ist von einem prinzipiell freien Komiteezutritt, einer freiwilligen Standardisierung, der Irrelevanz von gewerblichen Schutzrechten sowie einer Konsensregel geprägt.

Die Autoren dieser drei Modelle übersehen allerdings, daß unterschiedliche rechtliche Rahmenbedingungen zu einem veränderten Verhalten der am Standardisierungsprozeß Beteiligten führt. Darüber hinaus wird in diesen Modellen die Entscheidung in einem Standardisierungskomitee durch die Konsumenten oder Anwender getroffen. Dies ist ein Zustand, wie er in der Realität nur sehr

---

[167] Siehe hierzu die Literaturangaben in der Einleitung im Bereich „Theoretische Untersuchung von Standards".

selten anzutreffen ist. Vielmehr sind es die Produzenten, die die Arbeit in Standardisierungskomitees dominieren. Aus diesen Gründen wird im zweiten Abschnitt dieses Kapitels ein eigenes Modell zur Analyse der Koordinationsfähigkeit der verschiedenen Mechanismen entwickelt.

Diese Modellierung beschränkt sich darauf, zwischen einer Standardisierung durch ein Komitee und den Wettbewerb zu unterscheiden und die Hierarchie nicht weiter zu berücksichtigen. Dies geschieht, weil die Hierarchie vor einem Informations- und einem Anreizproblem steht, wie es im vierten Kapitel angesprochen wurde. Bestünden diese Probleme nicht, so wäre eine Koordination durch eine Hierarchie den anderen zumindest nicht unterlegen. Aufgrund dieser kaum zu lösenden Probleme wird im zweiten Abschnitt dieses Kapitels auf die weitere Berücksichtigung der Hierarchie als standardsetzender Mechanismus verzichtet. Die Hierarchie spielt allerdings insofern eine Rolle, als sie den rechtlichen Rahmen, in dem sich der Wettbewerb und das Komitee bewegen, bestimmen und ändern kann.

6.1 Standardisierung durch die Anwender

Die Modelle von FARRELL und SALONER (1986b) bzw. GOERKE und HOLLER (1995) werden ausführlich dargestellt, weil die Modellstrukturen die Grundlage für die eigene Modellierung im zweiten Abschnitt dieses Kapitels bilden. Dabei beruht die erste formale Darstellung von FARRELL und SALONER auf einem sehr einfachen spieltheoretischen Fundament.[168] Auf diesem Modell, das lediglich die Kooperation im Wettbewerb modelliert, bauen GOERKE und HOLLER auf, wenn sie Mehrheitsregeln in Standardisierungskomitees untersuchen. Diese beiden Autoren schließen mit der Bemerkung, daß keine eindeutigen Aussagen über das Verhältnis einer Standardisierung durch ein Komitee und durch den Wettbewerb erfolgen können. Durch eine modifizierte Darstellung des Modells von GOERKE und HOLLER, können allerdings Parameterbereiche identifiziert werden, für die doch Aussagen hinsichtlich der Über- bzw. Unterlegenheit der betrachteten Mechanismen möglich sind.

Der explizite Vergleich von Komitee und Wettbewerb hinsichtlich ihrer Fähigkeit, Koordination der Beteiligten zu erreichen, wird von FARRELL und SALONER (1988) gemacht. Auch dieses Modell beruht auf der Struktur ihres Modells von 1986.

---

[168] Es sei an dieser Stelle nochmals auf die Einführung in verwendete spieltheoretische Konzepte im Anhang verwiesen.

218

6.1.1 Standardisierung oder Vielfalt - Das Modell von FARRELL und SALONER 1986[169]

Als Ausgangspunkt der Modellformulierungen, wie sie in der vorliegenden Arbeit Verwendung finden, kann das folgende Modell von FARRELL und SALONER angesehen werden. Sie untersuchen den Zusammenhang zwischen Vielfalt und Standardisierung, wenn Netzwerkeffekte eine Rolle spielen.

Die Anwender bestehen aus zwei Gruppen, die unterschiedliche Präferenzen hinsichtlich der Entscheidung für eine von zwei zur Verfügung stehenden Technologien A und B besitzen. Die Gruppe, die die Technologie A präferiert, hat einen Anteil an der Anwender-Population von a, die andere Gruppe von b, wobei a + b = 1 ist.

Der Netzwerkeffekt wird durch eine Funktion v = v(x), wobei x für den Anteil derer, die die entsprechende Technologie nutzen, steht. Entscheidet sich ein Individuum für die nicht von ihm präferierte Technologie, so bringt das für ihn einen Nutzenverlust in Höhe von α (β) mit sich, wenn er zu der Gruppe gehört, die die Technologie A (B) vorzieht.

		B-Liebhaber	
		Wählt A	Wählt B (q)
A-Liebhaber	Wählt A	v(1), v(1)-β	v(a), v(b)
	Wählt B	v(a)-α, v(b)-β	v(1)-α, v(1)

Tabelle 15: Auszahlungen für die Nutzergruppen in Abhängigkeit von der Technologiewahl

Entscheiden sich alle für eine Technologie, so erhalten alle den vollen Netzwerkeffekt von v(1). Die Gruppe, deren nicht präferierte Technologie gewählt wurde, hat neben dem Netzwerkeffekt noch den Nutzenverlust zu tragen. Die Auszahlungen, wie sie sich für die Gruppen in diesem Spiel ergeben, sind in Tabelle 15 dargestellt:

---

[169] Dieser Abschnitt gibt die wichtigsten Aspekte des Modells von FARRELL und SALONER von 1986 wieder.

Während in Tabelle 15 die Auszahlungen auf der Grundlage der Entscheidungen der jeweiligen Gruppe darstellt, sollen in Tabelle 16 die Auszahlungen, wie sie sich für die einzelnen Individuen ergeben, aufgezeigt werden. Tabelle 16 gibt die Auszahlungen für einen B-Liebhaber i in Abhängigkeit der Technologiewahl aller anderen B-Liebhaber ohne Individuum i wieder, wenn sich die A-Liebhaber für die Technologie A entscheiden.

		B-Liebhaber$_{-i}$	
		Wählt A	Wählt B (q)
B-Liebhaber$_i$	Wählt A	$v(1)-\beta,\quad v(1)-\beta$	$v(a)-\beta,\quad v(b)$
	Wählt B	$0,\quad\quad v(1)-\beta$	$v(b),\quad v(b)$

Tabelle 16: **Auszahlungen für ein Individuum der B-Liebhaber in Abhängigkeit von der Technologiewahl der anderen B-Liebhaber**

Je nach Parameterkonstellation können sich bis zu drei Gleichgewichte ergeben, entweder Standardisierung in eine der Technologien A bzw. B oder Vielfalt mit bzw. Inkompatibilität zwischen Technologie A und B. Die gemeinsame Wohlfahrt bei Inkompatibilität beläuft sich auf:

$$W_I = a\, v(a) + b\, v(b).$$

Wird hingegen Technologie A als Standard gewählt, so erhalten beide Gruppen zusammen eine Auszahlung von:
$$W_A = a\, v(1) + b\, \{v(1) - \beta\} = v(1) - b\,\beta \text{ und}$$

bei Standardisierung in B beträgt die Auszahlung:
$$W_B = a\, \{v(1) - \alpha\} + b\, v(1) = v(1) - a\,\alpha.$$

Unterstellt man, daß einer der beiden Standards der anderen aus gesellschaftlicher Sicht überlegen ist - z.B. Technologie A der Technologie B - und somit $a\alpha > b\beta$, so lassen sich die folgenden Behauptungen aufstellen:

Behauptung 1: Standardisierung ist nur effizient, wenn der Nutzen aus der Standardisierung in die überlegene Technologie größer als der Nutzen aus Inkompatibilität ist:
$$v(1) - b\,\beta \geq a\, v(a) + b\, v(b).$$

Behauptung 2: Standardisierung in Technologie A ist nur dann ein Gleichgewicht, wenn die Nutzer mit einer Präferenz für B einen Anreiz haben, sich entgegen ihrer eigentlichen Präferenz zu entscheiden:

$v(1) - \beta \geq 0$.

Behauptung 3: Standardisierung in Technologie B ist analog dazu nur dann ein Gleichgewicht, wenn gilt:

$v(1) - \alpha \geq 0$.

Behauptung 4: Inkompatibilität ist dann ein Gleichgewicht, wenn keiner in den jeweiligen Gruppen einen Anreiz hat, von der eigentlich präferierten Technologie zu der nicht-präferierten Technologie zu wechseln, weil jenes ein deutlich größeres Netzwerk bietet, bzw. der Netzwerkeffekt deutlich größer ist:

$v(a) - \beta \leq v(b)$ und $v(b) - a \leq v(a)$.

Behauptung 5: Wenn Inkompatibilität optimal ist, ist sie auch ein Gleichgewicht. Inkompatibilität ist dann optimal, wenn

$a\, v(a) + b\, v(b) \geq v(1) - b\, \beta$ bzw.

$\beta \geq \dfrac{v(1) - av(a)}{b} - v(b)$ ist,

da Inkompatibilität gemäß Behauptung 4 dann ein Gleichgewicht ist, wenn $\beta \geq v(a) - v(b)$ erfüllt ist. Um sicherzustellen, daß die Optimalitätsbedingung erfüllt ist, wenn die Gleichgewichtsbedingung erfüllt ist: muß $v(a) \leq \dfrac{v(1) - av(a)}{b}$ sein. Dies ist wiederum immer erfüllt, da definitionsgemäß $v(1) \geq v(a)$ ist.

Behauptung 6: Wenn Standardisierung in eine der beiden Technologien einziges Gleichgewicht ist, so ist es auch effizient. Damit auch die Nutzer mit der Präferenz für Technologie B einen Anreiz haben, anstelle von Technologie B die Technologie A zu wählen, muß gelten:

$v(a) - \beta \geq v(b)$.

Die Nutzer mit der Präferenz für Technologie A ziehen diese sowieso der Technologie B vor:

$v(a) \geq v(a) - \alpha$.

Wenn also keiner einen Anreiz besitzt, vom Gleichgewicht abzuweichen, so ist dieses auch effizient.

Behauptung 7: Auch wenn die Standardisierung in Technologie A ein Gleichgewicht darstellt, so muß es nicht effizient sein.

Da die Bedingungen für die Gültigkeit der Behauptungen 2, 3 und 4 zur gleichen Zeit erfüllt sein können, muß mit der Existenz dreier potentieller Gleichgewichte gerechnet werden, von denen aber nur eines optimal sein kann. Es
stellt sich somit unmittelbar die Frage nach Mechanismen zur Auswahl des
richtigen Gleichgewichtes oder zur Eliminierung von nicht wünschenswerten
Gleichgewichten.

6.1.2 Standardisierung durch ein Komitee - Der Beitrag von GOERKE und HOLLER

Unmittelbar auf dem soeben vorgestellten Modell von FARRELL und SALONER
aufbauend, haben GOERKE und HOLLER (GOERKE und HOLLER 1995) untersucht,
welchen Einfluß ein Abstimmungsmechanismus auf die Existenz der Gleichgewichte besitzt. Dies ist darauf zurückzuführen, daß bei Farrell und Saloner individuelle Rationalität die Gleichgewichte konstituierte, während bei Goerke und
Holler zusätzlich noch kollektive Rationalität gefordert wird.

Die Abstimmung über Standards soll danach in einem Standardisierungskomitee stattfinden für das explizit die folgenden zusätzlichen Annahmen gemacht
werden:

- Jede Anwendergruppe (a bzw. b) stimmt geschlossen ab. Sofern die
  Abstimmung über Vertreter der Gruppen erfolgt, maximieren diese
  den Nutzen derjenigen Anwendergruppe, die sie vertreten.
- Es sind grundsätzlich keinerlei Seitenzahlungen zwischen den Bevöl-
  kerungsgruppen oder deren Vertretern möglich.
- Das Abstimmungsspiel ist ein einmaliges Spiel.

Des weiteren wird eine implizite Annahme über die Auswirkungen einer Abstimmung innerhalb dieses Komitees gemacht:

- Das Abstimmungsergebnis ist für alle Bevölkerungsgruppen und Individuen bindend.

Wie auch von Blankart (BLANKART 1995, S. 181) angemerkt, ist Standardisi-
erng häufig nicht verbindlich. Gerade in den westlichen Industrienationen ist

die Anwendung eines Komiteestandards in erster Linie freiwillig. Das von Goerke und Holler entwickelte Modell kann damit eher als Annäherung an die Standardisierung in Entwicklungsländern, in denen Standards der verschiedensten Bereiche durch Gesetze oder Verordnungen verbindlich werden, oder nur für eingeschränkte Bereiche in Industrieländern, wie z.B. Umwelt- oder Sicherheitsstandards, dienen. Nur handelt es sich bei diesen Standards nicht um Kompatibilitätsstandards und somit auch nicht um Standards, bei denen Netzwerkeffekte von größerer Bedeutung sind.

Das Abstimmungsspiel kann durch die Mehrheitsregel d sowie die Stimmgewichtung a für die Anwendergruppe A und b für die Anwendergruppe B charakterisiert werden: g = (d; a, b).

A bzw. B ist dann eine Gewinnerkoalition, wenn a $\geq$ d bzw. b $\geq$ d ist, d.h. eine Gruppe über so viele Stimmen verfügt, daß sie den von ihr präferierten Standard im Komitee durchsetzen kann. Es lassen sich nun drei verschiedene Abstimmungsspiele in Abhängigkeit von d unterscheiden:

1. a $\geq$ d , d.h., die Anwendergruppe A kann die Technologie A zum verbindlichen Standard machen,
2. b $\geq$ d d.h., die Anwendergruppe B kann die Technologie B zum verbindlichen Standard machen oder
3. a < d und b < d, d.h., keine Anwendergruppe kann allein bestimmen. Nur die große Koalition kann einen Standard beschließen.

Zu 1: a $\geq$ d

Damit ist das Gleichgewicht bestimmt: es wird Technologie A zum Standard gewählt. Im Hinblick auf die Effizienzbetrachtung müssen im folgenden zwei Fälle unterschieden werden:

- Die Anwender der Gruppe B ziehen Standard A der Vielfalt vor: $v(1) - \beta \geq v(b)$. Dann erzeugt die Entscheidung für die Technologie A als Standard auch ein gesellschaftlich wünschenswertes Ergebnis.
- Die Anwender der Gruppe B ziehen Vielfalt der Technologie A vor: $v(1) - \beta < v(b)$. Der Standard A ist aber nur effizient, wenn: $v(1) - b\beta \geq av(a) + bv(b)$ ist.

zu 2: b $\geq$ d
In diesem Fall ist garantiert, daß das Gleichgewicht mit der Technologie B als Standard nicht das gesellschaftlich wünschenswerte Ergebnis dar-

stellt, denn ein Standard A wäre annahmegemäß immer besser als ein Standard B. Wird ein Standard B allerdings mit der Alternative der Vielfalt verglichen, so ergeben sich erneut zwei Fälle:

Die Anwender der Gruppe A ziehen Standard B der Vielfalt vor $v(1) - \alpha \geq v(a)$.

Die Anwender der Gruppe A ziehen Vielfalt dem Standard B vor: $v(1) - \alpha < v(a)$. Der Standard B erzeugt dann eine höhere Wohlfahrt als die Vielfalt, wenn $v(1) - a\alpha \geq av(a) + bv(b)$ ist.

zu 3: a < d und b < d

In dieser Konstellation ist nach Goerke und Holler (Goerke und Holler, S. 343) ein Standard nur über eine einstimmige Entscheidung möglich, was einem d = 1 entspricht.[170] Hier sind nun im weiteren vier Fälle zu unterscheiden:

3a) $v(1) - \beta \geq v(b)$ und $v(1) - \alpha < v(a)$

Da für die Anwender der Gruppe A die Entscheidung für ihre präferierte Technologie dominant ist, ist für diesen Parameterbereich die Entscheidung zugunsten des Standards A für die Gruppe B die beste Antwort.

3b) $v(1) - \beta \geq v(b)$ und $v(1) - \alpha \geq v(a)$

Hier ist es beiden Gruppen wichtig, daß überhaupt ein Standard erreicht wird, da die dadurch entstehenden Netzwerkeffekte die Gruppe, die für ihren nicht präferierten Standard gestimmt hat, für die daraus entstehenden Verluste kompensieren. Es kann allerdings keine sicheren Aussagen darüber gemacht werden, welcher der beiden Standards gewählt werden wird. Goerke und Holler schlagen eine asymmetrische Nash-Lösung mit den Auszahlungen bei Inkompatibilität als Drohpunkte vor.

3c) $v(1) - \beta < v(b)$ und $v(1) - \alpha < v(a)$

Hier ziehen beide Gruppen die Vielfalt einem potentiellen Standard vor, d.h., die Verluste aufgrund der Entscheidung zugunsten der nicht präferierten Technologie können durch die Netzwerkeffekte nicht kompensiert werden.

---

[170] GOERKE und HOLLER verwenden hierfür den Begriff des Konsenses. Dieser wird aber gerade von Standardisierungskomitees nicht im Sinne einer Einstimmigkeit, sondern im Sinne einer Abwesenheit von Widerspruch interpretiert. Die Abwesenheit von Widerspruch durch eine der beiden Anwendergruppen ist aber nicht hinreichend, um die Mehrheitsregel von d durch die JA-Stimmen der anderen Gruppe zu erfüllen. Vielmehr müssen beide Anwendergruppen mit JA stimmen.

3d) $v(1) - \beta < v(b)$ und $v(1) - \alpha \geq v(a)$

Die Anwender der Gruppe A ziehen einen Standard B der Vielfalt vor, die Anwender der Gruppe B allerdings die Vielfalt dem Standard A, so daß für sie die Wahl von B eine dominante Strategie darstellt. Es ergibt sich also ein Standard B, der besser ist als Vielfalt, aber nicht so gut wie ein Standard A.

Weiterhin untersuchen Goerke und Holler, welche Mehrheitsregel eine optimale Lösung am ehesten gewährleisten kann. Hierfür müssen die folgenden drei Fälle unterschieden werden:

- $W_I > W_A > W_B$

Das gesellschaftlich wünschenswerte Ergebnis ist die Vielfalt. Somit darf in diesem Fall die Mehrheitsregel d weder kleiner a noch kleiner b sein, da sonst die Gewinnerkoalition die von ihr präferierte Technologie zum Standard macht.

- $W_A > W_B > W_I$

Standardisierung in eine der beiden Technologien ist der Vielfalt vorzuziehen. Wünschenswert wäre annahmegemäß eine Standardisierung in A. Die Mehrheitsregel kann eines der beiden Standardisierungsgleichgewichte dadurch erreichen, daß die Mehrheitsregel d niedriger als a oder b gesetzt wird. Dieses Vorgehen birgt allerdings die Gefahr, daß u.U. zwar eine Ineffizienz beseitigt wird, indem eine Entscheidung zugunsten der Technologie mit der größeren Anwendergruppe ermöglicht wird, aber andererseits eine neue Ineffizienz entsteht. Diese ergibt sich aus der Möglichkeit einer starken Gruppe, den präferierten Standard durchzusetzen, auch wenn die Verluste für die unterlegene Gruppe außerordentlich hoch sind.

- $W_A > W_I > W_B$

Auch hier ist Standardisierung in A das wünschenswerte Ergebnis. Vielfalt wird allerdings der Standardisierung in B vorgezogen. Eine niedrig angesetzte Mehrheitsregel schafft hier die Möglichkeit, den gewünschten effizienten Standard A durchzusetzen, schafft aber gleichzeitig die Gefahr, daß der schlimmste Fall - Standardisierung in B - realisiert wird. Ein großes d impliziert hingegen, die mittlere Konstellation der Inkompatibilität.

Abschließend stellen GOERKE und HOLLER fest, daß Aussagen über die Verschärfung der Mehrheitsregel nicht möglich sind, da die sich hieraus ergebenden Wohlfahrtseffekte von den technischen Eigenschaften der beiden Technologien A und B abhängen (GOERKE und HOLLER, S. 348).

6.1.3 Standardisierung durch Wettbewerb, Komitee und Hierarchie

Betrachten wir nun im folgenden Modell, welche der drei zur Verfügung stehenden Standardisierungsinstitutionen am besten abschneidet, wenn vollständige Informationen über die Technologien A und B sowie über die Präferenzen und die Adoptionsverluste der Bevölkerungsgruppen bei einer Entscheidung zuungunsten der jeweils präferierten Technologie (also α bzw. β) vorliegen.

Die Konsumenten oder Nutzer der Technologien zeigen im Hinblick auf ihre Präferenzen wieder zwei Ausprägungen. Ein Bevölkerungsteil mit einem Anteil von „a" an der Gesamtbevölkerung (bzw. b) ziehe wieder die Technologie A (bzw. B) vor und erleide bei der Wahl eines Standards B einen Präferenzverlust α (bzw. β).

Die Auszahlungsstruktur ist in Tabelle 17 festgehalten. Es können sich hier drei grundsätzliche Situationen ergeben:

- Die Wahl ihrer präferierten Technologie ist für beide Anwendergruppen eine dominante Strategie.
- Ddie Wahl ihrer präferierten Technologie ist für genau eine der beiden Anwendergruppen eine dominante Strategie.
- Es gibt für keine der beiden Anwendergruppen eine dominante Strategie.

		B-Liebhaber	
		Wählt A	Wählt B
A-Liebhaber	Wählt A	$v(1)$, $v(1)-\beta$	$v(a)$, $v(b)$
	Wählt B	$v(a)-\alpha$, $v(b)-\beta$	$v(1)-\alpha$, $v(1)$

Tabelle 17: **Auszahlungen für die Nutzergruppen in Abhängigkeit von der Technologie- und Standardwahl**

Für die weitere Betrachtung sollen die im Modell angenommenen Eigenschaften der drei Standardisierungsinstitutionen charakterisiert werden:

Der Markt sei gekennzeichnet durch ein einmaliges Spiel, das ohne die Möglichkeit einer Kommunikation zwischen oder innerhalb der beiden Gruppen stattfindet. Die beiden Technologien werden jeweils durch vollständige Wettbewerber angeboten, so daß hierüber keine zusätzlichen strategischen Überlegungen einfließen.

Das Komitee zeichnet sich dadurch aus, daß die Entscheidung auf einem Konsens oder auf Einstimmigkeit beruht. Vorerst wird nicht angenommen, daß Seitenzahlungen durch die Mitgliedschaft innerhalb eines Komitees möglich werden. Die Teilnahme an einem Komitee ist nicht kostenlos, sondern verursacht individuell fixe Kosten in Höhe von k. Die Anwender kommen nur einmal in dieser Zusammensetzung in einem Standardisierungskomitee zusammen, so daß von einem einmaligen Spiel gesprechen werden kann.

Der staatliche Standardsetzer legt den Standard verbindlich für alle Anwender fest. Eine Abweichung vom Standard ist nur bei einem Verzicht auf die Anwendung der entsprechenden Technologie möglich. Die Gruppe, deren präferierte Technologie nicht zum Standard gemacht wird, wird durch den hierarchischen Standardsetzer nicht kompensiert.

Es soll noch einmal betont werden, daß die Parameter allen beteiligten Personen oder Institutionen bekannt sind, es handelt sich um ein Spiel mit vollständiger Information.

Fall A: Es gibt dominante Strategien für die jeweils präferierten Technologien.

In diesem Fall gelten folgende Ungleichungen
$v(1) \geq v(a) - \alpha$ und $v(a) \geq v(1) - \alpha$ sowie
$v(1) \geq v(b) - \beta$ und $v(b) \geq v(1) - \beta$.

Wird der Wettbewerb als Standardisierungsmechanismus herangezogen, so existiert offensichtlich nur ein Gleichgewicht, in dem Inkompatibilität herrscht und die gesellschaftliche Wohlfahrt sich als: $W_I = a\, v(a) + b\, v(b)$ ergibt.

<u>**Behauptung**: Es gibt dominante Gleichgewichte, die nicht effizient sind.</u>

Die gesellschaftliche Wohlfahrt bei einer Standardisierung in Technologie A ergibt sich als: $W_A = v(1) - b\beta$.

Inkompatibilität ist dann vorteilhaft, wenn folgende Bedingung erfüllt ist:

$v(1) - b\beta \leq a\,v(a) + b\,v(b)$ bzw. $\beta \geq \dfrac{v(1) - av(a) - bv(b)}{b}$.

Die Gleichgewichtsbedingung fordert $v(b) \geq v(1) - \beta \Leftrightarrow \beta \geq v(1) - v(b)$.

Ist nun $v(1) - v(b) \leq \dfrac{v(1) - av(a) - bv(b)}{b}$, so wird die Gleichgewichtsbedingung zwar erfüllt, nicht aber die Effizienzbedingung.

$v(1) - v(b) \leq \dfrac{v(1) - av(a) - bv(b)}{b}$ vereinfacht sich zu $v(1) \geq v(a)$, womit die obige Behauptung gestützt wird; es gibt dominante Gleichge-
wichte, in denen Inkompatibilität zwar dominant ist, nicht aber das effiziente Ergebnis darstellt.

Abbildung 36 gibt den Sachverhalt graphisch wieder. Wie zu erkennen
ist, existieren Kombinationen von „β„ und von „v(b)", bei denen eine
Standardisierung in die Technologie A gesellschaftlich wünschenswert
ist, aber Inkompatibilität für die beteiligten Anwender ein dominantes
Gleichgewicht darstellt (schraffierter Bereich in Abbildung 36).

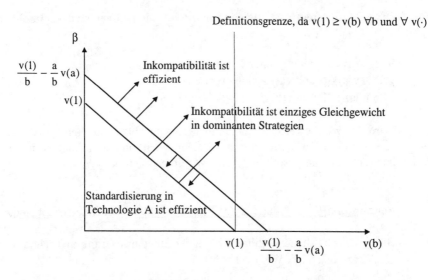

Abbildung 36: **Unzureichende Standardisierung als Gleichgewichte in dominanten Strategien**

Wird als Standardisierungsmechanismus der Wettbewerb herangezogen, so stellt sich als Ergebnis aufgrund der Dominanz der Strategie, die präferierte Technologie zu wählen, Inkompatibilität ein. Dies muß - wie oben gezeigt - nicht immer die beste Lösung darstellen. Ursache hierfür ist die Externalität des Netzwerkeffektes, den die Anwendergruppe mit der Präferenz für Technologie A durch ein großes Netzwerk erhielte. Gesellschaftlich ist dieser Effekt [V(1)-v(a)] so groß, daß damit die verbliebenen Verluste der Anwendergruppe mit der Präferenz für Technologie B bei einer Entscheidung zuungunsten ihrer präferierten Technologie kompensiert werden könnten.

Wird anstelle des Wettbewerbs nun ein Komitee mit einer Konsensentscheidung zur Standardisierung herangezogen, so kommt kein Ergebnis zustande. Existiert die Möglichkeit eines Wettbewerbes außerhalb des Komitees, so ergibt sich erneut das Gleichgewicht in dominanten Strategien. Ist hingegen ein Wettbewerb außerhalb des Komitees nicht zugelassen, so können die Auswirkungen nur untersucht werden, wenn weitere Annahmen, z.B. bezüglich der Zeitpräferenzen oder der Verhandlungsmacht der beiden Gruppen, gemacht werden. Dies soll an dieser Stelle nicht geschehen.

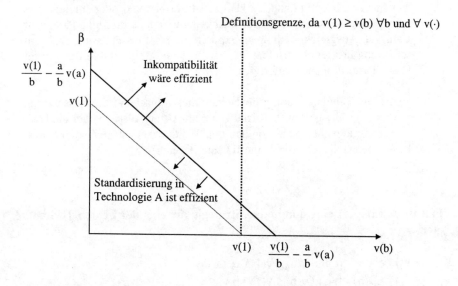

Abbildung 37: Exzeß-Standardisierung bei einer Mehrheitsregel a > d

229

Das Umfeld des Komitees wird dahingehend verändert, daß die Mehrheitsregel keine Einstimmigkeit mehr verlangt, sondern eine einfache oder qualifizierte Mehrheit zur Durchsetzung des Standards genügt, und daß Mechanismen existieren, die das Ergebnis des Komitees auch durchsetzen (z.B. Gesetze o.ä.). Wird eine Mehrheitsregel d gewählt und ist a > b und a > d, so kann die Anwendergruppe mit der Vorliebe für die Technologie A ihre Präferenz durchsetzen. Das Gleichgewicht ist dann ein Standard A unabhängig vom Ausmaß des Wohlfahrtsverlustes für die B-Liebhaber. Es kann dadurch zwar eine fehlende Standardisierung vermieden werden; dafür wird aber eine Exzeß-Standardisierung, wie durch Abbildung 37 illustriert, erzeugt (schraffierter Bereich).

Noch schlimmer sieht das Ergebnis aus, wenn zwar $b\beta \le a\alpha$, aber b > a ist. Dann ist wie oben angenommen zwar die Technologie A die - auf die Gesellschaft bezogen - bessere Technologie, als Standard wird aber die Technologie B implementiert, obwohl dies das schlechteste aller möglichen Ergebnisse darstellt.

Als letzte Möglichkeit verbleibt die hierarchische Standardsetzung, die sofern sie die Maximierung der gesellschaftlichen Wohlfahrt anstrebt, dies auch realisieren kann, da keinerlei Informations- oder Implementierungsprobleme bestehen. Damit wird keine Effizienz im Sinne Paretos erzielt, da Ausgleichszahlungen explizit ausgeschlossen sind. Die Entscheidung des hierarchischen Standardsetzers ist aber durch das Kaldor-Hicks-Kriterium zu rechtfertigen.

Fazit: Die Standardisierung über einen hierarchischen Standardsetzer erzeugt die größte gesellschaftliche Wohlfahrt; eine Aussage über die Über- oder Unterlegenheit von Komitee und Wettbewerb ist nicht möglich, da beide Mechanismen jeweils ineffiziente Bereiche erzeugen:

$$W_{Hierarchie} \ge W_{Komitee} \lessgtr W_{Wettbewerb}.$$

Fall B: Es existiert eine dominante Strategie für eine der beiden Technologien.

$v(1) \ge v(a) - \alpha$ und $v(a) \ge v(1) - \alpha$ sowie
$v(1) \ge v(b) - \beta$ und $v(b) \le v(1) - \beta$.

In diesem Fall wissen die B-Liebhaber, daß die A-Liebhaber sich zugunsten der Technologie A entscheiden werden, unabhängig von der Entscheidung der B-Liebhaber. Da diese aber einen allgemeinen Standard A der Inkompatibilität vorziehen v(b) ≤ v(1) - β, ist die Entscheidung für die Technologie A ihre beste Antwort. Als einziges Gleichgewicht ergibt sich ein Standard in Technologie A, das dann auch effizient ist.

Betrachten wir die Auswirkungen eines Komitees auf die Gleichgewichte. Sei a ≥ d, so werden die A-Liebhaber die Technologie A als Standard implementieren. Dieses Ergebnis entspricht dem des Wettbewerbes. Ist hingegen b ≥ d, so wird die Technologie B als Standard etabliert und somit wieder ein suboptimaler Standard eingerichtet. Wird hingegen ein Konsens der beiden Gruppen gefordert, so ist nicht zu erkennen, warum die A-Liebhaber irgendwann für die Technologie B stimmen sollten, so daß vermutlich Technologie A als Standard das Ergebnis des Verhandlungsprozesses darstellt.[171]

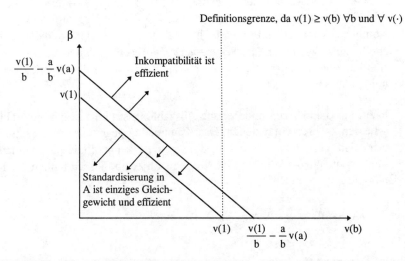

Abbildung 38: **Standardisierung ist einziges Gleichgewicht und das effiziente Ergebnis des Standardisierungsprozesses**

Überläßt man dem Staat die Entscheidung, so wird dieser beim Versuch, die gesellschaftliche Wohlfahrt zu maximieren, ebenfalls die Technologie A zum Standard machen.

---

[171] Hierbei sind allerdings implizite Annahmen über das Verhalten in Verhandlungen und die Zeitpräferenz vorgenommen worden.

Fazit: Für die hier zugrundegelegte Auszahlungsstruktur ist der Standardisierungsmechanismus irrelevant, d.h., jeder der drei traditionellen Mechanismen führt zu dem wohlfahrtsoptimalen Standard:

$W_{Hierarchie} = W_{Komitee} = W_{Wettbewerb}$.

Die Ergebnisse verändern sich allerdings, wenn die Entscheidung zugunsten der präferierten Technologie nicht mehr die dominante Strategie der A-Liebhaber, sondern die der B-Liebhaber darstellt:

$v(1) \geq v(a) - \alpha$ und $v(a) \leq v(1) - \alpha$ sowie
$v(1) \geq v(b) - \beta$ und $v(b) \geq v(1) - \beta$.

Dann setzt sich im Wettbewerb die Technologie B als Standard durch. Dabei handelt es sich nicht um das optimale Ergebnis, da per definitionem ein Standard auf der Grundlage der Technologie A eine höhere Wohlfahrt generiert als die Technologie B. Wird der Standard durch ein Komitee gesetzt und ist b ≥ d oder b < d und a < d, so ergibt sich das gleiche Resultat wie durch den Wettbewerb. Nur im Fall, daß a ≥ d ist, setzt sich bei einer Standardisierung durch das Komitee die überlegene Technologie durch.

Fazit: Für die hier zugrundegelegte Auszahlungsstruktur ist die hierarchische den anderen vorzuziehen. Das Komitee hat gegenüber dem Wettbewerb den Vorteil für alle a ≥ d, die optimale Technologie als Standard implementieren zu können. Der Wettbewerb ergibt ausschließlich Technologie B als Standard.

$W_{Hierarchie} \geq W_{Komitee} \geq W_{Wettbewerb}$.

Fall C: Es existiert für keine der beiden Technologien eine dominante Strategie

$v(1) \geq v(a) - \alpha$ und $v(a) \geq v(1) - \alpha$ sowie
$v(1) \geq v(b) - \beta$ und $v(b) \geq v(1) - \beta$.

In diesem Fall ziehen beide Gruppen zwar ihren Standard der Inkompatibilität vor, diese aber auch einem Standard auf der Grundlage der nicht präferierten Technologie. Für diesen Bereich existieren zwei Nash-

Gleichgewichte in reinen Strategien: Standardisierung in Technologie A und Standardisierung in Technologie B.

		B-Liebhaber (1-q)	q
		Wählt A	Wählt B (q)
A-Liebhaber p	Wählt A	v(1), v(1)-β	v(a), v(b)
(1-p)	Wählt B	v(a)-α, v(b)-β	v(1)-α, v(1)

Tabelle 18:   Auszahlungen für die Nutzergruppen in Abhängigkeit von der Technologie- und Standardwahl

Wenn die Standardisierung über den Wettbewerb erfolgen soll, so gibt es keine Möglichkeit der Kommunikation, es können also keinerlei Absprachen zwischen den beiden Anwendergruppen getroffen werden. Wohl aber sei angenommen, daß die Anwender innerhalb der jeweiligen Anwendergruppe kommunizieren und sich auf eine Strategie einigen können. Dann ergibt sich ein weiteres Nash-Gleichgewicht in gemischten Strategien, wobei p (bzw. q) die Wahrscheinlichkeit darstellt, mit der die A-Liebhaber (bzw. B-Liebhaber) ihre präferierte Technologie A (bzw. B) wählen und entsprechend (1 - p) (bzw. [1 - q]) die Wahrscheinlichkeit darstellt, mit der sie ihre nicht präferierte Technologie wählen.

Die jeweiligen Wahrscheinlichkeiten sind so zu wählen, daß die andere Anwendergruppe gerade indifferent zwischen den beiden zur Verfügung stehenden Strategien ist:

Wählen die B-Liebhaber also mit q die Technologie B und mit (1 - q) die Technologie A, dann sind die B-Liebhaber zwischen den beiden Technologien indifferent, wenn gilt:

$$qv(a) + (1 - q)v(1) = q[v(1) - \alpha] + (1 - q)[v(a) - \alpha].$$

Löst man dies nach q auf, so ergibt sich:

$$q^* = [v(a) - v(1) - \alpha] / [2v(a) - 2v(1)].$$

Analog hierzu ergibt sich die Wahrscheinlichkeit p für die A-Liebhaber als:

$$p^* = [v(b) -. v(1) - \beta] / [2v(b) - v(1)].$$

Der Wert des Spiels für die A-Liebhaber V_A, also das, was sich die Spieler als Erwartungswert sichern können, ergibt sich als

$$V_A = p(1-q)v(1) + pqv(a) + (1-p)(1-q)[v(a) - \alpha] + (1-p)q[v(1) - \alpha]$$

oder nach dem Einsetzen und Auflösen: $V_A = \dfrac{v(a) - v(1) - \alpha}{2} + v(1)$.

Für die B-Liebhaber ergibt sich $V_B = \dfrac{v(b) - v(1) - \beta}{2} + v(1)$.

Betrachtet werden soll nun die gesellschaftliche Wohlfahrt $W_{\text{Wettbewerb}}$ als Summe der beiden Spielwerte gewichtet mit dem jeweiligen Bevölkerungsanteil. Dann ergibt sich:

$$W_{\text{Wettbewerb}} = a\,V_A + b\,V_B = \frac{v(1) + av(a) + bv(b)}{2} - \frac{a\alpha + b\beta}{2}.$$

Das Ergebnis der Abstimmung im Komitee hängt natürlich wieder von der Mehrheitsregel d ab. Ist a $\geq$ d; so wird Technologie A zum Standard und $W_{\text{Standardisierung in A}} = v(1) - b\beta$; ist b $\geq$ d, dann wird Technologie B zum Standard und $W_{\text{Standardisierung in B}} = v(1) - a\alpha$. Was aber passiert, wenn d > a und d > b sind? Es erscheint durchaus plausibel anzunehmen, daß die beiden Gruppen so häufig abstimmen, bis sie zum ersten Mal eine gemeinsame Entscheidung getroffen haben, bis beide Gruppen für A oder für B stimmen. Die Auszahlungsmatrix verändert sich nun allerdings wie in

		B-Liebhaber (1 - q)	q
		Wählt A	Wählt B
A-Liebhaber	Wählt A p	$v(1)$, $v(1)$-β	0, 0
	Wählt B (1 - p)	0, 0	$v(1)$-α, $v(1)$

Tabelle 19: **Auszahlungen für die Nutzergruppen in Abhängigkeit von der Technologie- und Standardwahl**

Die gemischten Strategien der Anwendergruppen müssen den folgenden Bedingungen genügen:

$(1 - q)\,v(1) + q0 = (1 - q)0 + q\,[v(1) - \alpha]$ und

$p\,[v(1) - \beta] + (1 - p)0 = p0 + (1 - p)\,v(1)$.

Hieraus ergeben sich die Nash-Gleichgewichtsstrategien:

$$q^* = \frac{v(1)}{2v(1) - \alpha} \quad \text{und} \quad p^* = \frac{v(1)}{2v(1) - \beta}.$$

Es wird also mit der Wahrscheinlichkeit p (bzw. (1-q)) die Abstimmung zugunsten der Technologie A und mit (bzw. (1-p)) q zugunsten der Technologie B ausfallen. Damit ist die Wohlfahrt bei

$$W_{\text{Standardisierung in A/B}} = p\,(1 - q)\,[v(1) - b\beta] + (1 - p)\,q\,[v(1) - a\alpha]$$

$$W_{\text{Standardisierung in A/B}} = v(1) \frac{\left(4v(1)^2 - 2\alpha v(1) - 3\beta v(1) + \beta v(1)v(a) - \alpha\beta - \alpha v81)v(a)\right)}{(2v(1) - \alpha)(2v(1) - \beta)}.$$

Sofern d < a gewählt wird, führt eine Standardisierung über ein Komitee zu einer größeren Wohlfahrt als der Wettbewerb:

$$W_{\text{Wettbewerb}} \leq W_{\text{Standardisierung in A}}$$

Dies ergibt sich aus:

$$\Leftrightarrow \frac{v(1) + av(a) + bv(b)}{2} - \frac{a\alpha + b\beta}{2} \leq v(1) - b\beta$$

$$\Leftrightarrow b\beta - a\alpha \leq v(1) - av(a) - bv(b)$$

$$\Leftrightarrow av(a) + bv(b) - a\alpha \leq v(1) - b\beta.$$

Da bekannt ist, daß $v(1) \geq av(a) + bv(b)$ und $b\beta \leq a\alpha$, ist die rechte Seite der Ungleichung größer und damit die obige Behauptung bestätigt.

Ist hingegen d < b, so daß sich Technologie B durchsetzt, ist die Wohlfahrt einer Standardisierung im Komitee nur dann größer als beim Wettbewerb, wenn gilt:

$$W_{\text{Wettbewerb}} \leq W_{\text{Standardisierung in B}}$$

$$\Leftrightarrow \frac{v(1) + av(a) + bv(b)}{2} - \frac{a\alpha + b\beta}{2} \leq v(1) - a\alpha$$

$$\Leftrightarrow av(a) + bv(b) - b\beta \leq v(1) - a\alpha$$

$$\Leftrightarrow a\alpha - b\beta \leq v(1) - av(a) - bv(b)$$

$$\Leftrightarrow a \leq \frac{v(1) - v(b) + \beta}{\alpha + \beta + v(a) - v(b)}$$

$$\Leftrightarrow \beta \le \frac{v(1) - av(a) + av(b) - v(b) - a\alpha}{a - 1}.$$

Ob bei einer Mehrheitsregel d < a und d < b das Komitee oder der Wettbewerb das bessere Ergebnis erzeugt, ist nicht zu klären, da dies z.B. vom Verhältnis zwischen α bzw. β und v(1) abhängt.

Standardisierung im Komitee wäre dann dem Wettbewerb überlegen, wenn folgender Ausdruck positiv ist, also

$$v(1)\frac{\left(4v(1)^2 - 2\alpha v(1) - 3\beta v(1) + \beta v(1)v(a) - \alpha\beta - \alpha v81)v(a)\right)}{(2v(1) - \alpha)(2v(1) - \beta)}$$

$$-\left(\frac{v(1) + av(a) + bv(b)}{2} - \frac{a\alpha + b\beta}{2}\right) \ge 0.$$

Ob diese Bedingung erfüllt ist oder nicht, hängt unter anderem davon ab, ob α - 2v(1) und/oder β - 2v(1) positiv oder negativ sind.

Somit lassen sich auch für diesen Bereich keine eindeutigen Aussagen darüber machen, ob ein Komitee als standardsetzende Institution oder der Wettbewerb herangezogen werden soll. Unbestritten ist allerdings, daß auch hier wieder der allwissende hierarchische Standardsetzer die beste Lösung darstellt:

$$W_{Hierarchie} \ge W_{Komitee} \lessgtr W_{Wettbewerb}.$$

Zusammenfassend kann festgestellt werden, daß natürlich bei vollständiger Information der hierarchische Standardsetzer allen anderen Institutionen gegenüber schwach dominant ist. Über die Über- bzw. Unterlegenheit von Komitee und Wettbewerb als standardsetzende Institution kann zu diesem Zeitpunkt noch keine Aussage getroffen werden.

Wenn es eine dominante Strategie für die jeweils präferierte Technologie gibt, dann $W_{Hierarchie} \ge W_{Komitee} \lessgtr W_{Wettbewerb}$. Wenn nur eine der beiden Bevölkerungsgruppen eine dominante Strategie für die präferierte Technologie besitzt, dann ist $W_{Hierarchie} \ge W_{Komitee} \ge W_{Wettbewerb}$. Existiert hingegen keine dominante Strategie, d.h., beiden ist ein gemeinsames Netzwerk wichtiger, als der Erfolg der präferierten Technologie, ist wieder $W_{Hierarchie} \ge W_{Komitee} \lessgtr W_{Wettbewerb}$.

6.1.4 Koordination zwischen Komitee und Wettbewerb - Das Modell von FARRELL und SALONER 1988

Zu den ersten, die sich auf einer spieltheoretischen Ebene mit den verschiedenen Mechanismen der Standardisierung auseinandersetzten, gehören FARRELL und SALONER. Ihr Modell von 1988 und die daraus abgeleiteten Ergebnisse werden im folgenden Abschnitt vorgestellt.

Das Modell unterstellt zwei Nutzer- oder Produzentengruppen, die zwischen zwei Technologien A und B wählen müssen. Die Gruppen unterscheiden sich im Hinblick auf die zur Auswahl stehenden Technologien. So bevorzugt die Gruppe A (bzw. B) die Technologie A (bzw. B). Innerhalb dieser Gruppen sind die Anwender oder Produzenten im Hinblick auf die Technologien identisch. Die Auszahlungen für die beiden Gruppen in Abhängigkeit von der Technologiewahl ist in Tabelle 20 dargestellt. Hierbei repräsentiert „a" den Nutzen aus dem Produkt per se und „c" den Nutzen aus einem großen Netzwerk, d.h., wenn Standardisierung erreicht wird. Die Auszahlung bei alleiniger Wahl des nicht präferierten Standards wird als Grundlage verwendet und auf „0" normiert. Farrell und Saloner unterscheiden zwischen „reinen" und „gemischten" Spielen. Bei „reinen Spielen" wird ausschließlich eine Standardisierung über den Wettbewerb bzw. über ein Komitee betrachtet. Bei „gemischten Spielen" können beide Optionen auch verbunden werden.

6.1.4.1 Reine Standardisierungsspiele

Im ersten Schritt werden nun die Situationen betrachtet, bei denen nur eine der Institutionen zur Verfügung steht. So findet sich in der Tabelle 20 die Auszahlungsstruktur für eine Situation, wie sie bei einer Standardisierung über den Wettbewerb entstehen kann.

Betrachtet man also den Wettbewerb als Mechanismus zur Standardisierung, so lassen sich die folgenden zwei Fälle unterscheiden:

1. Fall: $a + c > c > a > 0$ und
2. Fall: $a + c > a > c > 0$.

FARRELL und SALONER beschränken sich auf den ersten Fall, da im zweiten Fall die Entscheidung zugunsten der präferierten Technologie eine dominante Strategie darstellt.

In diesem „Wettbewerbsspiel" ergibt sich ein Gleichgewicht in gemischten Strategien mit einer Wahrscheinlichkeit von {(c + a)/2c} für die jeweils präferierte Technologie und mit {(c - a)/2c} für die jeweils nicht präferierte Technologie. Als Wert des Spiels ermittelt sich für die einzelne Gruppe jeweils als: (c - a)/2. Dieser Wert ist geringer als die Auszahlung, die sich die Spieler bei einer Einigung auf die nicht präferierte Technologie als Standard hätten sichern können, nämlich c.

		Gruppe B	
		Technologie A	Technologie B
Gruppe A	Technologie A	(a + c); c	a; a
	Technologie B	0, 0	c; (a + c)

Tabelle 20: Auszahlungsstruktur des „reinen Wettbewerbsspiels" im Modell von Farrell und Saloner

Da offensichtlich das Wettbewerbsspiel nicht zu einem befriedigenden Ergebnis führt, nehmen FARRELL und SALONER an, daß sich die beiden Gruppen treffen, um zu einer koordinierten Entscheidung zu kommen. Das Komitee besteht in diesem Modell aus einer Abfolge von Abstimmungen über die Technologien. Die Anzahl der Abstimmungen ist durch „n" begrenzt. Sobald beide Gruppen die gleiche Wahl treffen, sind beide verpflichtet, die gewählte Technologie zu implementieren. Es ergeben sich dann die Auszahlungen für AA oder BB. Einigen sich die Gruppen nicht, so gehen sie in die nächste Abstimmung. Sie erhalten als Auszahlung den Wert des folgenden Teilspiels. Kosten werden weder durch das Treffen an sich noch durch die Abstimmungen verursacht; der Koordinationsvorgang hat somit den Charakter eines „cheap-talks" (vgl. hierzu FARRELL 1987).

Das gemischte Gleichgewicht bestimmt sich aus:

$$V(n) = q(n) (a + c) + [1-q(n)] V(n - 1)$$
und
$$V(n) = q(n) V(n - 1) + [1 - q(n)] c,$$

wobei q(n) die Wahrscheinlichkeit dafür ausdrückt, daß in der Periode „n" die jeweils nicht präferierte Technologie gewählt wird. Der Wert dieses Spiels ermittel sich durch Einsetzen und hat den Wert von „c". Ist der Standardisierungsprozeß zeitlich unbegrenzt, d.h. n → ∞, geht q(n) → 0 und der Wert des Komiteespieles geht gegen V(n) = c.

Gruppe B

		Technologie A	Technologie B
	Technologie A	(a + c); c	V(n-1), V(n-1)
Gruppe A			
	Technologie B	V(n-1), V(n-1)	c; (a + c)

Tabelle 21: Auszahlungen im „reinen Komiteespiel" mit V(n-1) = Wert des folgenden Teilspiels, wenn keine Übereinstimmung erreicht werden konnte

6.1.4.2 Das gemischte Standardisierungsspiel von FARRELL und SALONER

Neben diesen „reinen" Formen einer Standardisierung über den Wettbewerb bzw. ein Komitee entwickeln FARRELL und SALONER die Option eines „gemischten Standardisierungsspiels", in dem die beteiligten Unternehmen oder Anwender die Möglichkeit haben, eine Entscheidung sowohl über den Wettbewerb als auch zeitgleich über ein Standardisierungskomitee zu suchen. Es stehen den Beteiligten somit in jeder Periode drei Strategien zur Verfügung:

- Das Unternehmen entscheidet sich für die eigene Technologie und hofft, daß die Gegenseite sich dieser Entscheidung beugt.
- Das Unternehmen entscheidet sich für eine Teilnahme am Standardisierungsprozeß und beharrt auf seiner Technologie.
- Das Unternehmen entscheidet sich für eine Teilnahme am Standardisierungsprozeß und gibt nach.

Die erste Entscheidung, die von den Beteiligten zu treffen ist, wird durch Tabelle 22, die zweite durch Tabelle 23 dargestellt. Dabei wird die zweite Stufe nur gespielt, wenn sich beide Unternehmen in der ersten Stufe für eine Teilnahme am Standardisierungskomitee entschieden haben. Die zeitliche Dimensi on wird durch einen Abzinsungsfaktor δ (mit $\delta < 1$) in das Modell eingebaut, der den Wert H bei jeder nicht zustande gekommenen Einigung reduziert. Dieser Ausdruck repräsentiert den Wert, den das gemischte Spiel am Anfang einer Periode hat. H' steht für den Wert der zweiten Stufe in einer beliebigen Periode, wenn sich beide Gruppen entschlossen haben, am Standardisierungskomitee teilzunehmen.

1. Stufe

Gruppe B

		Komitee	Technologie B
	Technologie A	(a + c); c	a; a
Gruppe A			
	Komitee	H', H'	c; (a + c)

Tabelle 22: Entscheidungssituation für oder wider den Wettbewerb bzw. das Standardisierungskomitee im Rahmen des gemischten Spieles.

2. Stufe

Gruppe B

		nachgeben	beharren
	beharren	(a + c); c	δH, δH
Gruppe A			
	nachgeben	δH, δH	c; (a + c)

Tabelle 23: Entscheidungssituation im Standardisierungskomitee im Rahmen des gemischten Spieles

Um den Wert dieses Spieles zu ermitteln, konstruieren FARRELL und SALONER ein Komiteespiel mit einem unendlichen Zeithorizont, das die in Tabelle 24 dargestellten Auszahlungen aufweist. Hiermit sollen die Auszahlungen im Komiteespiel und im gemischten Spiel über die Zeit verglichen werden. Hierfür wird zuerst der Verlauf der Spielwerte des Komiteespieles X(t) (Tabelle 24) er-

240

mittelt. Gruppe B wähle seine Strategie A mit der Wahrscheinlichkeit f(t) und Strategie B mit [1 - f(t)]. Damit ergibt sich ein Gleichgewicht in gemischten Strategien von :

$f(t)(a + c) + [1 - f(t)] \delta t = f(t) \delta t + [1 - f(t)]c.$

Gruppe B

		Strategie A	Strategie B
	Strategie B	$(a + c); c$	$\delta t, \delta t$
Gruppe A			
	Strategie A	$\delta t, \delta t$	$c; (a + c)$

Tabelle 24: **Auszahlungen bei einem Standardisierungskomitee mit unendlichem Zeithorizont**

Für den Zeitpunkt t = 0 folgt:
$f(0)(a + c) + [1 - f(0)] \delta 0 = f(0) \delta 0 + [1 - f(0)]c.$

Es ergibt sich hieraus eine Wahrscheinlichkeit f(0) von
$f(0) = c / (a + 2c)$
und ein Spielwert X(0) von
$X(0) = c (a + c) / (a + 2c) > 0.$

Für den Zeitpunkt t = c lautet die Bedingung für ein Gleichgewicht in gemischten Strategien:
$f(c)(a + c) + [1 - f(c)] \delta c = f(c) \delta c + [1 - f(c)]c.$

Der Wert des Spiels zum Zeitpunkt t = c ist kleiner als c für alle $\delta < 1$:
$$X(c) \quad = f(c) \delta c + [1-f(c)]c \quad < c$$
$$f(c) \delta - f(c) < 0$$
$$\delta < 1.$$

Die Wahrscheinlichkeiten für die gemischten Strategien zwischen den Zeitpunkten t = 0 und t = c lauten:
$f(t)(a + c) + [1 - f(t)] \delta t = f(t) \delta t + [1 - f(t)]c$ bzw.
$f(t) = (c - \delta t)/[a + 2(c - \delta t)].$

Der Spielwert zu einem beliebigen Zeitpunkt ergibt sich somit als:
$X(t) = f(t)\,\delta t + [1 - f(t)]c.$

Der Verlauf von X(t) über die Zeit kann durch Differenzieren nach t ermittelt werden:

$$\frac{dX(t)}{dt} = \dot{X}(t) = \delta\,f(t) + f'(t)(\,\delta t - c)$$

$$= \frac{\delta f(t)[1 + a]}{a + 2(c - \delta t)}$$

$$\dot{X}(t) = \frac{2\delta(c - \delta t)(c - \delta t + a)}{\left(a + 2(c - \delta t)\right)^2}.$$

Der Spielwert steigt mit der Zeit, solange der Zähler positiv ist, wofür wiederum $(c - \delta t > 0)$ eine hinreichende Bedingung ist. Somit ergibt sich aus den Spielwerten X(0) und X(c) sowie der Ableitung $\dot{X}(t)$ der in Abbildung 39 dargestellte stetig steigende Verlauf von X(t).

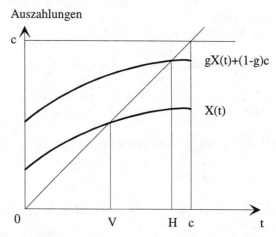

Abbildung 39: Verlauf der Spielwerte des reinen Komiteespiels und des gemischten Spiels

Betrachtet man nun die erste Stufe des gemischten Spiels, so läßt sich erkennen, daß der Wert dieses Spiels [g H' + (1 - g) c] ist. Hierbei repräsentiert H' den Wert der zweiten Stufe. Für diesen gilt: H' = X(t). Für den Zeitpunkt H folgt daraus, daß H' = X(H) ist. Somit läßt sich der Wert der ersten Stufe auch schreiben als: H = g X(H)+(1 - g) c. Dieser ist für jeden Zeitpunkt t < c größer als der Wert der zweiten Stufe X(t).

Dies bedeutet, daß g X(t) + (1 - g) c > X(t)   ∀ t < c sein muß. Durch Auflösen läßt sich dies umformen zu der Bedingung c > X(t). Da diese für alle t < c erfüllt ist, hat der Wert des gemischten Spiels den in Abbildung 39 dargestellten Verlauf.

Als Ergebnis dieses Modells kann festgehalten werden, daß eine Kombination aus Wettbewerbs- und Komiteestandardisierung bessere Ergebnisse erwarten läßt als eine reine Standardisierung durch ein Komitee. Dies hat seine Ursache darin, daß bei einer Kombination beider Institutionen die Beteiligten in jeder Periode zwei Gelegenheiten haben, Koordination zu erzielen, während bei einer reinen Komiteestandardisierung in jeder Periode nur eine Gelegenheit vorhanden ist.

6.2 Standardisierung durch innovative Unternehmen

Die bisherigen Untersuchungen beschränkten sich auf Standardisierungsinstitutionen, in denen die Anwender sich für eine von zwei zur Verfügung stehenden Technologien oder Standards entscheiden müssen, die noch dazu jeweils von einer Vielzahl von Unternehmen angeboten werden. Diese Annahmen entsprechen aber in den wenigsten Fällen den tatsächlichen Gegebenheiten, vielmehr dominieren in Standardisierungskomitees die Unternehmen. Die jeweiligen Anreize für die Teilnahme der Unternehmen an diesen Komitees sind dabei vielschichtig und können so unterschiedliche Motive haben, wie z.B.

- den Versuch, im Rahmen eines Standardisierungskomitees technologische Informationen im Hinblick auf die Lösung von technischen Problemen zu erhalten (DAVID und HUNTER, S. 5),

- den Versuch, Informationen über den Entwicklungsstand potentieller Konkurrenten zu erhalten,

- Kontakte zu knüpfen, um technologische Joint Ventures zu initiieren und gegebenenfalls gemeinsam einen Wettbewerbsstandard zu entwickeln und dann durchzusetzen (vgl. BROWN 1993 oder COMPTON 1993) und natürlich

- den Standardisierungsprozeß in ihrem Sinne zu beeinflussen (ADOLPHI 1996, S. 12). Dies kann eine inhaltliche Beeinflussung sein, indem versucht wird, die eigene Technologie zum Standard zu machen. Die Beeinflussung kann aber auch dahin gehen, daß eine schnelle Einigung im Rahmen des Standardisierungskomitees verhindert wird, da eine solche als gefährlich für den Erfolg der eigenen Technologie als Wettbewerbsstandard gesehen wird (ANTITRUST DIVISION 1995, S. 33).

In den folgenden Ausführungen steht dieser letzte Punkt der Beeinflussung des Standardisierungskomitees im Vordergrund.

6.2.1 Die Modellierung der Angebots- und der Nachfrageseite

6.2.1.1 Die Modellierung der Unternehmensseite

In einem statischen Modellrahmen soll untersucht werden, in welchem rechtlichen Rahmen Unternehmen sich im Standardisierungskomitee auf eine Technologie einigen und somit ein Komiteestandard erreicht wird und in welchem Rahmen sie versuchen, ihre jeweilige Technologie im Wettbewerb durchzusetzen und somit mehrere Technologien existieren. Untersucht wird diese Fragestellung anhand zweier innovativer Unternehmen, die zeitgleich jeweils eine Technologie zur Lösung des gleichen Problems entwickelt haben. Diesen Unternehmen steht es frei, ein Standardisierungskomitee zu gründen oder ein existierendes Komitee zu nutzen, um ihre Aktivitäten zu koordinieren.

Das Entscheidungsverhalten der beiden Unternehmen wird dabei in erheblichem Maße von der rechtlichen und organisatorischen Ausgestaltung der Standardisierung bzw. des Standardisierungskomitees beeinflußt. Aus den Ausführungen des fünften Kapitels über die rechtliche Dimension der Standardisierung werden drei relevante Bereiche in die Modellierung einbezogen:
- Ein Komiteestandard kann verbindlich gemacht werden oder grundsätzlich freiwillig sein,
- die Technologien können durch gewerbliche Schutzrechte geschützt oder offen sein und
- die Unternehmen, die ein Standardisierungskomitee gegründet haben, können entweder den Zutritt zu diesem Komitee verhindern, oder dieser Zutritt kann von anderen Unternehmen erzwungen werden.

Zusätzlich zu diesen rechtlichen Aspekten wird noch die Frage der Abstimmungsregel, die für das Standardisierungskomitee gilt, betrachtet:
- Eine Entscheidung kann durch Konsens oder eine einfache Mehrheit getroffen werden.

Somit ergeben sich insgesamt 16 Szenarien oder Spielsituationen, in denen den beiden Unternehmen jeweils zwei reine Strategien zur Verfügung stehen: „Standardisierung über den Wettbewerb" oder „Teilnahme am Standardisierungskomitee". Aus dieser Kombination der Strategien ergeben sich die vier möglichen Spielergebnisse, wie sie in Abbildung 40 dargestellt sind.

| | | Unternehmen B | |
		Wettbewerb	Komitee
Unternehmen A	Wettbewerb	Fall I	Fall II
	Komitee	Fall III	Fall IV

Abbildung 40: Die Strategien der Unternehmen

Fall I
Beide Unternehmen wählen den Wettbewerb. Dann schließt sich für die beiden Unternehmen ein Duopolspiel an, bei dem sie Marktzutritt zulassen und Lizenzgebühren fordern können. Ist Symmetrie zwischen beiden Unternehmen gegeben, so agieren sie auf dem Markt als Cournot-Oligopolisten. Lassen sie den Marktzutritt für andere Unternehmen zu, so agieren diese neuen Unternehmen als Stackelbergfolger, während das Unternehmen, das den Marktzutritt zugelassen hat, als Stackelbergführer agiert.[172]

Fälle II und III
Ein Unternehmen (im Fall III: Unternehmen A) entscheidet sich für die Teilnahme am Standardisierungskomitee, während das andere (im Fall III: Unternehmen B) eine Standardisierung über den Wettbewerb anstrebt. Damit kommt es unabhängig von der Mehrheitsregel zu einer Komiteestandardisierung in Technologie A. Die Auswirkungen für Unternehmen B hängen dabei vom rechtlichen Rahmen ab. Wird der Komiteestandard verbindlich gemacht, so stellt er eine für Unternehmen B nicht zu überwindende Barriere dar, so daß Unternehmen B keinen Umsatz realisieren

---

[172] Ausführlicher zur Duopoltheorie, Cournot-Verhalten und Stackelbergführer bzw. -folger im Anhang A2 „Eine kurze Einführung in die Grundlagen der Duopoltheorie".

kann. Ist der Komiteestandard hingegen freiwillig, ist keine Symmetrie zwischen den Unternehmen A und B mehr gegeben. Deshalb sei angenommen, daß das Unternehmen A als Stackelbergführer agiert und Unternehmen B als Stackelbergfolger.

Darüber hinaus muß das Unternehmen, das sich für eine Teilnahme an einem Standardisierungskomitee entscheidet, seine Technologie den Unternehmen, die ebenfalls an diesem Komitee teilnehmen, zur Verfügung stellen. Dies bedeutet, daß das innovative Unternehmen keine relevanten Informationen über seine Technologie zurückhält.

Fall IV

Beide Unternehmen entscheiden sich für eine Teilnahme am Standardisierungskomitee. Hier können beide Unternehmen durch das Zulassen von Marktzutritt die Koalition vergrößern, die ihrer Technologie bei der Abstimmung im Standardisierungskomitee zum Erfolg verhelfen soll. Das Unternehmen, das die größere Koalition zustande bringt und somit seine Technologie durchsetzen kann, agiert als Stackelbergführer, während alle anderen Unternehmen als Stackelbergfolger agieren.

Je nach rechtlichem und organisatorischem Rahmen ergeben sich unterschiedliche Auszahlungen bzw. Gewinne für die beiden Unternehmen. Dies bedeutet auch, daß die Unternehmen in unterschiedlichen rechtlichen Szenarien unterschiedliche Strategien wählen.[173] So kann z.B. eine Standardisierung durch den Wettbewerb für bestimmte Szenarien eine dominante Strategie sein, während es in anderen Szenarien Parameterkonstellationen gibt, in denen für beide Unternehmen eine Teilnahme an einem Standardisierungskomitee dominant ist.[174]

Als exogene Parameter des Verhaltens der Unternehmen können verschiedene Faktoren identifiziert werden:
1. die Intensität des Netzwerkeffekts,
2. die Kosten einer Teilnahme am Standardisierungskomitee (Komiteekosten) und
3. die Kosten eines Wechsels von der eigenen Technologie zur Technologie des Konkurrenten (Wechselkosten).

---

[173] Die Berechnung der Auszahlungen für die beiden Unternehmen ist dem Anhang „Ermitteln der Gleichgewichte" zu entnehmen. Die Ergebnisse finden sich in strategischer Form zusammengefaßt im Anhang A.4 „Zusammenfassung der Gleichgewichte".

[174] Es sei an dieser Stelle nochmals auf die „Einführung in verwendete Konzepte der Spieltheorie" im Anhang A.1 verwiesen.

Um eine anschauliche Darstellung der Ergebnisse zu ermöglichen, werden zwei Extremfälle betrachtet, in denen zum einen die Komiteekosten und zum anderen die Wechselkosten als vernachlässigbar angenommen werden., so daß eine graphische Darstellung des Verhaltens der Unternehmen in Abhängigkeit von der Intensität der Netzwerkeffekte und von den Wechselkosten bzw. den Komiteekosten möglich ist.

6.2.1.2 Die Modellierung der Anwenderseite

Bei der vorliegenden Arbeit handelt es sich nicht um eine betriebswirtschaftliche Handlungsanweisung an Unternehmen, wann diese sich für eine Teilnahme an einem Standardisierungskomitee entscheiden sollen und wann für eine Standardisierung durch den Wettbewerb. Vielmehr wird nach einer „optimalen" Ausgestaltung der Standardisierung aus gesellschaftlicher Sicht gesucht. Deshalb müssen Kriterien entwickelt werden, anhand derer bestimmte Konstellationen bewertet werden können.

Die betrachtete Gesellschaft besteht nicht nur aus Unternehmen, die versuchen, ihre Technologie zum Standard zu machen, sondern zusätzlich aus den Anwendern oder Käufern der Technologie(n). Diese Käufer haben dabei unterschiedlich starke Vorlieben für bzw. Aversionen gegen eine der Technologien. Analog zur Darstellung der horizontalen Produktdifferenzierung wird angenommen, daß sich die beiden Technologien - abgesehen davon, daß sie inkompatibel sind - nur im Hinblick auf eine Produkteigenschaft unterscheiden. Beide Technologien befinden sich an den jeweiligen Rändern dieses Eigenschaftenintervalls, das auf die Länge 1 normiert ist. Technologie A befindet sich am Punkt „0" und Technologie B am Punkt „1".

Die jeweilige Ausprägung der Vorliebe wird mit „i" benannt, wobei i $\in$ [0, 1] ist. Die Anwender sind über dieses Intervall gleichverteilt.[175] Für den Erwerb einer der beiden Technologien sind die Anwender grundsätzlich bereit, einen identischen Betrag zu leisten. Diese grundsätzliche Zahlungsbereitschaft ver-

---

[175] Ein entsprechendes Vorgehen im Hinblick auf die Verteilung der Anwender von Standards findet sich u.a. bei FARRELL und SALONER 1992, S. 16, CHOU und SHY 1996, S. 313, CHURCH und GANDAL 1996, S. 338f, DESRUELLE, GAUDET und RICHELLE 1996, S. 3 (allerdings über das Intervall [-1, 1], KATZ und SHAPIRO 1985, S. 426 [über das Intervall [-∞, ∞]) oder WIESE 1993, S. 2.

ringert sich allerdings, je weiter ein Anwender von der betreffenden Technologie im Eigenschaftsintervall entfernt ist.[176]

Wie der Abbildung 41 zu entnehmen ist, wird unterstellt, daß die Zahlungsbereitschaft linear sinkt, je größer die Entfernung zur entsprechenden Technologie ist. Schneiden sich die Funktionen der Zahlungsbereitschaft für die beiden Technologien, so wird damit eine Marktgrenze bestimmt. In der Abbildung 41 ist Symmetrie zwischen den beiden Unternehmen angenommen, so daß sich die Marktgrenze bei der Hälfte des Gesamtmarktes ergibt.

Es ist dabei offensichtlich, daß sich die Anwender hier die Existenz zweier Technologien wünschen und somit Vielfalt vorziehen, da zumindest alle Anwender bessergestellt sind, wenn zwei Technologien angeboten werden.

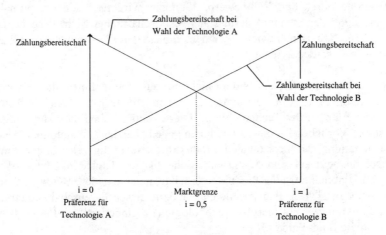

Abbildung 41: Zahlungsbereitschaft für die zur Verfügung stehenden Technologien

Im Rahmen der vorliegenden Arbeit stehen allerdings Kompatibilitätsstandards im Mittelpunkt der Betrachtung, also Technologien, bei denen die Anwender einen Nutzen aus einem großen Netzwerk von Anwendern ziehen und entsprechend dies auch in ihre Zahlungsbereitschaft integrieren. Dies bedeutet, daß sie bereit sind, mehr für eine Technologie zu bezahlen, die über ein großes Netzwerk verfügt, als für eine Technologie, für die sich nur einige wenige entschieden haben. Diese netzwerkabhängige Komponente der Zahlungsbereitschaft hat

---

[176] Dieses Vorgehen beruht auf Modellen der Standorttheorie, wie sie z.B. von HOOVER, S. 64ff dargestellt werden.

zwei Argumente: Zum einen die Intensität des Netzwerkeffektes, die mit „α"
bezeichnet wird, und zum anderen „i*", das die Größe des relevanten Netzwerkes angibt. Der Einfachheit halber sei angenommen, daß der Netzwerkeffekt ein
linearer Zusammenhang zwischen Netzwerkgröße und Intensität des Netzwerkeffektes sei: $f(\alpha, i^*) = \alpha i^*$ mit $0 \leq \alpha \leq 1$.

Auf diesen Grundlagen kann die gesamte Zahlungsbereitschaft der potentiellen
Anwender für verschiedene Konstellationen ermittelt werden.[177] So ergibt sich
die Zahlungsbereitschaft ohne eine netzwerkabhängige Komponente für ein
einziges Netzwerk als

$$\int_0^{\underline{i}} \alpha i \, di = \frac{\alpha \underline{i}^2}{2} \text{ mit } 0 \leq \underline{i} \leq 1.$$

Existiert ein großes umfassendes Netzwerk, so lautet die Zahlungsbereitschaft
$$\frac{\alpha}{2}.$$

Für zwei kleine Netzwerke ermittelt sich die Zahlungsbereitschaft der potentiellen Anwender dann auf

$$\int_0^{\underline{i}} \alpha i \, di + \int_{\underline{i}}^1 \alpha i \, di = \frac{\alpha}{2}[\underline{i}^2 + (1-\overline{i})^2] \text{ mit } \underline{i} \leq \overline{i}.$$

Nimmt man eine maximale und symmetrische Ausdehnung der beiden kleinen
Netzwerke an, d.h., die Marktgrenze liegt bei i* = 0,5, so ergibt sich eine Zahlungsbereitschaft von
$$\frac{\alpha}{4}.$$

In diesem Fall ist also die Zahlungsbereitschaft für zwei kleine Netzwerke geringer als für ein einziges Netzwerk. Als Maß für die in späteren Abschnitten
vorgenommenen Wohlfahrtsbetrachtungen wird die Summe der realisierten
Zahlungsbereitschaft und die Summe der Unternehmensgewinne herangezogen.
Insofern wird dann von dem gesellschaftlichen Optimum, dem gesellschaftlich
wünschenswerten Ergebnis oder der gesellschaftlichen Wohlfahrt gesprochen,
wenn die realisierte Zahlungsbereitschaft abzüglich der Kosten ihr jeweiliges
Maximum erreicht. Die gesellschaftliche Wohlfahrt wird somit im folgenden
definiert als:

$$W = \int_0^{\underline{i}} a + \alpha \underline{i} - p_A + 1 - i \, di + \int_{\overline{i}}^1 a + \alpha \overline{i} - p_B + i \, di + \Pi_A + \Pi_B + \sum_j \Pi_j.$$

---

[177] Vgl. u.a. FARRELL und SALONER 1992, S. 22, PALMA und LERUTH 1996, S. 246, CHURCH
und GANDAL 1996, S. 348f, DESRUELLE, GAUDET und RICHELLE 1996, S. 15, KATZ und
SHAPIRO 1985, S. 428.

Die beiden Integrale dieses Ausdrucks berechnen die Summe der Zahlungsbereitschaft der Anwender, die sich aus der Größe des jeweiligen Netzwerkeffekts ($\alpha\underline{i}$), den Adaptionskosten (1-i) bzw. (i), dem zu zahlenden Preis p_A (bzw. p_B) und einer netzwerkunabhängigen Komponente (a) zusammensetzt. Die Unternehmensgewinne Π_A und Π_B gehen abzüglich eventuell anfallender Komitee- oder Wechselkosten ebenso in die hier formulierte gesellschaftliche Wohlfahrt ein wie Gewinne Π_j von weiteren Unternehmen, die Marktzutritt realisieren können. Entstehen Wechsel- oder Komiteekosten, so gehen diese in die Gewinnfunktionen der Unternehmen ein.

6.2.2 Unternehmen zwischen Kooperation und Wettbewerb

Für jede rechtliche bzw. organisatorische Ausgestaltung der Standardisierung werden im Anhang die Auszahlungen für die vier möglichen Ergebnisse berechnet. Hieraus können Gleichgewichte in dominanten Strategien und gemischte Gleichgewichte abgeleitet werden. Während in einigen Szenarien die Gleichgewichte unabhängig von den jeweils betrachteten Parametern sind, existieren auch etliche Szenarien, in denen für einen bestimmten Parameterbereich eine Standardisierung über den Wettbewerb bzw. über ein Komitee ein dominantes Gleichgewicht darstellt, während für andere Parameterbereiche von den Unternehmen eine gemischte Strategie gewählt wird.

| | | Unternehmen B | |
		Wettbewerb	Standardisierungskomitee
Unternehmen A	Wettbewerb	$\frac{(1-\alpha)}{2}$ (oben rechts); $\frac{(1-\alpha)}{2}$ (unten links)	$\frac{(1+a-c)}{2}\sqrt{\frac{K}{(1-\alpha)}} - K_{Komitee}$ (oben rechts); 0 (unten links)
	Standardisierungskomitee	0 (oben rechts); $\frac{(1+a-c)}{2}\sqrt{\frac{K}{(1-\alpha)}} - K_{Komitee}$ (unten links)	$\frac{(1+a-c)}{3}\sqrt{\frac{K}{(1-\alpha)}} - K_{Komitee}$ (oben rechts); $\frac{(1+a-c)}{3}\sqrt{\frac{K}{(1-\alpha)}} - K_{Komitee}$ (unten links)

Tabelle 25: Strategische Form bei verpflichtender Standardisierung, gewerblichen Schutzrechten und freiem Komiteezutritt

Das weitere Vorgehen wird anhand eines der möglichen Szenarien illustriert. Es sei dabei angenommen, daß keinem der Unternehmen Wechselkosten entstehen, so daß lediglich Komiteekosten und die Intensität des Netzwerkeffekts als Parameter berücksichtigt werden. Die Auszahlungen für die Unternehmen ergeben sich wie in Tabelle 25 angegeben.

In Abbildung 42 sind die Regionen von Netzwerkeffekten und Komiteekosten dargestellt, in denen sich das betrachtete Unternehmen für eine Standardisierung über den Wettbewerb (Region A) bzw. für eine Teilnahme am Standardisierungskomitee (Region B) entscheidet unter der Annahme, daß das andere Unternehmen den Wettbewerb vorzieht. Formal bedeutet dies, daß in der Region A

$$\frac{(1-\alpha)}{2} \geq \frac{(1+a-c)}{2} \sqrt{\frac{K}{(1-\alpha)}} - K_{Komitee},$$

während in der Region B

$$\frac{(1-\alpha)}{2} < \frac{(1+a-c)}{2} \sqrt{\frac{K}{(1-\alpha)}} - K_{Komitee}.$$

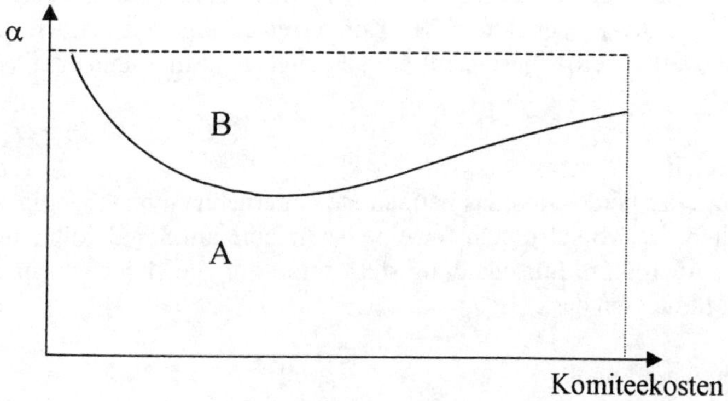

Abbildung 42: Gewinnmaximierende Antwort auf die Entscheidung des Konkurrenz-unternehmens zugunsten einer Standardisierung über den Wettbewerb

Das gleiche Verfahren kann angewendet werden, um das gewinnmaximierende Verhalten des Unternehmens A unter der Bedingung zu ermitteln, daß sich Unternehmen B für eine Teilnahme am Standardisierungskomitee entschieden hat. Beide Abbildungen können dann in einer Abbildung (s. Abbildung 43) zusammengefaßt werden.

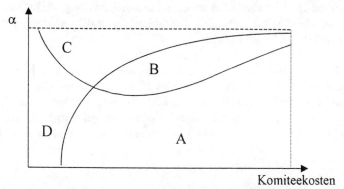

Abbildung 43: **Gewinnmaximierende Antwort auf die Entscheidung des Konkurrenz-unternehmens zugunsten einer Standardisierung über das Standardisierungskomitee**

Es ergeben sich vier Bereiche.
Bereich A
In diesem Parameterbereich wählt das betrachtete Unternehmen unabhängig von der Entscheidung des Konkurrenten eine Standardisierung über den Wettbewerb. Diese stellt ein Gleichgewicht in dominanten Strategien dar.

Bereich C
Hier entscheidet sich das betrachtete Unternehmen unabhängig vom Verhalten des Konkurrenten für eine Teilnahme am Standardisierungskomitee. Auch diese Entscheidung stellt somit ein Gleichgewicht in dominanten Strategien dar.

Bereiche B und D
In diesen Bereichen zieht das eine Unternehmen die Teilnahme am Standardisierungskomitee vor, wenn sich der Konkurrent für den Wettbewerb entschieden hat (Region D). Hat sich das andere Unternehmen hingegen das Standardisierungskomitee entschieden, so wählt das erste Unternehmen eine Standardisierung über den Wettbewerb (Region B). Da die Entscheidungen simultan getroffen werden, wählen die Unternehmen gemischte Strategien, d.h., sie randomisieren.

Bezieht man die gesellschaftliche Wohlfahrt, wie sie auf Seite 249 definiert ist, in die Überlegungen ein, dann ergeben sich dadurch drei Bereiche (s. Abbildung 44). Der Bereich I zeichnet sich dadurch aus, daß die Komiteekosten so groß sind, daß diese die Netzwerkeffekte aufzehren und somit eine Teilnahme von Unternehmen an einem Standardisierungskomitee nicht erwünscht ist. Der Bereich II ist dadurch gekennzeichnet, daß die Netzwerkeffekte zumindest so groß sind, daß die Kosten der Teilnahme eines der beiden Unternehmen damit kompensiert werden können. Im dritten Parameterbereich sind die Netzwerkeffekte so groß, daß die Teilnahme beider Unternehmen an einem Standardisierungsprozeß „finanziert" werden kann.

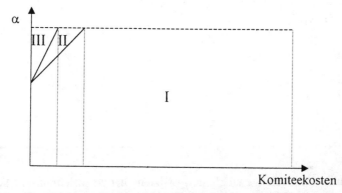

Abbildung 44: Gleichgewichte und Effizienz bei verpflichtender Standardisierung, gewerblichen Schutzrechten und freiem Komiteezutritt

Die Kombination der Abbildung 43 mit Abbildung 44 läßt dann acht Parameterbereiche erkennen, die sich zum Teil durch eine Diskrepanz zwischen gesellschaftlicher Wohlfahrt und dem Gleichgewicht auszeichnen (vgl. Abbildung 45).

Es kann ein Bereich identifiziert werden, in dem Wettbewerbsstandardisierung für die Unternehmen das einzige dominante Gleichgewicht darstellt (Regionen A). Ebenso existieren Regionen, in denen die beidseitige Teilnahme am Standardisierungskomitee zur dominanten Strategie wird (Regionen C, E und F). Die Regionen, in denen zwischen beiden Strategien randomisiert wird, sind als Region B, D, G und H gekennzeichnet.

Eine effiziente Inkompatibilität, d.h., zwei Netzwerke existieren parallel, ist in der Region A gewährleistet. Eine Standardisierung, die aus gesellschaftlicher Sicht nicht gewünscht ist, ergibt sich in der Region E, in der eine Teilnahme zwar die dominante Strategie für die Unternehmen darstellt, die Kosten der Teilnahme aber eigentlich eine Teilnahme nicht rechtfertigen. In den Bereichen

253

B, D, G und H wird randomisiert, so daß es sowohl zu einer exzessiven Standardisierung (Bereiche D und E) als auch zu einer exzessiven Inkompatibilität (Bereiche G und H) kommen kann.

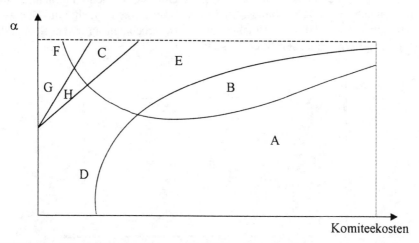

Abbildung 45: Gleichgewichte und Effizienz bei verpflichtender Standardisierung, gewerblichen Schutzrechten und freiem Komiteezutritt

Zusammenfassend kann festgehalten werden, daß bei einer verpflichtenden Standardisierung, der Existenz gewerblicher Schutzrechte und freiem Komiteezutritt lediglich die Bereiche A und F mit Sicherheit effiziente Ergebnisse ergeben, während die Bereiche B, D, G, H dies nur mit unterschiedlichen Wahrscheinlichkeiten erreichen. Ein mit Sicherheit ineffizientes Ergebnis entsteht in den Regionen C und E, in denen es zu einer exzessiven Standardisierung kommt.[178] Entsprechend dem hier vorgestellten Verfahren können für alle anderen Kombinationen der rechtlichen und organisatorischen Ausgestaltung Bereiche ermittelt werden, in denen es zu einer gewünschten Standardisierung oder Inkompatibilität kommt oder in denen diese nicht erreicht werden.

---

[178] Die Herleitungen der entsprechenden Graphiken für die anderen Szenarien finden sich in Anhang A.6 „Gleichgewicht und Effizienz bei geringen Wechselkosten" und A.8 „Gleichgewicht und Effizienz ohne Komiteekosten".

6.2.2.1 Zur rechtlichen und organisatorischen Ausgestaltung der Standardisierung ohne Wechselkosten

In der Abbildung 46 werden die Szenarien, bei denen Wechselkosten keine Rolle spielen, zusammengefaßt. Die relevanten Bereiche werden durch die hervorgehobenen Kurven voneinander getrennt.

Aufgrund der bisher durchgeführten Analyse läßt sich sagen, daß es keine rechtliche und organisatorische Ausgestaltung gibt, die bei jeder möglichen Parameterkonstellation ein effizientes Resultat erbringt oder die im Rahmen der zur Verfügung stehenden Alternativen das zumindest beste erreichbare Ergebnis erzielt. Anstelle eines solchen „Überstandards" können aber die jeweiligen unterschiedlichen effizienzbringenden Ausgestaltungen für die unterschiedlichen Parameterbereiche angegeben werden.

So garantiert z.B. im Bereich 1, wo Standardisierung aus gesellschaftlicher Sicht wünschenswert ist, eine Ausgestaltung mit einer **verbindlichen Standardisierung, einem beschränkten Komiteezutritt, gewerblichen Schutzrechten und einer Konsensregel** eine erfolgreiche Standardisierung. Die Teilnahme der beiden beteiligten Unternehmen am Standardisierungskomitee stellt dann für sie beide eine dominante Strategie dar. Die Konsensregel sorgt dafür, daß kein Komiteezutritt durch eines der beiden Unternehmen initiiert wird, um sich eine Mehrheit im Standardisierungskomitee zu verschaffen. In diesem Fall könnte es dann nämlich für eines oder beide Unternehmen sinnvoll sein zu randomisieren. Die verbindliche Standardisierung sorgt dafür, daß beiden Unternehmen die Möglichkeit genommen ist, ein eigenes kleines Netzwerk zu unterhalten.

Im Bereich 2 kann eine **verbindliche Standardisierung** in Verbindung mit einer **einfachen Mehrheit, gewerblichen Schutzrechten und einem beschränkten Komiteezutritt** das gewünschte Ergebnis eines Randomisierens erzeugen, d.h., die Teilnahme nur eines der beiden Unternehmen am Standardisierungskomitee. Durch den verbindlichen Charakter der Standardisierung werden in diesem Szenario beide Unternehmen gezwungen, am Standardisierungskomitee teilzunehmen, wollen sie nicht gänzlich auf eine Produktion verzichten. Da hier aber die Komiteekosten so hoch sind, daß die Gewinne negativ werden können, wenn sich beide Unternehmen für eine Teilnahme am Komitee entscheiden und einen Komiteezutritt zulassen, randomisieren die Unternehmen zwischen der Teilnahme und dem Wettbewerb.

Für den Bereich 3 bietet sich eine **freiwillige Standardisierung mit gewerblichen Schutzrechten und freiem Komiteezutritt** an. Die gewünschte Inkompatibilität kann hier durch den freien Komiteezutritt gewährleistet werden. Im Zusammenhang mit den vergleichsweise geringen Kosten würde die Gründung eines Standardisierungskomitees zu einem massiven Komiteezutritt führen und damit die Gewinne der Unternehmen, die sich für das Standardisierungskomitee entschieden haben, deutlich senken. Das Ergebnis bleibt von der Ausgestaltung der Mehrheitsregeln unberührt.

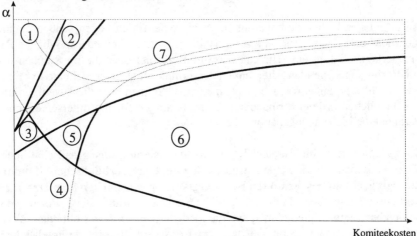

Abbildung 46: Die optimale rechtliche und organisatorische Ausgestaltung zur Implementierung der Standardisierungsinstitution

So führt im Bereich 4 eine **verbindliche Standardisierung** in Verbindung mit **gewerblichen Schutzrechten, einem beschränkten Komiteezutritt und einer einfachen Mehrheitsregel** zu einem optimalen Ergebnis, d.h. zur Inkompatibilität. Bei Existenz einer einfachen Mehrheitsregel müßten die Unternehmen Komiteezutritt zulassen, der lediglich die eigenen Gewinne reduziert. Also ziehen beide Unternehmen es vor, nicht am Standardisierungskomitee teilzunehmen, so daß sich der Wettbewerb als dominantes Gleichgewicht durchsetzt.

Im Bereich 5 können unterschiedliche Ausgestaltungen zum gewünschten Ergebnis führen.

- Zum einen kann eine **freiwillige Standardisierung mit gewerblichen Schutzrechten, einem freien Komiteezutritt und einer Konsensregel** gewählt werden. Hier ist die Entscheidung zugunsten des Wettbewerbs als Standardisierungsinstitution dominant. Somit kann ein effiziente Ergebnis erzielt werden.

- Zum anderen steht aber auch eine **verbindliche Standardisierung** in Verbindung mit einer **einfachen Mehrheitsregel und gewerblichen Schutzrechten** zur Verfügung, wenn die Unternehmen sich nicht im Rahmen eines Standardisierungskomitees koordinieren sollen, da hier Inkompatibilität gewünscht ist.

Im Bereich 6 ist jede der analysierten institutionellen Ausgestaltungen effizient; es setzt sich grundsätzlich der Wettbewerb als dominante Standardisierungsinstitution durch.

Im Bereich 7 kann durch eine **freiwillige Standardisierung, gewerbliche Schutzrechte und beschränkten Komiteezutritt** sowie eine **einfache Mehrheitsregel** erreicht werden, daß die beiden Unternehmen sich für den Wettbewerb als Standardisierungsinstitution entscheiden. Aufgrund der einfachen Mehrheitsregel müßten die Unternehmen, entschieden sie sich für das Standardisierungskomitee, zu viele Unternehmen in das Komitee hineinlassen. Eine Konsensregel würde bedeuten, daß die beiden Unternehmen unter sich blieben und eine Standardisierung nicht ausgeschlossen werden kann.

6.2.2.2 Zur rechtlichen und organisatorischen Ausgestaltung der Standardisierung ohne Komiteekosten

Entsprechend dem Vorgehen bei der rechtlichen und organisatorischen Ausgestaltung der Standardisierung ohne Wechselkosten, lassen sich auch für den Fall unbedeutender Komiteekosten, aber sehr wohl bestehender Wechselkosten unterschiedliche optimale rechtliche und organisatorische Ausgestaltungen der Standardisierung identifizieren.

Standardisierung ist effizient:

>Bereich 1: Die hier gewünschte Standardisierung kann durch **eine ver-bindliche Standardisierung** im Zusammenhang mit **einem beschränkten Komiteezutritt und einer Konsensregel** er-reicht werden.

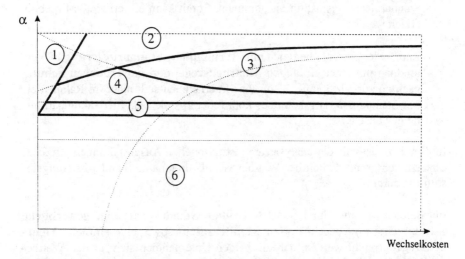

Abbildung 47: **Die optimale rechtliche und organisatorische Ausgestaltung der Standardisierung, wenn Wechselkosten existieren und die Teilnahme am Komitee keine Kosten verursacht**

Teilweise Standardisierung in ein großes und ein kleines Netzwerk ist effizient:

>Bereich 2: **Freiwillige Standardisierung** kombiniert mit einem **be-schränkten Komiteezutritt und einer Konsensregel** kön-nen hier zur parallelen Existenz eines großen und eines klei-nen Netzwerkes führen.

>Bereich 3: In diesem Bereich randomisieren die Unternehmen bei einer **freiwilligen Standardisierung, einem beschränkten Komi-teezutritt und einer einfachen Mehrheitsregel.**

>Bereich 4: Hier führt **keine** der zur Verfügung stehenden Ausgestaltun-gen zum gewünschten Ergebnis. Inkompatibilität oder Stan-dardisierung sind hier die einzigen Gleichgewichte.

Bereich 5: **Freiwillige Standardisierung** kombiniert mit einem **beschränkten Komiteezutritt und einer Konsensregel** können hier zur parallelen Existenz eines großen und eines kleinen Netzwerkes führen.

Zwei gleich große inkompatible Netzwerke sind effizient:

Bereich 6: Dieses Ergebnis kann durch einen **freien Komiteezutritt** realisiert werden, da die Unternehmen dann keinen Anreiz haben, ihr Wissen bzw. ihre Technologie mit anderen zu teilen, so daß sie sich für den Wettbewerb entscheiden.

6.2.3 Zusammenfassung und kritische Würdigung

Die hier entwickelten Modelle zur Standardisierung durch ein Komitee oder durch den Wettbewerb machen deutlich, daß das Zusammenspiel von Komiteekosten, Wechselkosten und Netzwerkeffekten eine heterogene rechtliche und organisatorische Ausgestaltung der Standardisierung erfordert. Es fällt dabei auf, daß in den verschiedenen Bereichen die Kombination der verschiedenen Möglichkeiten der rechtlichen und organisatorischen Ausgestaltung ausschlaggebend ist.

Freiwillige versus verbindliche Standardisierung
Es läßt sich festhalten, daß im Rahmen des Modells, eine gewünschte Standardisierung nur über eine Ex-post-Verbindlichkeit des Komiteestandards zu realisieren ist, wobei in Abhängigkeit von den Komiteekosten zwischen einer einfachen Mehrheitsregel und einer Konsensregel zu wählen ist. Die Ex-post-Verbindlichkeit zwingt die beiden Unternehmen zur Teilnahme am Komitee, weil das verbleibende Unternehmen aus dem Markt ausscheiden müßte, nähme es nicht an diesem Komitee teil. Sowohl bei der Existenz von Wechselkosten als auch bei Komiteekosten muß die Ex-post-Verbindlichkeit mit der Möglichkeit eines beschränkten Komiteezutritts verbunden sein. Andernfalls besteht die Drohung eines, aus Sicht der Unternehmen, unkontrollierten Komiteezutritts, der die Gewinne wegkonkurrieren würde, so daß die beiden Unternehmen es dann vorzögen, über den Wettbewerb zu konkurrieren.

Zu beachten ist hier, daß unter einer verbindlichen Standardisierung eine Ex-post-Verbindlichkeit des Komiteestandards zu verstehen ist. Der Standard wird also nicht von einer Hierarchie entwickelt, sondern ein Komiteestandard wird für verbindlich erklärt. Dieser Effekt spielte beim Verhalten der Bewerber für den US-amerikanischen HDTV-Standard eine erhebliche Rolle. Die Unternehmen gingen davon aus, daß die FCC den gewählten Standard verbindlich machen werde, so daß dieser Druck nicht nur hinreichend, sondern geradezu notwendig war, um die Unternehmen zu einer Kooperation zu zwingen.

Entsprechend kann festgestellt werden, daß für die Bereiche, in denen Inkompatibilität höher eingestuft wird als eine Standardisierung, dies fast ausschließlich mit Hilfe einer freiwilligen Standardisierung erreicht werden kann. Lediglich in einer Region wird Inkompatibilität durch eine verbindliche Standardisierung erzeugt. Dies geschieht, wenn bei Existenz von Komiteekosten durch die Mehrheitsregel die Gefahr besteht, daß sich die beiden Unternehmen durch einen jeweiligen exzessiven Komiteezutritt die einfache Mehrheit verschaffen wollen und somit ihre eigenen Gewinne reduzieren. In diesem Fall ist es für beide Unternehmen besser, auf die Teilnahme an einem Komitee zu verzichten. Damit ist das Selbstverständnis der in Kapitel 3 vorgestellten Standardisierungsorganisationen ins Gegenteil verkehrt, da eine auf Freiwilligkeit basierende Standardisierung lediglich die Existenz mehrerer - dann inkompatibler - Netzwerke sicherstellt, während sie keine Standardisierung hervorzurufen in der Lage ist.

Freier versus beschränkter Komiteezutritt
Auffällig ist ferner, daß bei vernachlässigbaren Kosten des Standardisierungskomitees ein freier Komiteezutritt ausreicht, um Inkompatibilität zu gewährleisten. Sollte eines der beiden Unternehmen sich für die Teilnahme an einem Standardisierungskomitee entscheiden, so würde dies zu einem erheblichen Komiteezutritt führen, der seinerseits bewirken würde, daß die Gewinne deutlich kleiner wären als bei einer Standardisierung über den Wettbewerb. Der beschränkte Komiteezutritt übernimmt ganz klar eine Funktion als Marktzutrittsschranke, ohne die eine Standardisierung im Rahmen des Komitees nicht zustande käme. Begründet ist dies in den Besonderheiten der Standardisierungskomitees, daß z.B. alle beteiligten Unternehmen Zugang zu den Informationen erhalten. In der Terminologie des ersten Abschnittes des zweiten Kapitels „Standards und Wettbewerbsversagen" führt die Eigenschaft von Standards als Informationen und somit als Güter, deren Verwendung durch andere kaum ausgeschlossen werden kann, dazu, daß durch einen beschränkten Komiteezutritt ein Trittbrettfahrerverhalten der Konkurrenzunternehmen verhindert bzw. ausgeschlossen werden kann.

Die Tatsache, daß die traditionelle rechtliche und organisatorische Ausgestaltung der Standardisierung keinen beschränkten Komiteezutritt vorsieht, sondern im Gegenteil die „Beteiligung aller interessierten Kreise" fordert, ist sicherlich eine der Ursachen dafür, daß sich in Industrien, in denen Netzwerkeffekte eine erhebliche Rolle spielen, immer mehr Konsortien bilden, die sich außerhalb dieses traditionellen Rahmens bewegen. Diese Konsortien wählen dann durchaus auch die Option, Komiteezutritt nicht zuzulassen.

Existenz versus Abwesenheit von Schutzrechten
Aus den Tabellen, wie sie im Anhang 4 „Zusammenfassung der Gleichgewichte" zusammengestellt sind, ergibt sich, daß sich die beiden innovativen Unternehmen für eine Standardisierung über den Wettbewerb als dominante Strategie entscheiden, wenn keine gewerblichen Schutzrechte bestehen. Dies liegt darin begründet, daß im Wettbewerb die Möglichkeit besteht, Informationen über die Technologie geheimzuhalten und damit Marktzutritt entweder zu erschweren oder unmöglich zu machen. Dies ist nicht möglich, wenn die Unternehmen an einem Standardisierungskomitee teilnehmen, da dort diese Informationen offengelegt werden müssen und bei Abwesenheit gewerblicher Schutzrechte diese Informationen von Konkurrenten kostenlos genutzt werden können.

Dies bedeutet, daß im Rahmen dieses statischen Modells die Abwesenheit von gewerblichen Schutzrechten hinreichend ist, um für Industrien mit geringeren Netzwerkeffekten, d.h. $\alpha < \frac{1}{2}$, die Existenz von zwei Technologien zu gewährleisten. Dies ist auch von den Anwendern gewünscht, da für $\alpha < \frac{1}{2}$ Vielfalt einer Standardisierung vorgezogen wird.

Sind hingegen die Netzwerkeffekte signifikant $\alpha > \frac{1}{2}$, so daß die Anwender durch die Netzwerkeffekte für den Verlust der Vielfalt kompensiert werden können, so sollte die Möglichkeit einer Standardisierung offengehalten werden. In diesem Fall müssen Mechanismen geschaffen werden, die die Innovatoren davor schützen, daß das von ihnen offengelegte Wissen von anderen Unternehmen uneingeschränkt genutzt werden kann. Für Industrien mit Netzwerkeffekten $\alpha > \frac{1}{2}$ müssen dann gewerbliche Schutzrechte bestehen, um die Teilnahme eines der beiden oder beider gemeinsam an einem Standardisierungskomitee zu einer Alternative für die Unternehmen werden zu lassen.

Konsens versus einfache Mehrheit
Die Konsensregel fungiert in den Modellen als impliziter Mechanismus zur Kartellbildung. Durch einen Konsens als Mehrheitsregel verfügt jedes Unternehmen über eine - schwache - Form eines Vetorechts, das von der Anzahl der weiterhin am Standardisierungskomitee teilnehmenden Unternehmen unberührt bleibt. Da die Gewinne der beiden Unternehmen allerdings sinken, wenn mehr Unternehmen dem Komitee beitreten und damit auch in den Markt eintreten, existiert bei einer Konsensregel für die beiden Unternehmen kein Anreiz, weite-

ren Unternehmen den Marktzutritt zu gewähren. Das gilt nicht mehr, wenn eine einfache Mehrheitsregel betrachtet wird, bei der die Unternehmen einen Anreiz haben, Komiteezutritt zuzulassen, um die Mehrheit im Komitee zu erlangen.

Eine einfache Mehrheit ist insbesondere in der Konstellation ohne Wechselkosten von Bedeutung. Hier ist die Kombination der einfachen Mehrheitsregel mit einer verbindlichen Standardisierung und einem beschränkbaren Komiteezutritt notwendig, um zumindest gelegentlich dafür zu sorgen, daß eines der Unternehmen am Komitee teilnimmt.

Die traditionelle Ausgestaltung der Komiteestandardisierung ist geprägt durch eine freiwillige Standardisierung, einen unbeschränkten Komiteezutritt, eine Konsensregel und eine nicht diskriminierende Lizenzierung, die auf gewerblichen Schutzrechten aufbaut. Eine solche rechtliche und organisatorische Ausgestaltung erzeugt die gewünschten Ergebnisse bei vernachlässigbaren Wechselkosten nur bei jeweils moderaten Netzwerkeffekten und niedrigen Komiteekosten oder bei hohen Netzwerkeffekten und hohen Komiteekosten. Ist eine Standardisierung aufgrund der niedrigen Komiteekosten und hohen Netzwerkeffekte wünschenswert, so ist die traditionelle Ausgestaltung nicht in der Lage, dieses Gleichgewicht zu erzeugen. Ähnlich sind die Ergebnisse bei Irrelevanz der Komiteekosten. Die Möglichkeit eines freien Komiteezutritts allein ist ausreichend, um für niedrige Netzwerkeffekte die Existenz mehrerer Netzwerke zu garantieren, so daß es nicht zu einer exzessiven Standardisierung kommt. Demgegenüber wird eine Standardisierung in einem umfassenden Netzwerk oder in einem großen und einem kleinen Netzwerk nur durch einen beschränkten Komiteezutritt erreicht. Eine freiwillige Standardisierung ist zwar notwendig, um überhaupt die Existenz zweier Netzwerke zu ermöglichen, doch muß diese Freiwilligkeit durch einen beschränkten Komiteezutritt unterstützt werden, da sonst keines der beiden Unternehmen am Komitee teilnimmt, denn ein unbeschränkter Zutritt führt zu einem zu intensiven Wettbewerb.

Dies bedeutet, daß bei einer Industrie, in der die Unternehmen noch keine signifikanten technologiespezifischen Investitionen getätigt haben, also keine Wechselkosten existieren, eine verbindliche Standardisierung bei hohen Netzwerkeffekten und geringen Komiteekosten zu einer gewünschten Standardisierung führt.

Es läßt sich somit festhalten, daß die hier gewählte Modellierung Hinweise darauf gibt, daß die traditionelle rechtliche und organisatorische Ausgestaltung der Standardisierung nicht in der Lage ist, den Anforderungen von Netzwerkindustrien mit hohen Netzwerkeffekten gerecht zu werden.

Modellkritik und Beschränkung des Modells durch die Annahmen
Es darf bei diesen Folgerungen natürlich nicht vergessen werden, daß für die
Modellierung eine Reihe von zum Teil sehr restriktiven Beschränkungen vor-
genommen wurde. Diese Abstraktionen von der Wirklichkeit seien an dieser
Stelle nochmals erwähnt und kurz diskutiert.

• Standardisierungsprozesse sind hochgradig dynamisch, so daß ein statisches
  Modell, wie es im Rahmen dieser Arbeit Verwendung findet, nur sehr begrenzt die Komplexität dieser Prozesse abbilden kann. Aspekte, wie die Erwartungen der Konsumenten über den Erfolg oder Mißerfolg der Unternehmen, die z.b. auch von der Anzahl der Unternehmen, die diese Technologie
  unterstützen, abhängen kann (s. ECONOMIDES 1996b), bleiben ebenso unberücksichtigt wie die Entwicklung der installierten Bestände über die Zeit,
  Lerneffekte (s. CHOI 1996) oder wie der Einfluß der gewählten rechtlichen
  und organisatorischen Ausgestaltung auf die Produktion neuer Technologien.

• Das Verhalten der Unternehmen wurde durch die Duopolmodelle von Cour-
  not bzw. Stackelberg abgebildet, bei denen es sich um sogenannte Mengen-
  duopole handelt. Dies bedeutet, daß die Unternehmen erst ihre Produktionsmenge bestimmen und diese dann weder ausdehnen noch reduzieren können,
  so daß dann die Preisbildung mit dieser vorgegebenen Menge erfolgt. Ein anderer Ansatz von Bertrand (siehe z.B. MAS-COLELL, WHINSTON und GREEN,
  S. 288f) geht von einem Preiswettbewerb auch von Duopolisten aus, der zu
  einem Ergebnis wie die vollständige Konkurrenz führt, d.h., der Preis wird
  bis auf das Niveau der Grenzkosten gedrückt. Wird ein solches Verhalten für
  die Unternehmen A oder B angenommen, so macht es für sie zum einen weniger Sinn, bei einer freiwilligen Standardisierung an einem Standardisierungskomitee teilzunehmen, weil dann der Vorteil einer Stackelbergführer-
  schaft verlorengeht. Zum anderen sinkt auch der Anreiz, Komiteezutritt zuzulassen, um die einfache Mehrheit im Komitee zu erlangen, da dieser Komiteezutritt ebenfalls ein Bertrand-Verhalten zeigen und den Preis auf das
  Niveau der Grenzkosten sinken lassen wird, so daß keine Gewinne mehr zu
  realisieren sind.

• Eine weitere Annahme, die die Bewertung in Richtung einer Bevorzugung
  einer Standardisierung durch ein Komitee verzehrt, ist die Reduktion des
  Standardisierungskomitees auf eine ausschließlich technologische Abspra-
  che. Die Möglichkeit einer über technische Aspekte hinausgehenden Abspra-
  che der beiden beteiligten Unternehmen wie z.B. Preis- oder Mengenabspra-

chen, bleiben unberücksichtigt. Werden entsprechende Absprachen berücksichtigt, so sind Standardisierungskomitees deutlich kritischer zu bewerten.[179]

- Die Entscheidungen der Unternehmen wurden als simultane Entscheidungen dargestellt, die im Nachhinein auch nicht mehr revidiert werden können. Diese Annahme entspricht offensichtlich nicht der Wirklichkeit. Die Unternehmen können ständig neu entscheiden, ob sie eventuell doch an einem Standardisierungskomitee teilnehmen oder aus diesem ausscheiden wollen. Diese Entscheidung wird auch vom Verhalten des Konkurrenzunternehmens beeinflußt. Je nach rechtlicher und organisatorischer Ausgestaltung kann sich dann ein „First-mover-Vorteil" oder ein „Second-mover-Vorteil" ergeben. So kann sich z.B. ein Unternehmen, daß sich zuerst für eine Teilnahme an einem Standardisierungskomitee entscheidet, ein großes Netzwerk sichern, während das zweite Unternehmen dann lediglich über ein kleines Netzwerk verfügt. Andererseits besteht ein „Second-mover-Vorteil", wenn die Parameter z.B. im Bereich B der Abbildung 45 auf Seite 254 liegen. In diesem Bereich ziehen es die Unternehmen vor, am Komitee teilzunehmen, wenn der Konkurrent sich für den Wettbewerb entscheidet und vice versa. Entscheiden die Unternehmen simultan, dann kann das zweite Unternehmen seine Strategie so wählen, daß es seinen Gewinn maximiert. In einer dynamischen Welt kann eine solche Struktur dazu führen, daß die Unternehmen versuchen, solange wie möglich mit einer Entscheidung zu warten, was letztlich dazu führt, daß sie zunehmende Investitionen in ihre Technologie tätigen und eine gemeinsame Standardisierung immer unwahrscheinlicher wird.

- Es wurde eine Situation mit zwei Unternehmen modelliert. Eine solche Konstellation kann es zwar geben - so trafen in der Auseinandersetzung um die Standardisierung bei Videocassettenrecordern die beiden Unternehmen Sony mit Betamax und die „Victor Company of Japan" mit VHS aufeinander -, doch ist vielmehr zu erwarten, daß mehr als zwei Unternehmen an einem solchen Standardisierungsprozeß beteiligt sind. Durch die Einführung weiterer Unternehmen verändert sich dann das zu verwendende Instrumentarium. Während die vorliegende Arbeit auf nicht-kooperativen 2-Personen-Spielen beruht, müssen für mehr als zwei Unternehmen Mehr-Personen-Spiele herangezogen werden, die z.B. die Bildung von Koalitionen berücksichtigen.

- Die Einflußnahme des Staates auf den Standardisierungsprozeß wurde auf die Setzung des rechtlichen Rahmens reduziert, wobei insbesondere die Ex-post-

---

[179] Die Darstellung einer Reihe von Fällen, in denen Standardisierung als Teil einer Kartellbildung gesehen wurde, findet sich bei FAHRENDORF.

Verbindlichkeit des Komiteestandards als 0/1-Entscheidung dargestellt wurde, obwohl gerade dieses Vorgehen nicht den Gegebenheiten entspricht, wie sie im Kapitel 5 dargestellt wurden. So steht dem Staat eine Reihe von Möglichkeiten zur Verfügung, Komiteestandards rechtliche oder faktische Verbindlichkeit in unterschiedlicher Intensität zu verleihen. Dabei nutzen staatliche Standardsetzer in zunehmendem Maße Komiteestandards und verzichten selber darauf, Standards zu entwickeln. (CARGILL 1997, S. 35) Auch die Annahme, daß sich der Umfang der gewerblichen Schutzrechte auf die gesamte Innovation bezieht, entspricht eher der Wunschvorstellung der Innovatoren als einer herrschenden Meinung. Wieweit der Umfang für die gewerblichen Schutzrechte sein kann oder sein sollte, war Gegenstand der Diskussion in Kapitel 5.

• Ein letzter Punkt, der hier angesprochen werden soll, betrifft die Ausgangslage und hängt eng mit dem statischen Charakter der verwendeten Modelle zusammen. Es wurde untersucht, wie sich zwei Unternehmen verhalten, wenn sie zeitgleich ihre Innovationen entwickelt haben.[180] Diese Innovationen wurden als isolierte Produkte modelliert, d.h., es existiert kein Konkurrenzprodukt, das über einen installierten Bestand verfügt und das verdrängt werden soll, noch bestehen Märkte für kompatible oder inkompatible Komplementärgüter.[181] Bezieht man z.B. einen existierenden Bestand in die Überlegungen ein, so erhöht dies vermutlich den Anreiz für die beiden Unternehmen, sich in einem Standardisierungskomitee zu koordinieren und somit eine Koalition gegen den bestehenden Standard zu bilden. Auf der anderen Seite kann z.B. ein freier Komiteezutritt dazu führen, daß das Unternehmen, dem der alte Standard gehört, an dem Komitee teilnimmt, um eine Koordination zu verhindern (bei einer Konsensregel) oder zu verlangsamen bzw. zu erschweren (bei einer einfachen Mehrheitsregel).

Jede Modellierung erfordert bekanntlich die Beschränkung auf die relevanten Faktoren. Für das Ziel der Modellbildung in diesem Abschnitt, nämlich über das Verhalten von Unternehmen Auskunft zu geben, wenn diese bereits über eine neue Technologie verfügen und wie diese Unternehmen auf verschiedene rechtliche und organisatorische Ausgestaltungen reagieren, mußten diese Abstraktionen vorgenommen werden. Strebt man z.B. eine Dynamisierung der Analyse an, so scheint ein simulationsgeleiteter Ansatz gerechtfertigt, wie er z.B. für die

---

[180] JENSEN und THURSBY (1996) entwickelten ein dynamisches Modell, in dem zwei Unternehmen einen Forschungs- und Entwicklungswettlauf um die Entwicklung eines Standards austragen.

[181] Für die strategischen Zusammenhänge zwischen Komplementärgütern siehe ausführlicher CHURCH und GANDAL (1996).

Formulierung von Unternehmensstrategien für eine Standardisierung durch den Wettbewerb durch WIESE 1990 verwendet wurde.

Soll hingegen das Verhalten von mehreren Unternehmen untersucht werden, so müßten hierfür empirische Daten über das Verhalten von Unternehmen bei einer Standardisierung über den Wettbewerb und ihr Verhalten in Standardisierungskomitees erhoben werden. Erst auf einer solchen Grundlage kann dann versucht werden, Regelmäßigkeiten zu identifizieren.

Trotz der zum Teil sehr restriktiven Beschränkungen, die der hier vorgestellten Modellbildung zugrunde liegen, lassen sich aber Aussagen ableiten, mit denen tatsächliche Entwicklungen und beobachtbares Verhalten von Unternehmen beschrieben werden können.

7 Zusammenfassung und Ausblick

> „Standard setting is a complicated procedure"
>
> CARLTON und KLAMER 1983

> „Für jedes komplexe Problem gibt es eine einfache Lösung, und die ist die falsche."
>
> ECO 1989, S. 371

Im Mittelpunkt der vorliegenden Arbeit stand der Standardisierungsprozeß per se. Daß es sich hierbei um einen komplexen Vorgang handelt, wurde dadurch offensichtlich, daß die Möglichkeit eines Trittbrettfahrens, positive Externalitäten im Konsum und steigende Skalenerträge sowohl auf der Anwender- wie auch auf der Produzentenseite gleichzeitig auftreten können.

Ein Teil der Diskussion um die Relevanz von Standards liegt in einem undifferenzierten Umgang mit den Benennungen begründet. So werden beispielsweise die Benennungen „Netzwerkexternalitäten" und „Netzwerkeffekte" von manchen Autoren als synonym gesehen, wodurch verständlicherweise Widerspruch durch andere Autoren erfolgt. Auch der Begriff des „Standards" wird vielerorts unterschiedlich angewandt, so daß in der Arbeit versucht wurde, eine umfassende Definition für diesen Begriff zu geben, und ihn mittels einer auf die ökonomischen Wirkungen abstellenden Klassifikation greifbar zu machen. So konnte zwischen Standards zur Reduktion oder Vermeidung externer Effekte, zur Senkung von Transaktionskosten, zur Erzeugung von steigenden produktionsseitigen Skalenerträgen und zur Erzeugung steigender nachfrageseitiger Skalenerträge unterschieden werden. Für die vorliegende Arbeit spielen insbesondere die letzteren eine bedeutende Rolle.

Die Erkenntnis, daß Standards durch unterschiedliche Mechanismen entwickelt werden können, ist nicht neu, doch hat sich die ökonomische Auseinandersetzung mit den verschiedenen Mechanismen bisher nahezu ausschließlich mit der Standardisierung über den Wettbewerb beschäftigt. Deutlich weniger Beachtung fanden die Organisationen, die sich schwerpunktmäßig mit der Entwicklung von Standards und der Koordination der Standardisierungsarbeit beschäftigen. Zur Behebung dieses Informationsdefizits wurden in Kapitel 3 einige ausgewählte Organisationen auf nationaler, regionaler und internationaler Ebene in ihrem Aufbau und ihren Abläufen beschrieben. Dabei wurde festgestellt, daß diese Organisationen ihre Wurzeln überwiegend in einer vielfaltreduzierenden Standardisierung haben. Es stand insbesondere der Aspekt einer Erhöhung der Produktivität bzw. eine Kostensenkung im Vordergrund. Dies war ein Ziel, das zu einer weitestgehend homogenen Interessenlage der am Standardisierungskomitee teilnehmenden Unternehmen oder anderen Interessengruppen führte. Standards und die Teilnahme am Standardisierungskomitee wurden nicht als Instrumente einer strategischen Unternehmensführung gesehen und eingesetzt.

Dies änderte sich jedoch durch die zunehmende Bedeutung, die Kompatibilitätsstandards und Netzwerkeffekte erlangten. Diese Änderung führte und führt zu einer Entwicklung weg von einer homogenen Interessenlage der Teilnehmer eines Standardisierungskomitees hin zu einer nicht nur heterogenen, sondern geradezu diametralen Interessenlage. Die Strukturen der in Kapitel 3 beschriebenen Organisationen sind aber nach wie vor auf eine Standardisierung in einem homogenen Umfeld ausgerichtet. Auf die Herausforderungen durch Industrien mit Netzwerkeffekten reagieren die standardsetzenden Organisationen damit, daß sie die *einfachen Lösungen*, die sie für die vielfaltreduzierende Standardisierung entwickelt haben, auf Kompatibilitätsstandards übertragen. Nach Auffassung des Verfassers ist diese *einfache Lösung des Problems die falsche.*

Um zu einer besseren Lösung des Problems zu kommen, wurden in Kapitel 4 zwei qualitative Ansätze zur Beurteilung standardsetzender Mechanismen vorgestellt. Auf dieser Grundlage konnten vier Kriterien identifiziert werden, die im Zusammenhang mit einer Standardisierung in Industrien mit Netzwerkeffekten von Bedeutung sind. Es handelt sich hierbei um die Fähigkeit, überhaupt Koordination zu erzeugen, um die Geschwindigkeit, mit der dies erfolgt, die dabei anfallenden Kosten und die Wahrscheinlichkeit, die „beste" Technologie auszuwählen. Anhand einer isolierten Betrachtung der standardsetzenden Mechanismen im Hinblick auf die vier Kriterien wurde deutlich, daß keiner der Mechanismen dem anderen in jeder Hinsicht überlegen ist. Der hierarchische Standardsetzer steht vor einem doppelten Problem. Zum einen verfügt er weder über Informationen bezüglich der Technologie noch bezüglich der Präferenzen der Anwender. Zum anderen besteht für ihn ein großes Anreizproblem, weil die Maximierung z.B. der realisierten Zahlungsbereitschaft nicht unbedingt den Interessen der staatlichen Entscheidungsträger entsprechen muß und diese dazu neigen, zu viele Bereiche zu stark zu standardisieren. Doch steht dem Staat die Möglichkeit offen, den Rahmen, in dem sich das Standardisierungskomitee und der Wettbewerb bewegen, zu beeinflussen.

Dieser rechtliche Rahmen war Schwerpunkt des fünften Kapitels. Es konnten gegensätzliche Positionen hinsichtlich einer Ex-post-Verbindlichkeit von Komiteestandards, der kartellrechtlichen Bewertung von Komitee- und Wettbewerbsstandards sowie der „richtigen" Vergabe von gewerblichen Schutzrechten herausgearbeitet werden. Auf eine Berücksichtigung weiterer Berührungspunkte zwischen Standardisierung und dem rechtlichen Rahmen wurde verzichtet, weil diese keine unmittelbaren Auswirkungen auf das strategische Verhalten der Unternehmen in Netzwerkindustrien besitzen.

Der Verfasser der vorliegenden Arbeit ist der Auffassung, daß sowohl die Koordination von Unternehmen im Rahmen von Standardisierungskomitees als auch das Verhalten von Unternehmen im Standardisierungsprozeß über den Wettbewerb wettbewerbsrechtlich besondere Beachtung verdient, weil grundsätzlich die Möglichkeit eines Mißbrauchs mit erheblichen Auswirkungen auf die Wettbewerbslage eines Markts besteht.

Aber auch die Vergabe von gewerblichen Schutzrechten, wie sie heute praktiziert wird, darf in ihren negativen Auswirkungen auf den zukünftigen Wettbewerb des betrachteten Produktes und dem heutigen und zukünftigen Wettbewerb für Komplementärgüter nicht unterschätzt werden. Das Verhalten, die rechtlichen Instrumente, die in einer Zeit entstanden, da sich das menschliche Wissen alle einhundert Jahre verdoppelte (DAVIS III, S. 21), auf Industrien zu übertragen, die die Tendenz zum Überleben nur einer technologischen Lösung haben, erinnert an das Verhalten der standardsetzenden Organisationen des dritten Kapitels. So wie deren Ablauforganisation nicht geeignet ist, den Herausforderungen von Kompatibilitätsstandards zu begegnen, sind auch die heute angewandten rechtlichen Bedingungen ungeeignet, eine gewünschte Standardisierung durchzusetzen.

Auf der Suche nach einer besseren Struktur für die Entwicklung und Festlegung von Kompatibilitätsstandards gibt die vorgelegte Arbeit Anhaltspunkte für das Verhalten von Unternehmen, wenn eine Beschränkung auf das Kriterium der Koordination der Beteiligten erfolgt. Die drei verbleibenden Aspekte wie Kosten, Geschwindigkeit und Superiorität bleiben unberücksichtigt. Die Analyse der Auswirkungen dieser Aspekte auf das Verhalten von Unternehmen und den Standardisierungsprozeß sowie eventuelle Verknüpfungen bleibt zukünftigen Arbeiten vorbehalten.

Im Gegensatz zu den dargestellten Arbeiten von FARRELL und SALONER (1986b und 1988) sowie GOERKE und HOLLER (1995) wurde der Standardisierungsprozeß in dieser Arbeit als von den Unternehmen dominiert modelliert. Darüber hinaus konnten die Erkenntnisse aus dem fünften Kapitel genutzt und die Standardisierungsprozesse in Abhängigkeit vom jeweiligen rechtlichen Rahmen untersucht werden. Die Ergebnisse, die aufgrund der gemachten Annahmen keine Allgemeingültigkeit beanspruchen, deuten darauf hin, daß z.B. die Drohung einer Ex-post-Verbindlichkeit von Komiteestandards die Unternehmen zu einer Ex-ante-Kooperation führt, so daß eine Koordination der Beteiligten und somit Standardisierung erreicht wird. Zu beachten bleibt natürlich, daß in dem Modell keine dynamischen Wirkungen untersucht wurden, doch ist kaum zu erwarten, daß sich dieses Verhalten der Unternehmen in einem dynamischen Modell ändert.

Weiterhin konnte eine Verbindung zwischen einem beschränkten Komiteezutritt und den untersuchten Mehrheitsregeln festgestellt werden. Eine einfache Mehrheitsregel kann dazu führen, daß die beiden betrachteten innovativen Unternehmen Komiteezutritt zulassen, obwohl ein beschränkter Komiteezutritt vom Wettbewerbsrecht her möglich ist. Ist hingegen eine Konsensregel implementiert, so realisiert sich dieser Effekt nicht, die Unternehmen haben dann keinen Anreiz, anderen Unternehmen den Komiteezutritt zu gestatten.

Somit bleibt festzuhalten, daß für unterschiedliche hohe Kosten, die die Teilnahme an einem Komitee verursacht, und der Kosten, die für einen Wechsel von einer Technologie zur anderen entstehen, sowie der Netzwerkeffekte auch unterschiedliche rechtliche und organisatorische Ausgestaltungen erforderlich sind. Die Verwendung von Komiteestandards durch den Staat ist zwar von der demokratischen Legitimation her kritisch zu sehen, kann aber im Zusammenhang mit Netzwerkeffekten durchaus positive Auswirkungen auf die Koordinationsfähigkeit der Unternehmen im Wettbewerb haben.

Doch bevor detailliertere Aussagen über Reformen im Bereich der Standardisierung gegeben werden können, ist noch hinreichend viel Forschungsarbeit zu leisten. Die vorliegende Arbeit kann nicht alle Frage beantworten, die sich im Zusammenhang mit einer optimalen Ausgestaltung der rechtlichen und organisatorischen Struktur standardsetzender Institutionen stellen. So bleiben natürlich Fragen unbeantwortet, die im Zusammenhang mit den im Rahmen dieser Untersuchung vernachlässigten Bestimmungsfaktoren stehen. Abschließend sollen einige dieser Fragen aufgeworfen und kurz diskutiert werden:

- **Geschwindigkeit der Standardisierung**
  Eine lohnenswerte Aufgabe stellt sicherlich eine Untersuchung über die jeweilige Geschwindigkeit, mit der einer der Mechanismen Standardisierung erreicht, dar. Daß Geschwindigkeit von großer Relevanz ist, wenn es darum geht, die institutionelle Ausgestaltung zu optimieren, ist unbestritten. Hierfür müssen allerdings vorab Daten über die Dauer der verschiedenen Prozesse innerhalb der jeweiligen Mechanismen gesammelt werden, um Anhaltspunkte für die Bestimmungsgrößen sowohl in qualitativer wie

auch quantitativer Hinsicht zu gewinnen. Daß die Heterogenität der Interessen und die Abstimmungsregeln wichtige Parameter in diesem Zusammenhang sind, wurde oben bereits angesprochen, doch bleibt es zukünftigen Forschungsarbeiten vorbehalten, diese Zusammenhänge noch weiter zu beleuchten. Daß daneben auch in den Personen liegende Faktoren den Standardisierungsprozeß insbesondere im Rahmen des Komitees beeinflussen (können), zeigt eine Untersuchung von SPRING u.a. (1995), in der auch der Einfluß des jeweiligen Vorsitzenden des Standardisierungskomitees untersucht wurde.

- **Pfadabhängigkeit dritter Ordnung**
  Große Anerkennung dürfte dem Forscher gewiß sein, dem es gelingt, ein unbestrittenes Beispiel für das Versagen des Wettbewerbs bei der Wahl der „richtigen" Technologie zu finden. Die von LIEBOWITZ und MARGOLIS vorgebrachte Kritik, daß lediglich eine Pfadabhängigkeit dritten Grades als Marktversagen bezeichnet werden und damit einen Eingriff des Staates rechtfertigen könne, stellt ein starkes Argument gegen einen Eingriff des Staates in den Standardisierungsprozeß dar. Solange sich die Beispiele, die für ein Versagen des Wettbewerbs herangezogen werden, auf Informationsdefizite zum Entscheidungszeitpunkt reduzieren lassen, können sie nicht als Argument für einen staatlichen Eingriff herangezogen werden.

- **Internalisierung von Netzwerkexternalitäten**
  Auch eine erweiterte Untersuchung von Netzwerkexternalitäten, d.h. von Externalitäten, die zu einem zu kleinen Netzwerk führen, und möglichen Internalisierungsmechanismen ist ein Forschungsfeld, auf dem bisher vergleichsweise wenig gearbeitet wurde.

- **Standards zur Reduktion der Vielfalt oder externer Effekte und zum Senken von Transaktionskosten**
  Eine umfassende Analyse standardsetzender Institutionen muß sich von der Beschränkung auf eine Art von Standard lösen. Nötig sind weitere Untersuchungen im Hinblick auf eine optimale Struktur für die Entwicklung von Standards, die sich nicht mit Kompatibilität, sondern mit der Reduktion der Vielfalt, dem Verhindern von externen Effekten oder dem Senken von Transaktionskosten aufgrund von Informationsasymmetrien beschäftigen.

- **Interessengruppen und ihr Einfluß auf den Standardisierungsprozeß**
  Im Rahmen dieser Arbeit wurden die Interessengruppen, die am Standardisierungsprozeß teilnehmen, auf die Gruppen der Produzenten bzw. An-

wender reduziert. Während die Produzentengruppe in die innovativen Unternehmen und die Imitatoren zerfiel, wurden die Anwender als eine homogene Gruppe behandelt, während sie doch in der Realität sehr heterogen strukturiert ist. (RANKINE 1995) Andere Interessengruppen, wie Gewerkschaften (HUIGEN 1992), Forschungsinstitute etc. versuchen, ebenfalls Einfluß auf die Standardisierung zu nehmen. Somit wird offensichtlich, daß das Terrain, auf dem die Vielzahl an Interessengruppen bestrebt ist, den Standardisierungsprozeß im eigenen Sinne zu beeinflussen, ein reiches Feld für weitergehende Forschungsarbeiten ist.

- **Funktionen des Standardisierungswesens**
  In der vorliegenden Arbeit stand die Funktion der „Erstellung von Standards" im Vordergrund der Untersuchung. Entsprechend können auch die Ergebnisse nur auf diese Funktion bezogen werden. Eine Erweiterung der vorliegenden Arbeit im Hinblick auf die anderen Funktionen eines Standardisierungswesens wie die „Verbreitung von Standards", das „Implementieren von Standards" sowie die Bereitstellung von „Hilfsfunktionen" ist notwendig.

- **Dynamische Standardisierung**
  In der vorliegenden Arbeit wurde ein statisches Modell gewählt, da dies hinreichend ist, um den gewählten Aspekt der Koordinationsfähigkeit der Mechanismen zu untersuchen. Da aber der Standardisierungsprozeß auch dynamische Aspekte beinhaltet, ist eine entsprechende Erweiterung der Untersuchungen notwendig.

Über die Aspekte hinaus, die im Rahmen dieser Arbeit keinen unmittelbaren Eingang in die Modellierung und Untersuchung gefunden haben, sind Zusammenhänge zwischen einer Standardisierung und einer Vielzahl makroökonomischer Daten bis dato ungeklärt. So existieren zwar Versuche, die Intensität der Standardisierung als Einflußgröße des Wachstums zu interpretieren, doch sind die bisherigen Ergebnisse wenig befriedigend.

- **Standardisierung und Handel**
  Während einerseits die Bedeutung von Standards als Handelshemmnis weitestgehend unbestritten ist, existieren andererseits keine dem Verfasser bekannten Untersuchungen über die den Handel fördernden Wirkungen von Standards.

- **Standardisierung und Einkommensverteilung**

  Ein weiterer Aspekt, der im Zusammenhang mit der zunehmenden Bedeutung von Industrien mit Netzwerkeffekten und Kompatibilitätsstandards zu sehen ist, ist eine daraus resultierende Polarisierung der Märkte. Je wichtiger Netzwerkeffekte werden und je besser die Möglichkeiten sind, die eigene Technologie zu schützen, um so größer werden die Gewinne, die auf das im Markt verbleigende Unternehmen warten. In Märkten ohne Netzwerkeffekte können viele Unternehmen bzw. viele Technologien nebeneinander existieren, in Märkten mit Netzwerkeffekten nur eine Technologie. Das Unternehmen, das über diese Technologie oder die Schnittstellen dazu verfügt, beherrscht den Markt und kann die ökonomischen Renten abschöpfen. Diese Entwicklung kann erheblichen Einfluß sowohl auf Leistungsbilanzen als auch auf die nationalen Einkommensentwicklungen haben.[182]

Auch wenn die vorliegende Arbeit nur einen kleinen Baustein für ein besseres Verständnis des Standardisierungsprozesses liefert, so bleibt doch festzuhalten, daß sich die Forschung erst in jüngster Zeit mit dem Standardisierungsprozeß per se auseinandersetzt und sich die Analyse somit noch in einem Anfangsstadium befindet. Die Quintessenz der hier durchgeführten Untersuchung kann abschließend am besten durch eine kleine Änderung des Zitats von BESEN und SALONER (1989) wiedergegeben werden:

„There [ought to be] no standard way in which a standard is produced."

---

[182] Mein Dank gilt hier Jens Maßmann, der mich auf diesen Zusammenhang aufmerksam machte.

Literaturverzeichnis

Adams, Michael (1990), „Höchststimmrechte, Mehrfachstimmrechte und sonstige wundersame Hindernisse auf dem Markt für Unternehmenskontrolle", in: Die Aktiengesellschaft, S. 63-78.

Adams, Michael (1991), "Normen, Standards, Rechte", in: Juristenzeitung, 46. Jg., S. 941 - 955.

Adams, Michael (1994), „Rechte und Normen als Standards", in: Homo Oeconomicus Vol. 11 No. 3, S. 501-552.

Adams, Michael (1996), „Norms, Standards, Rights", in: European Journal of Political Economy Vol. 12, S. 363-375.

Adolphi, Hendrik (1996a), „Normenabteilungen in deutschen Unternehmen - Ergebnisse einer Umfrage", Universität der Bundeswehr Hamburg, Professur für Normenwesen und Maschinenzeichnen, 1996, mimeo, (erscheint in: DIN-Mitteilungen).

Adolphi, Hendrik (1996b), „Die Stellung von Normenabteilungen", Arbeitspapier, Universität der Bundeswehr Hamburg, Professur für Normenwesen und Maschinenzeichnen.

Adolphi, Hendrik, Wilfried **Hesser**, Roland **Hildebrandt**, Alex **Inklaar**, Jens **Kleinemeyer** und Rolf **Meyer** (1994), „Funktionen Nationaler Normeninstitutionen", EURAS Discussion Paper Series Volume 2.

Adolphi, Hendrik und Jens **Kleinemeyer** (1995), „The economic importance of company standardization for enterprises", Beitrag vorbereitet für einen „Workshop on Company Standardization", in Hanoi/Vietnam, Juli-August 1995.

Adolphi, Hendrik und Jens **Kleinemeyer** (1996), „International Standardization - History and Organizations", in: An Introduction to Standardization, Hrsg.: Winfried Hesser und Alex Inklaar, Berlin: Beuth.

Advisory Committee on Advanced Television Service (1995), Final Report and Recommendation, Washington D.C. 28. November 1995.

Agliardi, Elettra (1995), „Discontinuous adoption paths with dynamic scale economies", in: Economica Vol. 62, S. 541-549.

Agliardi, Elettra und Mark **Bebbington** (1994), „Self-reinforcing mechanisms and interactive behavior", in: Economic Letters Vol. 46, S. 281-287.

Akerlof, George A. (1970), "The market for 'lemons': quality uncertainty and the market mechanism", in: Quarterly Journal of Economics, Vol. 84, S. 488-500.

American Society for Mechanical Engineers (1996), „ASME Standards", http://www.asme.org/hist/hisstand.html).

American Society for Testind and Materials (1996a), „What types of standards does ASTM produce?", http://www.astm.org/FAQ/3.html

American Society for Testind and Materials (1996b), „How is ASTM funded?", http://www.astm.org/FAQ/20.html

Antitrust Division (1995), „Opening markets and protecting competition for America's businesses and consumers", April.

Anton, James J. und Dennis A. **Yao** (1995), „Standard-setting consortia, antitrust, and high-technology industries", in: Antitrust Law Journal Vol. 64, S. 247-265.

Antonelli, Christiano (1993), „Externalities and complementarities in telecommunications dynamics", in: International Journal of Industrial Organization, Vol. 11, S. 437-447.

Antonelli, Christiano (Hrsg.) (1992), "The economics of information networks", Amsterdam et al.: North-Holland.

Arrow, Kenneth J. (1963), „Social choice and individual value", 2. Aufl., New York: Wiley.

Arrow, Kenneth J. (1995), U.S. v. Microsoft, Declaration of Economist, Kenneth J. Arrow, vom 17. Januar 1995.

Arthur, Brian W. (1987), "Self-reinforcing mechanisms in economics", in: The economy as an evolving complex system, Hrsg.: Philip W. Anderson, Kenneth J. Arrow and David Pines, S. 9 - 31, New York: Addison-Wesley, S. 9-31.

Arthur, Brian W. (1988), "Competing technologies: an overview", in: Technical change and economic theory, Hrsg.: Giovanni Dosi et al. , New York: Pinter Publishers, S. 590 - 607.

Arthur, Brian W. (1989), "Competing technologies, increasing returns, and lock-in by historical events", in: The Economic Journal, Vol. 99, S. 116 - 131.

Arthur, Brian W., "Positive feedbacks in the economy", in: Scientific American 80, 1990. S. 92 - 99.

Arthur, Brian W., **Ermoliev**, Yu.M. und Yu.M. **Kaniovski,** „Strong laws for a class of path-dependent stochastic processes with applications", in: Proceedings of the International Conference on Stochastic Optimization. Kiev, 1984, Berlin u.a.:Springer, 1986, S. 287-300.

Axelrod, Robert (1987), Die Evolution der Kooperation, München: Oldenbourg.

Bane, P. William, Stephen P. **Bradley** und David J. **Collis** (1996), „Winners and losers: industry structure in the converging world of telecommunications, computing and entertainment", http://www.hbs.edu/mis/winners_losers.html, geladen 19. Juli 1996.

Bator, Francis (1958), „The anatomy of market failure", in: Quarterly Journal of Economics Vol. 39, S. 351-379.

Beck Henry (1995), Patent issues in establishing technological standards, in: Computer Law Vol. 12, Nr. 3, S. 1 und S. 3.

Beitz, W und G. **Pahl** (1974), „Baukastenkonstruktionen", in: Konstruktion Vol. 26, S. 153-160.

Besen, Stanley M. und Joseph **Farrell** (1994), „Choosing how to compete: strategies and tactics in standardization", in: Journal of Economic Perspectives Vol. 8, S. 117-131.

Besen, Stanley M. und Leo J. **Raskind** (1991), „An introduction to the Law and Economics of Intellectual Property", in: Journal of Economic Perspectives, 5 (1), S. 3-27.

Besen, Stanley M. und Garth **Saloner**, "The economics of telecommunications standards", in: Changing the rules: technological change, international competition and regulation in communications, Hrsg.: Robert W. Crandall and Kenneth Flamm, 1989, S. 177 - 220, Washington D.C.

Bental, Benjamin und Menahem **Spiegel** (1995), „Network competition, product quality, and market coverage in the presence of network externalities", Vol. 43, S. 197-208.

Bitsch, Harald, Joachim **Martini** und Hermann J. **Schmitt** (1995), „Betriebswirtschaftliche Behandlung von Standardisierung und Normung", in: Zeitschrift für betriebswirtschaftliche Forschung und Praxis Vol. 47, S. 66-85.

Blankart, Charles Beat (1995), „The meaning of voting on standardization: Comment", in: Public Choice Vol. 84, S. 181-184.

Blankart Charles Beat und Günter **Knieps** (1992a), „Network externalities, variety and search", Working Paper Technische Universität Berlin und Rijksuniversiteit Groningen,.

Blankart, Charles Beat and Günter **Knieps** (1992b), "Netzökonomik", in: Jahrbuch für Neue Politische Ökonomie, Hrsg.: Erik Böttcher et al., J.C.B. Mohr, Tübingen.

Blankart, Charles Beat and Günter **Knieps** (1992c), "State and Standards", Discussion Paper - Economics Series No. 2, Humboldt-Universität zu Berlin.

Blankart, Charles Beat and Günter **Knieps** (1993), "State and Standards", in: Public Choice, Vol. 77, p. 39-52.

Bolenz, Eckhard (1987), „Technische Normung zwischen „Markt" und „Staat" - Untersuchungen zur Funktion, Entwicklung und Organisation verbandlicher Normung in Deutschland", Bielefeld: Kleine Verlag.

Bongers, Cornelis (1980), „Standardization - mathematical methods in assortment determination", The Hague: Martinus Nijhoff publishing.

Bongers, Cornelis (1981), "Economical aspects of standardization", Report 8120/EO, Econometric Institute, S. 1 - 18.

Bonner, Peter (1994), „Trespassing on copyright", in: ISO Bulletin August, S. 13.

Borrmann, Jörg, Jens **Maßmann** und Jens **Kleinemeyer** (1989), „Ökonomische Analyse von Standards", Seminararbeit Universität Hamburg.

Bossert, Walter und Frank **Stehling** (1990), „Theorie kollektiver Entscheidungen - eine Einführung", Berlin u.a.: Springer.

Branscomb, Lewis M. und Brian **Kahin** (1996), Standards processes and objectives for the National Information Infrastructure, http://ksgwww. harvard.edu/iip/STANPOL.ASC.txt, geladen am 21. November 1996.

Braunstein, Yale M. and Lawrence J. **White** (1985), "Setting technical compatibility standards: an economic analysis", in: Antitrust Bulletin, Vol. 30, S. 337 - 355.

Breulmann, Günter (1993), „Normung und Rechtsangleichung in der Europäischen Wirtschaftsgemeinschaft", Berlin: Duncker & Humblot, zugl. Münster (Westfalen), Univ., Diss., 1992/93.

British Standards Institution (1994), „BSI Standards Committee members survey 1995 - Report of survey findings".

Brown, Allan, Martin **Cave**, Yogesh **Sharma**, Mark **Shurmer** und Philip **Carse** (1992), „HDTV: High Definition, High Stakes, High Risks", London: National Economic Research Associates.

Brown, Jack E. (1993), „Technology joint ventures to set standards or define interfaces", in: Antitrust Law Journal Vol. 61, S. 921-936.

Capello, Roberta (1994), „Spatial economic analysis of telecommunications network externalities", Brookfield: Ashgate Publishing.

Chatterjee, Kaylan und Larry **Samuelson** (1987), "Bargaining under two-sided incomplete information: an infinite horizon model with alternating offers", in: Review of Economic Studies Vol. 54, S. 175-192.

Chatterjee, Kaylan und Larry **Samuelson** (1988), "Bargaining under two-sided incomplete information: the unrestricted offers case", in: Operations Research Vol. 36, No. 4, S. 605-618.

Choi, Jay Pil (1994), „Network externality, compatibility choice, and planned obsolescence", in: Journal of Industrial Economics Vol. 42, S. 167-181.

Choi, Jay Pil (1996), „Standardization and experimentation: Ex ante vs. Ex post standardization", in: European Journal of Political Economy Vol. 12, S. 273-290.

Chou, Chien-fu und Oz **Shy** (1996), „Do consumers gain or lose when more people buy the same brand", in: European Journal of Political Economy Vol. 12, S. 309-330.

Church, Jeffrey und Neil **Gandal** (1996), „Strategic entry deterrence: complementary products as installed base", in: European Journal of Political Economy Vol. 12, S. 331-354.

Coase, Ronald (1960), „The problem of social cost", in: Journal of Law and Econmics, S. 1-44.

Coleman, James S (1991), „Grundlagen der Sozialtheorie", München: Oldenbourg, Band 1. Handlungen und Handlungssysteme.

Colombo, Massimo G. und Rocco **Masconi** (1995), „Complementarity and cumulative learning effects in the early diffusion of multiple technologies", in: Journal of Industrial Economics Vol. 43, S. 13-48.

Comité européen de normalisation (1990), „CEN/CENELEC Geschäftsordnung, Teil 2: Gemeinsame Regeln für die Normungsarbeit", Brüssel.

Comité européen de normalisation (1994), „CEN/CENELEC Internal Regulations, Part 2: Common rules for standards work", Brüssel.

Compton, Charles (1993), „Cooperation, collabortaion, and coalition: a perspective on the types and purposes of technology joint ventures", in: Antitrust Law Journal Vol. 61, S. 861-897.

Conner, Kathleen R. (1995), „Obtaining strategic advantage from being imitated: when can encouraging „clones" pay?", in: Management Science Vol. 41, S. 209-225.

Cooter, Robert und Thomas **Ulen** (1986), Law and economics, Glenview, Ill. und London: Scott, Foresman and Company.

Cowan, Robin (1988), „Nuclear Power Reactors: A study in technological lock-in", New York University, October 1988.

Cowan, Robin und Philip **Gunby** (1996), „Sprayed to death: path dependence, lock-in and pest control strategies", in: Economic Journal Vol. 106, S. 521-542.

Crandall, Robert W. and Kenneth **Flamm** (Hrsg.) (1989), "Changing the rules: technological change, international competition, and regulations in communications",Washington D.C.: The Brookings Institution.

Crawford, Sue E.S. und Elinor **Ostrom** (1995), "A grammar of institutions, in: American Policitcal Science Review Vol. 89, No. 3, S. 582-600.

Dasgupta, Partha and Paul **Stoneman** (Hrsg.) (1987), "Economic policy and technological performance", Cambridge: Cambridge University Press.

David, Paul A. (1985), "Clio and the economics of QWERTY", in: American Economic Review, Papers and Proceedings, Vol. 75, S. 332 - 337.

David, Paul A. (1986), "Understanding the economics of QWERTY: the necessity of history", in: Economic history and the modern economist, Hrsg.: W.N. Parker, Oxford: Basil Blackwell.

David, Paul A. (1987), "Some new standards for the economics of standardization in the information age", in: Economic policy and technological performance, Hrsg.: Partha Dasgupta and Paul Stoneman, Cambridge: Cambridge University Press, S. 206-239.

David, Paul A. (1993), „The evolution of Intellectual Property Institutions", Maastricht Economic Research Insitute on Innovation and Technology MERIT Research Memorandum 93-009.

David, Paul A. und Dominique **Foray** (1993), „Percolation structures, markov random fields and the economics of EDI standards diffusion", Maastricht Economic Research Insitute on Innovation and Technology MERIT Research Memorandum 93-011.

David, Paul A. and Shane **Greenstein** (1990), "The economics of compatibility standards: an introduction to recent research", in: Economics of Innovation and New Technology, Vol. 1, S. 3 - 41.

David, Paul A. und Hunter K. **Monroe** (1994), Standards development strategies under incomplete information - Isn't the „Battle of the sexes" really a revelation game?, Maastricht Economic Research Insitute on Innovation and Technology MERIT Research Memorandum 2/94-039.

David, Paul A. und G.S. **Rothwell** (1993), „Standardization, diversity, and learning: a model for the nuclear power industry", Maastricht Economic Research Institute on Innovation and Technology Research Memorandum Nr. 93-005.

David, Paul A. und W. Edward **Steinmueller** (1993), „Economics of compatibility standards and competition in telecommunication networks", paper presented at the International Telecommunication Society, European Conference „The Race to European Eminence".

Davis III, G. Gervaise (1993), War of the Words - Intellectual property laws and standardization, in: IEEE Micro December, S. 19-27.

Desruelle, Dominique, Gérad **Gaudt** und Yves **Richelle** (1996), Complmentarity, coordination and compatibility: the role of fixed costs in the economics of systems, in: International Journal of Industrial Organization Vol. 14.

Deutsches Institut für Normung e.V. (1986), „DIN 820 Teil 4: Normungsarbeit - Geschäftsgang", Berlin: Beuth.

Deutsches Institut für Normung e.V. (1994), „Geschäftsbericht 1993/94", Berlin.

Deutsches Institut für Normung e.V. (1996), „Kosten und Nutzen der Normung".

Deutsches Institut für Normung e.V. (1996), „Geschäftsbericht 1995/96", Berlin.

Doeberl, Peter (1996), Revolution der Speicher-Mafia: Die Digital Video Disc DVD kommt, in: Mensch & Büro 10. Jg., Nr. 6, S. 32 u. 34.

Dosi, Giovanni (1982), „Technological paradigms and technological trajectories", in: Research Policy Vol. 11, S. 147-162.

Dowd, Kevin und David **Greenaway** (1993), „Currency competition, network externalities and switching costs: towards an alternative view of optimal currency areas", in: Economic Journal Vol. 103, S. 1180-1189.

Ebert-Kern, Beate (1994), „Ökonomische und rechtliche Auswirkungen technischer Harmonisierungskonzepte im europäischen Normungssystem", Frankfurt am Main u.a.: Peter Lang, zugl. Dissertation an der Universität Kaiserslautern, 1993.

Eco, Umberto (1989), „Das Foucaultsche Pendel", München und Wien: Carl Hanser.

Economides, Nicholas (1993), „Network economics with application to Finance", in: Financial Markets, Institutions & Instruments, Vol. 2, No. 5, S. 89-97.

Economides, Nicholas (1996a), „The economics of networks", manuscript, erscheint 1996 in: International Journal of Industrial Organization Vol. 14.

Economides, Nicholas (1996b), „Network externalities, complementarities, and invitations to enter", in: European Journal of Political Economy, erscheint 1996.

Economides, Nicholas und Charles **Himmelberg** (1995), „Critical mass and network size with application to the US FAX market", Discussion Paper EC-95-11, Stern School of Business, New York University.

Economides, Nicholas und Lawrence J. **White** (1993), „One-way networks, two-way networks, compatibility, and antitrust", Discussion Paper EC-93-14, Stern School of Business, New York University.

Economides, Nicholas und Lawrence J. **White** (1994a), „Networks and compatibility: Implications for antitrust", in: European Economic Review Vol. 38, S. 651-662.

Economides, Nicholas und Lawrence J. **White** (1994b), „One-way networks, two-way networks, compatibility, and public choice", Stern School of Business, New York University.

Eichener, Volker und Helmut **Voelzkow** (1993), „Entwicklungsbegleitende Normung", in: DIN-Mitteilungen Vol. 72, S. 764-768.

Eicher, Lawrence D. (1995), „Aktuelle Fragen und künftige Aufgaben der ISO", in: DIN-Mitteilungen 74, Nr. 1, S. 9-11.

Einhorn, Michael A. (1992), „Mix and match compatibility with vertical product dimensions", in: Rand Journal of Economics Vol. 23, S. 535-547.

El-Tawil, Anwar (1993), „Structure and operation of national standardization systems in typical industrialized and developing countries", in: The role of standardization in economic development, Hrsg.: World Bank Industry and Energy Department und International Organization for Standardization, S. 41-58.

Elster, Jon (1989), "Social norms and economic theory", in: Journal of Economic Perspectives, Vol. 3, S. 99 - 117.

Endres, Alfred (1994), „Umweltökonomie - Eine Einführung", Darmstadt: Wissenschaftliche Buchgesellschaft.

Englmann, Frank (1989), „Technischer Fortschritt: Diffusion, Erträge und Beschäftigung", Tübingen: J.C.B. Mohr.

Europäische Kommission (1985), Vollendung des Binnenmarktes, Weißbuch der Kommission an den Europäischen Rat, Brüssel.

Europäische Kommission (1990), Grünbuch der EG-Kommission zur Entwicklung der europäischen Normung: Maßnahmen für eine schnellere technologische Integration in Europa, Brüssel.

Europäische Kommission (1995), „Grünbuch zur Innovation", Brüssel.

European Telecommunication Standards Institute (1995), „ETSI Statutes", HTTP://www.etsi.fr/sec/rules/statute.html

Fahrendorf, Klaus (1974), „Die überbetriebliche technische Normung im amerikanischen Antitrustrecht", Köln u.a.: Carl Heymanns.

Farrell, Joseph (1987), „Cheap talk, coordination, and entry", in: Rand Journal of Economics Vol. 18, S. 34-39.

Farrell, Joseph (1989), „Standardization and intellectual property", Working Paper Berkeley, Vol. 30.

Farrell, Joseph (1996), Choosing the rules for formal standardization, University of California Berkeley, Version vom 16. Januar.

Farrell, Joseph and Nancy T. **Gallini** (1988), „Second-sourcing as a commitment: monopoly incentives to attract competition", in: Quarterly Journal of Economics, Vol. 103, S. 673 - 694.

Farrell, Joseph and Garth **Saloner** (1985), „Standardization, compatibility, and innovation", in: Rand Journal of Economics, Vol. 16, No. 1, S. 70 - 83.

Farrell, Joseph and Garth **Saloner** (1986a), „Installed base and compatibility: innovation, product preannouncements, and predation", in: American Economic Review, Vol. 76, No. 5, S. 940 - 955.

Farrell, Joseph and Garth **Saloner** (1986b), „Standardization and variety", in: Economics Letters, 20, S. 71 - 74.

Farrell, Joseph and Garth **Saloner**, (1987), „Competition, compatibility and standards: the economics of horses, penguins and lemmings", in: Product standardization and competitive strategy, Hrsg.: H. Landis Gabel, Amsterdam: North-Holland, S. 1 - 21.

Farrell, Joseph and Garth **Saloner**, (1988), „Coordination through markets and committees", in: Rand Journal of Economics, Vol. 19, S. 235 - 252.

Farrell, Joseph and Garth **Saloner**, (1992), „Converters, compatibility, and the control of interfaces", in: Journal of Industrial Economics Vol. 40, S. 9-35.

Farrell, Joseph u.a. (1995), „Brief Amicus Curiae of economic professors and scholars in the Supreme Court of the United States, Lotus Development Corporation v. Borland International, Inc.", No. 94-2003, Dezember.

Federal Communications Commission (1996), Economic considerations for alternative digital television standards, Protokol einer Diskussion am 1. November 1996, Washington D.C.

Federal Trade Commission (1995a), „Networks, standards, foreclosure, strategic conduct", Protokolle der „Hearings on global and innovation based competition" vom 29. November 1995.

Federal Trade Commission (1995b), „How should antitrust enforcers assess foreclosure, access and efficiency issues related to networks and standards?", Protokolle der „Hearings on global and innovation based competition" vom 30. November 1995.

Federal Trade Commission (1995c), „Horizontal and vertical issues related to networks and standards", Protokolle der „Hearings on global and innovation based competition" vom 1. Dezember 1995.

Fleck, James (1995), Configurations and Stanardization, in: Soziale und ökonomische Konflikte in Standardisierungprozessen, Hrsg.: Josef Esser, Frankfurt/Main u. New York: Campus, S. 38-65.

Foray, Dominique (1993), „Coalitions and committees: how users get involved in information technology standardization", präsentiert während des „Internatioal Workshop on Standards, Innovation, competitiveness and Policy, University of Sussex November.

Foray, Dominique (1993), „Standardisation et concurrence: Des relations ambivalentes", in: Revue d'Economie Industrielle n° 63, 1er trimestre, S. 84-101.

Foray, Dominique (1994a), „Production and distribution of knowledge in the new systems of innovation: the role of intellectual property rights", in: Science, Technology, Industry Review Vol. 14, S. 119-152.

Foray, Dominique (1994b), „Users, standards and the economics of coalitions and committees", in: Information Economics and Policy Vol. 6, S. 269-293.

Foray, Dominique (1996), „Diversité, sélection et standardisation: les nouveaux modes de gestion du changement technique", in: Revue d'Économique Industrielle, Nr. 75, 1er trimestre, S. 257-274.

Franck, Egon und Carola **Jungwirth** (1995), „Produktstandardisierung und Wettbewerbsstrategie", Freiberger Arbeitspapiere 95/22.

Frank, Robert H. (1987), „If Homo Economicus could choose his own utility function, would he want one with a conscience?", in: American Economic Review Vol. 77, No. 4, S. 593-604.

Frank, Robert H. (1991), „Microeconomics and behavior", New York u.a.: McGraw-Hill.

Friedman, James (1982), „Oligopoly theory", in: Handbook of Mathematical Economics Vol. II, Hrsg.:Kenneth J. Arrow und Michael D. Intrilligator, Amsterdam u.a.: North-Holland, S. 491-534.

Funk, Lothar (1995), „Begriffe die man kennen muß: die QWERTZ-Problematik", in: WISU, Heft 7, S. 577.

Gabel, H. Landis (Hrsg.) (1987), „Product standardization and competitive strategy", Amsterdam: North-Holland.

Gabel, H. Landis (1993), „Produktstandardisierung als Wettbewerbsstrategie", London et al.: McGraw-Hill.

Gandal, Neil (1994), „Hedonic price indexes for spreadsheets and an empirical test for network externalities", in: RAND Journal of Economics Vol. 25, S. 160-170.

Gandal, Neil (1995a), „Competing compatibility standards and network externalities in the PC software market", in: Review of Economics and Statistics, S. 599-608.

Gandal, Neil (1995b), „A selective survey of the literature on indirect network externalities: a discussion of Liebowitz and Margolis", in: Research in Law and Economics Vol. 17, S. 23-31.

Garcia, Linda (1992), „Standard setting in the United States: public and private sector roles", in: Journal of the American Society for Information Science Vol. 43, S. 531-537.

Gewiplan (1988), „The 'Cost of Non-Europe': some case studies on technological barriers", in: Research on the 'Cost of Non-Europe' Basic Findings Vol. 6, Hrsg.: Commission of the European Communities, Brüssel u. Luxemburg, S. 39-233.

Gibbons, Robert (1992), A primer in game theory, New York u.a.: Harvester Wheatsheaf.

Glanz, Axel (1993), „Ökonomie von Standards", Frankfurt/M et al.: Peter Lang, zugl. Dissertation Universität Frankfurt 1992.

Goerke, Lazslo und Manfred J. **Holler** (1995), „Voting on standardization", in: Public Choice Vol. 83, S. 337-351.

Goerke, Lazslo und Manfred J. **Holler** (1996), „Strategic standardization in Europe: a Public Choice perspective", mimeo.

Greenstein, Shane (1992), „Invisible hands and visible advisors: an economic interpretation of standardization, in: Journal of the American Society for Information Science Vol. 43, S. 538-549.

Grindley, Peter (1995), „Standards, Strategy, and Policy", Oxford u.a.: Oxford University Press.

Grindley, Peter und Saadet **Toker** (1992a), „Regulators, markets and standards coordination: policy lessons from telepoint", London Business School, Centre for Business Strategy Working Paper Series No. 112.

Grindley, Peter und Saadet **Toker** (1992b), „Standards strategies for telepoint: the failure of commitment", London Business School, Centre for Business Strategy Working Paper Series No. 112.

Gröhn, Andreas (1996), „Netzwerkeffekte in der Software-Industrie: Eine Analyse der empirischen Literatur", Institut für Weltwirtschaft, Kiel, Arbeitspapier Nr. 743.

Gröner, Helmut (1981), „Umweltschutzbedingte Produktnormen als nicht-tarifäres Handelshemmnis", in: Umweltpolitik und Wettbewerb, Hrsg.: Helmut Gutzler, Baden-Baden: Nomos, S. 143-162.

Güth, Werner (1992), Spieltheorie und ökonomische (Bei)Spiele, Berlin u.a.: Springer.

Haberstumpf, Helmut (1988), „Der urheberrechtliche Schutz von Computerprogrammen", in: Rechtsschutz und Verwertung von Computerprogrammen, Hrsg.: Michael Lehmann, Köln: Otto Schmidt, S. 1-72

Hahn, Hans Peter, CE-Kennzeichnung leichtgemacht: ein praktischer Leitfaden, München und Wien: Hanser.

Halliwell, Chris (1993), Camp development: the art of building a market through standards, in: IEEE Micro, S. 10-18.

Hansmann, Karl-Werner (1997), Industrielles Management, München: Oldenbourg.

Hartlieb, Bernd, H. **Nitsche** und W. **Urban** (1983), „Systematische Zusammenhänge in der Normung", DIN-Normungskunde Bd. 18, Berlin: Beuth.

Hartman, Raymond S. und David J. **Teece** (1990), „Product Emulation strategies in the presence of reputation effects and network externalities: Some evidence from the minicomputer industry", in: Economics of Innovation and New Technology Vol. 1-2, S. 157-182.

Heap, Shaun P. Hargreaves und Yanis **Varoufakis** (1995), Game theory: a critical introduction, London u. New York: Routledge.

Heiberg, Kaare (1977), „The work of ISA (International Federation of National Standardizing Associations) 1926-1939", Annex 5 des Protokolls der 10. ISO Hauptversammlung.

Heidelberg, Kaare (1977), „Die ISA (International Federation of National Standardizing Associations) 1926-1939", in: DIN-Mitteilungen 56, Nr. 3, S. 135-137.

Henderson, James M. und Richard E. **Quandt** (1983), „Mikroökonomische Theorie: eine mathematische Darstellung", 5. überarb. Aufl., München: Vahlen.

Herb, Clemens, Wilfried **Hesser** und Roland **Hildebrandt** (1996), „Legal aspects of standardization", in: An Introduction to Standards and Standardization, Hrsg.: Wilfried Hesser und Alex Inklaar, Berlin und Köln: Beuth.

Heß, Gerhard (1993), „Kampf um den Standard", Stuttgart: Schäffer-Poeschel.

Hesser, Wilfried, Roland **Hildebrandt** und Jens **Kleinemeyer** (1996), „Tearing down the walls - Standards and Free Trade", European Academy for Standardization EURAS Conference on Standards and Society, Stockholm.

Hesser, Wilfried und Alex **Inklaar** (1992), „Das Normenwesen in den ASEAN-Staaten - Die Bedeutung des Normenwesens für die Industrialisierung ausgewählter ASEAN-Staaten", Studie im Auftrag des Bundesministeriums für wirtschaftliche Zusammenarbeit, Dezember.

Hildebrandt, Roland (1995), „Bedeutung der EG-Richtlinienpolitik für die Werknormung", in: Werknormung - Europäische Normung, Hrsg.: W. Hesser, Universität der Bundeswehr Hamburg, Professur für Normenwesen und Maschinenzeichnen, S. 109-125.

Hoffmann, Werner E. (1980), Die Organisation der Technischen Überwachung in der Bundesrepublik Deutschland, in: Ämter und Organisationen der Bundesrepublik Deutschland Bd. 59, Düsseldorf: Droste.

Holler, Manfred J. und Gerhard **Illing** (1991), Einführung in die Spieltheorie, Berlin u.a.: Springer.

Höller, Heinz (1993), „Kommunikationssysteme - Normung und soziale Akzeptanz", Braunschweig und Wiesbaden: Vieweg.

Hoover, Edgar M. (1975), „An introduction to regional economics", 2. Aufl., New York: Alfred A. Knopf.

Huigen, H.W. (1992), Trade Unions and the preparation of European Standards, in: The trade union contribution to European Standardization, Hrsg.: European Trade Union Technical Bureau for Health and Safety, Brüssel, S. 92-94.

International Electrotechnical Commission (1991), Annual Report, Genf.

International Organization for Standardization (1982), "Benefits of standardization", International Organization for Standardization, Geneva.

International Organization for Standardization (1992), „ISO in figures 1992", Genf.

International Organization for Standardization (1994a), „Annual Report 1994", Genf.

International Organization for Standardization (1994b), „Compatible technology worldwide", 2nd ed. , Genf 1994.

International Organization for Standardization (1995), „ISO in figures 1995", Genf 1995.

International Organization for Standardization/International Electrotechnical Commission, „ISO/IEC policy concerning International Standards related to products", Genf 1980.

International Organization for Standardization/International Electrotechnical Commission, „Directives Part 1 Procedures for the technical work", 3. Aufl.., Genf, 1995.

International Organization for Standardization/International Electrotechnical Commission, „Directives Part 2 Methodoloy for the development of International Standards", 2. Aufl.., Genf, 1992.

International Telecommunication Union (1994a), „The International Telecommunication Union - An overview", 4. Aufl., Genf.

International Telecommunication Union (1994b), „Strategy Plan 1995-1999", Genf.

Jacob, Herbert (1990), „Industriebetriebslehre", 4. Aufl., Wiesbaden: Gabler.

Jensen, Richard und Marie Thursby (1996), „Patent races, product standards and international competition", in: International Economic Review Vol. 37, S. 21-49.

Jorde, Thomas M. und David J. Teece (1990), Innovation and cooperation: implications for competition and antitrust, in: Journal of Economic Perspectives Vol. 4, S. 75-96.

Kampmann, Frank, „Wettbewerbsanalyse der Normung der Telekommunikation in Europa", Frankfurt/M u.a.: Peter Lang, 1993 zugl. Dissertation Universität Wuppertal 1992.

Katz, Michael L. and Carl Shapiro, (1985a), "Network externalities, competition, and compatibility", in: American Economic Review, Vol. 75, No. 3, S. 424 - 440.

Katz, Michael L. and Carl **Shapiro** (1986a), "Technology adoption in the presence of network externalities", in: Journal of Political Economy, Vol. 94, No. 4, S. 822 - 841.

Katz, Michael L. and Carl **Shapiro** (1986b), "Product compatibility choice in a market with technological progress", in: Oxford Economic Papers, 38, S. 146 - 165.

Katz, Michael L. und Carl **Shapiro** (1992), „System competition and network effects", in: Journal of Economic Perspectives Vol. 8, S. 93-115.

Kaufer, Erich (1989), „The economics of the patent system", Chur u.a.: harwood academcic publishers.

Keck, Otto (1980), „Government policy and technical choice in the west german reactor programme", in: Research Olicy Vol. 9, S. 302-356.

Kelly, Jerry S. (1978), „Arrow impossibility theorems", New York u.a.: Academy Press.

Kiecker, Jürgen(1994), „§ 5 Normen- und Typenkartelle; Rationalisierungskartelle", in: Kommentar zum deutschen und europäischen Kartellrecht, Hrsg.: Hermann-Josef Bunte, 7. Aufl., Neuwied, Kriftel u. Berlin: Hermann Luchterhand.

Kindleberger, Charles P. (1983) "Standards as public, collective and private godds", in: Kyklos, Vol. 36, Fasc. 3, S. 377 - 396.

Kleinaltenkamp, Michael (1987), „Die Bedeutung von Produktstandards für eine dynamische Ausrichtung strategischer Planungskonzeptionen", in: Strategische Planung Bd. 3, S. 1-16.

Klemperer, Paul (1992), „Equilibrium product lines: competing head-to-head may be less competitive", in: American Economic Review, Vol. 82, S. 740-755.

Klock, Josef, Hermann **Sabel** und Werner **Schuhmann** (1987), „Die Erfahrungskurve in der Unternehmenspolitik", in: Zeitschrift für Betriebswirtschaft-Ergänzungsheft 2/87, S. 3-51.

Knie, Andreas (1992), „Yesterday's decisions determine tomorrow's options: The case of the mechanical typewriter", in: New Technology at the Outset: Social forces in the shaping of technological innovations, Hrsg.: Meinolf Dierkes und Ute Hoffmann, Frankfurt/M: Campus, S. 161-172.

Knorr, Henning, (1992), "Ökonomische Probleme von Kompatibilitätsstandards", Baden-Baden: Nomos- Verlagsgesellschaft.

Kogut, Bruce, Gordon **Walker** und Dong-Jae **Kim** (1995), „Cooperation and entry induction as an extension of technological rivalry", in: Research Policy Vol. 24, S. 77-95.

Kraßer, Rudolf (1988), „Der Schutz von Computerprogrammen nach deutschem Patentrecht", in: Rechtsschutz und Verwertung von Computerprogrammen, Hrsg.: Michael Lehmann, Köln: Schmidt, S. 99-134.

Kreps, David M. (1994), „Mikroökonomische Theorie", Hemel Hempstead und Landsberg: Harvester Wheatsheaf und verlag moderne industrie.

Kuert, Willy (1980), „Von der ISA zur ISO", in: DIN-Mitteilungen 59, Nr. 5, S. 285-287.

Kunerth, W. (1996), „Erwartungen der Industrie an das DIN", in: Normung in Europa und das DIN - Ziele für das Jahr 2005, Hrsg.: DIN, Berlin u.a.: Beuth, S. 17-29.

Kypke, Ulrich (1982), Technische Normung und Verbraucherinteresse, Köln: Pahl-Rugenstein.

Lecraw, Donald J. (1987), „Japanese standards: a barrier to trade?", in: Product Standardiuation and Competitive Strategy, Hrsg.: H. Landis Gabel, Amsterdam: North-Holland, S. 29-46.

Lee, Karen E. (1996), Cooperative standard-setting: the road to compatibility or deadlock? The NAFTA's transformation of the telecommunications industry, http://www.law.indiana.edu/fclj/ v48/no3/lee.html, geladen am 20. November 1996.

Lee, Ji-Ren, Donald E. **O'Neal**, Mark W. **Pruett** und Howard **Thomas** (1995), „Planning for dominance: a strategic perspective on the emergence of a dominant design", in: R&D Management Vol. 25, S. 3-15.

Lehr, William (1992), „Standardization: understanding the process", in: Journal of the American Society for Information Science Vol. 43, S. 550-555.

Leland, Hayne E. (1979), „Quacks, lemons, and licensing: a theory of minimum quality standards", in: Journal of Political Economy, Vol. 87, S. 1328 - 1346.

Lentz, Wolfgang (1993), „Neuere Entwicklungen in der Theorie dynamischer Systeme und ihre Bedeutung für die Agrarökonmie", Berlin: Duncker & Humblot.

Liebowitz, S.J. and Stephen E. **Margolis** (1990), „The fable of the keys", in: Journal of Law and Economics, Vol. 33, S. 1 - 25.

Liebowitz, S.J. und Stephen E. **Margolis** (1994), „Network externality: an uncommon tragedy", in: Journal of Economic Perspectives, Spring, S. 133-150.

Liebowitz, S.J. und Stephen E. **Margolis** (1995a), „Are network externalities a new source of market failure?", in: Research in Law and Economics Vol. 17, S. 1-22.

Liebowitz, S.J. und Stephen E. **Margolis** (1995b), „Market processes and the selection of standards", mimeo, HTTP://wwwpub.utdallas.edu /liebowitz/standard/standard.html.

Liebowitz, S.J. und Stephen E. **Margolis** (1995c), „Path Dependence, lock-in and history" in: Journal of Law, Economics and Organization, April 1995.

Liebowitz, S.J. und Stephen E. **Margolis** (1995d), „Reply to comments by Regibeau and Gandal", in: Research in Law and Economics Vol. 17, S. 41-46.

Lingner, Klaus-G. (o.J.), „International Standardization (The major international standardizing bodies: ISO, IEC, CAC)".

„**Lotus vs. Borland: not with a bang but a whimper...**" (1996), http://www.lgu.cr/28.htm, geladen 14. November.

Lukes, Rudolf, Klaus **Vieweg** und Ernst **Hauck** (1986), Schutz von Betriebs- und Geschäftsgeheimnissen in ausgewählten EG-Staaten, Berlin: Duncker & Humblot.

Lundgreen, Peter (1986), „Standardization - Testing - Regulation: Studies in the history of the science-based regulatory state (Germany and the U.S.A., 19th and 20th centuries)", Bielefeld: Kleine Verlag.

MACGroup (1988), „Technical barriers in the EC: illustrations in six indusries", in: Research on the „cost of non-europe", Hrsg.: Kommssion der Europäischen Gemeinschaften, Brüssel und Luxemburg, S. 1-28.

Macpherson, Andrew, „International Telecommunication Standards Organizations", Norwood, MA: Artech House, 1990.

Mansfield, Edwin (1982), „Microeconomics - theory & applications", 4. Aufl., New York und London: Norton.

Mao, Y.M. und E. **Hummel** (1981), „Recommendation, Standard or Instruction?", in: Telecommunication Journal Vol. 48, S. 747-748.

Marburger, Peter (1992), „Rechtliche und organisatorische Aspekte der technischen Normung auf nationaler und europäischer Ebene", in: Sicherheitsaspekte technischer Standards, Hrsg.: Karl Heinz Lindackers, Berlin u.a.: Springer, S. 175-233.

Matutes, Carmen and Pierre **Regibeau** (1987), „Standardization in multi-component industries", in: Product Standardiuation and Competitive Strategy, Hrsg.: H. Landis Gabel, Amsterdam u.a.: North-Holland, S. 23-28.

Matutes, Carmen and Pierre **Regibeau** (1988), „Mix and match: product compatibility without network externalities", in: Rand Journal of Economics, Vol. 19, No. 2, S. 221 - 234.

Matutes, Carmen and Pierre **Regibeau** (1989), „Standardization across markets and entry", in: Journal of Industrial Economics, Vol. 37, S. 359 - 371.

Matutes, Carmen and Pierre **Regibeau** (1992), „Compatibility and bundling of complementary goods in a duopoly", in: The Journal of Industrial Economics, Vol. XL, No. 1, S. 37 -54.

Mayntz, Renate (1990), „Entscheidungsprozesse bei der Entwicklung von Umweltstandards", in: Die VerwaltungVol. 9, S. 137-151.

Meyer, Rolf (1995), „Parameter der Wirksamkeit von typenreduzierenden Normungsvorhaben", Berlin u.a.: Beuth, zugl. Dissertation Universität der Bundeswehr Hamburg 1994..

Möller, Rudolf (1983), „Interpersonelle Nutzenvergleiche: wissenschaftliche Möglichkeit und politische Bedeutung", Göttingen: Vandenhoeck und Ruprecht.

Molka, Judith A. (1992), Surrounded by standards, there is a simpler view, in: Journal of the American Society for Information Science Vol. 43, No. 8, S. 526-530.

Monopolkommission (1991), Wettbewerbspolitik oder Industriepolitik, Hauptgutachten 1990/1991, Baden-Baden: Nomos.

Moore, H. Preston, W. Stephen **Smith** und Roxanne **Jensen** (1996), Antitrust implications in the adoption of industry standards, http://www.ipmag.com/moore.html, Stand: 20. November 1996.

National Research Council (1995), „Standards, conformity assessment, and trade - into the 21st century", Washington.

National Standards Systems Network (1996), „Standard Developing Organizations", http://www.nssn.org/stds.html.

Nelson, Philip (1974), „Advertising as information", in: Journal of Political Economy, Vol. 82, S. 729 - 754.

Nicolas, Florence und Jacques **Repussard** (1995), „Gemeinsame Normen für die Unternehmen", Brüssel.

National Institute for Standards and Technology (1996a), „History", http://www.nist.gov/public_affairs/history.htm.

National Institute for Standards and Technology (1996b), „NIST Budget Highlights", gopher://potomac.nist.gov/budget/fy97_nist_budget.txt.

Noam, Eli (1992), „A theory for the instability of public telecommunications systems", in: The economics of information networks, Hrsg.: Christiano Antonelli, Amsterdam: Elsevier, S. 107-127.

Oberlack, Hans Günther (1989), „Handelshemmnisse durch Produktstandards", HWWA, Hamburg.

Olson, Mancur (1992) , „Die Logik des kollektiven Handels", 3. durchges. Aufl., Tübingen: J.C.B. Mohr.

Oplatka, G. (1984), „So ermitteln Sie wirtschaftliche Typenreihen", in: Industrielle Management-Zeitschrift Nr. 53/9, S. 396-402.

Ostrom, Elinor (1986), „An agenda for the study of institutions", in: Public Choice Vol. 48, S. 3-25.

Owen, Bruce M. (1996), „Economic considerations for alternative digital television standards", Protokol einer Diskussion der Federal Communications Commission am 1. November 1996, Washington D.C.

Owen, Bruce M. und Steven S. **Wildman** (1992), „Video economics", Cambridge, Mass. und London: Harvard University Press.

Palma, André de und Luc **Leruth** (1996), „Variable willingness to pay for network externalities with strategic standardization decisions", in: European Journal of Political Economy Vol. 12, S. 235-251.

Patentgesetz (1995), abgedruckt in „Patent- und Musterrecht", 3. Aufl., München: C.H. Beck.

Pausch, Rainer (1981), „Postnormen und technischer Fortschritt bei der Entwicklung von Telekommunikationssystemen", in: Zeitschrift für öffentliche und gemeinwirtschaftliche Unternehmen, Beiheft 4, S. 101-114.

Pelkmans, Jacques (1987), „The new approach to technical harmonization and standardization", in: Journal of Common Market Studies, Vol. 25, No. 3, S. 249-269.

Pelkmans, Jacques (1990), „Regulation and the Single Market: An economic perspectives", in: The completion of the internal market, Hrsg.: Horst Siebert, Tübingen: Mohr, S. 91-117.

Pelkmans, Jacques und Michelle **Egan** (1992), „Fixing European standards: moving beyond the Green Paper", Centre for European Policy Studies Working Document No. 65.

Pfeiffer, G.H. (1989), "Kompatibilität und Markt. Ansaetze zu einer ökonomischen Theorie der Standardisierung", Baden-Baden: Nomos-Verlagsgesellschaft.

Pomfret, Richard W.T. (1991), „International trade: an introduction to theory and policy", Cambridge, Mass.: Basil Blackwell.

Posner, Richard A. (1976), Antitrust Law - An Economic Perspective, Chicago und London: University of Chicago Press.

Posner, Richard A. (1986), Economic analysis of law, Boston und Toronto: Little, Brown and Company, 3. Aufl.

Postrel, Steven R. (1990), „Competing networks and proprietary standards: the case of quadrophonic sound", in: Journal of Industrial Economics Vol. 38, S. 169-185.

Proissel, Wolfgang (1996), „Gefangene im eingenen Netz", in: Die Zeit, 14. Juni 1996, S. 25.

Rankine, L.J. (1995), The role of users in information technology standardization, in: Science Technology Industry Review, Special issue on innovation and standards, Vol. 16, S. 177-194.

Raubenheimer, Andreas (1994), „Softwareschutz nach dem neuen Urheberrecht", in: Computer und Recht Nr. 2, S. 69-77.

Reback, Gary, Susan **Creighton**, David **Killam** und Neil **Nathanson** (1995), Technological, economic and legal perspectives regarding Microsoft's business strategy in light of the proposed acquisition of Intuit, Inc., Vanderbilt University.

Redmond, William H. (1991), „When technologies compete: the role of externalities in nonlinear market response", in: Journal of Product Innovation Management Vol. 8, S. 170-183.

Regibeau, Pierre (1995), „Defending the concept of network externalities: a discussion of Liebowitz and Margolis", in: Research in Law and Economics Vol. 17, S. 33-39.

Reihlen, Helmut (1974), „Struktur und Arbeitsweise der Normenorganisationen westeuropäischer Nachbarstaaten", Hrsg.: Deutscher Normenausschuß, Berlin, Köln u. Frankfurt/M: Beuth.

Rengeling, Hans-Werner (1985), „Der Stand der Technik bei der Genehmigung umweltgefährdender Anlagen", Köln u.a.: Carl Heymanns.

Richter, H.-W. (1996), „Industrie, Exportwirtschaft", in: Normung in Europa und das DIN - Ziele für das Jahr 2005, Hrsg.: DIN, Berlin u.a.: Beuth, S. 87-91.

Röhling, Eike (1972), „Überbetriebliche technische Normen als nichttarifäre Handelshemmnisse im Gemeinsamen Markt", Köln u.a.: Carl Heymanns.

Röver, Andreas (1996), „Negative Netzwerkexternalitäten als Ursache ineffizienter Produktwahl", in: Jahrbuch für Nationalökonomik und Statistik Vol. 215, S. 14-32.

Rosen, Barry Nathan, Steven P. **Schnaars** und David **Shani** (1988), „A comparison of approaches for setting standards for technological products", in: Journal of Product Innovation Management Vol. 5, S. 129-139.

Saloner, Garth (1990), „Economic issues in computer interface standardization", in: Economics of Innovation and New Technology Vol. 1-2, S. 135-156.

Saloner, Garth und Andrea **Shepherd** (1992), „Adoption of technologies with network effects: an empirical examination of the adoption of automated teller machines", National Bureau of Economic Research Working Paper Series No. 4048.

Salop, Steven C. und David T. **Scheffman** (1983), "Raising rivals' costs", in: American Economic Review, Vol. 73., No. 2, S. 267 - 271.

Samuelson, Paul A. und William D. **Nordhaus** (1992), „Economics", 14th ed., New York: McGraw-Hill.

Sangruji, Chaiwai, „Starting from the scratch", in: Report to AID on an NBS/AID Workshop on Standardization and Measurement Services, Hrsg.: National Bureau of Standards, Washington D.C.: U.S. Department of Commerce, National Technical Information Service PB-296 326, 1979, S. 87-91.

Schelling, Thomas C. (1960), „The strategy of conflict", Cambridge, Mass.: Harvard University Press.

Schelling, Thomas C. (1978), „Micromotives and Macrobehavior", New York und London: W.W. Norton & Company.

Schertler, Walter (1995), „Unternehmensorganisation", 6. durchges. Aufl., München u. Wien: Oldenbourg.

Schlange, E.S. (1952), „Die Bedeutung der Standardisierung", in: Die Agrarwirtschaft, Jg. 1952, S. 272-277.

Schamlensee, Richard (1995), On antitrust issues related to networks, Testimony before the Federal Trade Commission, 1. Dezember.

Schmidt, Susanne K. und Raymund **Werle** (1994), „Die Entwicklung von Kompatibilitätsstandards in der Telekommunikation", in: Homo Oeconomicus Vol. 11 No. 3, S. 419-448.

Schmitt von Sydow, Helmut (1991), „Erwartungen der Kommission der Europäischen Gemeinschaften", in: Die europäische Normung und das DIN - Bericht über die außerordnetliche Sitzung des DIN-Präsidiums am 10. januar 1991 in Berlin, Hrsg.: Deutsches Institut für Normung e.V., Berlin und Köln: Beuth, S. 11-20.

Selwyn, Lee L. (1996), „Economic considerations for alternative digital television standards", Protokol einer Diskussion der Federal Communications Commission am 1. November 1996, Washington D.C.

Shapiro, Carl (1996), „Antitrust in network industries", Vortragsmanuskript, März 1996.

Shurmer, Mark und Peter **Swann** (1995), „An analysis of the process generating de facto standards in the PC spreadsheet software market", in: Journal of Evolutionary Econmics, S. 119-132.

Sittig, J. (1978), „Contribution of operations research to standardization", in: Proceedings of Operations Research Vol. 7, Hrsg.: K. Brockhoff, W. Dinkelbach, P. Kall, D.B. Pressmar und K. Spicher, Würzburg u. Wien: Physica, S. 326-335.

Sony (1996), Chronology, http://www.sel.sony.com/SEL/consumer/dvd/chron.html, geladen am 16. Dezember 1996.

Spring, Michael B., Christal **Grisham**, Jon **O'Donnell**, Ingjerd **Skogseid**, Andrew **Snow**, George **Tarr** und Peihan **Wang** (1995), „Improving the standardization process: from courtship dance to lawyering: working with bulldogs and turtles", Department of Information Science, University of Pittsburgh.

Steinmann, Horst und Gerhard **Heß** (1993), „Die Rolle von Marktsignalen bei der Etablierung von Kompatibilitätsstandards im Rahmen der Wettbewerbsstrategie", in: Der Betriebswirt Vol. 53, S. 167-186.

Stuurman, Cornelis (1995), „Technische Normen en het recht", Dissertation an der Freien Universität Amsterdam.

Sullivan, Charles D. (1983), Standards and Standardization - Basic principles and applications, New York u. Basel.

Swann, Peter und Mark **Shurmer** (1994), „The emergence of standards in PC software: who would benefit from institutional intervention?", in: Information Economics and Policy Vol. 6, S. 295-318.

Taeger, Jürgen (1991), „Softwareschutz durch Geheimnisschutz", Arbeitsbericht Nr, 102, Universität Lüneburg, September.

Tanguiane, Andranick S. (1991), „Aggregation and representation of preferences: an introduction to mathematical theory of democracy", Berlin u.a.: Springer.

Tassey, Gregory (1982), „The role of government in supporting measurement standards for high-technology industries", in: Research Policy Vol. 11, S. 311-320.

Thai Industrial Standards Insitute, „Industrial Product Standards Act B.E. 2511 as amended by Industrial Product Standards Act(no. 2) B.E. 2522 (1979) and Industrial Product Standards Act (No. 3) B.E: 2522 (1979)", Translated by Foreign Law Division, Thai Industrial Standards Institute, 1984.

Thum, Marcel (1995), „Netzwerkeffekte, Standardisierung und staatlicher Regulierungsbedarf", Tübingen: J.C.B. Mohr.

Tornatzky, Louis G. und Mitchell **Fleischer** (1990), „The processes of technological innovation", Lexington, Mass. Und toronto: D.C. Heath and Company.

Toth, Robert B. (Hrsg.) (1991), Standards activities of organizations in the United States, NIST Special Publications 806, Gaihtersburg: National Institute of Standards and Technology.

Turner, Donald F. (1976), Monopolisierung und Mißbrauch marktbeherrschender Stellungen nach dem amerikanischen Kartellrecht, in: Konzentration, Marktbeherrschung und Mißbrauch, Hrsg.: Ferdinand Hermanns, Köln: Verlag Deutscher Wirtschaftsdienst, S. 47-58.

United Nations Standards Co-Ordinating Committee, „Report of Conference", held in London at the Institution of Civil Engineers, 14th-26th October 1946, UNSCC 44., Dezember 1946, London: Central Office of the UNSCC.

United States Court of Appeals District of Columbia (1995a), United States of America v. Microsoft, Final Judgement, http://gopfer.usdoj.gov/atr/ microjudge.html.

United States Court of Appeals District of Columbia (1995b), United States of America v. Microsoft; Microsoft v. United States of America, No. 95-5037.

United States Department of Justice Antitrust Division (1995), Memorandum of the United States of America in response to the court's inquiries concerning „vaporware", No. 94-1564, http://www.usdoj.gov/ atr/cases/microsoft/ 0050.htm, geladen am: 4. Dezember 1996.

Updegrove, Andrew (1994), „Forming an representing high-technology consortia: legal and strategic issues", http://www.lgu.com/cons47.htm, geladen 20. November 1996.

Varney, Chsistine A. (1995), Antitrust and technology: what's on the horizon?, vorbereitete Anmerkungen vor der American Society of Association Executives, Washington, D.C., 6. Oktober.

Veall, Michael R. (1985), "On product standardization as competition policy", in: Canadian Journal of Economics, XVIII, No. 2, S. 416 - 425.

Verband der Technischen Überwachungsvereine e.V., „VdTÜV-Merkblatt Allgemeines 001", 1991.

Verein Deutscher Ingenieure (1995), „Informationen über den Verein Deutscher Ingenieure VDI", Presseinformation, Düsseldorf.

Verman, Lal C. (1973), „Standardization - A new discipline", Hamden. Conn.: Archon Books.

Vertrag zwischen der Bundesrepublik Deutschland, vertreten durch den bundesminister für Wirtschaft, und dem DIN Deutsches Institut für Normung e.V., vertreten durch dessen Präsidenten (1975), abgedruckt in: Grundlagen der Normungsarbeit des DIN, 6. aufl., Berlin: Beuth, 1995, S. 43-47.

Vries, Henk de (1996), „Standardization - What's in a name?", Beitrag EURAS-Konferenz: Standards and Society, Stackholm, Mai.

Wachter, Thomas (1995), „Schutz von Computerprogrammen im neuen belgischen Urheberrecht", in: Compuer und Recht 3/1995, S. 133-142.

Warren-Boulton, Frederick R., Kenneth C. **Baseman** und Glenn A. **Woroch** (1995), „The economics of intellectual property protection for software - the proper role for copyright", Working Paper.

Watzlawik, Paul (1976), Wie wirklich ist die Wirklichkeit, München u. Zürich: R. Piper & Co.

Watzlawik, Paul (1988), „Münchhausens Zopf oder: Psychotherapie und 'Wirklichkeit'", Bern u.a.: Hans Huber.

Weiss, Martin B.H. und Carl **Cargill** (1992), "Consortia in the standards development process", in: Journal of the American Society of Information Science Vol. 43., S. 559-565.

Weiss, Martin B.H. und Marvin **Sirbu** (1990), „Technological choice in voluntary standards committees: An empirical analysis", in: Economics of Innovation and New Technology Vol. 1-2, S. 111-133

Weiss, Martin B.H. und Michael B. **Spring** (1992), „Selected intellectual property issues in standardization", University of Pittsburgh, mimeo.

Weissberg, Arnold (1996), „Why reinvent the wheel? Toward a history of standards", http://www.lis.pitt.edu/~spring/standards/standshist.html.

Weizsäcker, Carl Christian von (1984a), "The costs of substitution", in: Econometrica, Vol. 52, S. 1085 - 1116.

Weizsäcker, Carl Christian von (1984b), „Effizienz und Gerechtigkeit - Was leistet die Property Rights Theorie für aktuelle wirtschaftspolitische Fragen?", in: Ansprüche, Eigentums- und Verfügungsrechte, Hrsg.: M. Neumann, Schriften des Vereins für Socialpolitik Bd. 140.

Wicke, Lutz (1993), „Umweltökonomie", 4. Aufl., München: Vahlen.

Wiese, Harald (1990), „Netzwerk und Kompatibilität: ein theoretische rund simulationsgeleiteter Beitrag zur Absatzpolitik für Netzeffekt-Güter", Stuttgart: Poeschel.

Wiese, Harald (1993), „Network effects in heterogenous and asymmetric duopoly", Koblenz.

Witthöft, Harald (1995), „Von der Vereinheitlichung und Normierung der Papierflächen im 19. und 20. Jahrhundert", in: Wirtschaft, Gesellschaft, Unternehmen: Festschrift für Hans Pohl, Hrsg.: Wilfried Feldenkirchen, Vierteljahresschrift für Sozial- und Wirtschaftsgeschichte, Stuttgart: Steiner, S. 516-537.

Woeckener, Bernd, „Dynamische Marktprozesse bei Netzwerk-Externalitäten und begrenzter Rationalität", in: Probleme bei unvollkommener Konkurrenz, Hrsg.: Alfred E. Ott, Tübingen und Basel: Francke, 1994, S. 235-254.

Wöhe, Günter (1986), „Einführung in die Allgemeine Betriebswirtschaftslehre", 16. Aufl., München: Franz Vahlen.

Wölcker, Thomas (1991), „Entstehung und Entwicklung des Deutschen Normenausschusses", Dissertation Freie Universität Berlin.

Wölcker, Thomas (1993), „Der Wettlauf um die Verbreitung nationaler Normen im Ausland nach dem ersten Weltkrieg und die Gründung der ISA aus der Sicht deutscher Quellen", in: Vierteljahresschrift für Sozial- und Wirtschaftsgeschichte, 80. Bd., Heft 4, S. 487-509.

World Wide Legal Information Association (1996), Product standards and the law, http://islandnet.com/~wwlia/standard.htm, geladen am 21. November 1996.

Woroch, Glenn A., Frederick R. **Warren-Boulton** und Kenneth C. **Baseman** (1995), „Microsoft plays hardball: the use of Exclusionary Pricing and Technical Incompatibility to Maintain Monopoly Power in Markets for Operating System Software", in: Antitrust Bulletin Vol. 55, Sommer, S. 265-315.

Woroch, Glenn A., Frederick R. **Warren-Boulton** und Kenneth C. **Baseman** (1996), „Exclusionary behavior in the market for operating system software: The case of Microsoft", mimeo.

X3 (1995a), „ASC X3 Scope", http://www.x3.org/help/scope.htm, geladen 14. Juni 1996.

X3 (1995b), „ASC X3 Membership", http://www.x3.org/mem_req.html, geladen 14. Juni 1996.

X3 (1996), „Frequently Asked Questions", http://www.x3.org/helo/faq.htm, geladen 14. Juni 1996.

Yang, Yi-Nung (1995), „Network effects, pricing strategies, and optimal upgrade time in software provision", Department of Economics, Utah State University.

Anhang

8 Einfache spieltheoretische Konzepte

„A game is a formal representation of a situation in which a number of individuals interact in a setting of strategic interdependence."

MAS-COLELL, WHINSTON und GREEN, 1995, S. 219

Im Verlauf dieser Arbeit wird immer wieder auf Erklärungs- und Darstellungsmuster aus der Spieltheorie verwiesen. Die diesen zugrunde liegenden Mechanismen werden in diesem Abschnitt anhand einiger „berühmt" gewordener Spielsituationen näher illustriert. In diesen Darstellungen wird die sogenannte Normalform gewählt[183], da sie den strategischen Charakter der Situation nach Auffassung des Verfassers plastischer macht.

Wenn in den folgenden Ausführungen zur Spieltheorie der Begriff des Gleichgewichtes verwendet wird, so bezieht sich dieser immer auf ein Nash-Gleichgewicht. Dieses kann wie folgt charakterisiert werden:

„The combination of strategies in a game such that neither player has an incentive to change strategies given the strategy of his opponent."

FRANK, 1992, S. 457

Das Gefangenendilemma

„Demnach hält ein Staatsanwalt zwei Männer in Untersuchungshaft, die des Raubs verdächtigt sind. Die gegen die beiden vorliegenden Indizien reichen aber nicht aus, um den Fall vor Gericht zu bringen. Er läßt sich die beiden Gefangenen vorführen und teilt ihnen unverblümt mit, daß er zu ihrer Anklage ein Geständnis brauche. Ferner erklärt er ihnen, daß er sie dann, wenn beide den Raubüberfall leugnen, nur wegen illegalen Waffenbesitzes zur Anklage bringen kann und daß sie dafür schlimmstenfalls zu je sechs Monaten Gefängnis verurteilt werden könnten. Gestehen beide aber die Tat ein, so werde er dafür sorgen, daß sie nur das Mindestmaß für Raub, nämlich zwei Jahre Gefängnis, bekommen. Wenn aber nur einer ein Geständnis ablegt, der andere aber weiterhin die Tat leugnet, würde der Geständige da-

---

[183] Daneben existiert die „extensive Form", bei der eine strategische Situation mit Hilfe eines Spielbaumes analysiert wird. Der Spielbaum hat den Vorteil, eine Abfolge von Entscheidungen darstellen zu können, während bei der Normalform die Gleichzeitigkeit der Entscheidung angenommen wird. (Vgl. u.a. GIBBONS 1992, S. 3f)

mit zum Kronzeugen und ginge frei aus, während der andere das Höchststrafmaß, nämlich zwanzig Jahre, erhalten würde. Ohne ihnen die Möglichkeit einer Aussprache zu geben, schickt er die Gefangenen in getrennte Zellen zurück und macht damit jede Kommunikation zwischen ihnen unmöglich."

Watzlawick, 1976, S. 103f

Diese Entscheidungssituation, vor der die beiden Gefangenen stehen, wird in Tabelle 26 umgesetzt, wobei die dort eingetragenen Strafen im folgenden als Auszahlungen bezeichnet werden, da dies der Terminologie der Spieltheorie entspricht.

		Gefangener 2	
		leugnen	gestehen
Gefangener 1	leugnen	6 Monate 6 Monate	Kronzeuge 20 Jahre,
	gestehen	20 Jahre Kronzeuge	2 Jahre 2 Jahre

Tabelle 26: Darstellung eines Gefangenendilemmas[184]

Die Tabelle 26 ist dabei wie folgt zu lesen: Entscheiden sich beide Gefangenen dafür zu leugnen, so erhalten sie jeweils eine Auszahlung, d.h. in diesem Fall eine Strafe in Höhe von jeweils sechs Monaten Gefängnis.[185] Entsprechend sind die Auszahlungen bei einem gemeinsamen Geständnis jeweils zwei Jahre. Gesteht nur der Gefangene 1, so wird er zum Kronzeugen und freigesprochen, während der Gefangene 2 leugnet und aufgrund des Geständnisses des Gefangenen 1 zu zwanzig Jahren verurteilt wird.

Beide Gefangenen stehen nun vor einem Entscheidungsproblem: Sollen sie jeweils gestehen oder leugnen? Aufgrund der Symmetrie genügt es, die Situation des Gefangenen 1 zu untersuchen:

a) Angenommen der Gefangene 2 leugnet, dann ist es für den Gefangenen 1 am besten zu gestehen, da er dann als Kronzeuge dient, während er zu sechs Monaten Gefängnis verurteilt würde, wenn er leugnet.

---

[184] Vgl. z.B. FRANK 1991, S. 452.

[185] In der Spieltheorie wird zwar der Begriff der Auszahlung verwendet, ohne daß damit allerdings eine Beschränkung auf monetäre Größen erfolgt.

b) Angenommen der Gefangene 2 gesteht, dann ist es für den Gefangenen 1 am besten, ebenfalls zu gestehen, da er dann zwei Jahre Gefängnis bekommt, während ihm zwanzig Jahre drohen, sollte er leugnen.

In dieser Konstellation ist es also für den Gefangenen 1 - unabhängig vom Verhalten des Gefangenen 2 - besser zu gestehen als zu leugnen. Aufgrund der Symmetrie des Spiels gilt dies auch für den Gefangenen 2, so daß beide Gefangenen leugnen und jeweils zu zwei Jahren Gefängnis verurteilt werden. Die Strategie zu gestehen, dominiert die Strategie zu leugnen streng, d.h. die Auszahlungen bei einem Geständnis sind immer größer als bei einem Leugnen.[186] Ärgerlich für die beiden Gefangenen ist, daß sie sich beide besser stellen könnten, wenn sie beide leugnen würden.

In der ursprünglichen Darstellung des Gefangenendilemmas ist die Kommunikation zwischen den Gefangenen ausgeschlossen, obwohl dies keinen Einfluß auf das Ergebnis bzw. das Gleichgewicht hat, da durch eine Kommunikation weder die Auszahlungen noch die Anreize verändert werden.

„TOSCA'S DILEMMA
In Puccini's opera Tosca, there is a police chief called Scarpia who lusts after Tosca. He has an opportunity to pursue this lust because Tosca's lover is arrested and condemned to death. This enables Scarpia to offer to fake the execution of Tosca's lover if she will agree to submit to his advances. Tosca agrees and Scarpia orders blanks to be substituted for the bullets of the firing squad. However, as they embrace, Tosca stabs and kills Scarpia. Unfortunately, Scarpia has also defected on the arrangement as the bullets were real. Thus an elated Tosca, expecting to find her lover and make good their escape, actually discovers that he has been executed; and in one of opera's classics tragic conclusions, she leaps to her death."

Heap und Varoufakis, 1995, S. 147

Die Möglichkeit der Kommunikation bietet also keinen Ausweg aus dem Gefangenendilemma. Doch existieren zwei Möglichkeiten, wie durch eine Veränderung der Spielregeln ein Ausweg geschaffen werden kann. Zum einen können die Gefangenen sich besserstellen und dem unangenehmen dominanten Gleichgewicht entgehen, wenn sie bindende Verpflichtungen eingehen können, d.h. einen Mechanismus schaffen, der sie zwingt zu leugnen.[187]

---

[186] Sind die Auszahlungen einer Strategie nicht niedriger als bei einer zweiten Strategie und ist mindestens eine Auszahlung größer, so liegt eine schwache Dominanz vor.

[187] Vgl. HOLLER und ILLING, 1991, S. 9.

Auf der Tatsache, daß das Gefangenendilemma genau einmal gespielt wird, basiert die zweite Lösung. Wird das Gefangenendilemma immer wieder gespielt, wobei es wichtig ist, daß es nicht nur mit einer vorher bekannten Häufigkeit wiederholt wird, so kann dies zu einem kooperativen Verhalten der beteiligten Spieler führen.[188]

Der Kampf der Geschlechter

Das zweite berühmte Spiel, das hier kurz vorgestellt werden soll, ist der „Kampf der Geschlechter".

> „In the traditional exposition of the game (which, it will be clear, dates back from the 1950s), a man and a woman are trying to decide on an evening's entertainment; [...]. While at separate workplaces, Pat and Chris must choose to attend either the opera or a prize fight. Both players would rather spend the evening together than apart, but Pat would rather they be together at the prize fight while Chris would rather they be together at the opera,[...].
>
> Gibbons, 1992, S. 11

		Pat Boxen	Pat Oper
Chris	Boxen	2 / 1	0 / 0
	Oper	0 / 0	1 / 2

Tabelle 27: Darstellung eines Kampfes der Geschlechter

In dieser Konstellation existiert nicht ein Gleichgewicht wie beim Gefangenendilemma; vielmehr existieren hier drei Gleichgewichte, von denen zwei offensichtlich sind: {beide gehen in die Oper} und {beide gehen zum Boxen}. Bei

---

[188] In dem bekannten Computerturnier von AXELROD setzte sich eine Tit-for-Tat-Strategie durch. Diese Strategie besagt, daß in einer Situation wie dem Gefangenendilemma eine Abweichung von der kooperativen Strategie (leugnen) im nächsten Spiel durch eigenes unkooperatives Verhalten „bestraft" wird. Der Vorteil dieser Strategie ist, daß bei Aufeinandertreffen zweier kooperativ ausgerichteter Strategien diese die vollen Vorteile der Kooperation realisieren, während sie im Zusammenspiel mit einer unkooperativen Strategie eine übermäßige Ausbeutung durch den (zumindest temporären) Wechsel auf ebenfalls unkooperatives Verhalten vermeidet. Die Ergebnisse dieser Computersimulation finden sich bei AXELROD.

beiden Gleichgewichten handelt es sich um Nash-Gleichgewichte, d.h., keiner hat - gegeben die Strategie des Gegenspielers - einen Anreiz, von der Gleichgewichtsstrategie abzuweichen. Beide Gleichgewichte beziehen sich auf reine Strategien. Darüber hinaus existiert ein weiteres Gleichgewicht in sogenannten gemischten Strategien, d.h., die Spieler überlassen die Auswahl der zu spielenden Strategie einem Zufallsmechanismus. Die Spieler bestimmen lediglich die jeweiligen Wahrscheinlichkeiten, mit denen der Zufallsmechanismus arbeiten soll.

Das Gleichgewicht in gemischten Strategien wird dabei nach dem folgenden Verfahren ermittelt.[189] Spieler 2 verteilt die Wahrscheinlichkeiten für seine Strategien dergestalt, daß Spieler 1 gerade indifferent zwischen seinen Strategien ist. Die Wahrscheinlichkeit für die Strategie „Boxen" sei dabei „p" und die für „Oper" sei „1-p". Die Indifferenz des Spielers 1 kann dann durch die folgende Gleichung ausgedrückt werden:

$$p\,2 + (1\text{-}p)\,0 = p\,0 + (1\text{-}p)\,1$$
$$\Rightarrow p = \frac{1}{3}.$$

Das gleiche Verfahren kann auf den Spieler 1 angewendet werden, der zu den entsprechenden Wahrscheinlichkeiten kommt, so daß sich die Tabelle 28 ergibt.

			Spieler 2 Boxen $\frac{1}{3}$	Spieler 2 Tanzen $\frac{2}{3}$
Spieler 1	Boxen	$\frac{2}{3}$	1 2	0 0
	Tanzen	$\frac{1}{3}$	0 0	2 1

Tabelle 28: Darstellung eines Kampfes der Geschlechter mit Wahrscheinlichkeiten

In diesem Gleichgewicht in gemischten Strategien läßt sich der erwartete Wert der Auszahlungen EV berechnen:
$$EV = \frac{2}{3}\frac{1}{3}2 + \frac{2}{3}\frac{2}{3}0 + \frac{1}{3}\frac{1}{3}0 + \frac{1}{3}\frac{2}{3}1 = \frac{2}{3}.$$

---

[189] Zum einfacheren Verständnis wird hier ein numerisches Beispiel verwendet. Eine allgemeine Darstellung findet sich z.B. bei GÜTH, 1992, S. 169.

Die Problematik des Kampfes der Geschlechter kann z.B. dadurch gelöst werden, daß Seitenzahlungen zwischen den Spielern zugelassen werden. Seitenzahlungen sehen vor, daß ein Nutzentransfer von einem Spieler zum anderen möglich ist.

Reines Koordinationsspiel

Als ein Spezialfall des Kampfes der Geschlechter können reine Koordinationsspiele aufgefaßt werden, bei denen keine Präferenz bezüglich irgendeiner der zur Verfügung stehenden Strategien besteht.

		Spieler 2	
		Linksverkehr	Rechtsverkehr
	Linksverkehr	2	0
Spieler 1		2	0
	Rechtsverkehr	0	2
		0	2

Tabelle 29: Darstellung eines Koordinationsspieles

Hier dominiert der Wunsch nach einer erfolgreichen Koordination, d.h., es sollen alle auf der linken oder rechten Fahrbahnseite fahren, aber keinesfalls mal auf der einen und mal auf der anderen; denn auch dieses Spiel hat drei Gleichgewichte. Davon sind wieder zwei Gleichgewichte in reinen Strategien und eines in gemischten Strategien. Im gewählten Beispiel gehört das Gleichgewicht in gemischten Strategien sicherlich zu den nicht erwünschten Ergebnissen.

In dieser Konstellation kann eine Lösung durch die Möglichkeit der Kommunikation realisiert werden, um Koordination zu gewährleisten. Ist diese Kommunikation z.B. aufgrund von Transaktionskosten nicht möglich, so müssen andere Mechanismen gesucht werden, um Koordination zu erreichen und ein nicht erwünschtes Gleichgewicht in gemischten Strategien zu vermeiden.

Zusammenfassung

Somit wurden nun die spieltheoretischen Konzepte und die Terminologie eingeführt, wie sie für den weiteren Verlauf der vorliegenden Arbeit notwendig sind:

- **Normalform**, d.h. die Darstellung einer strategischen Situation in einer Matrix,
- **Strategie**, d.h. die Verhaltensmöglichkeiten der Spieler,
- **Auszahlung**, d.h. die nicht notwendigerweise monetären Ergebnisse für die Spieler,
- **Gleichgewicht in reinen Strategien** und
- **Gleichgewicht in gemischten Strategien**.

Darüber hinaus wurde auf die Bedeutung der Spielregeln verwiesen, deren Änderung den Charakter z.b. des Gefangenendilemmas oder des Kampfes der Geschlechter entscheidend verändern kann. Hierzu gehören Aussagen über:

- die Möglichkeiten einer **Kommunikation,**
- die Möglichkeiten von **Selbstbindungen** und
- die Möglichkeiten von **Seitenzahlungen**.

9 Eine kurze Einführung in die Grundlagen der Duopoltheorie

Allgemeine Darstellung des Problems[190]

Das Oligopolproblem besteht darin, daß das Verhalten der beteiligten Unternehmen auf verschiedene Weise zusammenhängt. Die Unternehmen produzieren ein homogenes Gut mit den Produktionsfunktionen:
$x_i = f(r_i^1, r_i^2, r_i^3, ..., r_i^n)$, wobei x_i die produzierte Menge des i-ten Unternehmens ist und r den Einsatz der Inputfaktoren 1-n darstellt.

Der Preis für den Output ergibt sich aus dem aggregierten Angebot der i Unternehmen:

$$p = p\left(\sum_i x_i \right),$$

wobei jede Erhöhung der Menge zu einer Senkung des Gleichgewichtspreises führt:

$$\frac{\partial p}{\partial x_i} > 0 \qquad \forall i$$

Der Preis w der Inputfaktoren ergibt sich aus der aggregierten Nachfrage der i Unternehmen:

$$w^j = w^j \left(\sum_i r_i^j \right),$$

wobei eine Erhöhung der Nachfrage zu einer Erhöhung des Gleichgewichtspreises führt:

$$\frac{\partial w}{\partial r^j} > 0 \qquad \forall j$$

Die Maximierungsaufgabe eines Unternehmens lautet dann:

$$\underset{x_A, r_A^j \geq 0}{\text{Max}} \ p(x_A, x_{-A}) x_A - \sum_{j=1}^{n} w_A^j (r_A^j, r_{-A}^j) r_A^j$$

unter der Nebenbedingung
$x_A = f_A(r_A^1, r_A^2, r_A^3, ..., r_A^n)$
wobei x_{-A} (bzw. r_{-A}) für die Produktionsmenge (bzw. Nachfragemenge) aller Unternehmen ohne Unternehmen A steht.

---

[190] Die gewählte Darstellung beruht auf BORMANN, KLEINEMEYER und MAßMANN 1989.

Die Lagrange-Funktion mit dem Lagrange-Multiplikator λ für dieses Maximierungsproblem lautet:

$$L = p(x_A, x_{-A})x_A - \sum_{j=1}^{n} w_A^j(r_A^j, r_{-A}^j)r_A^j + \lambda\left(f_A(r_A^1, r_A^2, r_A^3, \ldots, r_A^n) - x_A\right)$$

Die Bedingungen erster Ordnung sind:

$$\frac{\partial L}{\partial x_A} = p(x_A, x_{-A}) + x_A \frac{\partial p}{\partial x_A} + x_A\left(\sum_{i, i \neq A} \frac{\partial p}{\partial x_i} \frac{\partial x_i}{\partial x_A}\right) - \lambda,$$

$$\frac{\partial L}{\partial r_A^j} = -w^j(r_A^j, r_{-A}^j) - r_A^j \frac{\partial w^j}{\partial r_A^j} - r_A^j\left(\sum_{i, i \neq A} \frac{\partial w^j}{\partial r_i^j} \frac{\partial r_i^j}{\partial r_A^j}\right) + \lambda \frac{\partial f_A}{\partial r_A^j} \qquad \forall j,$$

$$\frac{\partial L}{\partial \lambda} = f_A(r_A^1, r_A^2, r_A^3, \ldots, r_A^n) - x_A = 0.$$

Die Terme $x_A\left(\sum_{i, i \neq A} \frac{\partial p}{\partial x_i} \frac{\partial x_i}{\partial x_A}\right)$ und $r_A^j\left(\sum_{i, i \neq A} \frac{\partial w^j}{\partial r_i^j} \frac{\partial r_i^j}{\partial r_A^j}\right)$ werden auch als „conjectural variation" bezeichnet (FRIEDMAN, 1982, S. 508). Sie bilden die Reaktionen des Güterpreises (bzw. Faktorpreises) auf Reaktionen der Konkurrenten ab, die wiederum auf Mengenänderungen des Unternehmens A reagieren.

Ein einfaches Beispiel[191]

Um die den folgenden Verfahren zugrunde liegenden Mechanismen anschaulich zu machen, werden im Vergleich zu der oben gegebenen allgemeinen Einführung einige Vereinfachungen vorgenommen. So wird auf eine Modellierung des Inputmarktes verzichtet; weiterhin werden ausschließlich zwei Unternehmen betrachtet, die einer linearen Nachfragefunktion gegenüberstehen und ohne Grenzkosten produzieren können.

Es wird ferner unterstellt, daß zwei Unternehmen A und B auf einem gemeinsamen Markt aktiv sind und jeweils versuchen, ihre Gewinne zu maximieren. Sie sehen sich einer gemeinsamen Nachfragefunktion X(p) gegenüber. Beide Unternehmen entscheiden gleichzeitig über ihre Produktionsmenge x_A bzw. x_B, womit dann auch der Preis durch die inverse Nachfragefunktion p(X) bestimmt

---

[191] Entsprechende Darstellungen können einführenden Lehrbüchern zur Mikroökonomik entnommen werden. So beispielsweise FRANK 1992, S. 444ff, KREPS 1994, S. 287 ff oder MAS-COLELL, WHINSTON und GREEN 1995, S.387 ff.

ist, wobei $X = x_A + x_B$ darstellt. Die inverse Nachfragefunktion sei beispielsweise $p(x) = a - x_A - x_B$.

Beide Unternehmen müssen nun eine Entscheidung über ihre jeweilige Produktionsmenge treffen. So steht Unternehmen A also vor dem folgenden Maximierungsproblem:

$$\underset{x_A \geq 0}{\mathrm{Max}}\,(a - x_A - x_B)x_A.$$

Die Bedingung erster Ordnung lautet:

$$\frac{\partial G}{\partial x_A} = a - 2x_A - x_B - x_A \frac{\partial x_B}{\partial x_A} = 0.$$

Hierbei stellt der Term

$$x_A \frac{\partial x_B}{\partial x_A}$$

die Mengenreaktion des Unternehmens B auf Veränderungen der Produktionsmenge des Unternehmens A dar.

Cournot-Verhalten

Im Cournot-Fall wird angenommen, daß die beiden Unternehmen davon ausgehen, keinen Einfluß auf das Verhalten des anderen Unternehmens zu haben, so daß dieser Term den Wert Null annimmt. Die Optimalitätsbedingung vereinfacht sich somit zu:

$$\frac{\partial G}{\partial x_A} = a - 2x_A - x_B = 0.$$

Hieraus läßt sich durch Auflösen nach x_A die Reaktionsfunktion des Unternehmens A ermitteln:

$$x_A = \frac{a - x_B}{2} \quad \text{und aufgrund der Symmetrie auch für Unternehmen B} \quad x_B = \frac{a - x_A}{2}.$$

Diese Reaktionsfunktionen können anhand einer Graphik veranschaulicht werden. Setzt man nun die Reaktionsfunktion des einen Unternehmens in die des anderen ein,

$$x_A = \frac{a - \left(\dfrac{a - x_A}{2}\right)}{2},$$

so berechnen sich die Gleichgewichtsmengen als

$$x_A^* = x_B^* = \frac{a}{3}.$$

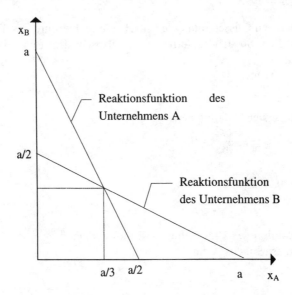

Abbildung 48: Reaktionsfunktionen von Duopolisten im Cournot-Modell

Setzt man diese Mengen in die inverse Nachfragefunktion ein, so errechnet sich der Preis als:

$$p^* = \frac{a}{3}.$$

Damit lassen sich nun die Gewinne der Unternehmen berechnen:

$$\Pi_A^* = p^* x_A^* = \frac{a}{3}\frac{a}{3} = \frac{a^2}{9}.$$

Stackelberg-Verhalten

Hier wird nun angenommen, daß sich eines der beiden Unternehmen überlegt, daß es durch die eigene Entscheidung Einfluß auf die Produktionsmenge des anderen Unternehmens haben kann. Damit nimmt der Term

$$x_A \frac{\partial x_B}{\partial x_A}$$

nicht mehr den Wert Null an.

Während Unternehmen B sich weiterhin als Cournot-Duopolist und sich somit gemäß der Reaktionsfunktion

$$x_B = \frac{a - x_A}{2}$$

verhält, bezieht Unternehmen A das Verhalten des Unternehmens B in sein Maximierungsverhalten ein:

$$\underset{x_A \geq 0}{\text{Max}}\, (a - x_A - x_B(x_A))x_A.$$

Die Optimalitätsbedingung der ersten Ordnung lautet wieder

$$\frac{\partial G}{\partial x_A} = a - 2x_A - x_B - x_A \frac{\partial x_B}{\partial x_A} = 0.$$

Nach Einsetzen von $x_B(x_A)$ und $\dfrac{\partial x_B}{\partial x_A}$ ergibt sich

$$\frac{\partial G}{\partial x_A} = a - 2x_A - \left(\frac{a - x_A}{2} \right) + \frac{x_A}{2} = 0,$$

wobei nun

$$\frac{\partial x_B}{\partial x_A} = -\frac{1}{2}.$$

Auflösen nach x_A ergibt dann:

$$x_A^* = \frac{a}{2}.$$

Dieses wiederum in die Reaktionsfunktion des Unternehmens B eingesetzt, ergibt die Gleichgewichtsmenge für Unternehmen B

$$x_B^* = \frac{a}{4}.$$

Der Gleichgewichtspreis $p(x) = a - x_A - x_B$ ergibt sich nun als

$$p^* = a - \frac{a}{2} - \frac{a}{4} = \frac{a}{4}.$$

Die Gewinne der Unternehmen belaufen sich dann auf:

$$\Pi_A^* = \frac{a^2}{8}$$

$$\Pi_B^* = \frac{a^2}{16}.$$

Das Unternehmen, das die Reaktion des Konkurrenten in seine Überlegungen einbezieht, kann also einen größeren Gewinn realisieren, allerdings nur, wenn der Konkurrent in seinem Cournot-Verhalten verharrt.

10 Ermitteln der Gleichgewichte

Die Erkenntnisse des Kapitels 5 „Die rechtliche Dimension der Standardisierung" sollen Eingang in die Überlegungen finden. So werden Szenarien danach gebildet, ob es eine freiwillige oder eine verbindliche Standardisierung gibt, ob die Technologie bzw. der Standard über gewerbliche Schutzrechte geschützt werden kann und welcher Abstimmungsmechanismus - einfache Mehrheit oder Konsensentscheid - im Komitee herangezogen wird. Ein letzter Aspekt berücksichtigt die Möglichkeit, Unternehmen von der Teilnahme am Standardisierungskomitee auszuschließen. Aus diesen Kombinationsmöglichkeiten:

- verbindliche versus freiwillige Standardisierung,
- gewerbliche Schutzrechte versus offene Technologien,
- Konsensregel versus einfache Mehrheitsregel und
- freier Komiteezutritt versus geschlossenes Komitee

ergeben sich sechszehn Szenarien

Je nach rechtlicher Ausgestaltung ergeben sich unterschiedliche Spielsituationen. Grundsätzlich sei angenommen, daß zwei Unternehmen zeitgleich jeweils eine neue Technologie entwickelt haben, die in einem (fast) vollständigen Substitutionsverhältnis zueinander stehen. Diese Unternehmen müssen sich entscheiden, ob sie den Standardisierungsprozeß über den Wettbewerb oder über die Teilnahme an einem Komitee vollziehen wollen. Somit stehen den Unternehmen zwei reine Strategien zur Verfügung: „Wettbewerb" oder „Teilnahme an einem Standardisierungskomitee". Die mit diesen Strategien verbundenen Auszahlungen bzw. Teilspiele verändern sich durch das rechtliche Umfeld.

Ist dieses Umfeld dergestalt, daß Standards verbindlich sind, gewerbliche Schutzrechte existieren und einfache Mehrheit im Standardisierungskomitee genügt, so ergeben sich vier mögliche Teilspiele:

⇒ Beide Unternehmen wählen den Wettbewerb. Dann schließt sich für die beiden Unternehmen ein Duopolspiel an, bei dem sie Marktzutritt zulassen und Lizenzgebühren fordern können. Ist Symmetrie zwischen zwei oder mehr Unternehmen gegeben, sei unterstellt, daß sie wie Cournot-Oligopolisten handeln.

⇒ Unternehmen A wählt das Standardisierungskomitee und Unternehmen B den Wettbewerb. Aufgrund der verbindlichen Standardisierung scheidet

Unternehmen B damit aus, und Unternehmen A kann als Monopolist auf dem Markt agieren und gegebenenfalls Marktzutritt zulassen.

⇒ Unternehmen A wählt den Wettbewerb und Unternehmen B das Standardisierungskomitee. Aufgrund der verbindlichen Standardisierung scheidet Unternehmen A damit aus, und Unternehmen B kann als Monopolist auf dem Markt agieren und gegebenenfalls Marktzutritt zulassen.

⇒ Beide Unternehmen wählen das Standardisierungskomitee. Hier können beide Unternehmen durch das Zulassen von Marktzutritt die ihre Technologie unterstützende Koalition vergrößern. Das Unternehmen, das die größere Koalition zustande bringt, agiert als Stackelberg-Führer, alle anderen Unternehmen als Stackelberg-Folger.

10.1 Beide Unternehmen entscheiden sich für den Wettbewerb

Im ersten Abschnitt wird das Verhalten der Unternehmen in Abhängigkeit von der Existenz von gewerblichen Schutzrechten modelliert, wenn sich beide Unternehmen für den Wettbewerb als standardsetzende Institution entscheiden.

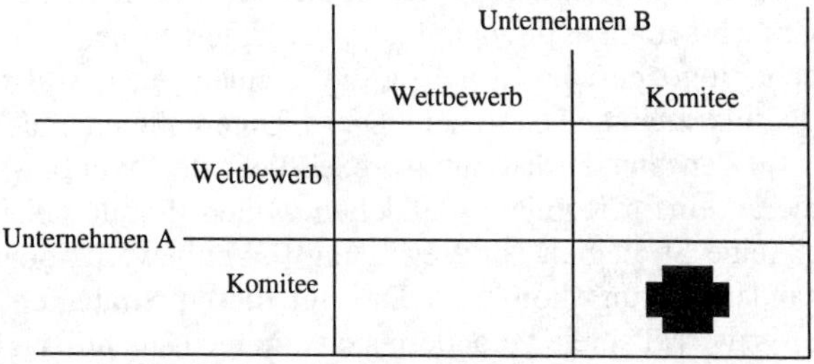

Abbildung 49: **Beide Unternehmen entscheiden sich für den Wettbewerb als Standardisierungsinstitution**

10.1.1 Duopolspiel ohne Lizensierungsmöglichkeit

Im folgenden Modell konkurrieren zwei unterschiedliche, inkompatible aber technisch gleichwertige Technologien um die Gunst der Anwender. Dabei werden diese Technologien von jeweils einem Unternehmen - dem Innovator - angeboten, der den Zugang zu seiner Technologie bzw. seinem Standard geschlossen hält. Somit können wir von zwei getrennten *lokalen Monopolen* sprechen.

Im untersuchten Fall, versuchen beide Unternehmen ihre jeweilige Technologie im Alleingang am Markt als Wettbewerbsstandard zu etablieren. Sie agieren also als Monopolisten innerhalb der jeweiligen (Technologie-)Märkte und als Duopolisten um den Markt. Es sei ferner angenommen, daß die Unternehmen ihre Preise bzw. Menge myopisch setzen, also eine kurzfristige Gewinnmaximierung anstreben. Der strategische Aufbau einer installierten Basis über niedrige Preise, u.U. unterhalb der Grenzkosten, spielt in den folgenden Überlegungen keine Rolle.

Die beiden Unternehmen produzieren ihre Netzwerkgüter mit den Kostenfunktionen:

$$K_A = c_A q_A$$

$$K_B = c_B q_B$$

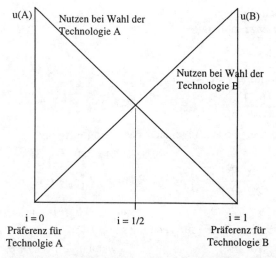

Abbildung 50: Nutzen der Konsumenten in Abhängigkeit von der Technologiewahl und ihren individuellen Präferenzen für bzw. wider eine Technologie

Die Gewinne der Unternehmen ergeben sich aus der verkauften Menge, dem Gleichgewichtspreis und den variablen Kosten. Fixkosten fallen nicht an.

$$\Pi_A = q_A (p_A - c_A)$$

$$\Pi_B = q_B(p_B - c_B) \qquad .$$

Wählt der Anwender mit der Präferenz i die Technologie A, so erhält er einen Nutzen von:

$$U_i(A) = a + f(\underline{i}(p)) - p_A + 1 - i,$$

wobei $\underline{i}$ ($\bar{i}$) die untere (obere) für die Technologie A (B) relevante Marktgrenze darstellt. Wählt der Anwender mit der Präferenz i hingegen die Technologie B, so erhält er folglich den Nutzen von:

$$U_i(B) = b + f(\bar{i}(p)) - p_B + i$$

Marktgrenze(n)
Die Marktgrenze wird entweder durch eine direkte Konkurrenz beider Unternehmen oder durch die Zahlungsbereitschaft der Anwender determiniert. Die erste Bedingung wird im folgenden als „Konkurrenzbedingung", die zweite als „Monopolbedingung" bezeichnet.

<u>Konkurrenzbedingung:</u>
An der Marktgrenze muß gelten:

$U_i(A) = U_i(B)$

$\Leftrightarrow \alpha \underline{i} - p_A + 1 - \underline{i} = \alpha(1 - \bar{i}) - p_B + \bar{i}$ und $\underline{i} = \bar{i}$

$\Leftrightarrow i = \dfrac{p_B - \alpha - p_A + 1}{2(1 - \alpha)}$

Damit ergibt sich eine Nachfrage nach Technologie A von:

$$i(p_A, p_B) = \begin{cases} 0, & \text{wenn } p_A \geq p_B + 1 - \alpha \\ \dfrac{p_B - \alpha - p_A + 1}{2(1 - \alpha)}, & \text{wenn } p_A \in [p_B + \alpha - 1, p_B + 1 - \alpha] \\ 1, & \text{wenn } p_A \leq p_B + \alpha - 1 \end{cases}$$

und aufgrund der Symmetrie für Technologie B von:

$$[1 - i](p_A, p_B) = \begin{cases} 0, & \text{wenn } p_B \geq p_A + 1 - \alpha \\ \dfrac{p_A - \alpha - p_B + 1}{2(1 - \alpha)}, & \text{wenn } p_B \in [p_A + \alpha - 1, p_A + 1 - \alpha] \\ 1, & \text{wenn } p_B \leq p_A + \alpha - 1 \end{cases}$$

Die Unternehmen suchen also nun die besten Anworten auf die jeweilige Preisstrategie des Konkurrenten, indem sie ihren Gewinn (hier für Unternehmen A)

318

$$\Pi_A = (p_A - c)\frac{p_B - \alpha - p_A + 1}{2(1-\alpha)}$$

unter der Nebenbedingung

$$p_A \in \left[p_B + \alpha - 1, p_B + 1 - \alpha\right]$$

maximieren. Die notwendigen und hinreichenden Bedingungen erster Ordnung für dieses Maximierungsproblem sind:

$$p_B - \alpha + 1 - 2p_A + c \begin{cases} \leq 0, \text{ wenn } p_A = p_B + 1 - \alpha \\ = 0, \text{ wenn } p_A \in \left(p_B + 1 - \alpha, p_B + \alpha - 1\right) \\ \geq 0, \text{ wenn } p_A = p_B + \alpha - 1 \end{cases}.$$

Löst man diese auf, so ergibt sich für das Unternehmen A eine Reaktionsfunktion von:

$$p_A(p_B) = \begin{cases} p_B + \alpha - 1, & \text{wenn } p_B \leq 3 - 3\alpha + c \\ \dfrac{p_B - \alpha + 1 + c}{2}, & \text{wenn } p_B \in \left(3 - 3\alpha + c, \alpha - 1 + c\right) \\ p_B + 1 - \alpha, & \text{wenn } p_B \geq \alpha - 1 + c \end{cases}.$$

In einer symmetrischen Lösung ist $p^* = p_A(p^*)$ und somit:

$$p^* = \frac{P^* - \alpha + 1 + c}{2} \quad \text{bzw.}$$

$$\Leftrightarrow \quad p^* = 1 + c - \alpha.$$

Als Marktgrenze ergibt sich somit: $\underline{i} = \overline{i} = \dfrac{1}{2}$.

Monopolbedingung:

entweder: $U_i(A) = 0$ und $U_i(A) > U_i(B)$ oder

$U_i(B) = 0$ und $U_i(A) < U_i(B)$.

Ist hingegen die Monopolbedingung die ausschlaggebende Bedingung, so wird die Marktgrenze durch $U_i(A) = a + f(\underline{i}(p)) - p_A + 1 - i = 0$ determiniert. Da wieder $f(i) = \alpha \underline{i}$ ist, gilt an der Marktgrenze, sofern die Monopolbedingung greift:

$$U_i(A) = 0 = a + \alpha \underline{i} - p_A + 1 - \underline{i}$$

$$\Leftrightarrow \underline{i}(1 - \alpha) = a - p_A + 1$$

$$\Leftrightarrow \underline{i} = \frac{a - p_A + 1}{1 - \alpha}.$$

Für den Nutzer an der oberen Grenze ist $f(i) = \alpha(1 - \overline{i})$; somit muß hier die Bedingung

$$U_i(B) = \alpha(1 - \bar{i}) - p_B + a + i = 0$$

$$\Leftrightarrow \bar{i} = \frac{\alpha + a - p_B}{\alpha - 1}.$$

erfüllt sein. Ist allerdings die Konkurrenzbedingung bindend, so ist die Marktgrenze durch:

$$a + \alpha\underline{i} - p_A + 1 - \underline{i} = \alpha(1 - \bar{i}) - p_B + a + \bar{i}$$

$$\Leftrightarrow i = \frac{\alpha - 1 + p_A - p_B}{(2\alpha - 1)}$$

beschrieben.

Gewinnmaximierung des Unternehmens A:
Versuchen nun beide Unternehmen, ihre jeweiligen Gewinne zu maximieren, so geschieht dies - wie oben angesprochen - unabhängig voneinander:
$$\Pi_A = q_A(p_A - c_A).$$
Nach Einsetzen von $\underline{i}$ als Netzwerkgröße ergibt sich je nachdem, ob die Konkurrenzbedingung oder die Monopolbedingung bindend ist, ein gewinnoptimaler Preis von:

Konkurrenzbedingung	Monopolbedingung
$p^G = 1 + c - \alpha$	$p^G = \dfrac{a + 1 + c}{2}.$

Die Netzwerke müssen in den Intervallen $\underline{i}^G \in [0, \frac{1}{2}]$ bzw. $\bar{i}^G \in [\frac{1}{2}, 1]$ liegen.

Diese Forderungen sind im Definitionsbereich für α - nämlich ($0 \le \alpha \le 1$) - erfüllt, wenn $c - a \le 1$ und $c - a \ge \alpha$ gegeben sind. Ab $c - a > 1$ kann diese Differenz nicht mehr durch die Netzwerkeffekte kompensiert werden, so daß die Unternehmen gar nicht anbieten.

In der Region A ist der netzwerkunabhängige Nutzen für einen Anwender größer als die Grenzkosten ($a > c$). In Verbindung mit den Netzwerkeffekten bieten die Unternehmen hier jeweils Netzwerke mit der individuell maximalen Ausdehnung von 1/2 an. In der Region B sind zwar die Grenzkosten größer als der netzwerkunabhängige Nutzen des Produktes, bei hinreichend großen Netzwerkeffekten ($\alpha > c - a$) wird dies allerdings kompensiert, so daß auch hier die Netzwerke ihre individuell maximale Ausdehnung erfahren. Dies gilt allerdings nicht für Region C, wo der Netzwerkeffekt nicht mehr die Diskrepanz zwischen c und a kompensieren kann, so daß die Unternehmen ihre Netzwerke kleiner machen, bis sie in Region D gar keine Netzwerke mehr anbieten.

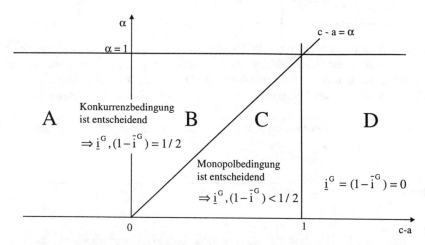

Abbildung 51: **Bereich von Parameterkonstellationen, in denen die Konkurrenz-bedingung oder die Monopolbedingung entscheidend ist**

Konkurrenzbedingung	Monopolbedingung
$\underline{i}^G = \overline{i}^G = \dfrac{1}{2}$	untere Grenze: $\underline{i}^G = \dfrac{a+1-c}{2(1-\alpha)}$
	obere Grenze: $\overline{i}^G = \dfrac{\alpha + \dfrac{a}{2} - \dfrac{1}{2} - \dfrac{c}{2}}{\alpha - 1}$

Der Bereich, in dem die Grenzkosten größer als der unabhängige Nutzen sind, ist für Technologien, bei denen Netzwerkeffekte von Bedeutung sind, der wichtigste. Da der Nutzen aus einem Produkt, das einen Zugang zu einem Netzwerk verschafft, i.d.R. sehr klein oder Null ist, die Kosten aber sehr wohl positiv sind, sind die Bereiche B, C und D die für die Untersuchung relevanten.

Unternehmensgewinne:
Durch Einsetzen der Preise und der Menge bzw. Netzwerkgrößen lassen sich die Unternehmensgewinne ermitteln. Dabei ist zu beobachten, daß die Grenzkosten von den Unternehmen vollständig auf die Nachfrager überwälzt werden, wenn die Unternehmen um die Nachfrager in der Marktmitte konkurrieren.

Konkurrenzbedingung	Monopolbedingung
$\Pi^G_{A,B} = \dfrac{1-\alpha}{2}$	$\Pi^G_{A,B} = \dfrac{(a+1-c)^2}{4(1-\alpha)}$

Dieses Teilmodell stellt somit die Referenzsituation dar. Die Unternehmen werden nur dann vom Konzept der lokalen Monopole abweichen, wenn sie ihre Gewinne durch andere Strategien erhöhen können. Zur besseren Übersicht seien die Ergebnisse dieses Teilmodells in der folgenden Tabelle zusammengefaßt:

	Konkurrenzbedingung und Gewinnmaximierung	Monopolbedingung und Gewinnmaximierung
Preis	$p^G = 1+c-\alpha$	$p^G = \dfrac{a+1+c}{2}$
Gewinne	$\Pi^G_{A,B} = \dfrac{1-\alpha}{2}$	$\Pi^G_{A,B} = \dfrac{(a+1-c)^2}{4(1-\alpha)}$
Netzwerkgröße	$\underline{i}^G = \overline{i}^G = \dfrac{1}{2}$	untere Grenze: $\underline{i}^G = \dfrac{a+1-c}{2(1-\alpha)}$
		obere Grenze: $\overline{i}^G = \dfrac{\alpha + \dfrac{a}{2} - \dfrac{1}{2} - \dfrac{c}{2}}{\alpha-1}$
Wohlfahrt	$W^G = \dfrac{3}{4}+a+\dfrac{\alpha}{2}-c$	
		$W^G = \dfrac{2\alpha c^2 - 6a - c^2 + 8a\alpha + 2a^2\alpha - a^2 + 2ac - 4ac\alpha - 3 + 2\alpha + 6c + 2\alpha^2 - 8\alpha c}{-4(\alpha-1)^2}$

Tabelle 30: Preise, Gewinne, Netzwerkgrößen und gesellschaftliche Wohlfahrt bei gewinnmaximierenden getrennten lokalen Monopolen

Wohlfahrtsrelevante Probleme ergeben sich nur im Bereich der Monopolbedingung, da bei Konkurrenz der Unternehmen die jeweils maximalen Netzwerkgrößen realisiert sind und der Preis lediglich die Distribution, aber nicht die Allokation beeinflußt. Die gesellschaftliche Wohlfahrt wird durch folgende Summe dargestellt:

$$W = \Pi_A + \Pi_B + \int_0^i a + \alpha\underline{i} - p_A + 1 - i\,di + \int_i^1 a + \alpha(1-\overline{i}) - p_B + i\,di\,.$$

Durch Auflösen und Maximieren ergibt sich ein gesellschaftlich wünschenswerter Preis von: $p^* = \dfrac{a - c + c\alpha + a\alpha}{2\alpha - 1}$ und die damit verbundenen Netzwerkgrößen als: $\underline{i}^* = \dfrac{a - c + 1}{1 - 2\alpha}$ bzw. $\bar{i}^* = \dfrac{a - c + 2\alpha}{2\alpha - 1}$. Die hiermit beschriebenen Netzwerke führen zu unmittelbar aneinander grenzende Netzwerke für alle $\alpha \geq (c - a) - \dfrac{1}{2}$. Es ergeben sich damit mehrere Bereiche, die zumindest kurz angesprochen werden sollen. In Abbildung 52 sind diese Bereiche dargestellt. Region C1 zeichnet sich dadurch aus, daß die Unternehmen Netzwerke anbieten, die nicht aneinander grenzen, obwohl dies aus Wohlfahrtsüberlegungen heraus wünschenswert ist. Die Region D1 ist dadurch charakterisiert, daß die Unternehmen kein Netzwerk mehr anbieten, obwohl kleine Netzwerke durchaus im Sinne der Gesellschaft sind.

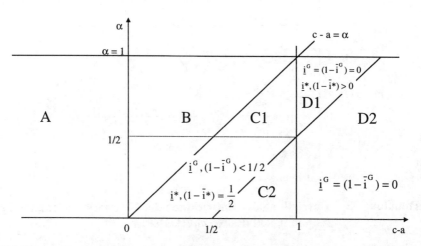

Abbildung 52: **Bereiche von Parameterkonstellationen, in denen die Wohlfahrt eine maximale Ausdehnung der Netzwerke fordert und dies nicht erfolgt [C1] oder in denen die Unternehmen keine Netzwerke anbieten, obwohl es aus gesellschaftlichen Überlegungen heraus wünschenswert wäre [D1].**

Vergleicht man die Netzwerkgrößen, wie sie bei Gewinnmaximierung und Monopolbedingung erzielt werden, und die, wie sie bei Wohlfahrtsmaximierung gefordert werden, so kann die Diskrepanz zwischen diesen beiden in der folgenden Abbildung dargestellt werden. Existieren keinerlei Netzwerkeffekte, so ist das gleichgewichtige Netzwerk genau halb so groß wie das effiziente Netzwerk. Bei steigenden Netzwerkeffekten nähern sich die beiden Netzwerke immer mehr an, bis sie bei $\alpha = c - a$ ihre jeweils maximale Ausdehnung von ½ erreichen. Dieser Punkt verschiebt sich je nachdem, wie groß c bzw. a ist. Je größer die Netzwerkeffekte sind, um so eher weicht der Monopolist von der Monopolmenge ab und versucht, die Netzwerkeffekte abzuschöpfen.

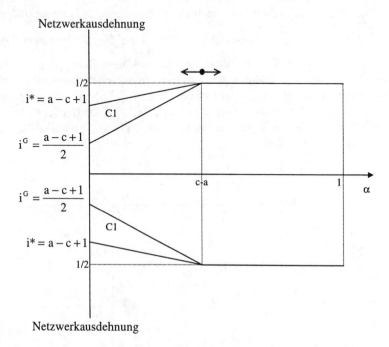

Abbildung 53: **Darstellung der Entwicklung der Netzwerkausdehnung in Abhängigkeit des Netzwerkeffektes**

10.1.2 Duopolspiel mit Lizensierungsmöglichkeit

In diesem Schritt gilt es nun festzustellen, ob es einen Anreiz für zumindest eines der beiden lokalen Monopolunternehmen gibt, anderen Unternehmen den Marktzutritt zu gewähren, um damit z.B. eine Ausdehnung des eigenen Netzwerkes zu erzielen.

Netzwerke konkurrieren mittelbar

Wenn die beiden Innovatoren als lokale Monopolisten agieren, besteht für keines der Unternehmen ein Anreiz, Marktzutritt zuzulassen. Der Gewinn des Marktführers reduziert sich nämlich auf $\Pi_A = \dfrac{(a+1-c)^2}{8(1-\alpha)}$ und ist damit nur noch halb so groß wie im Falle des lokalen Monopols.

Netzwerke konkurrieren unmittelbar

Wir betrachten nun einen Markt, in dem das Unternehmen A als erstes Marktzutritt zuläßt und die Technologie A somit von einem Oligopol angeboten wird. Unternehmen A agiert in diesem Markt als Stackelbergführer, während die anderen Unternehmen als Stackelbergfolger agieren. Die Technologie B wird nach wie vor von einem lokalen Monopolisten angeboten. Dieser und der Marktführer der Technologie A verhalten sich wie Cournot-Oligopolisten.

Die Marktgrenze i ergibt sich wie oben als: $i = \dfrac{1-p_A+p_B-\alpha}{2(1-\alpha)}$. Hieraus lassen sich die inversen Nachfragefunktionen für die Technologien A und B entwickeln: $p_A = 1 + p_B - \alpha - 2i(1-\alpha)$ und $p_B = p_A - 1 + \alpha + 2i(1-\alpha)$.

Da die Marktgrenze mit der vom Stackelbergführer und den Stackelbergfolgern angebotenen Menge identisch ist, gilt: $i = q_A + \sum_{i=1}^{n} q_i$. Somit lassen sich die inversen Nachfragefunktionen wie folgt umformulieren:

$$p_A = 1 + p_B - \alpha - 2(1-\alpha)\left(q_A + \sum_{i=1}^{n} q_i\right) \text{ und}$$

$$p_B = p_A - 1 + \alpha + 2(1-\alpha)\left(q_A + \sum_{i=1}^{n} q_i\right).$$

Die Stackelbergfolger maximieren ihren jeweiligen Gewinn: $\Pi_i^A = q\,(p-c-\lambda)$. Durch Einsetzen der inversen Nachfragefunktion, Differenzieren nach der Menge q_i und unter der Annahme, daß die Stackelbergfolger symmetrisch sind, d.h. $q_i = q_j$, ergibt sich eine Mengenreaktionsfunktion von

$$q_i = \frac{(1+p_B-\alpha-c-2q_A(1-\alpha)-\lambda)}{2(n+1)(1-\alpha)}.$$

Der Stackelbergführer der Technologie A maximiert nun seinen Gewinn von

$$\Pi_A = q_A(p-c) + nq_i\lambda.$$

Dadurch ergibt sich eine Mengenreaktionsfunktion des Stackelbergführers von:

$$q_A = \frac{1 + p_B - c - \alpha}{4(1 - \alpha)}.$$

Setzt man die Mengenreaktionsfunktionen des Stackelbergführers und der Stackelbergfolger in die inverse Nachfragefunktion der Technologie A ein, so ergibt sich die Preisreaktionsfunktion für Technologie A:

$$p_A(p_B, n, \lambda) = \frac{1 + p_B - \alpha + 2nc + c + 2n\lambda}{2(n+1)}.$$

Für das Unternehmen B läßt sich aus dem Gewinn $\Pi_B = (1 - i)(p_B - c)$ durch Einsetzen und Differenzieren Preisreaktionsfunktion für Technologie B ermittelt:

$$p_B(p_A, n, \lambda) = \frac{n - n\alpha + 2 - 2\alpha + 3nc + 2c + 2n\lambda - np_A - p_A}{(2n+1)}.$$

Durch gegenseitiges Einsetzen der Preisreaktionsfunktionen lassen sich die gleichgewichtigen Preise für die Technologien A und B als

$$p_A(n, \lambda) = \frac{3 - 3\alpha + 4nc + 3c + 4n\lambda}{(4n+3)}$$

und

$$p_B(n, \lambda) = \frac{2n\lambda + 4nc + 2n - 2n\alpha + 3 - 3\alpha + 3c}{2(n+1)}$$

ermitteln. Die Mengen in Abhängigkeit vom Lizenzsatz und der Anzahl an Lizenzen ergeben sich als:

$$q_A(n, \lambda) = \frac{(3 + 3n - 3n\alpha + n\lambda - 3\alpha)}{2(1 - \alpha)(3 + 4n)} \qquad q_i^A = \frac{3(1 - \alpha - \lambda)}{2(1 - \alpha)(3 + 4n)}$$

Der Gewinn des Unternehmens A kann dann in Abhängigkeit von n und λ geschrieben werden als:

$$\Pi_A(n, \lambda) = \frac{(3 + 3n - 3n\alpha + n\lambda - 3\alpha)}{2(1 - \alpha)(3 + 4n)}\left(\frac{3 - 3\alpha + 4nc + 3c + 4n\lambda}{(4n+3)} - c\right) + n\lambda \frac{3(1 - \alpha - \lambda)}{2(1 - \alpha)(3 + 4n)}$$

Die Ableitung nach der Anzahl der Lizenzen ergibt:

$$\frac{\partial G}{\partial n} = -\frac{3}{4}\frac{\left(3\lambda - 5(1 - \alpha)\right)}{\left(\lambda - 3(1 - \alpha)\right)}.$$

Diese Ableitung ist nur dann positiv, wenn sowohl der Zähler als auch der Nenner des Bruches das gleiche Vorzeichen besitzen:

$$\lambda \le \frac{5}{3}(1 - \alpha) \quad \text{und} \quad \lambda \ge 3(1 - \alpha)$$

oder

$$\lambda \ge \frac{5}{3}(1 - \alpha) \quad \text{und} \quad \lambda \le 3(1 - \alpha).$$

Obere Bedingung ist offensichtlich nicht erfüllbar, während die untere Bedingung ein Intervall vorgibt, in dem sich eine Erhöhung von n positiv auf den Gewinn auswirkt. Durch die Nebenbedingung ist allerdings vorgegeben, daß die Produktionsmenge der Stackelbergfolger nicht negativ werden darf

$$q_i^A = \frac{3(1-\alpha-\lambda)}{2(1-\alpha)(3+4n)} \geq 0$$
.

Daraus folgt, daß
$\lambda \leq (1-\alpha)$ ist und

somit kein λ existiert, das diese beiden Bedingungen gleichzeitig erfüllen kann. Unternehmen A verzichtet also auf das Zulassen von Marktzutritt. Die sich somit ergebenden Mengen und Gewinne der Unternehmen entsprechen denen des vorangegangenen Abschnittes „Duopolspiel beider Technologien ohne Lizensierungsmöglichkeit"..

10.2 Je ein Unternehmen entscheidet sich für den Wettbewerb bzw. die Teilnahme am Komitee

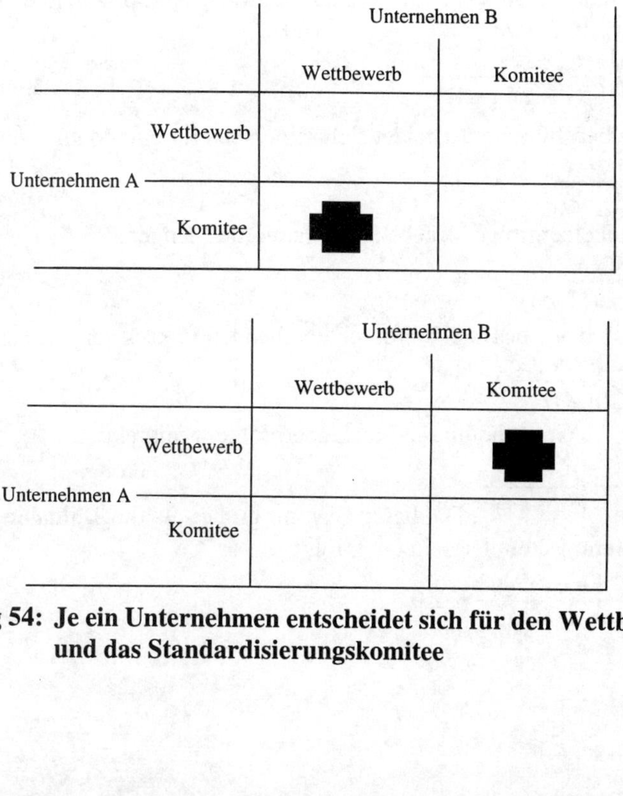

Abbildung 54: Je ein Unternehmen entscheidet sich für den Wettbewerb und das Standardisierungskomitee

In diesem Abschnitt werden die Spiele untersucht, die entstehen, wenn nur eines der beiden Unternehmen sich für die Teilnahme am Standardisierungskomitee entscheidet und das andere für den Wettbewerb. Diese Entscheidungen sind sowohl von der Verbindlichkeit des Komiteestandards als auch von den gewerblichen Schutzrechten abhängig.

10.2.1 Verhalten der Unternehmen bei einer verbindlichen Standardisierung

Verbindliche Standards, gewerbliche Schutzrechte und freier Komiteezutritt

Die Existenz gewerblicher Schutzrechte führt dazu, daß keine Imitatoren kostenlos in den Markt eintreten können. Ihnen bleibt aber bei freiem Marktzutritt die Möglichkeit, unter Inkaufnahme der Kosten des Standardisierungskomitees sich Zugang zu der entsprechenden Technologie zu verschaffen. Die Anzahl der derart am Standardisierungskomitee teilnehmenden Unternehmen wird somit durch die Höhe der Teilnahmekosten begrenzt. Diese Unternehmen betrachten sämtlich den Innovator der dann verbindlichen Technologie als Stackelbergführer und verhalten sich selber als Stackelbergfolger. Sie produzieren danach mit der Reaktionsfunktion:

$$q_i(q_A,n) = \frac{1 - q_A + a + \alpha q_A - c}{(1-\alpha)(n+1)}.$$

Der Stackelbergführer entscheidet sich seinerseits für eine Menge von:

$$q_A(n) = \frac{1+a-c}{2(1-\alpha)}.$$

Für die Stackelbergfolger ergeben sich damit die Mengen:

$$q_i = \frac{1}{2}\frac{(1+a-c)}{(n+1)(1-\alpha)}.$$

Auf der Grundlage des sich hierdurch ergebenden Preises von

$$p(n) = \frac{1+a+2nc+c}{2(n+1)}$$

lassen sich die Gewinne für die Stackelbergfolger ermitteln:

$$\Pi_i(n) = \frac{(1+a-c)^2}{4(1-\alpha)(n+1)^2}.$$ Da dieser Gewinn größer als die Teilnahmekosten am Standardisierungskomitee sein muß, folgt:

$$P_i(n) = \frac{(1+a-c)^2}{4(1-a)(n+1)^2} - K \geq 0$$

$$\frac{M}{4(n+1)^2} \geq K \quad \text{bzw.}$$

$$n \leq \frac{1}{2}\sqrt{\frac{M}{K}} - 1.$$

Setzt man dies in die Mengenreaktionsfunktionen der Stackelbergfolger und des Stackelbergführers ein, so ergeben sich:

$$q_A = \frac{1+a-c}{2}\sqrt{\frac{K}{(1-\alpha)}},$$

$$q_i = \frac{\sqrt{K}}{\sqrt{(1-\alpha)}}$$

und

$$p = \sqrt{(1-\alpha)K} + c.$$

Die Gewinne für die Unternehmen stellen sich nun wie folgt dar:

$$\Pi_A = \frac{(1+a-c)}{2}\sqrt{\frac{K}{(1-\alpha)}} \quad \text{und}$$

$$\Pi_i = 0.$$

Verbindliche Standards ohne gewerbliche Schutzrechte und mit freiem Komiteezutritt

Unternehmen A entscheidet sich für die Teilnahme am Standardisierungskomitee, während sich Unternehmen B für den Wettbewerb entscheidet. Bei verbindlicher Standardisierung ergibt sich dann ein Monopolspiel (für Technologie A). In diesem Szenario ist weiterhin angenommen, daß keine Eigentumsrechte geltend gemacht werden können. Da Unternehmen A die technologierelevanten Informationen durch die Entscheidung für das Standardisierungskomitee preisgibt, erfolgt maximaler Komiteezutritt.

Die Reaktionsfunktionen der Stackelbergfolger entsprechen denen des vorangegangenen Abschnittes:

$$q_i(q_A, n) = \frac{1 - q_A + a + \alpha q_A - c}{(n+1)(1-\alpha)}.$$

Unter Berücksichtigung dieser Reaktionsfunktion maximiert der Stackelbergführer seinen Gewinn und produziert:

$$q_A = \frac{1+a-c}{2(1-\alpha)},$$

während die Stackelbergfolger

$$q_i = \frac{1}{2} \frac{(1 + a - c)}{(n + 1)(1 - \alpha)}$$

produzieren. Da kostenloser Marktzutritt angenommen ist, ergeben sich Preis, Mengen und Gewinne als Grenzwerte für $n \to \infty$:

$$Q_A = \frac{1 + a - c}{1 - \alpha},$$

$p = c,$

$\Pi_A = \Pi_i = 0.$

Verbindliche Standards ohne gewerbliche Schutzrechte und ohne Komiteezutritt

Hier kann ein Unternehmen durch seine Teilnahme am Standardisierungsprozeß zwar die Technologie zum verbindlichen Standard machen, doch gibt es die technologierelevanten Informationen damit preis und kann sie nicht durch gewerbliche Schutzrechte schützen, so daß erneut ein maximaler Marktzutritt mit $n \to \infty$ erfolgt. Analog zu Abschnitt 2b ergeben sich die folgenden Mengen, der Preis und die Gewinne:

$$Q_A = \frac{1 + a - c}{1 - \alpha},$$

$p = c,$

$\Pi_A = \Pi_i = 0.$

Verbindliche Standards, gewerbliche Schutzrechte, aber ohne freien Komiteezutritt

Unternehmen A entscheidet sich für die Teilnahme am Standardisierungskomitee, während sich Unternehmen B für den Wettbewerb entscheidet. Bei verbindlicher Standardisierung ergibt sich dann ein Monopolspiel (für Technologie A). In diesem Szenario ist weiterhin angenommen, daß gewerbliche Schutzrechte geltend gemacht werden können, so daß Unternehmen A den Marktzutritt bestimmen kann. Da die Nachfrage aber nicht von der Anzahl der beteiligten Unternehmen abhängt, ist es für Unternehmen A gewinnmaximierend, keinen Marktzutritt zuzulassen und als Monopolist im Markt der Technologie A und als Monopolist des gesamten Technologiemarktes zu agieren. Bei nur einer Technologie und einem Anbieter gilt an der Marktgrenze: $p = a + \alpha i + 1 - i$.

Hierbei steht p für den Preis, den der Monopolist für sein Produkt verlangt, α für den Netzwerkeffekt, der bei einer Marktgröße von i entsteht, und a für den netzwerkunabhängigen Nutzen, den das Produkt erzeugt.

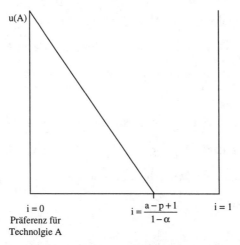

$$i = 0$$
Präferenz für
Technolgie A

$$i = \frac{a - p + 1}{1 - \alpha}$$

$$i = 1$$

Abbildung 55: Marktgrenze der Verbreitung der Technologie unter den potentiellen Nutzern in Abhängigkeit von ihren Präferenzen

Das Unternehmen maximiert seinen Gewinn $G = \underline{i}(p - c)$. Nach Einsetzen von „p" und Differenzieren nach der Marktgröße „i" ergibt sich als gewinnmaximierende Marktgrenze: $i^G = \dfrac{a + 1 - c}{2 - 2\alpha}$. Der Gewinn des Unternehmens läßt sich nach Berechnen des Preises von $p^* = \dfrac{a + 1 + c}{2}$ unmittelbar als:

$$\Pi_A = \frac{(a + 1 - c)^2}{4(1 - \alpha)}$$ ermitteln.

10.2.2 Unternehmensverhalten bei freiwilliger Standardisierung

Freiwillige Standards, gewerbliche Schutzrechte und freier Komiteezutritt
Im folgenden soll nun ein Markt betrachtet werden, in dem die Technologie A von einem Oligopol angeboten wird und der Innovator als Markt- bzw. Stackelbergführer auftritt, während die anderen Unternehmen als Markt- oder Stackelbergfolger agieren. Diese Stackelbergfolger müssen dem Standardisierungskomitee beitreten, um über die Technologie A verfügen zu können, da angenommen ist, daß für Unternehmen, die am Standardisierungskomitee teilnehmen, nicht nur die Informationen zugänglich, sondern auch die Schutzrechte aufgehoben sind. Die Technologie B wird nach wie vor von einem lokalen Monopolisten angeboten. Dieser und der Marktführer der Technologie A verhalten sich

wie Cournot-Oligopolisten. Die Marktgrenze i ergibt sich wie oben als:
$i = \dfrac{1 - p_A + p_B - \alpha}{2(1-\alpha)}$. Hieraus lassen sich die inversen Nachfragefunktionen für die Technologien A und B entwickeln:
$p_A = 1 + p_B - \alpha - 2i(1-\alpha)$ und $p_B = p_A - 1 + \alpha + 2i(1-\alpha)$.

Da die Marktgrenze mit der vom Stackelbergführer und den Stackelbergfolgern angebotenen Menge identisch ist, gilt: $i = q_A + \sum\limits_{i=1}^{n} q_i$. Somit lassen sich die inversen Nachfragefunktionen wie folgt umformulieren:

$$p_A = 1 + p_B - \alpha - 2(1-\alpha)\left(q_A + \sum_{i=1}^{n} q_i \right) \text{ und}$$

$$p_B = p_A - 1 + \alpha + 2(1-\alpha)\left(q_A + \sum_{i=1}^{n} q_i \right).$$

Die Stackelbergfolger maximieren ihren jeweiligen Gewinn: $\Pi_i = q_i(p-c)$. Durch Einsetzen der inversen Nachfragefunktion, Differenzieren nach der Menge q_i und unter der Annahme, daß die Stackelbergfolger symmetrisch sind, d.h. $q_i = q_j$, ergibt sich eine Mengenreaktionsfunktion von

$$q_i = \frac{1}{2} \frac{(1 + p_B - \alpha - c - 2q_A(1-\alpha))}{(n+1)(1-\alpha)}.$$

Der Stackelbergführer der Technologie A maximiert nun seinen Gewinn von

$$\Pi_A = q_A(p_A - c)$$

$$\Leftrightarrow \qquad \Pi_A = \frac{q_A}{(n+1)}\big(1 + p_B - \alpha - c - 2q_A(1-\alpha)\big).$$

Dadurch ergibt sich eine Mengenreaktionsfunktion für Unternehmen A von:

$$q_A = \frac{1 + p_B - c - \alpha}{4(1-\alpha)}.$$

Setzt man die Mengenreaktionsfunktionen des Unternehmens A und der Stackelbergfolger in die inverse Nachfragefunktion der Technologie A ein, so ergibt sich die Preisreaktionsfunktion für Technologie A:

$$p_A(p_B) = \frac{1}{2} \frac{(1 + c + p_B + 2nc - \alpha)}{(n+1)}.$$

Für den Gewinn des Unternehmens B, $\Pi_B = (1-i)(p_B - c)$, kann durch Differenzieren nach p_B die Preisreaktionsfunktion für Technologie B ermittelt werden:

$$p_B(p_A) = \frac{2 - 2\alpha - p_A n - p_A + 3cn + 2c + n - \alpha n}{2n+1}.$$

Durch gegenseitiges Einsetzen der Preisreaktionsfunktionen lassen sich die gleichgewichtigen Preise für die Technologien A und B als

$$p_A = \frac{4cn - 3\alpha + 3 + 3c}{4n + 3}$$

und

$$p_B = \frac{4cn + 2n - 2\alpha n - 3\alpha + 3 + 3c}{4n + 3}$$

ermitteln. Die sich dadurch ergebenden Mengen und Gewinne der Unternehmen sind in Tabelle 31 zusammengefaßt.

	Stackelbergführer Technologie A	Stackelbergfolger Technologie A	Unternehmen B	Preis	Menge gesamt
Technologie A	$\dfrac{3}{2}\dfrac{n+1}{4n+3}$	$\dfrac{3}{2(4n+3)}$	0	$c + \left(\dfrac{3(1-\alpha)}{3+4n}\right)$	$\dfrac{3}{2}\dfrac{2n+1}{4n+3}$
Technologie B	0	0	$\dfrac{1}{2}\dfrac{2n+3}{4n+3}$	$c + \dfrac{3+2n}{3+4n}(1-\alpha)$	$\dfrac{1}{2}\dfrac{2n+3}{4n+3}$
Gewinne	$\dfrac{9(1-\alpha)}{2}\dfrac{(n+1)}{(4n+3)^2}$	$\dfrac{9}{2}\dfrac{(1-\alpha)}{(4n+3)^2}$	$\dfrac{(1-\alpha)}{2}\left(\dfrac{2n+3}{4n+3}\right)^2$		

Tabelle 31: Überblick über Mengen, Preise und Gewinne bei Marktzutritt in einer der beiden Technologien (hier Technologie A)

Die Teilnahme am Komitee verursacht Kosten in Höhe von K, die von den Stackelbergfolgern aufzubringen sind. Somit muß der Gewinn der Stackelbergfolger die folgende Bedingung erfüllen:

$$\Pi_i = \frac{9(1-\alpha)}{2(4n+3)^2} - K \geq 0$$

$$n^{max} = \frac{3\sqrt{2(1-\alpha)}}{8\sqrt{K}} - \frac{3}{4}.$$

Somit ergeben sich die in Tabelle 32 zusammengefaßten Mengen, Preise und Gewinne:

	Stackelbergführer Technologie A	Stackelbergfolger Technologie A	Unternehmen B	Preis	Menge gesamt
Technologie A	$\dfrac{1}{8}\dfrac{\sqrt{2K}}{\sqrt{1-\alpha}}+\dfrac{3}{8}$	$\dfrac{1}{2}\dfrac{\sqrt{2K}}{\sqrt{1-\alpha}}$	0	$p_A = c+(1-\alpha)\sqrt{\dfrac{2K}{1-\alpha}}$	$\dfrac{3}{4}-\dfrac{1}{4}\dfrac{\sqrt{2K}}{\sqrt{1-\alpha}}$
Technologie B	0	0	$\dfrac{1}{4}+\dfrac{1}{4}\dfrac{\sqrt{2K}}{\sqrt{1-\alpha}}$		$\dfrac{1}{4}+\dfrac{1}{4}\dfrac{\sqrt{2K}}{\sqrt{1-\alpha}}$
Gewinne	$\dfrac{K}{4}+\dfrac{3}{8}\sqrt{2K(1-\alpha)}$	0	$\dfrac{1}{8}\left(\sqrt{(1-\alpha)}+\sqrt{2K}\right)$		

Tabelle 32: Überblick über Mengen, Preise und Gewinne bei Komitee-zutritt in einer der beiden Technologien (hier Technologie A)

Freiwillige Standards ohne gewerbliche Schutzrechte, aber mit freiem Komiteezutritt

Auf Tabelle 31 aufbauend können nun die Mengen, Preise und Gewinne für die Situation wiedergegeben werden, in der keine Schutzrechte existieren, um das Imitieren der standardisierten Produkte zu unterbinden. Diese ergeben sich aus einem maximalen Marktzutritt mit $n \to \infty$.

	Stackelbergführer Technologie A	Stackelbergfolger Technologie A	Unternehmen B	Preis	Menge gesamt
Technologie A	$\dfrac{3}{8}$	$\displaystyle\sum_{i=1}^{n} q_i = \dfrac{3}{8}\bigg|_0$	0	c	$\dfrac{6}{8}$
Technologie B	0	0	$\dfrac{1}{4}$	$\dfrac{1-\alpha}{2}+c$	$\dfrac{1}{4}$
Gewinne	0	0	$\dfrac{1-\alpha}{8}$		

Tabelle 33: Überblick über Mengen, Preise und Gewinne bei Marktzu-tritt in einer der beiden Technologien (hier Technologie A)

Freiwillige Standards, gewerbliche Schutzrechte ohne freien Komiteezutritt

Das Unternehmen, das sich für die Teilnahme am Standardisierungskomitee entscheidet, hat den Vorteil, daß seine Technologie zum Standard wird. In dem hier betrachteten Szenario wird die Anwendung dieses Standards zwar nicht verbindlich, aber dieses Unternehmen betrachtet sich selber als Stackelbergführer und wird von anderen Unternehmen einschließlich des Unternehmens, das sich für den Wettbewerb entscheidet, ebenfalls so gesehen. Somit ergibt sich ein Duopolspiel zwischen den Technologien mit einem Stackelberg-Technologieführer und einem Stackelberg-Technologiefolger.

An der Marktgrenze zwischen den beiden Technologien muß wieder gelten:

$U_i(A) = U_i(B)$ $\qquad\qquad \Leftrightarrow$

$$\alpha\underline{i} - p_A + 1 - \underline{i} = \alpha(1 - \bar{i}) - p_B + \bar{i} \text{ und } \underline{i} = \bar{i}$$

$$\Leftrightarrow i = \frac{p_B - \alpha - p_A + 1}{2(1 - \alpha)}.$$

Damit ergibt sich wie oben eine Nachfrage nach Technologie A von:

$$i(p_A, p_B) = \begin{cases} 0, & \text{wenn } p_A \geq p_B + 1 - \alpha \\ \dfrac{p_B - \alpha - p_A + 1}{2(1 - \alpha)}, & \text{wenn } p_A \in [p_B + \alpha - 1, p_B + 1 - \alpha] \\ 1, & \text{wenn } p_A \leq p_B + \alpha - 1 \end{cases}$$

und aufgrund der Symmetrie für Technologie B von:

$$[1 - i](p_A, p_B) = \begin{cases} 0, & \text{wenn } p_B \geq p_A + 1 - \alpha \\ \dfrac{p_A - \alpha - p_B + 1}{2(1 - \alpha)}, & \text{wenn } p_B \in [p_A + \alpha - 1, p_A + 1 - \alpha] \\ 1, & \text{wenn } p_B \leq p_A + \alpha - 1 \end{cases}.$$

Das Unternehmen B als Stackelbergfolger sucht nun seine beste Anwort auf die Preisstrategie des Unternehmens A, indem es seinen Gewinn in Abhängigkeit von der Preisstrategie des Unternehmens A festsetzt. Hierfür maximiert Unternehmen B seinen Gewinn

$$\Pi_B = (1 - i)(p_B - c) = \frac{p_A - \alpha + 1 - p_B}{2(1 - \alpha)}(p_B - c)$$

unter der Nebenbedingung

$$p_B \in [p_A - 1 + \alpha, p_A + 1 - \alpha].$$

Die notwendigen und hinreichenden Bedingungen für dieses Maximierungsproblem lauten:

$$\frac{p_A - \alpha - 2p_B + 1 + c}{2(1-\alpha)} \begin{cases} \leq 0, & \text{wenn } p_B = p_A - \alpha + 1 \\ = 0, & \text{wenn } p_B \in [p_A + \alpha - 1, p_A - \alpha + 1] \\ \geq 0, & \text{wenn } p_B = p_A + \alpha - 1 \end{cases}$$

Löst man diese auf, so ergibt sich für das Unternehmen B eine Reaktionsfunktion von:

$$p_B(p_A) = \begin{cases} p_A - 1 + \alpha, & \text{wenn } p_A \leq 3 - 3\alpha + c \\ \dfrac{p_A - \alpha + 1 + c}{2}, & \text{wenn } p_A \in [\alpha - 1 + c, 3 - 3\alpha + c] \\ p_A + 1 - \alpha, & \text{wenn } p_A \geq \alpha - 1 + c \end{cases}$$

Das Unternehmen A maximiert nun seinerseits seinen Gewinn allerdings unter Berücksichtigung der Reaktionsfunktion des Unternehmens B:

$$\Pi_B = q_A(p_A - c) = \frac{p_B - \alpha + 1 - p_A}{2(1-\alpha)}(p_A - c)$$

$$\Leftrightarrow \frac{\left(\dfrac{p_A - \alpha + 1 + c}{2}\right) - \alpha + 1 - p_A}{2(1-\alpha)}(p_A - c)$$

$$\frac{dG}{dp_A} = \frac{\dfrac{3}{2} - \dfrac{3}{2}\alpha + c - p_A}{2(1-\alpha)} \stackrel{!}{=} 0$$

$$p_A^* = \frac{3}{2}(1-\alpha) + c$$

Hieraus folgt für den Preis, den Unternehmen B fordert: $p_B = \frac{5}{4}(1-\alpha) + c$. Die Mengen, die hierdurch entstehen, belaufen sich auf:

$$q_A^* = \frac{3}{4}(1-\alpha) \quad \text{und} \quad q_B^* = \frac{1}{4} + \frac{3}{4}\alpha.$$

Die Gewinne der Unternehmen belaufen sich dann auf:

$$\Pi_A^* = \frac{9}{8}(1-\alpha)^2 \quad \text{und} \quad \Pi_B^* = \frac{5}{16}(1 + 2\alpha - 3\alpha^2).$$

Freiwillige Standards ohne gewerbliche Schutzrechte und ohne Komiteezutritt

Auf Tabelle 31 sowie dem Abschnitt „Freiwillige Standards ohne gewerbliche Schutzrechte, aber mit freiem Komiteezutritt" aufbauend, können nun die Mengen, Preise und Gewinne für die Situation, in der keine Schutzrechte existieren, um das Imitieren der standardisierten Produkte zu unterbinden, ermittelt werden. Diese ergeben sich aus dem Marktzutritt mit $n \to \infty$.

	Stackelberg-führer Technologie A	Stackel-bergfolger Technologie A	Unternehmen B	Preis	Menge gesamt
Technologie A	$\dfrac{3}{8}$	0	0	c	$\dfrac{6}{8}$
Technologie B	0	0	$\dfrac{1}{4}$	$\dfrac{1-\alpha}{2}+c$	$\dfrac{1}{4}$
Gewinne	0	0	$\dfrac{1-\alpha}{8}$		

Tabelle 34: Überblick über Mengen, Preise und Gewinne bei Marktzutritt in einer der beiden Technologien (hier Technologie A)

10.3 Beide Unternehmen entscheiden sich für die Teilnahme am Standardisierungskomitee

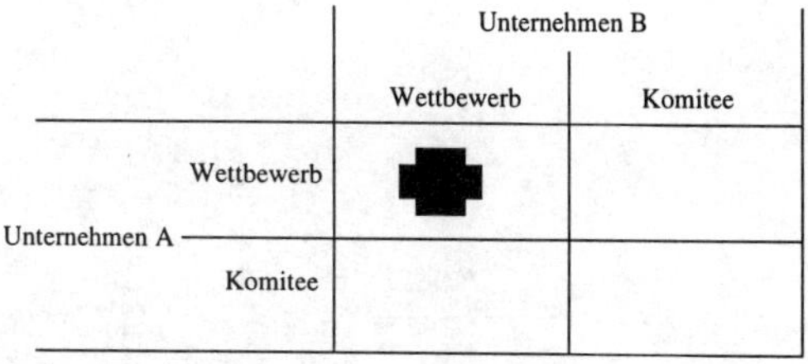

Abbildung 56: Beide Unternehmen entscheiden sich für die Teilnahme am Standardisierungskomitee

Im letzten dieser Abschnitte wird nun das Verhalten der Unternehmen untersucht, wenn sie im Standardisierungskomitee aufeinandertreffen, d.h. sich beide für eine Teilnahme am Komitee entschieden haben. Die Entscheidung für das Komitee impliziert eine Selbstbindung beider Unternehmen, d.h., sie folgen dem Komiteestandard. Ein anderes Verhalten wäre irrational, da die Teilnahme am Komitee Kosten verursacht, die verloren wären, würde das Unternehmen zwar am Komitee teilnehmen, trotzdem aber ein Verhalten wie im Wettbewerb an den Tag legen.

10.3.1 Verhalten der Unternehmen bei Konsensentscheid

Komitee mit Konsensentscheid, gewerblichen Schutzrechten und ohne freien Komiteezutritt

Bei Existenz einer Konsensregel verfügt jedes Unternehmen über ein Vetorecht. Der Ablauf des hier dargestellten Spieles ist dabei wie folgt. Beide Unternehmen entscheiden über einen möglichen Marktzutritt. Das dadurch entstandene Komitee entscheidet über die Technologie, die zum Komiteestandard wird. In einem letzten Schritt muß geklärt werden, wie z.B. das Unternehmen, dessen Technologie nicht gewählt wird und das entsprechend Wechselkosten aufwenden muß, soweit kompensiert wird, daß es der anderen Technologie zustimmt. Die Technologien seien ferner durch gewerbliche Schutzrechte schützbar, so daß unerwünschter Marktzutritt vermieden werden kann. Gleiches gilt für unerwünschten Komiteezutritt, d.h., die Unternehmen A und B können bestimmen, ob Unternehmen dem Komitee beitreten sollen oder nicht.

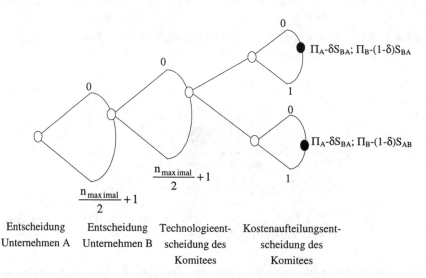

Abbildung 57: Entscheidungssequenz bei Konsensentscheid im Komitee

Die letzte Entscheidung, die im Standardisierungskomitee getroffen wird, ist die der Aufteilung der Wechselkosten, die dem Unternehmen entstehen, dessen Technologie nicht gewählt wird. Aufgrund der Symmetrie der Unternehmen werden diese Wechselkosten auf alle Unternehmen zu gleichen Teilen verteilt, d.h., je mehr Unternehmen am Standardisierungsprozeß teilnehmen, um so niedriger ist der Anteil für das einzelne Unternehmen. Es sei aber an dieser Stelle zur Vereinfachung angenommen, daß die Wechselkosten

$$S_{BA} \leq \frac{M}{9} \frac{(n+2)^2}{(n+1)^2}$$

sind. In diesem Fall ist es für die beiden Unternehmen A und B nicht gewinn-maximierend, da dann der Wettbewerbseffekt des Komiteezutritts den Kosten-teilungseffekt überkompensiert. Somit agieren die beiden Unternehmen als Du-opolisten mit den Reaktionsfunktionen:

$$q_A(q_B) = \frac{1}{2} \frac{(1+a-c-q_B+\alpha q_B)}{(1-\alpha)}$$

$$q_B(q_A) = \frac{1}{2} \frac{(1+a-c-q_A+\alpha q_A)}{(1-\alpha)}$$

Hieraus ergeben sich:

$$q_A = q_B = \frac{(1+a-c)}{3(1-\alpha)}$$

$$p = \frac{1}{3}(1+a+c)$$

$$\Pi_A = \Pi_B = \frac{1}{9} \frac{(1+a-c)^2}{(1-\alpha)} - \frac{S_{BA}}{2}$$

Komitee mit Konsensentscheid ohne gewerbliche Schutzrechte, aber mit freiem Komiteezutritt

Im Rahmen des Komitees müssen sich die Unternehmen auf eine der beiden Technologien einigen, obwohl sie wissen, daß sobald der Standard festgelegt und veröffentlicht ist, die fehlenden gewerblichen Schutzrechte so viele Imitatoren anziehen werden, daß der Preis auf das Niveau der Grenzkosten gesenkt wird und somit keinerlei Gewinne mehr zu erzielen sind.

Die beiden Unternehmen A und B verhalten sich wie Cournot-Duopolisten un-tereinander und wie Stackelbergführer gegen die Imitatoren. Somit ergibt sich für die Imitatoren eine Reaktionsfunktion von:

$$q_i(q_A, q_B, n) = \frac{1-q_A-q_B+a+\alpha q_A+\alpha q_B-c}{(n+1)(1-\alpha)}.$$

Für die Unternehmen A und B lassen sich die jeweiligen Reaktionsfunktionen ermitteln:

$$q_A(q_B) = \frac{\alpha q_B + a + 1 - c - q_B}{2(1-\alpha)}$$

$$q_B(q_A) = \frac{\alpha q_A + a + 1 - c - q_A}{2(1-\alpha)}$$

und hieraus:
$$q_A = q_B = \frac{(1+a-c)}{3(1-\alpha)}.$$

Für die Stackelbergfolger ergibt sich die Menge in Abhängigkeit vom Marktzutritt als:
$$q_i(n) = \frac{1+a-c}{3(1-\alpha)(n+1)}.$$

Der Preis in Abhängigkeit vom Marktzutritt ermittelt sich als:
$$p(n) = \frac{1+a+3nc+2c}{3(n+1)}.$$

Es findet wieder maximaler Marktzutritt statt mit $n \to \infty$, so daß sich als Preis $p = c$ ergibt und die Gewinne aller beteiligten Unternehmen gegen 0 streben. Die von den Stackelbergfolgern produzierten Mengen belaufen sich auf:
$$\sum_{i=1}^{\infty} q_i = (\infty) \frac{1+a-c}{2(1-\alpha)(\infty+1)} = \frac{1+a-c}{2(1-\alpha)}.$$

Die Gesamtmenge ist damit:
$$Q_A = \frac{1+a-c}{1-\alpha}.$$

Die Gewinne der Unternehmen A und B belaufen sich auf:
$$\Pi_A = \Pi_B = \frac{(1+a-c)}{3(1-\alpha)}(c-c) - \frac{S_{BA}}{2} = -\frac{S_{BA}}{2}.$$

Komitee mit Konsensentscheid ohne gewerbliche Schutzrechte und ohne freien Komiteezutritt

Auch im Rahmen dieses Komitees müssen sich die Unternehmen auf eine der beiden Technologien einigen, obwohl sie wissen, daß sobald der Standard festgelegt und veröffentlicht ist, die fehlenden gewerblichen Schutzrechte so viele Imitatoren anziehen werden, daß der Preis auf das Niveau der Grenzkosten gesenkt wird und somit keinerlei Gewinne mehr zu erzielen sind. Die Abwesenheit gewerblicher Schutzrechte bedingt einen unbegrenzten Marktzutritt. Somit ergeben sich dieselben Mengen, Preise und Gewinne wie im vorangegangenen Abschnitt:

$$q_A = q_B = \frac{(1+a-c)}{3(1-\alpha)},$$

$$q_i(n) = \frac{1+a-c}{3(1-\alpha)(n+1)} \text{ und}$$

$$p(n) = \frac{1+a+3nc+2c}{3(n+1)}.$$

Bei erneut maximalem Marktzutritt mit $n \to \infty$ reduziert sich der Preis auf das Niveau der Grenzkosten ($p = c$), und die Gewinne aller beteiligten Unternehmen streben gegen 0. Die von den Stackelbergfolgern produzierten Mengen belaufen sich auf:

$$\sum_{i=1}^{\infty} q_i = (\infty)\frac{1+a-c}{2(1-\alpha)(\infty+1)} = \frac{1+a-c}{2(1-\alpha)}.$$

Die Gesamtmenge ist damit wieder:

$$Q_A = \frac{1+a-c}{1-\alpha}.$$

Die Gewinne der Unternehmen A und B belaufen sich auf:

$$\Pi_A = \Pi_B = \frac{(1+a-c)}{3(1-\alpha)}(c-c) - \frac{S_{BA}}{2} = -\frac{S_{BA}}{2}.$$

Komitee mit Konsensentscheid, gewerblichen Schutzrechten und freiem Komiteezutritt

Das hier zugrunde liegende Komitee ist dadurch charakterisiert, daß aufgrund des freien Komiteezutritts den Unternehmen A und B nicht die Möglichkeit offensteht, die Wechselkosten umzulegen. Aus diesem Grund sei angenommen, daß die beiden Unternehmen diese Kosten wieder zu gleichen Teilen tragen. Die Existenz gewerblicher Schutzrechte führt dazu, daß Imitatoren nun nicht mehr kostenlos konkurrieren können, sondern am Komitee teilnehmen und somit die Kosten der Teilnahme tragen müssen. Die Anzahl der Imitatoren wird also durch die Kosten des Standardisierungskomitees begrenzt.

Die beiden Unternehmen A und B agieren untereinander als Cournot-Duopolisten und im Verhältnis zu den Imitatoren als Stackelberg-Führer. Berücksichtigt man die Reaktionsfunktion der Stackelbergfolger:

$$q_i = \frac{1+a-c-q_A-q_B+\alpha q_A+\alpha q_B}{(n+1)(1-\alpha)}$$

und die sich hieraus ergebenden Reaktionsfunktionen der Stackelbergführer

$$q_A(q_B) = \frac{1+a-c-q_B+\alpha q_B}{2(1-\alpha)}$$

$$q_B(q_A) = \frac{1+a-c-q_A+\alpha q_A}{2(1-\alpha)},$$

so ergeben sich folgende Mengen und Preise:

$$q_A = q_B = \frac{(1 + a - c)}{3(1 - \alpha)}$$

$$q_i = \frac{(1 + a - c)}{3(n + 1)(1 - \alpha)}$$

$$Q_A = \frac{1}{3} \frac{(1 + a - c)}{(1 - \alpha)} \frac{(3n + 2)}{(n + 1)}$$

$$p = \frac{(1 + a + 3cn + 2c)}{3(n + 1)}.$$

Der Gewinn eines Stackelbergfolgers ohne Berücksichtigung der Kosten der Teilnahme am Standardisierungskomitee ergibt sich somit als:

$$\Pi_i = \frac{M}{9(n + 1)^2}.$$

Dies muß zumindest so groß sein wie die Kosten der Teilnahme am Komitee:

$$\Pi_i = \frac{M}{9(n + 1)^2} \geq K.$$

Hierdurch läßt sich nun die maximale Anzahl an Unternehmen ermitteln, die dem Standardisierungskomitee beitreten kann, ohne die Gewinne negativ werden zu lassen:

$$n^{max} = \frac{1}{3} \sqrt{\frac{M}{K}} - 1.$$

Setzt man dies ein, so lassen sich die Mengen und Preise berechnen:

$$p = c + \sqrt{\frac{K}{1 - \alpha}}$$

$$q_i = \sqrt{\frac{K}{1 - \alpha}}$$

$$Q_A = \frac{(1 + a - c)}{(1 - \alpha)} - \sqrt{\frac{K}{(1 - \alpha)}}$$

$$\Pi_A = \Pi_B = (1 + a - c) \frac{1}{3} \sqrt{\frac{K}{(1 - \alpha)}} - \frac{S_{BA}}{2}.$$

10.3.2 Verhalten der Unternehmen bei einfacher Mehrheitsregel

Komitee mit einfacher Mehrheit, gewerblichen Schutzrechten und ohne freien Komiteezutritt

Eines der beiden innovativen Unternehmen gründet eine Koalition, indem es z.B. kostenlose Lizenzen bei Existenz von Eigentumsrechten vergibt oder die notwendigen Informationen preisgibt. Das Unternehmen muß sich auf die Größe dieser Koalition festlegen. Im nächsten Schritt kann dann das andere Unternehmen für sich entscheiden, ob es ebenfalls Marktzutritt zulassen soll oder nicht. Im letzten Fall wird dann Technologie A zum Standard, und der Wettbewerb wird innerhalb der Technologie mit (n+2) Unternehmen geführt, die sich als Cournot-Oligopolisten verhalten, d.h., keines der innovativen Unternehmen agiert als Stackelbergführer. Entschließt sich das zweite Unternehmen allerdings, ebenfalls eine Koalition zu gründen, so muß es (n+1) Unternehmen für seine Koalition gewinnen, um bei der Abstimmung im Komitee über mindestens eine Stimme mehr als die Konkurrenzkoalition zu verfügen und somit die eigene Technologie zum Standard zu machen. Dieses Spiel ist in Abbildung 58 unter der Annahme dargestellt, daß Unternehmen A sich als erstes dazu entschließt, eine Koalition zu bilden, und daß Unternehmen B darauf reagieren kann bzw. muß. Ebenfalls zu beachten ist, daß den Unternehmen, die am Standardisierungsprozeß im Komitee teilnehmen, die Informationen bzw. die Lizenzen kostenlos überlassen werden müssen, andernfalls wäre es für das zweite Unternehmen fast immer besser, ebenfalls eine Koalition zu gründen, worauf das erste Unternehmen wiederum mit einem maximalen Marktzutritt reagieren würde.

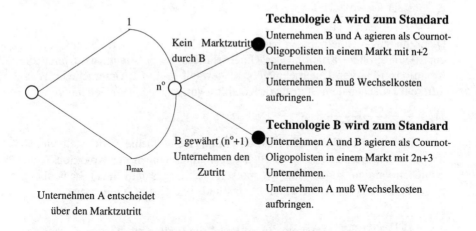

Abbildung 58: **Entscheidungssequenz bei Standardisierung im Komitee, wenn eine einfache Mehrheitsregel implementiert ist**

Im ersten Schritt ist zu untersuchen, welche Gewinne sich ergeben, wenn B keinen Marktzutritt zuläßt und somit die Technologie A zum Standard wird. Es gilt dann wieder die inverse Nachfragefunktion von oben:

$p = 1 - \underline{i} + a + \alpha\underline{i}$. Die n Unternehmen, die von dem jeweiligen Unternehmen A bzw. B zum Komiteezutritt bewogen werden, agieren als Stackelbergfolger mit den gleichen Reaktionsfunktionen wie im vorangegangenen Abschnitt. Somit entstehen auch die gleichen Mengen und der gleiche Preis:

$$q_A = q_B = \frac{(1+a-c)}{3(1-\alpha)}$$

$$q_i = \frac{(1+a-c)}{3(n+1)(1-\alpha)}$$

$$Q_A = \frac{1}{3}\frac{(1+a-c)}{(1-\alpha)}\frac{(3n+2)}{(n+1)}$$

$$p = \frac{(1+a+3cn+2c)}{3(n+1)}.$$

Hieraus ergeben sich die folgenden Gewinne:

$$\Pi_i = \frac{1}{9}\frac{(1+a-c)^2}{(1-\alpha)(n+1)^2}$$

$$\Pi_A = \frac{1}{9}\frac{(1+a-c)^2}{(1-\alpha)(n+1)}$$

$$\Pi_B = \frac{1}{9}\frac{(1+a-c)^2}{(1-\alpha)(n+1)} - S_{BA}.$$

Damit die aus n Unternehmen bestehende Koalition des Unternehmens A nicht durch eine größere Koalition des Unternehmens B überstimmt wird, muß die Koalitionsgröße von Unternehmen A so gewählt sein, daß Unternehmen B indifferent zwischen dem Beitritt zur Koalition von A und einem Gewinn von

$$\Pi_B = \frac{1}{9}\frac{(1+a-c)^2}{(1-\alpha)(n+1)} - S_{BA}$$

und dem Bilden einer eigenen Koalition mit n+1 Unternehmen, der sich wiederum sowohl Unternehmen A als auch die n Unternehmen der Koalition A anschließen würden, so daß ein Oligopolspiel mit insgesamt (2n+1) Stackelbergfolgern und zwei Stackelbergführern entstünde und einen Gewinn von

$$\Pi_B = \frac{1}{18}\frac{(1+a-c)^2}{(1-\alpha)(n+1)}$$ erzeugte. Somit lautet die Bedingung für den Komiteezutritt durch Unternehmen A:

$$\frac{1}{9}\frac{(1+a-c)^2}{(1-\alpha)(n+1)} - S_{BA} - \frac{1}{18}\frac{(1+a-c)^2}{(1-\alpha)(n+1)} = 0.$$

Nach n aufgelöst ergibt sich:

$$n^* = \frac{1}{18}\frac{\left(3(a-c)^2 + 4(a-c) + 2 - 18S_{BA}(1-\alpha) + \alpha^2 + 2\alpha(a-c)\right)}{(1-\alpha)S_{BA}}.$$

Ließe hingegen Unternehmen B Marktzutritt von m Unternehmen zu und Unternehmen A unterließe es, dann ergeben sich unmittelbar die folgenden Gewinne:

$$\Pi_i = \frac{1}{9} \frac{(1+a-c)^2}{(1-\alpha)(m+1)^2}$$

$$\Pi_A = \frac{1}{9} \frac{(1+a-c)^2}{(1-\alpha)(m+1)} - S_{AB}$$

$$\Pi_B = \frac{1}{9} \frac{(1+a-c)^2}{(1-\alpha)(m+1)}.$$

Hieraus ergibt sich analog eine maximale Größe für die Koalition durch Unternehmen B:

$$m^* = \frac{1}{18} \frac{\left(3(a-c)^2 + 4(a-c) + 2 - 18S_{AB}(1-\alpha) + \alpha^2 + 2\alpha(a-c)\right)}{(1-\alpha)S_{AB}}.$$

Entschieden die beiden Unternehmen A und B sequentiell, wie durch Abbildung 58 illustriert, so hat das Unternehmen einen Vorteil, das als erstes seine Koalition bildet, da es die Größe entsprechend der oben aufgeführten Bedingungen festlegen kann. Müssen die beiden Unternehmen allerdings gleichzeitig entscheiden, so stehen sie vor einer Entscheidungssituation, wie sie in Tabelle 35 dargestellt ist.

Vergleicht man n* und m*, so stellt sich heraus, daß n* > m*, wenn $S_{AB} < S_{BA}$ ist. Dies bedeutet, daß das Unternehmen, das geringere Wechselkosten hat, eine größere Koalition aufbaut und damit eine eigentlich unterlegene Technologie zum Standard macht. Hierdurch erklärt sich die Überlegenheit des Unternehmens B, das bei Wahl seiner optimalen Komiteegröße seine Technologie immer zum Standard machen kann. Da Unternehmen B bei dem Verzicht, eine eigene Koalition zu bilden ($m^o = 0$) indifferent zwischen dem Beitritt zu Koalition A und einer eigenen Koalition und bei Verzicht des Unternehmens A auf die Bildung einer Koalition m* die beste Anwort ist, ist m* eine schwach dominante Strategie. Somit steht zu erwarten, daß Unternehmen A diese Situation realisierend auf den Aufbau einer eigenen Koalition verzichten wird, so daß sich ein Gleichgewicht mit den Strategien ($n^o = 0$; $m^o = m^*$) einstellen wird. Somit ergeben sich die folgenden Gewinne:

$$\Pi_i = \frac{36(1-\alpha)\left(S_{AB}\right)^2(1+a-c)^2}{\left(3(a-c)^2 + 4(a-c) + 2 + \alpha^2 + 2\alpha(a-c)\right)^2},$$

$$\Pi_A = -\frac{S_{AB}(a+\alpha-c)^2}{\left(3(a-c)^2 + 4(a-c) + 2 + \alpha^2 + 2\alpha(a-c)\right)} \text{ und}$$

$$\Pi_B = \frac{2S_{AB}(1+a-c)^2}{\left(3(a-c)^2 + 4(a-c) + 2 + \alpha^2 + 2\alpha(a-c)\right)}.$$

		Unternehmen B	
		$m^o=0$	$m^o=m*$
Unternehmen A	$n^o=0$	Wiederholung	Technologie B
	$n^o=n*$	Technologie A	Technologie B

Tabelle 35: Entscheidungssituation über die Größe der eigenen Koalition

Komitee mit einfacher Mehrheit ohne gewerbliche Schutzrechte und ohne Komiteezutritt

In dieser Situation stehen die beiden Unternehmen vor dem Problem, daß sie zwar ihre jeweilige Technologie zum Standard machen wollen, um nicht die Wechselkosten S_{AB} bzw. S_{BA} tragen zu müssen, aber keines der anderen Unternehmen einen Anreiz hat, an dem Standardisierungskomitee zu partizipieren. Diese Unternehmen können aufgrund der Abwesenheit gewerblicher Schutzrechte Imitationen produzieren, ohne die Kosten der Teilnahme am Standardisierungskomitee aufbringen zu müssen. Somit stellt sich die Frage, ob eines der beiden Unternehmen eine Transferzahlung an eines oder mehrere Unternehmen leistet, um damit die Teilnahme und die Stimmabgabe zugunsten der eigenen Technologie zu erreichen. Diese Transferzahlung muß offensichtlich zumindest die Kosten der Teilnahme K erreichen. Aufgrund der Tatsache, daß unbegrenzter Marktzutritt erfolgt und sich damit der Preis auf das Niveau der Grenzkosten reduziert, verringern sich die Gewinne auf 0 für jedes Unternehmen. Es bleibt somit für keines der beiden Unternehmen ein Spielraum, um positive Transferzahlungen leisten zu können. Die beiden Unternehmen werden also allein das Standardisierungskomitee bestreiten und sich voraussichtlich auf den Standard einigen, bei dem die geringsten Wechselkosten anfallen, die sie zu gleichen Teilen tragen. Die Gewinne ergeben sich dann als:

$$\Pi_i = 0,$$

$$\Pi_A = -\frac{S_{BA}}{2},$$

$$\Pi_B = -\frac{S_{BA}}{2}.$$

Komitee mit einfacher Mehrheit, gewerbliche Schutzrechte und freier Komiteezutritt

Jedes Unternehmen ist danach bereit, maximalen Marktzutritt zu gewähren, um dann nicht die Wechselkosten tragen zu müssen. Es werden wieder so lange Unternehmen bereit sein, am Standardisierungskomitee teilzunehmen, bis die folgende Ungleichung gerade noch erfüllt ist (s. Abschnitt d):

$$\Pi_i = \frac{M}{9(1+n)^2} - K \geq 0.$$

Damit ist der maximale Komiteezutritt wieder durch

$$n = \frac{1}{3}\sqrt{\frac{M}{K}} - 1$$

determiniert. Die Anzahl an Unternehmen, die z.B. das Unternehmen A auf seine Seite ziehen muß, um die Abstimmung zu gewinnen und somit die Wechselkosten zu vermeiden, beläuft sich somit auf:

$$n_A^{max} \leq \frac{1}{2}\left(\frac{1}{3}\sqrt{\frac{M}{K}} - 1\right) + 1 = \frac{1}{6}\sqrt{\frac{M}{K}} + \frac{1}{2}.$$

Die Gewinne der Unternehmen A und B lauten vorerst:

$$\Pi_A = (1+a-c)\frac{1}{3}\sqrt{\frac{K}{(1-\alpha)}}.$$

$$\Pi_B = (1+a-c)\frac{1}{3}\sqrt{\frac{K}{(1-\alpha)}}.$$

Es ist noch nicht geklärt, welche Technologie sich durchsetzt. Unternehmen A leiste eine Transferzahlung T^A an

$$n_A^{max} = \frac{1}{6}\sqrt{\frac{M}{K}} + \frac{1}{2}$$ Unternehmen. Unternehmen A muß diese Zahlung dergestalt wählen, daß Unternehmen indifferent zwischen dem Ertragen der Wechselkosten S_{BA} und dem Zahlen einer eigenen Transferzahlung T^B ist.

$$\left(\left((1+a-c)\frac{1}{3}\sqrt{\frac{K}{(1-\alpha)}}\right)-\frac{T^A}{2}-\frac{T^A(1+a-c)}{6\sqrt{(1-\alpha)K}}\right)-\left((1+a-c)\frac{1}{3}\sqrt{\frac{K}{(1-\alpha)}}\right)-S_{BA}\right)=0$$

$$T^A=\frac{6S_{BA}\sqrt{(1-\alpha)K}}{3\sqrt{(1-\alpha)K}+1+a-c}.$$

Über ein analoges Vorgehen läßt sich die Seitenzahlung T^B des Unternehmens B ermitteln:

$$T^B=\frac{6S_{AB}\sqrt{(1-\alpha)K}}{3\sqrt{(1-\alpha)K}+1+a-c}.$$

Es gewinnt das Unternehmen, das die höchste Transferzahlung zu zahlen bereit ist, d.h., Technologie A setzt sich nur durch, wenn $T^A > T^B$. Dieses gilt, wenn $S_{BA} > S_{AB}$, so daß sich hier die überlegene Technologie durchsetzt. Da beide Unternehmen über die jeweiligen Wechselkosten informiert sind, leistet also nur Unternehmen A Transferzahlungen. Die Gewinne der Unternehmen ergeben sich somit wie folgt:

$$\Pi_i^{\text{nicht in der Koalition A}}=0$$

$$\Pi_i^{\text{Koalition A}}=\frac{6S_{BA}(1-\alpha)\sqrt{K}}{3(1-\alpha)\sqrt{K}+(1+a-c)\sqrt{(1-\alpha)}}$$

$$\Pi_A=(1+a-c)\frac{1}{3}\sqrt{\frac{K}{(1-\alpha)}}-S_{BA}.$$

$$\Pi_B=(1+a-c)\frac{1}{3}\sqrt{\frac{K}{(1-\alpha)}}-S_{BA}.$$

Komitee mit einfacher Mehrheit ohne gewerbliche Schutzrechte, aber mit freiem Komiteezutritt

Die Ergebnisse dieses Komitees sind aufgrund der fehlenden gewerblichen Schutzrechte identisch mit denen des Abschnittes „10.30 Komitee mit einfacher Mehrheit ohne gewerbliche Schutzrechte und ohne Komiteezutritt":

$$\Pi_i=0,$$

$$\Pi_A=-\frac{S_{BA}}{2},$$

$$\Pi_B=-\frac{S_{BA}}{2}.$$

11 Zusammenfassung der Gleichgewichte

11.1.1 Bedeutung und Einfluß unterschiedlicher rechtlicher Regime auf die Ergebnisse des Standardisierungsprozesses

In diesem Teil des Anhanges sind die Ergebnisse des Anhangs 3 über das Verhalten der Unternehmen in den verschiedenen Szenarien zusammengefaßt. Dort, wo unmittelbar zu erkennen ist, daß die eine Strategie eine andere dominiert, ist dies dadurch gekennzeichnet, daß die dominierte Strategie grau hinterlegt ist.

		Unternehmen B	
		Wettbewerb	Standardisierungskomitee
Unternehmen A	Wettbewerb	$\dfrac{(1-\alpha)}{2}$; $\dfrac{(1-\alpha)}{2}$	$\dfrac{(1+a-c)}{2}\sqrt{\dfrac{K}{(1-\alpha)}}-K_{\text{Komitee}}$; 0
	Standardisierungskomitee	0 ; $\dfrac{(1+a-c)}{2}\sqrt{\dfrac{K}{(1-\alpha)}}-K_{\text{Komitee}}$	$\dfrac{(1+a-c)}{3}\sqrt{\dfrac{K}{(1-\alpha)}}-S_{BA}-K_{\text{Komitee}}$; $\dfrac{(1+a-c)}{3}\sqrt{\dfrac{K}{(1-\alpha)}}-S_{BA}-K_{\text{Komitee}}$

Tabelle 36: Strategische Form bei verpflichtender Standardisierung, gewerblichen Schutzrechten, freiem Komiteezutritt und einfacher Mehrheit im Standardisierungskomitee

		Unternehmen B	
		Wettbewerb	Standardisierungskomitee
Unternehmen A	Wettbewerb	$\dfrac{(1-\alpha)}{2}$; $\dfrac{(1-\alpha)}{2}$	$\dfrac{(1+a-c)}{2}\sqrt{\dfrac{K}{(1-\alpha)}}-K_{\text{Komitee}}$; 0
	Standardisierungskomitee	0 ; $\dfrac{(1+a-c)}{2}\sqrt{\dfrac{K}{(1-\alpha)}}-K_{\text{Komitee}}$	$\dfrac{(1+a-c)}{3}\sqrt{\dfrac{K}{(1-\alpha)}}-S_{BA}-K_{\text{Komitee}}$; $\dfrac{(1+a-c)}{3}\sqrt{\dfrac{K}{(1-\alpha)}}-S_{BA}-K_{\text{Komitee}}$

Tabelle 37: Strategische Form bei verpflichtender Standardisierung, gewerblichen Schutzrechten, freiem Komiteezutritt und Konsensregel im Standardisierungskomitee

		Unternehmen B Wettbewerb	Standardisierungs- komitee
Unterneh- men A	Wettbewerb	$\frac{(1-\alpha)}{2}$ / $\frac{(1-\alpha)}{2}$	$-K_{Komitee}$ / 0
	Standardisie- rungskomitee	0 / $-K_{Komitee}$	$-\dfrac{S_{BA}}{2}-K_{Komitee}$ / $-\dfrac{S_{BA}}{2}-K_{Komitee}$

Tabelle 38: **Strategische Form bei verpflichtender Standardisierung, keinen gewerblichen Schutzrechten, freiem Komiteezutritt und einfacher Mehrheit im Standardisierungskomitee**

		Unternehmen B Wettbewerb	Standardisierungs- komitee
Unterneh- men A	Wettbewerb	$\frac{(1-\alpha)}{2}$ / $\frac{(1-\alpha)}{2}$	$-K_{Komitee}$ / 0
	Standardisie- rungskomitee	0 / $-K_{Komitee}$	$-\dfrac{S_{BA}}{2}-K_{Komitee}$ / $-\dfrac{S_{BA}}{2}-K_{Komitee}$

Tabelle 39: **Strategische Form bei verpflichtender Standardisierung, keinen gewerblichen Schutzrechten, freiem Komiteezutritt und Konsensregel im Standardisierungskomitee**

Tabelle 40:

		Unternehmen B Wettbewerb	Standardisierungskomitee
Unter-nehmen A	Wettbewerb	$\dfrac{(1-\alpha)}{2}$ $\dfrac{(1-\alpha)}{2}$	$\dfrac{K}{4}+\left(\dfrac{3}{8}\sqrt{(1-\alpha)K}\right)-K_{Komitee}$ $\dfrac{1}{4}\left(\sqrt{2K}+\sqrt{(1-\alpha)}\right)^2$
	Standardisie-rungskomitee	$\dfrac{1}{4}\left(\sqrt{2K}+\sqrt{(1-\alpha)}\right)^2$ $\dfrac{K}{4}+\left(\dfrac{3}{8}\sqrt{(1-\alpha)K}\right)-K$	$\dfrac{(1+a-c)}{3}\sqrt{\dfrac{K}{(1-\alpha)}}-S_{BA}-K_{Komitee}$ $\dfrac{(1+a-c)}{3}\sqrt{\dfrac{K}{(1-\alpha)}}-S_{BA}-K_{Komitee}$

Tabelle 40: Strategische Form bei freiwillige Standardisierung, gewerblichen Schutzrechten, freiem Komiteezutritt und einfacher Mehrheit im Standardisierungskomitee

Tabelle 41:

		Unternehmen B Wettbewerb	Standardisierungskomitee
Unter-nehmen A	Wettbewerb	$\dfrac{(1-\alpha)}{2}$ $\dfrac{(1-\alpha)}{2}$	$\dfrac{K}{4}+\left(\dfrac{3}{8}\sqrt{(1-\alpha)K}\right)-K_{Komitee}$ $\dfrac{1}{4}\left(\sqrt{2K}+\sqrt{(1-\alpha)}\right)^2$
	Standardisie-rungskomitee	$\dfrac{1}{4}\left(\sqrt{2K}+\sqrt{(1-\alpha)}\right)^2$ $\dfrac{K}{4}+\left(\dfrac{3}{8}\sqrt{(1-\alpha)K}\right)-K_{Komitee}$	$\dfrac{(1+a-c)}{3}\sqrt{\dfrac{K}{(1-\alpha)}}-S_{BA}-K_{Komitee}$ $\dfrac{(1+a-c)}{3}\sqrt{\dfrac{K}{(1-\alpha)}}-S_{BA}-K_{Komitee}$

Tabelle 41: Strategische Form bei freiwillige Standardisierung, gewerblichen Schutzrechten, freiem Komiteezutritt und Konsensregel im Standardisierungskomitee

		Unternehmen B Wettbewerb	Standardisierungs- komitee
Unterneh- men A	Wettbewerb	$\dfrac{(1-\alpha)}{2}$ $\quad$ $\dfrac{(1-\alpha)}{2}$	$-K_{Komitee}$ $\dfrac{1-\alpha}{8}$
	Standardisie- rungskomitee	$\dfrac{1-\alpha}{8}$ $\quad$ $-K_{Komitee}$	$-\dfrac{S_{BA}}{2}-K_{Komitee}$ $-\dfrac{S_{BA}}{2}-K_{Komitee}$

Tabelle 42: **Strategische Form bei freiwillige Standardisierung, keinen gewerblichen Schutzrechten, freiem Komiteezutritt und einfacher Mehrheit im Standardisierungskomitee**

		Unternehmen B Wettbewerb	Standardisierungs- komitee
Unterneh- men A	Wettbewerb	$\dfrac{(1-\alpha)}{2}$ $\quad$ $\dfrac{(1-\alpha)}{2}$	$-K_{Komitee}$ $\dfrac{1-\alpha}{8}$
	Standardisie- rungskomitee	$\dfrac{1-\alpha}{8}$ $\quad$ $-K_{Komitee}$	$-\dfrac{S_{BA}}{2}-K_{Komitee}$ $-\dfrac{S_{BA}}{2}-K_{Komitee}$

Tabelle 43: **Strategische Form bei freiwillige Standardisierung, keinen gewerblichen Schutzrechten, freiem Komiteezutritt und Konsensregel im Standardisierungskomitee**

		Unternehmen B Wettbewerb	Standardisierungskomitee
Unternehmen A	Wettbewerb	$\dfrac{(1-\alpha)}{2}$ $\dfrac{(1-\alpha)}{2}$	$\dfrac{(a+1-c)^2}{4(1-\alpha)}-K_{Komitee}$ 0
	Standardisie-rungskomitee	$\dfrac{(a+1-c)^2}{4(1-\alpha)}-K_{Komitee}$ 0	$\dfrac{S_{AB}(a+1-c)^2}{\left(3(a-c)^2+4(a-c)+2+\alpha^2+2\alpha(a-c)\right)}-K_{Komitee}$ $\dfrac{S_{AB}(a+\alpha-c)^2}{\left(3(a-c)^2+4(a-c)+2+\alpha^2+2\alpha(a-c)\right)}-K_{Komitee}$

Tabelle 44: Strategische Form bei verpflichtender Standardisierung, gewerblichen Schutzrechten, keinem freien Komiteezutritt und einfacher Mehrheit im Standardisierungskomitee

		Unternehmen B Wettbewerb	Standardisierungsko-mitee
Unternehmen A	Wettbewerb	$\dfrac{(1-\alpha)}{2}$ $\dfrac{(1-\alpha)}{2}$	$\dfrac{(a+1-c)^2}{4(1-\alpha)}-K_{Komitee}$ 0
	Standardisie-rungskomitee	$\dfrac{(a+1-c)^2}{4(1-\alpha)}-K_{Komitee}$ 0	$\dfrac{(1+a-c)^2}{9(1-\alpha)}-\dfrac{S}{2}-K_{Komitee}$ $\dfrac{(1+a-c)^2}{9(1-\alpha)}-\dfrac{S}{2}-K_{Komitee}$

Tabelle 45: Strategische Form bei verpflichtender Standardisierung, gewerblichen Schutzrechten, keinem freien Komiteezutritt und Konsensregel im Standardisierungskomitee

Unternehmen A		Unternehmen B Wettbewerb	Standardisierungs-komitee
	Wettbewerb	$\frac{(1-\alpha)}{2}$ $\frac{(1-\alpha)}{2}$	$-K_{Komitee}$ 0
	Standardisierungskomitee	0 $-K_{Komitee}$	$-\frac{S_{BA}}{2}-K_{Komitee}$ $-\frac{S_{BA}}{2}-K_{Komitee}$

Tabelle 46: Strategische Form bei verpflichtender Standardisierung, keinen gewerblichen Schutzrechten, keinem freien Komiteezutritt und einfacher Mehrheit im Standardisierungskomitee

Unternehmen A		Unternehmen B Wettbewerb	Standardisierungs-komitee
	Wettbewerb	$\frac{(1-\alpha)}{2}$ $\frac{(1-\alpha)}{2}$	$-K_{Komitee}$ 0
	Standardisierungskomitee	0 $-K_{Komitee}$	$-\frac{S_{BA}}{2}-K_{Komitee}$ $-\frac{S_{BA}}{2}-K_{Komitee}$

Tabelle 47: Strategische Form bei verpflichtender Standardisierung, keinen gewerblichen Schutzrechten, keinem freien Komiteezutritt und Konsensregel im Standardisierungskomitee

	Unternehmen B Wettbewerb	Unternehmen B Standardisierungskomitee
Unternehmen A Wettbewerb	$\dfrac{(1-\alpha)}{2}$ $\dfrac{(1-\alpha)}{2}$	$\dfrac{9}{8}(1-\alpha)^2 - K_{Komitee}$ $\dfrac{5}{16}(1+2\alpha-3\alpha^2)$
Standardisie-rungskomitee	$\dfrac{5}{16}(1+2\alpha-3\alpha^2)$ $\dfrac{9}{8}(1-\alpha)^2 - K_{Komitee}$	$\dfrac{S_{AB}(a+1-c)^2}{\left(3(a-c)^2+4(a-c)+2+\alpha^2+2\alpha(a-c)\right)} - K_{Komitee}$ $\dfrac{S_{AB}(a+\alpha-c)^2}{\left(3(a-c)^2+4(a-c)+2+\alpha^2+2\alpha(a-c)\right)} - K_{Komitee}$

Tabelle 48: **Strategische Form bei freiwilliger Standardisierung, gewerblichen Schutzrechten, keinem freien Komiteezutritt und einfacher Mehrheit im Standardisierungskomitee**

	Unternehmen B Wettbewerb	Unternehmen B Standardisierungskomitee
Unternehmen A Wettbewerb	$\dfrac{(1-\alpha)}{2}$ $\dfrac{(1-\alpha)}{2}$	$\dfrac{9}{8}(1-\alpha)^2 - K_{Komitee}$ $\dfrac{5}{16}(1+2\alpha-3\alpha^2)$
Standardisie-rungskomitee	$\dfrac{5}{16}(1+2\alpha-3\alpha^2)$ $\dfrac{9}{8}(1-\alpha)^2 - K_{Komitee}$	$\dfrac{(1+a-c)^2}{9(1-\alpha)} - \dfrac{S}{2} - K_{Komitee}$ $\dfrac{(1+a-c)^2}{9(1-\alpha)} - \dfrac{S}{2} - K_{Komitee}$

Tabelle 49: **Strategische Form bei freiwilliger Standardisierung, gewerblichen Schutzrechten, keinem freien Komiteezutritt und Konsensregel im Standardisierungskomitee**

		Unternehmen B Wettbewerb	Unternehmen B Standardisierungs- komitee
Unterneh- men A	Wettbewerb	$\dfrac{(1-\alpha)}{2}$ $\dfrac{(1-\alpha)}{2}$	$-K_{Komitee}$ $\dfrac{(1-\alpha)}{8}$
	Standardisie- rungskomitee	$\dfrac{(1-\alpha)}{8}$ $-K_{Komitee}$	$-\dfrac{S_{BA}}{2}-K_{Komitee}$ $-\dfrac{S_{BA}}{2}-K_{Komitee}$

Tabelle 50: **Strategische Form bei freiwilliger Standardisierung, keinen gewerblichen Schutzrechten, keinem freien Komiteezutritt und einfacher Mehrheit im Standardisierungskomitee**

		Unternehmen B Wettbewerb	Unternehmen B Standardisierungs- komitee
Unterneh- men A	Wettbewerb	$\dfrac{(1-\alpha)}{2}$ $\dfrac{(1-\alpha)}{2}$	$-K_{Komitee}$ $\dfrac{(1-\alpha)}{8}$
	Standardisie- rungskomitee	$\dfrac{(1-\alpha)}{8}$ $-K_{Komitee}$	$-\dfrac{S_{BA}}{2}-K_{Komitee}$ $-\dfrac{S_{BA}}{2}-K_{Komitee}$

Tabelle 51: **Strategische Form bei freiwilliger Standardisierung, keinen gewerblichen Schutzrechten, keinem freien Komiteezutritt und Konsensregel im Standardisierungskomitee**

11.2 Entscheidung für oder wider Standardisierung ohne Komiteekosten

		Unternehmen B Wettbewerb	Standardisierungskomitee
Unternehmen A	Wettbewerb	$\frac{(1-\alpha)}{2}$ $\frac{(1-\alpha)}{2}$	0 0
	Standardsierungskomitee	0 0	$-S_{BA}$ $-S_{BA}$

Tabelle 52: **Strategische Form bei verpflichtender Standardisierung, gewerblichen Schutzrechten, freiem Komiteezutritt und einfacher Mehrheit im Standardisierungskomitee**

		Unternehmen B Wettbewerb	Standardisierungskomitee
Unternehmen A	Wettbewerb	$\frac{(1-\alpha)}{2}$ $\frac{(1-\alpha)}{2}$	0 0
	Standardsierungskomitee	0 0	$-\frac{S_{BA}}{2}$ $-\frac{S_{BA}}{2}$

Tabelle 53: **Strategische Form bei verpflichtender Standardisierung, gewerblichen Schutzrechten, freiem Komiteezutritt und Konsensregel im Standardisierungskomitee**

| | | Unternehmen B | |
		Wettbewerb	Standardisierungsko-mitee
Unterneh-men A	Wettbewerb	$\dfrac{(1-\alpha)}{2}$ $\dfrac{(1-\alpha)}{2}$	0 0
	Standardsie-rungskomitee	0 0	$-\dfrac{S_{BA}}{2}$ $-\dfrac{S_{BA}}{2}$

Tabelle 54: **Strategische Form bei verpflichtender Standardisierung, keinen gewerblichen Schutzrechten, freiem Komiteezutritt und einfacher Mehrheit im Standardisierungskomitee**

| | | Unternehmen B | |
		Wettbewerb	Standardisierungsko-mitee
Unterneh-men A	Wettbewerb	$\dfrac{(1-\alpha)}{2}$ $\dfrac{(1-\alpha)}{2}$	0 0
	Standardsie-rungskomitee	0 0	$-\dfrac{S_{BA}}{2}$ $-\dfrac{S_{BA}}{2}$

Tabelle 55: **Strategische Form bei verpflichtender Standardisierung, keinen gewerblichen Schutzrechten, freiem Komiteezutritt und Konsensregel im Standardisierungskomitee**

| | | Unternehmen B | |
		Wettbewerb	Standardsierungs-komitee
Unternehmen A	Wettbewerb	$\dfrac{(1-\alpha)}{2}$ $\dfrac{(1-\alpha)}{2}$	0 $\dfrac{(1-\alpha)}{4}$
	Standardsie-rungskomitee	$\dfrac{(1-\alpha)}{4}$ 0	$-S_{BA}$ $-S_{BA}$

Tabelle 56: Strategische Form bei freiwillige Standardisierung, gewerblichen Schutzrechten, freiem Komiteezutritt und einfacher Mehrheit im Standardisierungskomitee

| | | Unternehmen B | |
		Wettbewerb	Standardsierungs-komitee
Unternehmen A	Wettbewerb	$\dfrac{(1-\alpha)}{2}$ $\dfrac{(1-\alpha)}{2}$	0 $\dfrac{(1-\alpha)}{4}$
	Standardsie-rungskomitee	$\dfrac{(1-\alpha)}{4}$ 0	$-\dfrac{S_{BA}}{2}$ $-\dfrac{S_{BA}}{2}$

Tabelle 57: Strategische Form bei freiwillige Standardisierung, gewerblichen Schutzrechten, freiem Komiteezutritt und Konsensregel im Standardisierungskomitee

Unternehmen A	Unternehmen B	Wettbewerb	Standardsierungs-komitee
	Wettbewerb	$\frac{(1-\alpha)}{2}$ $\quad$ $\frac{(1-\alpha)}{2}$	0 $\quad$ $\frac{1-\alpha}{8}$
	Standardsie-rungskomitee	$\frac{1-\alpha}{8}$ $\quad$ 0	$-\frac{S_{BA}}{2}$ $\quad$ $-\frac{S_{BA}}{2}$

Tabelle 58: **Strategische Form bei freiwillige Standardisierung, keinen gewerblichen Schutzrechten, freiem Komiteezutritt und einfacher Mehrheit im Standardisierungskomitee**

Unternehmen A	Unternehmen B	Wettbewerb	Standardsierungs-komitee
	Wettbewerb	$\frac{(1-\alpha)}{2}$ $\quad$ $\frac{(1-\alpha)}{2}$	0 $\quad$ $\frac{(1-\alpha)}{8}$
	Standardsie-rungskomitee	$\frac{(1-\alpha)}{8}$ $\quad$ 0	$-\frac{S_{BA}}{2}$ $\quad$ $-\frac{S_{BA}}{2}$

Tabelle 59: **Strategische Form bei freiwillige Standardisierung, keinen gewerblichen Schutzrechten, freiem Komiteezutritt und Konsensregel im Standardisierungskomitee**

| | | Unternehmen B | |
		Wettbewerb	Standardisierungskomitee
Unterneh-men A	Wettbewerb	$\dfrac{(1-\alpha)}{2}$ $\dfrac{(1-\alpha)}{2}$	$\dfrac{(a+1-c)^2}{4(1-\alpha)}$ 0
	Standardisie-rungskomitee	0 $\dfrac{(a+1-c)^2}{4(1-\alpha)}$	$\dfrac{S_{AB}(a+\alpha-c)^2}{\left(3(a-c)^2+4(a-c)+2+\alpha^2+2\alpha(a-c)\right)}$ $\dfrac{S_{AB}(a+\alpha-c)^2}{\left(3(a-c)^2+4(a-c)+2+\alpha^2+2\alpha(a-c)\right)}$

Tabelle 60: **Strategische Form bei verpflichtender Standardisierung, gewerblichen Schutzrechten, keinem freien Komiteezutritt und einfacher Mehrheit im Standardisierungskomitee**

| | | Unternehmen B | |
		Wettbewerb	Standardisierungsko-mitee
Unterneh-men A	Wettbewerb	$\dfrac{(1-\alpha)}{2}$ $\dfrac{(1-\alpha)}{2}$	$\dfrac{(a+1-c)^2}{4(1-\alpha)}$ 0
	Standardisie-rungskomitee	0 $\dfrac{(a+1-c)^2}{4(1-\alpha)}$	$\dfrac{(1+a-c)^2}{9(1-\alpha)}-\dfrac{S}{2}$ $\dfrac{(1+a-c)^2}{9(1-\alpha)}-\dfrac{S}{2}$

Tabelle 61: **Strategische Form bei verpflichtender Standardisierung, gewerblichen Schutzrechten, keinem freien Komiteezutritt und Konsensregel im Standardisierungskomitee**

| | | Unternehmen B | |
		Wettbewerb	**Standardisierungskomitee**
Unternehmen A	Wettbewerb	$\dfrac{(1-\alpha)}{2}$ $\dfrac{(1-\alpha)}{2}$	0 0
	Standardisierungskomitee	0 0	$-\dfrac{S_{BA}}{2}$ $-\dfrac{S_{BA}}{2}$

Tabelle 62: Strategische Form bei verpflichtender Standardisierung, keinen gewerblichen Schutzrechten, keinem freien Komiteezutritt und einfacher Mehrheit im Standardisierungskomitee

| | | Unternehmen B | |
		Wettbewerb	**Standardisierungskomitee**
Unternehmen A	Wettbewerb	$\dfrac{(1-\alpha)}{2}$ $\dfrac{(1-\alpha)}{2}$	0 0
	Standardisierungskomitee	0 0	$-\dfrac{S_{BA}}{2}$ $-\dfrac{S_{BA}}{2}$

Tabelle 63: Strategische Form bei verpflichtender Standardisierung, keinen gewerblichen Schutzrechten, keinem freien Komiteezutritt und Konsensregel im Standardisierungskomitee

		Unternehmen B	
		Wettbewerb	Standardisierungskomitee
Unter-nehmen A	Wettbewerb	$\dfrac{(1-\alpha)}{2}$ $\dfrac{(1-\alpha)}{2}$	$\dfrac{9}{8}(1-\alpha)^2$ $\dfrac{5}{16}(1+2\alpha-3\alpha^2)$
	Standardisie-rungskomitee	$\dfrac{5}{16}(1+2\alpha-3\alpha^2)$ $\dfrac{9}{8}(1-\alpha)^2$	$\dfrac{S_{AB}(a+\alpha-c)^2}{\left(3(a-c)^2+4(a-c)+2+\alpha^2+2\alpha(a-c)\right)}$ $\dfrac{S_{AB}(a+\alpha-c)^2}{\left(3(a-c)^2+4(a-c)+2+\alpha^2+2\alpha(a-c)\right)}$

Tabelle 64: **Strategische Form bei freiwilliger Standardisierung, gewerblichen Schutzrechten, keinem freien Komiteezutritt und einfacher Mehrheit im Standardisierungskomitee**

		Unternehmen B	
		Wettbewerb	Standardisierungsko-mitee
Unterneh-men A	Wettbewerb	$\dfrac{(1-\alpha)}{2}$ $\dfrac{(1-\alpha)}{2}$	$\dfrac{9}{8}(1-\alpha)^2$ $\dfrac{5}{16}(1+2\alpha-3\alpha^2)$
	Standardisie-rungskomitee	$\dfrac{5}{16}(1+2\alpha-3\alpha^2)$ $\dfrac{9}{8}(1-\alpha)^2$	$\dfrac{(1+a-c)^2}{9(1-\alpha)}-\dfrac{S}{2}$ $\dfrac{(1+a-c)^2}{9(1-\alpha)}-\dfrac{S}{2}$

Tabelle 65: **Strategische Form bei freiwilliger Standardisierung, gewerblichen Schutzrechten, keinem freien Komiteezutritt und Konsensregel im Standardisierungskomitee**

		Unternehmen B Wettbewerb	Unternehmen B Standardisierungskomitee
Unternehmen A	Wettbewerb	$\dfrac{(1-\alpha)}{2}$ $\dfrac{(1-\alpha)}{2}$	0 $\dfrac{(1-\alpha)}{8}$
	Standardisierungskomitee	$\dfrac{(1-\alpha)}{8}$ 0	$-\dfrac{S_{BA}}{2}$ $-\dfrac{S_{BA}}{2}$

Tabelle 66: **Strategische Form bei freiwilliger Standardisierung, keinen gewerblichen Schutzrechten, keinem freien Komiteezutritt und einfacher Mehrheit im Standardisierungskomitee**

		Unternehmen B Wettbewerb	Unternehmen B Standardisierungskomitee
Unternehmen A	Wettbewerb	$\dfrac{(1-\alpha)}{2}$ $\dfrac{(1-\alpha)}{2}$	0 $\dfrac{(1-\alpha)}{8}$
	Standardisierungskomitee	$\dfrac{(1-\alpha)}{8}$ 0	$-\dfrac{S_{BA}}{2}$ $-\dfrac{S_{BA}}{2}$

Tabelle 67: **Strategische Form bei freiwilliger Standardisierung, keinen gewerblichen Schutzrechten, keinem freien Komiteezutritt und Konsensregel im Standardisierungskomitee**

11.2.1 Gesellschaftliche Wohlfahrt und Marktergebnisse

In einem Modell mit über das Intervall [0, 1] gleichverteilten Nachfragern oder Nutzern stellen sich die folgenden Fragen:

1. Ab welcher Parameterkonstellation ist eine einzige Technologie mit einem umfassenden Netzwerk der Größe 1 zwei getrennten Netzwerken beider Technologien aus gesellschaftlicher Sicht überlegen?

$$W_{\text{zwei Netzwerke}} = \int_0^{Q_A} 1 + a - i - p + \alpha Q_A di + x(p-c) + \int_{Q_B}^{1} i + a - p + \alpha(1-Q_B)di + (1-Q_B)(p-c)$$

$$\leq$$

$$W_{\text{ein Netzwerk}} = \int_0^{Q_A} 1 + a - i - p + \alpha Q_A di + x(p-c).$$

Nach Auflösen und Umformen ergibt sich, daß für alle $\alpha \geq \frac{1}{2}$ ein einziges Netzwerk eine größere gesellschaftliche Wohlfahrt erzeugt als zwei kleine Netzwerke.

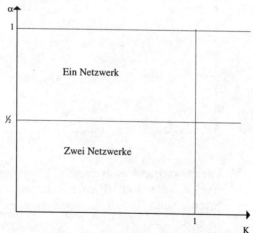

Abbildung 59: **Parameterbereich, indem zwei Netzwerke einem Netzwerk aus gesellschaftlicher Sicht vorzuziehen sind, wenn keine Komiteekosten existieren**

2. Wenn ein einziges Netzwerk nur durch ein Standardisierungskomitee realisiert werden kann, wie groß dürfen dann die maximalen Kosten dieses Ko-

mitees sein, damit es nicht wünschenswert wäre, doch zwei getrennte Netzwerke ohne Standardisierungskomitee zuzulassen?

$$W_{\text{zwei Netzwerke}} = \int_0^{Q_A} 1 + a - i - p + \alpha Q_A \, di + x(p-c) + \int_{Q_B}^{1} i + a - p + \alpha(1 - Q_B)\, di + (1 - Q_B)(p - c)$$

$$\leq$$

$$W_{\text{ein Netzwerk}} = \int_0^{Q_A} 1 + a - i - p + \alpha Q_A \, di + x(p-c) - \sum_{i=1}^{n} K_i.$$

$$W_{\text{zwei Netzwerke}} = \frac{3}{4} + a - c + \frac{\alpha}{2} \leq \frac{1}{2} + a - c + \alpha - 2K = W_{\text{ein Netzwerk}}$$

$$\Rightarrow \alpha \geq 2K + \frac{1}{2}.$$

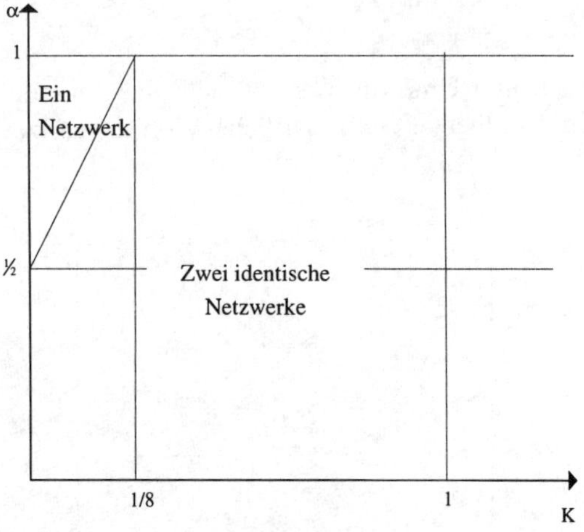

Abbildung 60: Parameterbereich, in dem zwei Netzwerke einem Netzwerk aus gesellschaftlicher Sicht vorzuziehen sind (grau), wenn Komiteekosten existieren

Analog lassen sich die Grenzen feststellen, ab denen ein einziges Netzwerk mit einer vollständigen Ausdehnung einem großen und einem kleinen Netzwerk mit einer Ausdehnung von (3/4 bzw. ¼) vorgezogen wird und wann zwei gleich große Netzwerke besser sind als ein großes und ein kleines. Ursächlich ist hierfür, daß um ein einziges Netzwerk zu erzeugen beide Unternehmen am Standardisierungskomitee teilnehmen müssen und die damit in Verbindung stehenden Kosten in Kauf nehmen müssen. Bei einem großen und einem kleinen Netzwerk hat sich ein Unternehmen dazu entschlossen, am Komitee teilzunehmen und die damit verbundenen Kosten zu realisieren.

Somit ergeben sich vier Bereiche, die auch in Abbildung 61 dargestellt sind:

1. Ein großes Netzwerk > ein großes und ein kleines Netzwerk > zwei (mittlere) Netzwerke.
2. Ein großes Netzwerk > zwei mittlere Netzwerke > ein großes und ein kleines Netzwerk.
3. Zwei mittlere Netzwerke > ein großes Netzwerk > ein großes und ein kleines Netzwerk.
4. Zwei mittlere Netzwerke > ein großes und ein kleines Netzwerk > ein großes Netzwerk.

Wie hieraus unmittelbar zu erkennen ist, existieren nur zwei effiziente Konstellationen. Zum einen die Existenz eines großen Netzwerkes in den Regionen 1 und 2 oder die Existenz zweier gleich großer Netzwerke in den Bereichen 3 und 4. In den folgenden Ausführungen soll nur nach der besten Möglichkeit gesucht werden.

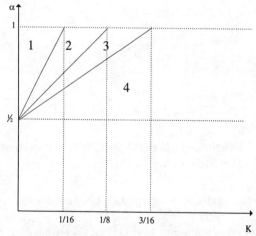

Abbildung 61: Effiziente Netzwerkkonstellationen bei Vorliegen von Komiteekosten

3. Wie hoch dürfen die Wechselkosten für eines der beiden Unternehmen höchstens sein, damit ein Wechsel von der einen Technologie zur anderen noch gesellschaftlich wünschenswet bleibt?

Ein analoges Vorgehen wie im vorangegangenen Abschnitt führt zu vier Bereichen, in denen bei Vorliegen von Wechselkosten jeweils unterschiedliche Standardisierungsstrukturen gesellschaftlich erwünscht sind.

In der Region A der Abbildung 62 sind die Wechselkosten so niedrig und die Netzwerkeffekte so groß, daß ein einziges großes Netzwerk gewünscht wird. In den Bereichen B1 und B2 sind die Wechselkosten schon so hoch, daß ein Wechsel der Unternehmen nicht mehr gewollt wird. Allerdings sind hier die Netzwerkeffekte noch immer so groß, daß dann eine Aufteilung in jeweils ein großes und ein kleines Netzwerk den größten Nutzen stiftet. Erst in der Region C sind die Netzwerkeffekte so niedrig, daß unabhängig von der Höhe der Wechselkosten immer zwei getrennte gleich große Netzwerke gewünscht werden.

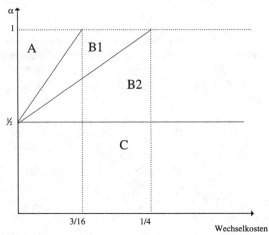

Abbildung 62: **Effiziente Netzwerkkonstellationen bei Vorliegen von Wechselkosten**

A   Ein großes Netzwerk > ein großes und ein kleines Netzwerk > zwei (mittlere) Netzwerke.

B1   Ein großes und ein kleines Netzwerk > ein großes Netzwerk > zwei mittlere Netzwerke

B2   Ein großes und ein kleines Netzwerk > zwei mittlere Netzwerke > ein großes Netzwerk

C   Zwei mittlere Netzwerke > ein großes und ein kleines Netzwerk > ein großes Netzwerk.

12 Gleichgewicht und Effizienz bei geringen Wechselkosten

Die Betrachtung kann sich nun auf die sechs Fälle reduzieren, in denen gewerbliche Schutzrechte bestehen, da die Abwesenheit von Wechselkosten auf die Auszahlungen ohne gewerbliche Schutzrechte keinen Einfluß besitzt. Die Dominanz der Strategie, den Wettbewerb als Standardisierungsinstrument zu nutzen, bleibt von der Existenz, der Höhe oder der Abwesenheit von Wechselkosten unberührt.

Ferner bleibt festzuhalten, daß die Auszahlungen für die beiden Unternehmen bei verpflichtender Standardisierung, freiem Komiteezutritt identisch sind, unabhängig von der gewählten Mehrheitsregel. Entsprechend sind die Auszahlungen unabhängig von der Mehrheitsregel, wenn die Standardisierung freiwillig und freier Komiteezutritt möglich ist.

Verbindliche Standardisierung, gewerbliche Schutzrechte und freier Komiteezutritt

		Unternehmen B Wettbewerb	Standardisierungskomitee
Unternehmen A	Wettbewerb	$\dfrac{(1-\alpha)}{2}$ $\dfrac{(1-\alpha)}{2}$	$\dfrac{(1+a-c)}{2}\sqrt{\dfrac{K}{(1-\alpha)}}-K_{Komitee}$ 0
	Standardisierungskomitee	0 $\dfrac{(1+a-c)}{2}\sqrt{\dfrac{K}{(1-\alpha)}}-K_{Komitee}$	$\dfrac{(1+a-c)}{3}\sqrt{\dfrac{K}{(1-\alpha)}}-K_{Komitee}$ $\dfrac{(1+a-c)}{3}\sqrt{\dfrac{K}{(1-\alpha)}}-K_{Komitee}$

Tabelle 68: Strategische Form bei verpflichtender Standardisierung, gewerblichen Schutzrechten, freiem Komiteezutritt

In der Abbildung 63[192] sind die Regionen von Netzwerkeffekten α und Komiteekosten $K_{Komitee}$ dargestellt, bei denen sich das betrachtete Unternehmen für den Wettbewerb (Regionen A und D) bzw. die Teilnahme am Standardisierungskomitee (Regionen B und C) unter der Bedingung entscheidet, daß der Gegenspieler sich für den Wettbewerb entschieden hat. Ferner ist eine Gerade von $[\alpha = \frac{1}{2}, K = 0]$ bis $[\alpha = 1$ und $K = \frac{1}{2}]$ abgetragen, die die Bereiche von α und $K_{Komitee}$, in denen eine Standardisierung wünschenswert ist, abgrenzt von den Bereichen, wo die Existenz zweier inkompatibler Netzwerke erwünscht ist.

Region A: Hier sind die Netzwerkeffekte nicht groß genug, um ein Unternehmen für die durch die Teilnahme am Standardisierungskomitee entstehenden Kosten zu kompensieren. Dieser Bereich ist zusätzlich dadurch gekennzeichnet, daß aus gesellschaftlicher Sicht zwei Netzwerke wünschenswert sind.

Region B: Hier sind die Netzwerkeffekte groß und die Komiteekosten, relativ gesehen, klein genug, so daß das Unternehmen am Standardisierungsprozeß teilnimmt. Problematisch ist allerdings, daß die Gesellschaft lieber zwei Netzwerke hätte, aber hier aufgrund des verbindlichen Charakters der Standardisierung nur ein Netzwerk bekommt. Ein solcher Bereich kann als *excessive Standardisierung* bezeichnet werden.

Region C: Auch in dieser Region sind die Netzwerkeffekte groß genug, um die Kosten der Komiteestandardisierung zu kompensieren. Von der Region B unterscheidet sich C dadurch, daß hier eine Standardisierung auch gewünscht wird.

Region D: Dieser letzte Bereich ist dadurch gekennzeichnet, daß trotz sehr niedriger Kosten der Komiteestandardisierung und sehr hoher Netzwerkeffekte das Unternehmen den Wettbewerb dem Komitee vorzieht. Dies hat seine Ursache darin, daß es als Innovator von den anderen Unternehmen im Standardisierungskomitee als Stackelbergführer gesehen wird, während es im unmittelbaren Wettbewerb mit dem Gegenspieler als Cournot-Duopolist agiert.

---

[192] Lediglich für die Tabelle 68 wird der Gang der Argumentation anhand von drei Abbildungen illustriert.

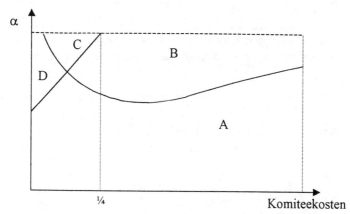

Abbildung 63: Gewinnmaximierende Antwort auf die Entscheidung des Gegenspielers zugunsten der Standardisierung über den Wettbewerb

In der Abbildung 64 sind die Regionen von α und $K_{Komitee}$ dargestellt, bei denen sich das betrachtete Unternehmen für den Wettbewerb (Region A) oder das Standardisierungskomitee (Regionen B und C) entscheidet, allerdings diesmal unter der Bedingung, daß der Gegenspieler sich für eine Teilnahme am Standardisierungskomitee entschieden hat. Die Kurve einer effizienten Komiteestandardisierung hat sich zu $[\alpha = \frac{1}{2}, K = 0]$ bis $[\alpha = 1$ und $K = \frac{1}{4}]$ gedreht, da nun beide Unternehmen am Standardisierungskomitee teilnähmen. In dieser Abbildung lassen sich nun drei Regionen identifizieren:

Region A: In dieser Region sind die Kosten der Komiteestandardisierung im Verhältnis zu den Netzwerkeffekten zu hoch, so daß das Unternehmen davon Abstand nimmt zu produzieren. Die Umsätze wären bei zwei „großen" Unternehmen im Komitee zu klein, als daß dadurch die Kosten aufgefangen werden könnten.

Region B: In diesem Bereich sind die Netzwerkeffekte groß genug, um einen Anreiz für das Unternehmen, am Standardisierungskomitee teilzunehmen, zu erzeugen. Aus gesellschaftlicher Sicht sind allerdings die Kosten so hoch, daß die Gesellschaft zwei Netzwerke einem durch das Standardisierungskomitee zustande gekommenen Netzwerk vorziehen würde.

Region C: In diesem Bereich sind die Netzwerkeffekte hinreichend groß, um die geringen Kosten der Komiteestandardisierung sowohl aus gesellschaftlicher wie auch aus Unternehmenssicht aufzufangen.

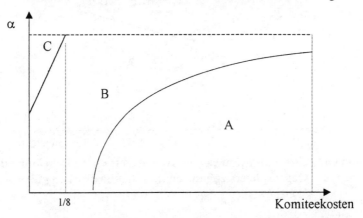

Abbildung 64:   Gewinnmaximierende Antwort auf die Entscheidung des Gegenspielers zugunsten der Standardisierung über das Standardisierungskomitee

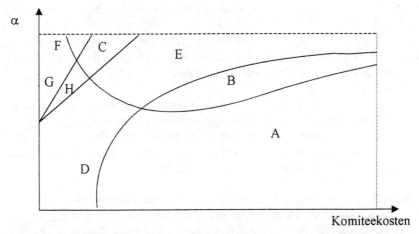

Abbildung 65: Gleichgewichte und Effizienz bei verpflichtender Standardisierung, gewerblichen Schutzrechten und freiem Komiteezutritt

In Abbildung 45 werden die Abbildung 63 und Abbildung 64 kombiniert. Es können nun Bereiche identifiziert werden, in denen Wettbewerbsstandardisierung für die Unternehmen das einzige dominante Gleichgewicht darstellt (Regionen A, D, G und H). Ebenso existieren Regionen, in denen die beidseitige Teilnahme am Standardisierungskomitee zur dominanten Strategie wird (Regionen C, E und F). Die Region, in der zwischen beiden Strategien randomisiert wird, ist als Region B gekennzeichnet. Eine effiziente Inkompatibilität, d.h., zwei Netzwerke existieren parallel, ist in den Regionen A und D gewährleistet, während die Regionen G und H die Bereiche bezeichnen, in denen ein Netzwerk mit einem Unternehmen im Komitee (Region H) bzw. beiden im Komitee (Region G) zwar gesellschaftlich gewünscht ist, in denen aber Inkompatibilität das einzige Gleichgewicht darstellt. Dort herrscht also *exzessive Inkompatibilität*. Von den Bereichen, in denen Komiteestandardisierung dominant ist (Regionen C, E und F), sind die Regionen C und E durch eine *exzessive Standardisierung* gekennzeichnet, während in der Region F eine effiziente Komiteestandardisierung gewährleistet werden kann.

Zusammenfassend können als Regionen eines ineffizienten Ergebnisses die Regionen C, E, G und H identifiziert werden.

<u>Freiwillige Standardisierung, gewerbliche Schutzrechte, freier Komiteezutritt und einfache Mehrheit im Standardisierungskomitee</u>

		Unternehmen B Wettbewerb	Standardisierungskomitee
Unternehmen A	Wettbewerb	$\dfrac{(1-\alpha)}{2}$ $\dfrac{(1-\alpha)}{2}$	$\dfrac{K}{4}+\left(\dfrac{3}{8}\sqrt{(1-\alpha)K}\right)-K_{Komitee}$ $\dfrac{1}{4}\left(\sqrt{2K}+\sqrt{(1-\alpha)}\right)^2$
	Standardisierungskomitee	$\dfrac{1}{4}\left(\sqrt{2K}+\sqrt{(1-\alpha)}\right)^2$ $\dfrac{K}{4}+\left(\dfrac{3}{8}\sqrt{(1-\alpha)K}\right)-K_{Komitee}$	$\dfrac{(1+a-c)}{3}\sqrt{\dfrac{K}{(1-\alpha)}}-K_{Komitee}$ $\dfrac{(1+a-c)}{3}\sqrt{\dfrac{K}{(1-\alpha)}}-K_{Komitee}$

Tabelle 69: Strategische Form bei freiwilliger Standardisierung, gewerblichen Schutzrechten, freiem Komiteezutritt und einfacher Mehrheit im Standardisierungskomitee

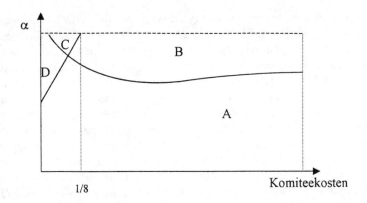

Abbildung 66: **Gleichgewicht und Effizienz bei freiwilliger Standardisierung, gewerblichen Schutzrechten und freiem Komiteezutritt**

Die Aussagen über die Bereiche, wie sie in Abbildung 66 dargestellt sind, entsprechen denen der Abbildung 63 mit dem Unterschied, daß die Regionen A und D dominante Gleichgewichte für eine Standardisierung durch den Wettbewerb darstellen und die Regionen B und C lediglich für Bereiche stehen, in denen zwischen Komitee und Wettbewerb randomisiert wird. Eine effiziente Komiteestandardisierung kann in Region C stattfinden, wenn sich beide Unternehmen für die Teilnahme am Standardisierungsprozeß entscheiden. Entscheidet sich ein Unternehmen für und ein Unternehmen gegen die Teilnahme am Komitee, so entstünden ein kleines und ein großes Netzwerk, obwohl aufgrund der Parameterkonstellation ein großes Netzwerk vorgezogen wird. Effiziente Inkompatibilität wird hingegen in der Region A erreicht. Die Region D repräsentiert *exzessive Inkompatibilität* und die Region B mögliche *exzessive Standardisierung*.

Verbindliche Standardisierung, gewerbliche Schutzrechte, beschränkter Komiteezutritt und einfache Mehrheit im Standardisierungskomitee

Aufgrund der Tatsache, daß es für die beiden Unternehmen nicht wünschenswert ist, sich im Standardisierungskomitee zu treffen, ergibt sich in dem durch Tabelle 70 und Abbildung 67 zum Ausdruck gebrachten Szenario unmittelbar eine Region mit einer dominanten Entscheidung zugunsten des Wettbewerbes

(Region A). Die Regionen B, C und D repräsentieren lediglich Gleichgewichte in gemischten Strategien. Es kann festgehalten werden, daß sofern Inkompatibilität einziges Gleichgewicht ist, dieses auch effizient ist. In den Regionen B, C und D kann sowohl exzessive Standardisierung (Region B) als auch exzessive Inkompatibilität (Region C und D) auftreten. Wird allerdings Standardisierung erreicht, dann ist sie in der Region D auf jeden Fall effizient, in Region C allerdings nur dann, wenn nur eines der beiden Unternehmen sich für die Teilnahme am Standardisierungskomitee entschieden hat.

		Unternehmen B	
		Wettbewerb	Standardisierungskomitee
Unter-nehmen A	Wettbewerb	$\dfrac{(1-\alpha)}{2}$ $\dfrac{(1-\alpha)}{2}$	$\dfrac{(a+1-c)^2}{4(1-\alpha)}-K_{\text{Komitee}}$ 0
	Standardisie-rungskomitee	0 $\dfrac{(a+1-c)^2}{4(1-\alpha)}-K_{\text{Komitee}}$	$-K_{\text{Komitee}}$ $-K_{\text{Komitee}}$

Tabelle 70: **Strategische Form bei verpflichtender Standardisierung, gewerblichen Schutzrechten, keinem freien Komiteezutritt und einfacher Mehrheit**

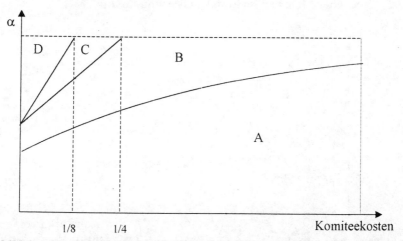

Abbildung 67: **Gleichgewichte und Effizienz bei verpflichtender Standardisierung, gewerblichen Schutzrechten, keinem freien Komiteezutritt und einfacher Mehrheit**

375

Freiwillige Standardisierung, gewerbliche Schutzrechte, beschränkter Komiteezutritt und einfache Mehrheit im Standardisierungskomitee

Offensichtlich stellt eine gemeinsame Teilnahme am Standardisierungskomitee für die Unternehmen die Alternative dar, die sie am wenigsten wünschen. In den Regionen A und B der Abbildung 68 sind den Unternehmen die Kosten des Standardisierungskomitees zu hoch, so daß sich hier als einziges Gleichgewicht die Standardisierung über den Wettbewerb ergibt.

		Unternehmen B Wettbewerb	Standardisierungskomitee
Unternehmen A	Wettbewerb	$\dfrac{(1-\alpha)}{2}$ $\dfrac{(1-\alpha)}{2}$	$\dfrac{9}{8}(1-\alpha)^2 - K_{Komitee}$ $\dfrac{5}{16}(1+2\alpha-3\alpha^2)$
	Standardisierungskomitee	$\dfrac{5}{16}(1+2\alpha-3\alpha^2)$ $\dfrac{9}{8}(1-\alpha)^2 - K_{Komitee}$	$-K_{Komitee}$ $-K_{Komitee}$

Tabelle 71: **Strategische Form bei freiwilliger Standardisierung, gewerblichen Schutzrechten, keinem freien Komiteezutritt und einfacher Mehrheit im Standardisierungskomitee**

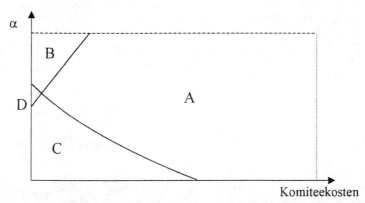

Abbildung 68: **Gleichgewichte und Effizienz bei freiwilliger Standardisierung, gewerblichen Schutzrechten, ohne Komiteezutritt und mit einfacher Mehrheit im Standardisierungskomitee**

Allerdings stellt nur die Region A eine effiziente Inkompatibilität dar, während Region B eine *excessive Inkompatibilität* kennzeichnet. Die Regionen C und D repräsentieren Bereiche, in denen zwischen Komitee und Wettbewerb randomisiert wird und sich effiziente Standardisierung bzw. *excessive Inkompatibilität* (Region D) oder effiziente Inkompatibilität bzw. *excessive Standardisierung* (Region C) ergeben kann.

Verpflichtende Standardisierung, gewerbliche Schutzrechte, beschränkter Komiteezutritt und Konsensregel im Standardisierungskomitee

		Unternehmen B Wettbewerb	Standardisierungskomitee
Unternehmen A	Wettbewerb	$\dfrac{(1-\alpha)}{2}$	$\dfrac{(a+1-c)^2}{4(1-\alpha)}-K_{\text{Komitee}}$ $\dfrac{(1-\alpha)}{2}$ 0
	Standardisierungskomitee	0 $\dfrac{(a+1-c)^2}{4(1-\alpha)}-K_{\text{Komitee}}$	$\dfrac{(1+a-c)^2}{9(1-\alpha)}-K_{\text{Komitee}}$ $\dfrac{(1+a-c)^2}{9(1-\alpha)}-K_{\text{Komitee}}$

Tabelle 72: Strategische Form bei verpflichtender Standardisierung, gewerblichen Schutzrechten, keinem freien Komiteezutritt und Konsensregel im Standardisierungskomitee

Analog zum bisherigen Vorgehen können in Abbildung 69 die folgenden Regionen identifiziert werden:

Region A: Inkompatibilität durch Wettbewerb ist effizient und einziges Gleichgewicht.

Regionen B und C: Es wird zwischen Komitee und Wettbewerb randomisiert, wobei nur Inkompatibilität wünschenswert ist. Standardisierung hingegen ist exzessiv.

Region D: Standardisierung ist einziges Gleichgewicht, aber nicht effizient, d.h., es tritt *excessive Standardisierung* auf.

Region E: Standardisierung ist einziges Gleichgewicht. Dies wäre effizient, wenn nur ein Unternehmen am Standardisierungskomitee teilnähme. Da aber die Teilnahme für beide Unternehmen die beste Anwort auf die Strategie des anderen Unternehmens ist, gehört auch Region E zum Bereich der *exzessiven Standardisierung*.

Region F: Hier sind die Netzwerkeffekte groß und die Kosten für das Standardisierungskomitee klein genug, um das einzige Gleichgewicht eines gemeinsamen Standardisierungskomitees der beiden Unternehmen auch gesellschaftlich wünschenswert zu machen.

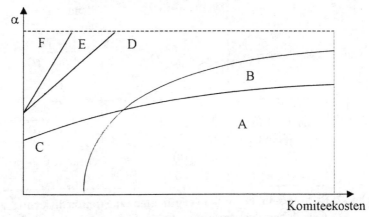

Abbildung 69: Gleichgewichte und Effizienz bei verpflichtender Standardisierung, gewerblichen Schutzrechten, keinem freien Komiteezutritt und Konsensregel im Standardisierungskomitee

Freiwillige Standardisierung, gewerbliche Schutzrechte, beschränkter Komiteezutritt und Konsensregel im Standardisierungskomitee

In Abbildung 70 lassen sich sieben Regionen erkennen:

Region A: Standardisierung über den Wettbewerb ist einziges Gleichgewicht und effizient.

Regionen B und C: Es wird zwischen Komitee und Wettbewerb randomisiert. Wird standardisiert, so ist dies *exzessive Standardisierung*, wird nicht standardisiert, so ist dies effizient.

Regionen D und E: Es wird zwischen Komitee und Wettbewerb randomisiert. Wird Standardisierung erreicht, so ist diese effizient. Da aber die Teilnahme am Standardisierungskomitee nicht einziges Gleichgewicht ist, besteht die Gefahr einer *exzessiven Inkompatibilität.*

Region F: Standardisierung über den Wettbewerb ist einziges Gleichgewicht und insofern effizient, als daß hier die Kosten der Teilnahme am Standardisierungskomitee nur für ein Unternehmen durch die Netzwerkeffekte getragen werden könnten. Da, wie oben angesprochen, aber beide Unternehmen notwendig sind, um Standardisierung zu erreichen, ist der Wettbewerb als einziges Gleichgewicht hier effizient.

		Unternehmen B Wettbewerb	Standardisierungskomitee
Unternehmen A	Wettbewerb	$\frac{(1-\alpha)}{2}$; $\frac{(1-\alpha)}{2}$	$\frac{9}{8}(1-\alpha)^2 - K_{Komitee}$; $\frac{5}{16}(1+2\alpha-3\alpha^2)$
	Standardisierungskomitee	$\frac{5}{16}(1+2\alpha-3\alpha^2)$; $\frac{9}{8}(1-\alpha)^2 - K_{Komitee}$	$\frac{(1+a-c)^2}{9(1-\alpha)} - K_{Komitee}$; $\frac{(1+a-c)^2}{9(1-\alpha)} - K_{Komitee}$

Tabelle 73: Strategische Form bei freiwilliger Standardisierung, gewerblichen Schutzrechten, keinem freien Komiteezutritt und Konsensregel im Standardisierungskomitee

Region G: Standardisierung über den Wettbewerb ist einziges Gleichgewicht, führt allerdings zu *exzessiver Inkompatibilität,* da die Netzwerkeffekte groß genug sind, um die Kosten der Teilnahme am Standardisierungskomitee für beide Unternehmen zu kompensieren.

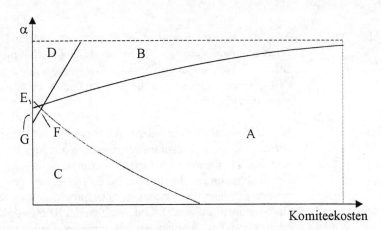

**Abbildung 70: Gleichgewichte und Effizienz bei freiwilliger Standardisie-
rung, gewerblichen Schutzrechten, keinem freien Komiteezutritt und Konsensregel im Standardisierungskomitee**

13 Zur institutionellen Ausgestaltung bei Abwesenheit von Wechselkosten

13.1 Verbindliche versus freiwillige Standardisierung

Es werden nun die Ergebnisse des vorangegangenen Abschnittes verwendet, um zu untersuchen, welche Ergebnisse eine freiwillige bzw. eine verbindliche Standardisierung erzielen kann, wenn die Mehrheitsregel im Komitee und der Zutritt zum Komitee jeweils gleich geregelt ist.

13.1.1 Gewerbliche Schutzrechte und freier Komiteezutritt

In diesem Abschnitt werden nun die Erkenntnisse des vorangegangenen Abschnittes genutzt, um zu untersuchen, wie sich eine verbindliche Standardisierung im Gegensatz zu einer freiwilligen Standardisierung auf die Gleichgewichte auswirkt. Die Abbildung 71 zeigt diesen Zusammenhang unter den Rahmenbedingungen der Existenz von gewerblichen Schutzrechten und eines freien Komiteezutritts. Die Mehrheitsregeln im Komitee haben auf diese Gleichgewichte wegen des freien Komiteezutritts keinen Einfluß.

Region A: Hier ist sowohl bei freiwilliger wie auch bei verbindlicher Standardisierung ein einziges und effizientes Gleichgewicht mit zwei Netzwerken gewährleistet.

Region B:. In dieser Region randomisieren die Unternehmen bei verpflichtender Standardisierung, während bei freiwilliger Standardisierung die Entscheidung für den Wettbewerb dominant ist. Da hier auch gesellschaftlich zwei Netzwerke vorzuziehen sind, ist die verbindliche Standardisierung der freiwilligen unterlegen.

Region C: In dieser Region randomisieren beide Unternehmen unabhängig von der Freiwilligkeit oder Verbindlichkeit von Standards.

Region D: Verbindliche Standardisierung macht die beidseitige Teilnahme am Standardisierungskomitee zu einer dominanten Strategie. Effizient wären aber bei der Höhe der Komiteekosten zwei Netzwerke. Bei freiwilliger Standardisierung wird zwischen Wettbewerb und Komitee randomisiert.

Region E: Verbindliche Standardisierung macht die beidseitige Teilnahme am Standardisierungskomitee zu einer dominanten Strategie. Hier ist tatsächlich Standardisierung auch durch beide Unternehmen erwünscht. Freiwillige Standardisierung kann hier nur gelegentlich (zufällig) zu einer Standardisierung führen. In dieser Region ist die verbindliche Standardisierung der freiwilligen überlegen.

Region F: Wieder randomisieren die Unternehmen bei verbindlicher Standardisierung und wählen den Wettbewerb bei freiwilliger Standardisierung. Da Standardisierung erwünscht ist und nur verbindliche Standardisierung diese Option hat, erzeugt sie bessere Ergebnisse.

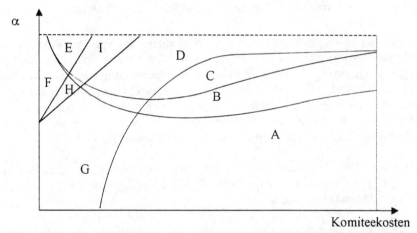

Abbildung 71: Freiwillige und verbindliche Standardisierung, wenn gewerbliche Schutzrechte existieren und freier Komiteezutritt möglich ist

Region G: In dieser Region randomisieren die Unternehmen bei verbindlicher Standardisierung, während sie bei freiwilliger Standardisierung das dominante Gleichgewicht des Wettbewerbs wählen. Da zwei Netzwerke wünschenswert sind, ist die freiwillige Standardisierung überlegen..

Region H: Während freiwillige Standardisierung hier zu Inkompatibilität führt, die aber gar nicht gewünscht ist, wird bei verbindlicher Standardisierung randomisiert, so daß sich die gesellschaftlich wünschenswerte Situation einer Standardisierung durch ein Netzwerk ergeben kann.

Region I: Aus gesellschaftlicher Sicht wäre die Teilnahme nur eines der beiden Unternehmen erwünscht. Bei einer verbindlichen Standardisierung nehmen aber beide am Komitee teil, so daß es zu einer exzessiven Standardisierung kommt, während bei einer freiwilligen Standardisierung randomisiert wird, so daß sich das effiziente Ergebnis einstellen kann.

In der folgenden Tabelle sind die Ergebnisse zusammengefaßt. Hierbei bedeutet „+", daß das Ergebnis effizient ist, „o", daß Randomisieren ein effizientes Ergebnis erbringen kann und „-", daß ein ineffizientes Ergebnis erzielt wurde. Wird gesellschaftlich eine Verbindung aus einem großen und einem kleinen Netzwerk gewünscht, so wird postuliert, daß Randomisieren ein effizientes Gleichgewicht ist, da weder bei Standardisierung noch bei Inkompatibilität das Ziel zweier unterschiedlich großer Netzwerke realisiert werden kann, bei Randomisieren diese Möglichkeit aber besteht.

	Gesellschaftlich gewünschtes Ergebnis	Verbindliche Standardisierung		Freiwillige Standardisierung	
Region A	Inkompatibilität	Inkompatibilität	+	Inkompatibilität	+
Region B	Inkompatibilität	Randomisieren	o	Inkompatibilität	+
Region C	Inkompatibilität	Randomisieren	o	Randomisieren	o
Region D	Inkompatibilität	Standardisierung	-	Randomisieren	o
Region E	Standardisierung	Standardisierung	+	Randomisieren	+
Region F	Standardisierung	Randomisieren	o	Inkompatibilität	o
Region G	Inkompatibilität	Randomisieren	o	Inkompatibilität	+
Region H	Teilnahme nur eines Unternehmens	Randomisieren	+	Inkompatibilität	-
Region I	Teilnahme nur eines Unternehmens	Standardisierung	-	Randomisieren	-

Tabelle 74: Die Ergebnisse bei gewerblichen Schutzrechten und freiem Komiteezutritt im Überblick

Verbindliche Standardisierung ist offensichtlich nur dann einer freiwilligen überlegen, wenn die Netzwerkeffekte sehr groß und die Kosten einer Komiteeteilnahme sehr klein sind. Dann ist eine verbindliche Standardisierung eher in der Lage, ein großes Netzwerk durchzusetzen als eine auf Freiwilligkeit beruhende Standardisierung (Regionen F, H und I). Demgegenüber hat eine freiwillige Standardisierung allerdings den Vorteil, daß sie eher in der Lage ist, Inkompatibilität zu gewährleisten, wenn diese gesellschaftlich auch gewünscht wird (Regionen B, D und G).

13.1.2   Gewerbliche Schutzrechte, kein freier Komiteezutritt und einfache Mehrheitsregel

Entsprechend des vorangegangenen Abschnittes werden nun die Auswirkungen einer freiwilligen bzw. verbindlichen Standardisierung betrachtet, wenn eine einfache Mehrheitsregel im Komitee existiert und die Möglichkeit, Komiteezutritt zu verhindern, vorhanden ist. Die sich hieraus ergebende Situation ist durch Abbildung 72 illustriert. Somit ergeben sich die folgenden Regionen:

Region A: Hier ist in beiden sowohl bei freiwilliger wie auch bei verbindlicher Standardisierung die Entscheidung zugunsten des Wettbewerbs als Standardisierungsinstitution ein dominantes und effizientes Gleichgewicht.

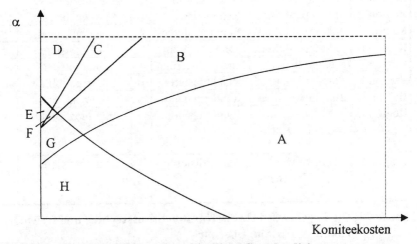

Abbildung 72: Freiwillige und verbindliche Standardisierung, wenn gewerbliche Schutzrechte existieren, der Komiteezutritt verweigert werden kann und eine einfache Mehrheitsregel implementiert ist

Region B: Freiwillige Standardisierung macht Wettbewerbsstandardisierung zu einer dominanten Strategie, während bei einer verpflichtenden Standardisierung randomisiert wird. Da hier Inkompatibilität gewünscht ist, ist hier eine freiwillige Standardisierung überlegen.

Region C: Effizient wäre eine Standardisierung durch ein Unternehmen. Es wird allerdings nur bei verbindlicher Standardisierung randomisiert, während bei freiwilliger der Wettbewerb und damit Inkompatibilität vorgezogen wird.

Region D: Freiwillige Standardisierung macht Wettbewerbsstandardisierung zu einer dominanten Strategie, während verbindliche zu einer Randomisierung führt. Da Standardisierung erwünscht ist, ist hier verbindliche Standardisierung vorzuziehen.

Region E: Sowohl bei freiwilliger wie auch verpflichtender Standardisierung wird randomisiert. Jede Standardisierung ist effizient, doch besteht die Möglichkeit einer exzessiven Inkompatibilität.

Region F: Effizient wäre eine Standardisierung durch ein Unternehmen. In dieser Region wird sowohl bei freiwilliger wie auch bei verbindlicher Standardisierung randomisiert, so daß in beiden Fällen die Möglichkeit für ein effizientes Ergebnis besteht.

Region G: Sowohl bei freiwilliger wie auch verpflichtender Standardisierung wird randomisiert. Effizient ist hier nur Inkompatibilität, allerdings können sich durch beide rechtlichen Ausgestaltungen Situationen einer exzessiven Standardisierung ergeben.

Region H: Bei verbindlicher Standardisierung sind hier zwei Netzwerke einziges Gleichgewicht, während bei freiwilliger Standardisierung randomisiert wird. Da hier aus gesellschaftlicher Sicht zwei Netzwerke vorzuziehen sind, erzielt eine verbindliche Standardisierung bessere Ergebnisse als eine freiwillige.

Unter den Rahmenbedingungen einer einfachen Mehrheitsregel und der Möglichkeit, den Komiteezutritt zu beschränken, erzielt eine freiwillige Standardisierung in den Bereichen ein besseres Ergebnis, wo sowohl die Netzwerkeffekte als auch die Komiteekosten groß sind. Bei niedrigen Komiteekosten ist hingegen eine verbindliche Standardisierung der freiwilligen überlegen. Bei hohen Netzwerkeffekten und dem daraus entstehenden gesellschaftlichen Wunsch nach einem Netzwerk sorgt eine verbindliche Standardisierung dafür, daß beide Unternehmen am Standardisierungskomitee teilnehmen, daß diese Teilnahme für die Unternehmen also ein dominantes Gleichgewicht darstellt. Bei niedrigen Netzwerkeffekten führt eine verbindliche Standardisierung dazu, daß für beide Unternehmen die Entscheidung zugunsten des Wettbewerbes dominant wird und sich somit zwei, dann auch effiziente Netzwerke bilden. Die Unternehmen entscheiden sich gegen das Standardisierungskomitee, da die einfache Mehrheitsregel einen Komiteezutritt in einer Größenordnung impliziert, bei der zwar das andere Unternehmen keinen Anreiz mehr besitzt, selber Komiteezutritt zuzulassen, bei der aber andererseits auch die Gewinne unter die einer Standardisierung über den Wettbewerb sinken.

	Gesellschaftlich gewünschtes Ergebnis	Verbindliche Standardisierung		Freiwillige Standardisierung	
Region A	Inkompatibilität	Inkompatibilität	+	Inkompatibilität	+
Region B	Inkompatibilität	Randomisieren	o	Inkompatibilität	+
Region C	Teilnahme nur eines Unternehmens	Randomisieren	+	Inkompatibilität	-
Region D	Standardisierung	Randomisieren	o	Inkompatibilität	-
Region E	Standardisierung	Randomisieren	o	Randomisieren	o
Region F	Teilnahme nur eines Unternehmens	Randomisieren	+	Randomisieren	+
Region G	Inkompatibilität	Randomisieren	o	Randomisieren	o
Region H	Inkompatibilität	Inkompatibilität	+	Randomisieren	o

Tabelle 75: Die Ergebnisse bei gewerblichen Schutzrechten; ohne freien Komiteezutritt und mit einfacher Mehrheitsregel im

13.1.3 Gewerbliche Schutzrechte, kein freier Komiteezutritt und Konsensregel

Region A: Wettbewerbsstandardisierung ist dominantes und effizientes Gleichgewicht.

Region B: Wettbewerbsstandardisierung ist nur bei freiwilliger Standardisierung dominantes und effizientes Gleichgewicht. Bei verbindlicher

Standardisierung wird randomisiert, wodurch die Gefahr einer *exzessiven Standardisierung* besteht.

Region C: Verbindliche Standardisierung führt zu einem dominanten Gleichgewicht der beidseitigen Teilnahme am Standardisierungskomitee, also zu *exzessiver Standardisierung*. Bei freiwilliger Standardisierung ist hier der Wettbewerb das dominante Standardisierungsinstrument..

Region D: Freiwillige Standardisierung führt zu einem Randomisieren. Verbindliche Standardisierung führt zu einem dominanten Gleichgewicht einer beidseitigen Teilnahme am Standardisierungskomitee. Somit ist bei verbindlicher Standardisierung diese *exzessiv*.

Region E: Verbindliche Standardisierung führt zu zwei Netzwerken, während freiwillige Standardisierung randomisiert und somit die Gefahr einer *exzessiven Standardisierung* entsteht, da hier zwei getrennte Netzwerke vorgezogen werden.

Region F: Bei beiden rechtlichen Ausgestaltungen wird randomisiert. Es besteht somit jeweils die Möglichkeit *exzessiver Standardisierung*.

Region G: Verbindliche Standardisierung führt zu einem Randomisieren, freiwillige zu Inkompatibilität. Inkompatibilität ist effizient.

Region H: Verbindliche Standardisierung erzeugt beidseitige Komiteeteilnahme. Freiwillige Standardisierung führt zu einem Randomisieren, das bessere Ergebnisse erzeugt, da hier Inkompatibilität gewünscht wird.

Region I: Verbindliche Standardisierung erzeugt beidseitige Komiteeteilnahme, während freiwillige Standardisierung randomisiert. Aus gesellschaftlicher Sicht sind allerdings zwei getrennte Netzwerke besser als eines, da die Kosten zu hoch sind, um die Teilnahme von zwei Unternehmen am Standardisierungskomitee zu unterstützen. Somit erzeugt hier die freiwillige Standardisierung bessere Ergebnisse als eine verbindliche Standardisierung.

Region J: Verbindliche Standardisierung erzeugt beidseitige Komiteeteilnahme, während freiwillige Standardisierung randomisiert. Hier ist Standardisierung erwünscht, so daß verbindliche über die freiwillige dominiert.

Region K: Freiwillige Standardisierung erzeugt Inkompatibilität, verbindliche Standardisierung führt die Unternehmen zur Teilnahme am Standardisierungskomitee. Effizient wäre hier die Teilnahme nur eines Unternehmens am Komitee.

Region L: Verbindliche und freiwillige Standardisierung erzeugen beidseitige Komiteeteilnahme. Diese ist effizient.

Region M: Verbindliche Standardisierung erzeugt beidseitige Komiteeteilnahme. Freiwillige Standardisierung erzeugt Randomisieren. Standardisierung ist besser als zwei identische Netzwerke. Dies kann hier die verbindliche Standardisierung erreichen.

Region N: Verbindliche und freiwillige Standardisierung erzeugen beide ein Randomisieren der Unternehmen. Standardisierung ist gesellschaftlich erwünscht, so daß beide dies erreichen können.

Region O: Wünschenswert ist aus gesellschaftlicher Sicht die Teilnahme nur eines Unternehmens am Standardisierungskomitee. Sowohl bei einer verbindlichen Standardisierung wie auch bei einer freiwilligen Standardisierung randomisieren die Unternehmen, so daß das gewünschte Ergebnis eintreten kann.

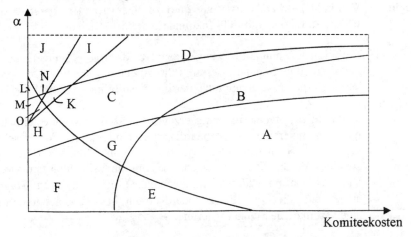

Abbildung 73: **Freiwillige und verbindliche Standardisierung, wenn gewerbliche Schutzrechte existieren, der Komiteezutritt verweigert werden kann und eine Konsensregel implementiert ist**

Ähnlich wie im vorangegangenen Szenario ist eine freiwillige Standardisierung ihrem verbindlichen Pendant überlegen, wenn sowohl die Netzwerkeffekte als auch die Komiteekosten groß sind. Eine verbindliche Standardisierung ist auch hier überlegen, wenn genau ein Netzwerk entstehen soll, d.h., wenn die Komiteekosten klein sind und die Netzwerkeffekte groß (Region J). Aber auch bei niedrigen Netzwerkeffekten und moderaten Komiteekosten (Region E) ist eine verbindliche Standardisierung überlegen, da auch hier wieder die gewünschte Inkompatibilität erreicht wird, während bei freiwilliger randomisiert wird.

	Gesellschaftlich gewünschtes Ergebnis	Verbindliche Standardisierung		Freiwillige Standardisierung	
Region A	Inkompatibilität	Inkompatibilität	+	Inkompatibilität	+
Region B	Inkompatibilität	Randomisieren	o	Inkompatibilität	+
Region C	Inkompatibilität	Standardisierung	-	Randomisieren	o
Region D	Inkompatibilität	Standardisierung	-	Standardisierung	-
Region E	Inkompatibilität	Inkompatibilität	+	Inkompatibilität	+
Region F	Inkompatibilität	Randomisieren	o	Randomisieren	o
Region G	Inkompatibilität	Randomisieren	o	Randomisieren	o
Region H	Inkompatibilität	Standardisierung	-	Randomisieren	o
Region I	Teilnahme durch ein Unternehmen	Standardisierung	-	Standardisierung	-
Region J	Standardisierung	Standardisierung	+	Standardisierung	+
Region K	Teilnahme durch ein Unternehmen	Standardisierung	-	Randomisieren	+
Region L	Standardisierung	Standardisierung	+	Standardisierung	+
Region M	Standardisierung	Standardisierung	+	Randomisieren	o
Region N	Standardisierung	Standardisierung	+	Randomisieren	o
Region O	Teilnahme durch ein Unternehmen	Standardisierung	-	Randomisieren	+

Tabelle 76: Die Ergebnisse bei gewerblichen Schutzrechten, ohne freien Komiteezutritt und mit Konsensregel im Überblick

13.2 Freier versus beschränkter Komiteezutritt

Im folgenden wird darauf verzichtet, die einzelnen Regionen einzeln zu diskutieren. Vielmehr werden die Ergebnisse sofort in einer Tabelle zusammengefaßt.

13.2.1 Verbindliche Standardisierung und einfache Mehrheit

Wenn Standardisierung erreicht werden soll, so erzielt ein freier Komiteezutritt in der Region I bessere Ergebnisse als bei beschränktem Komiteezutritt. Dies liegt darin begründet, daß die Unternehmen bei einem freien Komiteezutritt keinen strategischen Komiteezutritt zuzulassen brauchen, da sich dieser durch die Komiteekosten regelt.

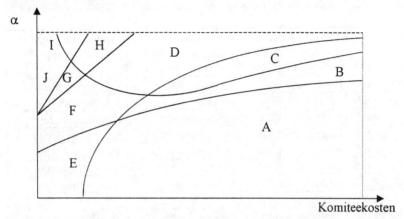

Abbildung 74: Freier und beschränkter Komiteezutritt, wenn Standards verbindlich sind und eine einfache Mehrheitsregel im Komitee existiert

Andererseits ist eine Komiteestandardisierung mit einem beschränkten Komiteezutritt einem offenen Komiteezutritt überlegen, wenn die Netzwerkeffekte und Komiteekosten entweder beide groß (Region B) oder beide niedrig sind (Region E).

	Gesellschaftlich gewünschtes Ergebnis	Ergebnis bei freiem Komiteezutritt		Ergebnis bei beschränktem Komiteezutritt	
Region A	Inkompatibilität	Inkompatibilität	+	Inkompatibilität	+
Region B	Inkompatibilität	Inkompatibilität	+	Randomisieren	o
Region C	Inkompatibilität	Randomisieren	o	Randomisieren	o
Region D	Inkompatibilität	Standardisierung	-	Randomisieren	o
Region E	Inkompatibilität	Randomisieren	o	Inkompatibilität	+
Region F	Inkompatibilität	Randomisieren	o	Randomisieren	o
Region G	Teilnahme durch ein Unternehmen	Randomisieren	+	Randomisieren	+
Region H	Teilnahme durch ein Unternehmen	Standardisierung	-	Randomisieren	+
Region I	Standardisierung	Standardisierung	+	Randomisieren	o
Region J	Standardisierung	Randomisieren	o	Randomisieren	o

Tabelle 77: Die Ergebnisse bei verbindlichen Standards und einer einfachen Mehrheitsregel im Komitee im Überblick

13.2.2 *Freiwillige Standardisierung und einfache Mehrheit*

In Verbindung mit einer freiwilligen Standardisierung und einer einfachen Mehrheitsregel ist ein freier Komiteezutritt dann einem beschränkten überlegen, wenn Standardisierung erreicht werden soll. Allerdings ist in diesem Fall weder ein freier noch ein beschränkter Komiteezutritt in der Lage, eine gewünschte Standardisierung in eine Technologie mit Sicherheit zu gewährleisten.

Ein freiwilliger Komiteezutritt ist ferner in den Bereichen überlegen, wo geringe Netzwerkeffekte zwei gleich große Netzwerke wünschenswert machen (Region C). Ist freier Komiteezutritt möglich, so werden die beiden Unternehmen von einer eigenen Teilnahme am Standardisierungskomitee Abstand nehmen, um die eigenen Gewinne nicht von einer Vielzahl von Konkurrenten reduzieren zu lassen. Die niedrigen Komiteekosten implizieren nämlich einen massiven Komiteezutritt, so daß die Auswirkungen auf die Unternehmensgewinne erheblich wären.

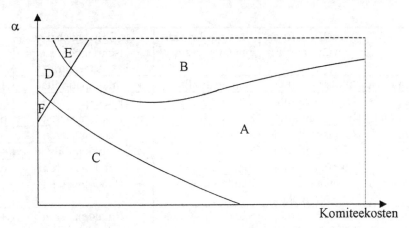

Abbildung 75: Freier und beschränkter Komiteezutritt, wenn Standards freiwillig sind und eine einfache Mehrheitsregel im Komitee existiert

	Gesellschaftlich gewünschtes Ergebnis	Ergebnis bei freiem Komiteezutritt		Ergebnis bei beschränktem Komiteezutritt	
Region A	Inkompatibilität	Inkompatibilität	+	Inkompatibilität	+
Region B	Inkompatibilität	Randomisieren	o	Inkompatibilität	+
Region C	Inkompatibilität	Inkompatibilität	+	Randomisieren	o
Region D	Standardisierung	Inkompatibilität	-	Inkompatibilität	-
Region E	Standardisierung	Randomisieren	o	Inkompatibilität	-
Region F	Standardisierung	Inkompatibilität	-	Randomisieren	o

Tabelle 78: Die Ergebnisse bei freiwilliger Standardisierung und einfacher Mehrheit im Überblick

13.2.3   Verbindliche Standardisierung und Konsensregel

Hier ist ein beschränkter Komiteezutritt nur dann einer offenen Regelung überlegen, wenn die Netzwerkeffekte sehr groß und die Komiteekosten sehr klein sind (Region J). Durch eine derartige Konstellation können die Anreize für die Unternehmen geschaffen werden, sich im Standardisierungskomitee zu koordinieren, und das gewünschte eine Netzwerk zu implementieren.

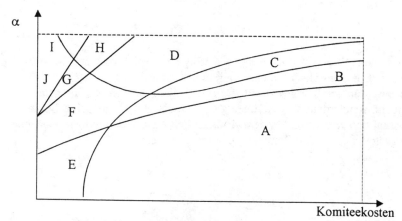

Abbildung 76: Freier und beschränkter Komiteezutritt, wenn Standards verbindlich sind und eine einfache Mehrheitsregel im Komitee existiert

	Gesellschaftlich gewünschtes Ergebnis	Ergebnis bei freiem Komiteezutritt		Ergebnis bei beschränktem Komiteezutritt	
Region A	Inkompatibilität	Inkompatibilität	+	Inkompatibilität	+
Region B	Inkompatibilität	Inkompatibilität	+	Randomisieren	o
Region C	Inkompatibilität	Randomisieren	o	Randomisieren	o
Region D	Inkompatibilität	Standardisierung	-	Standardisierung	-
Region E	Inkompatibilität	Randomisieren	o	Randomisieren	o
Region F	Inkompatibilität	Randomisieren	o	Standardisierung	-
Region G	Teilnahme eines Unternehmens	Randomisieren	+	Standardisierung	-
Region H	Teilnahme eines Unternehmens	Standardisierung	-	Standardisierung	-
Region I	Standardisierung	Standardisierung	+	Standardisierung	+
Region J	Standardisierung	Randomisieren	o	Standardisierung	+

Tabelle 79: Die Ergebnisse bei verbindlicher Standardisierung und Konsensregel im Überblick

13.2.4 Freiwillige Standardisierung und Konsensregel

Bei hohen Netzwerkeffekten und niedrigen Komiteekosten, also wenn ein Netzwerk das gesellschaftliche Optimum darstellt (Regionen G und H), führt ein beschränkter Komiteezutritt dazu, daß die Unternehmen eher bereit sind, sich im Standardisierungskomitee zu koordinieren, da sie keine Sorge haben müssen, daß Konkurrenten dem Komitee beitreten und damit die Gewinne der Innovatoren durch den Wettbewerb aufgezehrt werden.

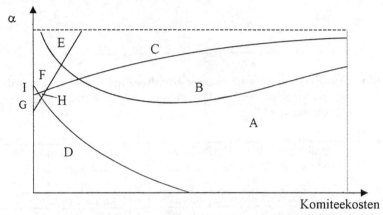

Abbildung 77: Freier und beschränkter Komiteezutritt, wenn Standards freiwillig sind und eine einfache Mehrheitsregel im Komitee existiert

	Gesellschaftlich gewünschtes Ergebnis	Ergebnis bei freiem Komiteezutritt		Ergebnis bei beschränktem Komiteezutritt	
Region A	Inkompatibilität	Inkompatibilität	+	Inkompatibilität	+
Region B	Inkompatibilität	Randomisieren	o	Inkompatibilität	+
Region C	Inkompatibilität	Randomisieren	o	Randomisieren	o
Region D	Inkompatibilität	Inkompatibilität	+	Randomisieren	o
Region E	Standardisierung	Randomisieren	o	Randomisieren	o
Region F	Standardisierung	Inkompatibilität	-	Randomisieren	o
Region G	Standardisierung	Inkompatibilität	-	Randomisieren	o
Region H	Standardisierung	Inkompatibilität	-	Inkompatibilität	-
Region I	Standardisierung	Inkompatibilität	-	Standardisierung	+

Tabelle 80: Die Ergebnisse bei freiwilliger Standardisierung und Konsensregel im Überblick

Andererseits ist ein freier Komiteezutritt dem beschränkten überlegen, wenn niedrige Netzwerkeffekte und niedrige Komiteekosten existieren (Region D). Bei einem beschränkten Komiteezutritt randomisieren die Unternehmen, während für sie die Frage, ob sie an einem Komitee teilnehmen sollen oder nicht, durch einen freien Komiteezutritt geklärt wird. In diesem Fall werden sie nämlich den Wettbewerb vorziehen und damit effiziente Inkompatibilität erzeugen.

13.3 Einfache Mehrheit versus Konsensregel

In Verbindung mit einem freien Komiteezutritt ist die Ausgestaltung der Mehrheitsregel unerheblich. Die Auszahlungen und damit die Verhaltensweisen der Unternehmen sind sowohl bei einer freiwilligen wie auch bei einer verbindlichen Standardisierung identisch. Die Mehrheitsregel gewinnt allerdings an Bedeutung, wenn die Unternehmen über die Möglichkeit, Komiteezutritt zu verweigern, verfügen.

13.3.1 Verbindliche Standards und kein freier Komiteezutritt

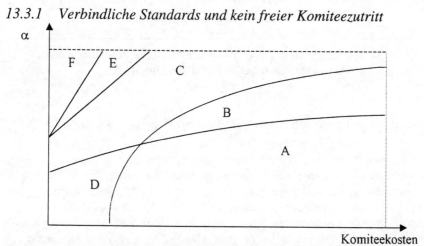

Abbildung 78: Einfache Mehrheit und Konsensregel, wenn Standards verbindlich sind und kein freier Komiteezutritt möglich ist

In Verbindung mit einer verbindlichen Standardisierung und der Möglichkeit, Komiteezutritt zu verweigern, ist eine Mehrheitsregel einer Konsensregel insbesondere bei niedrigen Komiteekosten und niedrigen Netzwerkeffekten überlegen, da die beteiligten Unternehmen bei einer Konsensregel noch zwischen

Wettbewerb und Komitee randomisieren. Bei einer Mehrheitsregel entsteht hingegen die Notwendigkeit, sich durch Komiteezutritt eine Mehrheit beschaffen zu müssen und die damit verbundene Reduktion der Unternehmensgewinne in Kauf zu nehmen. Da diese Gewinnminderung durch einen Komiteezutritt zu groß ausfällt, entscheiden sich beide Unternehmen für den Wettbewerb und damit für eine effiziente Inkompatibilität. Andererseits ist die Konsensregel eher in der Lage, Standardisierung zu erreichen, da dann keine Notwendigkeit für einen strategisch induzierten Komiteezutritt existiert, um sich darüber eine Mehrheit im Komitee zu verschaffen.

	Gesellschaftlich gewünschtes Ergebnis	Ergebnis bei einfacher Mehrheit		Ergebnis bei Konsensregel	
Region A	Inkompatibilität	Inkompatibilität	+	Inkompatibilität	+
Region B	Inkompatibilität	Randomisieren	o	Randomisieren	o
Region C	Inkompatibilität	Randomisieren	o	Standardisierung	-
Region D	Inkompatibilität	Inkompatibilität	+	Randomisieren	o
Region E	Teilnahme durch ein Unternehmen	Randomisieren	+	Standardisierung	-
Region F	Standardisierung	Randomisieren	o	Standardisierung	+

Tabelle 81: Die Ergebnisse bei verbindlicher Standardisierung und beschränktem Komiteezutritt im Überblick

13.3.2 Freiwillige Standards und kein freier Komiteezutritt

Bei einer verbindlichen Standardisierung mit einem beschränkten Komiteezutritt ist eine Konsensregel der einfachen Mehrheit dort überlegen, wo Standardisierung aus gesellschaftlicher Sicht gewünscht wird (Regionen D und E). Dies ergibt sich daraus, daß die Unternehmen bei einer Konsensregel keinen Anreiz haben, zusätzlichen Komiteezutritt zuzulassen. Die beiden Unternehmen müssen sich untereinander einigen, da jedes Unternehmen über ein Vetorecht verfügt. Komiteezutritt würde somit lediglich die Gewinne senken, ohne daß dafür eine der beiden Technologien eine entscheidende Mehrheit bekommen würde.

Sind hingegen die Komiteekosten zu groß, obwohl auch die Netzwerkeffekte groß sind, so ist eine Mehrheitsregel das geeignete Instrument, um Inkompatibilität zu erzeugen. Bei einer einfachen Mehrheit wären die Unternehmen wieder gezwungen, Komiteezutritt zuzulassen, um sich eine Mehrheit im Komitee zu verschaffen. Die damit verbundenen Gewinnsenkungen führen dazu, daß es den Unternehmen lieber ist, auf einen Komiteestandard zu verzichten und die gesellschaftlich wünschenswerten zwei gleich großen Netzwerke aufzubauen.

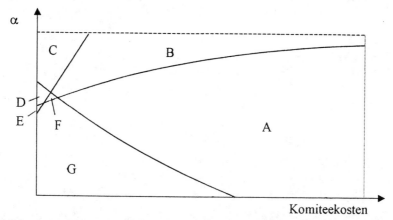

Abbildung 79: Einfache Mehrheit und Konsensregel, wenn Standards freiwillig sind und kein freier Komiteezutritt möglich ist

	Gesellschaftlich gewünschtes Ergebnis	Ergebnis bei einfacher Mehrheit		Ergebnis bei Konsensregel	
Region A	Inkompatibilität	Inkompatibilität	+	Inkompatibilität	+
Region B	Inkompatibilität	Inkompatibilität	+	Randomisieren	o
Region C	Standardisierung	Inkompatibilität		Randomisieren	
Region D	Standardisierung				
Region E	Standardisierung	Randomisieren		Randomisieren	
Region F	Inkompatibilität				
Region G	Inkompatibilität	Randomisieren		Randomisieren	

Tabelle 82: Die Ergebnisse bei freiwilliger Standardisierung und beschränktem Komiteezutritt im Überblick

14 Gleichgewicht und Effizienz ohne Komiteekosten

In diesem Abschnitt sei nun angenommen, daß zwar die Teilnahme am Komitee den Unternehmen keine Kosten verursache, daß dafür allerdings schon technologiespezifische Investitionen getätigt wurden.

		Unternehmen B	
		Wettbewerb	Standardisierungskomitee
Unternehmen A	Wettbewerb	$\dfrac{(1-\alpha)}{2}$; $\dfrac{(1-\alpha)}{2}$	0 ; $\dfrac{(a+1-c)^2}{4(1-\alpha)}$
	Standardisierungskomitee	$\dfrac{(a+1-c)^2}{4(1-\alpha)}$; 0	$\dfrac{S_{AB}(a+\alpha-c)^2}{\left(3(a-c)^2+4(a-c)+2+\alpha^2+2\alpha(a-c)\right)}$; $\dfrac{S_{AB}(a+\alpha-c)^2}{\left(3(a-c)^2+4(a-c)+2+\alpha^2+2\alpha(a-c)\right)}$

Tabelle 83: **Strategische Form bei verpflichtender Standardisierung, gewerblichen Schutzrechten, keinem freien Komiteezutritt und einfacher Mehrheit im Standardisierungskomitee**

		Unternehmen B	
		Wettbewerb	Standardisierungskomitee
Unternehmen A	Wettbewerb	$\dfrac{(1-\alpha)}{2}$; $\dfrac{(1-\alpha)}{2}$	0 ; $\dfrac{(a+1-c)^2}{4(1-\alpha)}$
	Standardisierungskomitee	$\dfrac{(a+1-c)^2}{4(1-\alpha)}$; 0	$\dfrac{(1+a-c)^2}{9(1-\alpha)}-\dfrac{S}{2}$; $\dfrac{(1+a-c)^2}{9(1-\alpha)}-\dfrac{S}{2}$

Tabelle 84: **Strategische Form bei verpflichtender Standardisierung, gewerblichen Schutzrechten, keinem freien Komiteezutritt und Konsensregel im Standardisierungskomitee**

		Unternehmen B	
		Wettbewerb	Standardisierungskomitee
Unternehmen A	Wettbewerb	$\dfrac{(1-\alpha)}{2}$ $\dfrac{(1-\alpha)}{2}$	$\dfrac{9}{8}(1-\alpha)^2$ $\dfrac{5}{16}(1+2\alpha-3\alpha^2)$
	Standardisierungskomitee	$\dfrac{5}{16}(1+2\alpha-3\alpha^2)$ $\dfrac{9}{8}(1-\alpha)^2$	$\dfrac{S_{AB}(a+\alpha-c)^2}{\left(3(a-c)^2+4(a-c)+2+\alpha^2+2\alpha(a-c)\right)}$ $\dfrac{S_{AB}(a+\alpha-c)^2}{\left(3(a-c)^2+4(a-c)+2+\alpha^2+2\alpha(a-c)\right)}$

Tabelle 85: **Strategische Form bei freiwilliger Standardisierung, gewerblichen Schutzrechten, keinem freien Komiteezutritt und einfacher Mehrheit im Standardisierungskomitee**

		Unternehmen B	
		Wettbewerb	Standardisierungskomitee
Unternehmen A	Wettbewerb	$\dfrac{(1-\alpha)}{2}$ $\dfrac{(1-\alpha)}{2}$	$\dfrac{9}{8}(1-\alpha)^2$ $\dfrac{5}{16}(1+2\alpha-3\alpha^2)$
	Standardisierungskomitee	$\dfrac{5}{16}(1+2\alpha-3\alpha^2)$ $\dfrac{9}{8}(1-\alpha)^2$	$\dfrac{(1+a-c)^2}{9(1-\alpha)}-\dfrac{S}{2}$ $\dfrac{(1+a-c)^2}{9(1-\alpha)}-\dfrac{S}{2}$

Tabelle 86: **Strategische Form bei freiwilliger Standardisierung, gewerblichen Schutzrechten, keinem freien Komiteezutritt und Konsensregel im Standardisierungskomitee**

Dies bedeutet, daß das Unternehmen, das seine Technologie nicht durchsetzen kann, Wechselkosten aufwenden muß, um z.B. die Produktionsanlagen umzurüsten oder die Mitarbeiter mit dem neuen Standard bzw. der neuen Technologie vertraut zu machen. Die Annahme, daß eine Standardisierung durch ein Komitee den beteiligten Unternehmen keine Kosten verursacht, scheint im ersten Moment abwegig zu sein, doch ist es sehr wohl möglich, daß die Kosten durch

Informationen über oder Kontakte zu anderen Teilnehmern am Standardisierungskomitee kompensiert werden können (vgl. DAVID und HUNTER S. 5).

Die folgenden Tabellen geben die Auszahlungen in den Situationen wieder, in
denen es keine dominanten Gleichgewicht für eine der beiden möglichen reinen
Strategien gibt. Alle Auszahlungskonstellationen finden sich im Anhang A. Es
wird dann analog zum Vorgehen des vorangegangenen Abschnittes wieder für
die einzelnen institutionellen Ausgestaltungen nach den jeweils optimalen Konstellationen gesucht.

14.1 Einfache Mehrheit oder Konsens

Als erstes soll die organisatorische Ausgestaltungsmöglichkeit der implementierten Mehrheitsregel und ihre Einfluß auf die Entscheidungen der beiden beteiligten Unternehmen untersucht werden.

14.1.1 Verbindliche Standardisierung und beschränkter Komiteezu-tritt

Region A: Hier stellt Standardisierung in ein großes Netzwerk das gesellschaftliche Optimum dar. Bei beiden Mehrheitsregeln wird hier
randomisiert, so daß sich das gewünschte Ergebnis nur gelegentlich
ergibt.

Region B: Hier ist die Existenz eines großen und eines kleinen Netzwerkes
erwünscht. Eine verbindliche Standardisierung macht ein entsprechendes Ergebnis per definitionem unmöglich. Beide Mehrheitsregeln führen zu einem Randomisieren der Unternehmen.

Region C: Hier sind die Netzwerkeffekte zu klein, um größere Netzwerke zu
Lasten der Vielfalt zu unterstützen, so daß die Existenz der beiden
inkompatiblen Netzwerke wünschenswert ist. Bei einer einfachen
Mehrheitsregel stellt in diesem Bereich allerdings die Teilnahme
am Standardisierungskomitee ein dominantes Gleichgewicht dar.
Dieses Gleichgewicht ist offensichtlich nicht effizient.

Region D: Hier ist die Existenz eines großen und eines kleinen Netzwerkes erwünscht. Bei einer einfachen Mehrheitsregel wird randomisiert, so daß hierüber das effiziente Ergebnis erreicht werden könnte, wenn nicht der verbindliche Charakter der Standardisierung das Nebeneinander zweier Netzwerke unmöglich machen würde. Eine Konsensregel führt zu einem dominanten Gleichgewicht mit einer Entscheidung der Unternehmen zugunsten des Wettbewerbs.

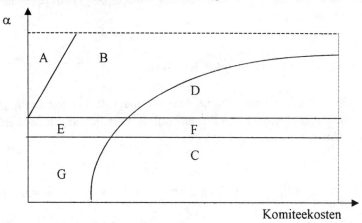

Abbildung 80: Gleichgewichte und Effizienz bei verbindlicher Standardisierung und beschränktem Komiteezutritt

Region E: Auch hier ist die Existenz eines großen und eines kleinen Netzwerkes erwünscht. Beide Mehrheitsregeln erzeugen hier Randomisieren.

Region F: Inkompatibilität ist das gesellschaftliche Optimum doch wird dieses nur bei einer Konsensregel erreicht, während eine einfache Mehrheitsregel zu einem Randomisieren führt.

Region G: Während Inkompatibilität das optimale Ergebnis darstellt, liefern sowohl eine Konsensregel wie auch eine einfache Mehrheitsregel ein dominantes Gleichgewicht mit der Teilnahme beider Unternehmen am Standardisierungskomitee.

	Gesellschaftlich erwünscht	Einfache Mehrheit		Konsensregel	
Region A	Standardisierung	Randomisieren	o	Randomisieren	o
Region B	Ein großes und ein kleines Netzwerk	Randomisieren	-	Randomisieren	-
Region C	Inkompatibilität	Standardisierung	-	Randomisieren	o
Region D	Ein großes und ein kleines Netzwerk	Randomisieren	-	Inkompatibilität	-
Region E	Inkompatibilität	Randomisieren	o	Randomisieren	o
Region F	Inkompatibilität	Randomisieren	o	Inkompatibilität	+
Region G	Inkompatibilität	Standardisierung	-	Standardisierung	-

Tabelle 87: **Die Ergebnisse bei verbindlicher Standardisierung und beschränktem Komiteezutritt im Überblick**

14.1.2 Freiwillige Standardisierung und beschränkter Komiteezutritt

Um eine ständige Wiederholung zu vermeiden, werden im folgenden lediglich die Bereiche durch Abbildungen dargestellt und die Ergebnisse bzw. Gleichgewicht in den dazugehörenden Tabellen zusammengefaßt.

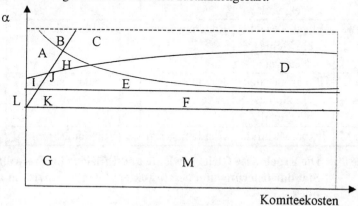

Abbildung 81: **Gleichgewichte und Effizienz bei freiwilliger Standardisierung und beschränktem Komiteezutritt**

	Gesellschaftlich erwünscht	Einfache Mehrheit		Konsensregel	
Region A	Standardisierung	Inkompatibilität	-	Randomisieren	o
Region B	Standardisierung	Randomisieren	o	Randomisieren	o
Region C	Ein großes und ein kleines Netzwerk	Randomisieren	+	Randomisieren	+
Region D	Ein großes und ein kleines Netzwerk	Randomisieren	+	Inkompatibilität	-
Region E	Ein großes und ein kleines Netzwerk	Inkompatibilität	-	Inkompatibilität	-
Region F	Ein großes und ein kleines Netzwerk	Randomisieren	+	Randomisieren	+
Region G	Inkompatibilität	Randomisieren	o	Randomisieren	o
Region H	Ein großes und ein kleines Netzwerk	Inkompatibilität	-	Randomisieren	+
Region I	Standardisierung	Inkompatibilität	-	Inkompatibilität	-
Region J	Ein großes und ein kleines Netzwerk	Inkompatibilität	-	Inkompatibilität	-
Region K	Ein großes und ein kleines Netzwerk	Randomisieren	+	Randomisieren	+
Region L	Ein großes und ein kleines Netzwerk	Randomisieren	+	Randomisieren	+
Region M	Inkompatibilität	Randomisieren	o	Randomisieren	o

Tabelle 88: **Die Ergebnisse Gleichgewichte und Effizienz bei freiwilliger Standardisierung und beschränktem Komiteezutritt im Überblick**

14.2 Verbindliche versus freiwillige Standardisierung

14.2.1 Konsensregel und beschränkter Komiteezutritt

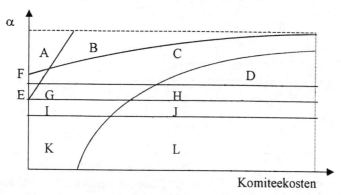

Abbildung 82: Gleichgewichte und Effizienz bei Konsensregel und beschränktem Komiteezutritt

	Gesellschaftlich erwünscht	Verbindliche Standardisierung		Freiwillige Standardisierung	
Region A	Standardisierung	Standardisierung	+	Randomisieren	o
Region B	Ein großes und ein kleines Netzwerk	Standardisierung	-	Randomisieren	+
Region C	Ein großes und ein kleines Netzwerk	Standardisierung	-	Inkompatibilität	-
Region D	Ein großes und ein kleines Netzwerk	Randomisieren	-	Inkompatibilität	-
Region E	Standardisierung	Standardisierung	+	Inkompatibilität	-
Region F	Standardisierung	Standardisierung	+	Randomisieren	o
Region G	Ein großes und ein kleines Netzwerk	Standardisierung	-	Randomisieren	+
Region H	Ein großes und ein kleines Netzwerk	Randomisieren	-	Randomisieren	+
Region I	Inkompatibilität	Standardisierung	-	Randomisieren	o
Region J	Inkompatibilität	Randomisieren	o	Randomisieren	o
Region K	Inkompatibilität	Randomisieren	o	Randomisieren	o
Region L	Inkompatibilität	Inkompatibilität	+	Randomisieren	o

Tabelle 89: Die Ergebnisse bei Konsensregel und beschränktem Komiteezutritt im Überblick

14.2.2 Einfache Mehrheitsregel und beschränkter Komiteezutritt

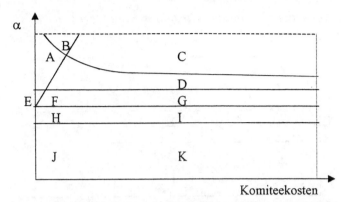

Abbildung 83: Effizient und Gleichgewichte bei einfacher Mehrheitsregel und beschränktem Komiteezutritt

	Gesellschaftlich erwünscht	Verbindliche Standardisierung		Freiwillige Standardisierung	
Region A	Standardisierung	Standardisierung	+	Inkompatibilität	-
Region B	Standardisierung	Standardisierung	+	Randomisieren	o
Region C	Ein großes und ein kleines Netzwerk	Standardisierung	-	Randomisieren	+
Region D	Ein großes und ein kleines Netzwerk	Standardisierung	-	Inkompatibilität	-
Region E	Standardisierung	Standardisierung	+	Randomisieren	o
Region F	Ein großes und ein kleines Netzwerk	Standardisierung	-	Randomisieren	+
Region G	Ein großes und ein kleines Netzwerk	Standardisierung	-	Randomisieren	+
Region H	Inkompatibilität	Standardisierung	-	Randomisieren	o
Region I	Inkompatibilität	Standardisierung	-	Randomisieren	o
Region J	Inkompatibilität	Randomisieren	o	Randomisieren	o
Region K	Inkompatibilität	Randomisieren	o	Randomisieren	o

Tabelle 90: Die Ergebnisse bei einfacher Mehrheitsregel und beschränktem Komiteezutritt im Überblick

SCHRIFTEN ZUR WIRTSCHAFTSTHEORIE UND WIRTSCHAFTSPOLITIK

Herausgegeben von Rolf Hasse, Wolf Schäfer,
Thomas Straubhaar, Klaus W. Zimmermann

Peter Lang · Europäischer Verlag der Wissenschaften

Richard Balling

Kooperation

Strategische Allianzen, Netzwerke, Joint-Ventures und andere Organisationsformen zwischenbetrieblicher Zusammenarbeit in Theorie und Praxis

Frankfurt/M., Berlin, Bern, New York, Paris, Wien, 1997. 206 S., 16 Übers.
Europäische Hochschulschriften: Reihe 5, Volks- und Betriebswirtschaft. Bd. 2099
ISBN 3-631-31883-9 · br. DM 65.–*

Eine Vielzahl von Wirkungsgrößen hat in den zurückliegenden Jahren zu einer wachsenden Bedeutung der zwischenbetrieblichen Kooperation geführt. Das Fehlen einer „Theorie der Kooperation" macht die Darstellung verschiedener Ansätze zur Erklärung der Kooperation nötig. Ziele und Antriebsmomente zwischenbetrieblicher Zusammenarbeit werden zusammengeführt und miteinander verknüpft. Mit Hilfe eines Wirkungs-modells der Kooperation werden Voraussetzungen und Erfolgsfaktoren bei der Umsetzung von Kooperationen beschrieben. Eine Zusammenstellung von Erfolgsfaktoren verdichtet die in der wissenschaftlichen Literatur als wichtig identifizierten Einflußgrößen. Die Erörterung von Konflikt und Problemen von Kooperationen zeigt die Schattenseiten der zwischen-betrieblichen Zusammenarbeit. Zwanzig Kriterien zur Beschreibung von Kooperationen werden vorgestellt und erläutert. Die wahrgenommene Effektivität aus der Sicht der Beteiligten wird neben einer Reihe anderer Größen zur Erfolgsbeurteilung von Kooperationen dargestellt. Die Betrachtung der Kooperation aus der Perspektive des Wettbewerbs und der rechtlichen Rahmenbedingungen macht deutlich, daß die gebotenen Möglichkeiten von den Wirtschaftsakteuren derzeit bei weitem nicht genutzt werden. Im abschließenden Kapitel werden verschiedene Elemente einer eklektischen Theorie der Kooperation zusammengeführt, die einen Erklärungsbeitrag zur Entstehung, zum Wesen der Kooperation sowie zu den Antriebsmomenten und Wirkungsmechanismen leisten können.

Frankfurt/M · Berlin · Bern · New York · Paris · Wien
Auslieferung: Verlag Peter Lang AG
Jupiterstr. 15, CH-3000 Bern 15
Telefax (004131) 9402131
*inklusive Mehrwertsteuer
Preisänderungen vorbehalten